程序员开发宝典系列

ELASTICSEARCH IN A NUTSH

Principles, Advances, and Engineering Prac.

一本书讲透 Elasticsearch

原理、进阶与工程实践

杨昌玉 著

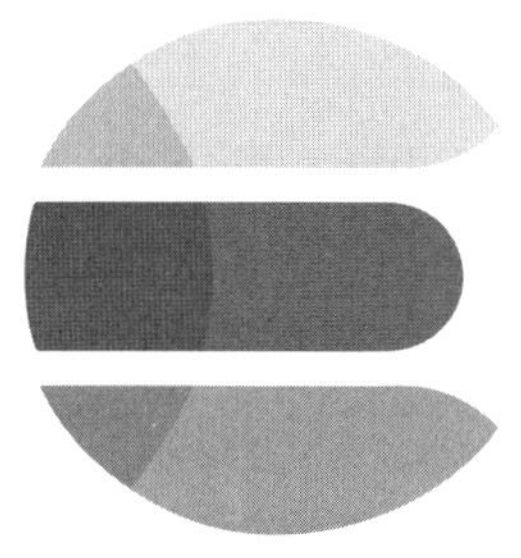

机械工业出版社
CHINA MACHINE PRESS

图书在版编目（CIP）数据

一本书讲透 Elasticsearch：原理、进阶与工程实践 / 杨昌玉著 . —北京：机械工业出版社，2023.12（2024.6 重印）
（程序员开发宝典系列）
ISBN 978-7-111-74035-3

I. ①一… II. ①杨… III. ①搜索引擎 – 程序设计 IV. ① TP391.3

中国国家版本馆 CIP 数据核字（2023）第 191392 号

机械工业出版社（北京市百万庄大街 22 号 邮政编码 100037）
策划编辑：杨福川　　　　责任编辑：杨福川
责任校对：郑　婕　张　征　　责任印制：郜　敏
三河市宏达印刷有限公司印刷
2024 年 6 月第 1 版第 3 次印刷
186mm × 240mm · 31.5 印张 · 683 千字
标准书号：ISBN 978-7-111-74035-3
定价：129.00 元

电话服务	网络服务
客服电话：010-88361066	机　工　官　网：www.cmpbook.com
010-88379833	机　工　官　博：weibo.com/cmp1952
010-68326294	金　书　网：www.golden-book.com
封底无防伪标均为盗版	机工教育服务网：www.cmpedu.com

Praise 赞　誉

我由衷地为大家推荐这本围绕 Elasticsearch 展开讲解的技术书。本书涵盖了相当丰富的原理和具体的实现技术，更重要的是对实战场景给出了明确的指导案例和代码片段，以供读者参考及使用。本书既为开发人员深入讲解了搜索引擎的核心算法与数据结构，又给运维人员提供了关键指标的定义和解读。

想系统学习 Elasticsearch 的初、中级用户，可以按照章节顺序进行渐进式阅读。进阶用户也可以从实际问题切入，直接针对某一具体知识点开始阅读，同时着手进行测试，寻求解决方案。

本书作者是 Elastic 中文社区长期活跃和有积极贡献的明星成员。非常高兴能看到他通过这本书把自己日积月累的知识精华和经验总结分享给广大读者。本书一定可以实际帮助在任何阶段想探索 Elasticsearch 的用户。

——吴斌　Elastic 中文社区主席

这是一本由一线开发人员撰写的实战指南。作者凭借多年的 Elasticsearch 咨询和教学经验，将复杂的概念以简明易懂的方式呈现给读者。这本书将帮助你深入了解 Elasticsearch 并理解其背后的原理和逻辑。通过学习本书，你将获得全面、体系化的知识，从而能够灵活应用 Elasticsearch 解决各种实际问题。这本书将成为你掌握 Elasticsearch 所必备的工具书。

——阮一鸣　eBay 高级研发经理、

极客时间“Elasticsearch 核心技术与实战”课程讲师

作者在 Elasticsearch 领域深耕多年，勤奋且专注，同时运营着国内最大的 Elasticsearch 社群，并且帮助许多工程师成功通过了 Elastic 认证考试。很高兴看到他的新书出版，相信这本书能够为 Elasticsearch 学习者铺平道路、扫除障碍。虽说万事开头难，但借助本书，读者一定能够澄清疑虑、快速上手。推荐阅读！

——魏彬　中国首位 Elastic 认证工程师

这是我极力推荐的一本书！我已经认识作者很久了，第一次见面是在 2019 年北京的 Elastic 开发者大会上。但在此之前，我就经常阅读他关于 Elasticsearch 的技术分享内容。作者是一位拥有丰富的 Elasticsearch 知识和经验的专家，他曾在多个 PB 级项目中发挥关键作用。例如，某大数据系统项目耗时近两年，投入了超 500 万元的项目预算。而实施这种大规模、长周期的复杂项目是非常不容易的，需要解决从系统设计到实施的各种问题。实践出真知，本书内容值得我们阅读。

多年来，作者一直积极、高效地在各种博客和社交媒体上分享 Elasticsearch 相关内容，并密切同步版本更新。他不仅持续自我精进，还组织了学习小组和社区，帮助其他对 Elasticsearch 感兴趣的伙伴一起进步。此外，他还带领近 150 人通过了 Elastic 工程师认证考试，为许多人的职业发展贡献了力量。

这本书是作者多年经验的总结，内容几乎涵盖了全部 Elastic 认证考试考点。而且它来自作者近 7 年来的博客积累，每一字句都经得起时间的考验。作者抓住了平时学习和使用 Elasticsearch 时的痛点并总结了最佳实践，使其内容质量很高，他的博客不仅阅读量高，转发范围也很广。无论你是想深入了解 Elasticsearch 的基础知识，还是想投入应用实践，这本书都能满足你的需求。

这本书将为读者提供一次全面而深入的学习体验，帮助他们在 Elasticsearch 领域取得突破。无论你是初学者还是有经验的专业人士，这本书都是不可或缺的指南。我由衷地推荐这本书，相信它会成为你在 Elasticsearch 学习和实践中的得力伙伴！

——李捷　Elastic 首席解决方案架构师

当得知本书成稿的消息时，我的心情是非常激动的。作为一名技术人，作为一名搜索引擎从业者，以及作为一名 Elasticsearch 中文社区的参与者和建设者，本书作者与我们一起见证了 Elastic 生态在国内的起步、发展，到今天的繁荣。而作者具有超强的毅力，在这个技术方向上坚持深耕了 8 年之久，在知识、技术和实践等方面都有着深厚的经验积累。他不但奋战在技术前线，而且深谙知识社群与实践社区的操盘之道，在自我成长的同时打造了优质的同人网络，积极影响了一批技术爱好者。他还帮助不少优秀的工程师通过了极具含金量的 Elastic 官方认证考试。本书的出版一定会给更多技术开发者带来直接或间接的帮助，同时作者为众多同人在个人成长、知识共享与实践社区等方面树立了成功的榜样。让我们与作者一起，用技术影响世界！

—— 杨振涛　Elasticsearch 中文社区深圳主席、Vivo 互联网研发总监

Elasticsearch 是人工智能和大数据时代不可或缺的重要产品，已经成为开发者必备技能。本书汇集了作者多年开发经验、咨询经验、数千个 Elasticsearch 爱好者的最佳实战。因此在讲解原理的同时，能深入到最佳实践中去，做到深入浅出，非常适合 Elasticsearch 的初学者以及进阶者。

—— 付磊　快手 Elasticsearch 负责人，《Redis 开发与运维》作者

Elasticsearch 作为一款强大又灵活的数据分析检索工具，值得每一位后端程序员认真学习。铭毅天下的这本书，用浅显易懂的语言介绍了 Elasticsearch 的概念、原理和实践，非常值得阅读！

—— 程序员小灰　公众号“程序员小灰”运营者，畅销书“漫画算法”系列作者

本书作者是我的老朋友，他是一个极其认真踏实并执着追求技术的人。他 5 年来一直热衷于 Elastic Stack 相关技术的布道，尽力帮助社区和社群里的同人，而且成就不俗。

本书是一本实用性极高的 Elasticsearch 实践类图书，是一本倾尽作者所学之作。本书让我非常欣赏的地方在于，它是市面上难得一见的把 Elasticsearch 原理、实现方式、最佳实践，以及实战案例串联在一起的实操工具书，无论初学者还是进阶学习者，都能从中获取想要的知识。本书十分适合想要在企业环境中落地 Elasticsearch 的读者阅读，因此我诚心推荐给广大的技术爱好者和相关从业人员。

—— 周钰　IBM 中国企业架构师、中国前 50 位 ECE 持证者之一

Elasticsearch 作为一款优秀的开源分布式搜索引擎，被广泛应用在日志分析、站内搜索、指标监控、数据加速等场景中。掌握 Elasticsearch，已经成为技术人员不可或缺的重要技能之一。而本书深入浅出地对 Elasticsearch 的基本概念、设计原理及业务实践进行了详细介绍，是学习 Elasticsearch 的必备资料。诚挚推荐！

—— 吴荣　Elasticsearch 平台资深研发工程师

一份专业、细致、用户友好的技术文档能给技术人员的日常工作带来莫大的帮助，特别是像 Elasticsearch 这种在搜索引擎领域得到广泛应用的技术栈的解决方案，更是如此。但是限于语言、网速等问题，广大国内开发者并不能很准确高效地学习及掌握官方文档的知识。而

本书融合技术文档与 Elastic 认证考试考点，兼顾专业性、严谨性、完整性，围绕 Elasticsearch 及其相关组件展开，覆盖了从基础概念到高级用法等方方面面的内容。本书能给读者带来的价值不言而喻。本书适合从入门使用到高级调优的各层次的读者，是一本少有的放在案头常看常新的书。

——陈晨（死敌 wen） 资深搜索架构师、ECE 认证专家

Preface 前　言

为什么要写这本书

当今社会，人工智能（AI）和大数据技术日新月异，大量数据的产生、分析和应用已经成为各个行业及各个领域的核心工作。对 TB 甚至 PB 级别的大数据进行处理和检索的业务需求不断增加，使得企业及个人对高效的数据处理和检索工具的需求越来越迫切。Elastic Stack 提供了一系列强大而灵活的数据分析和检索工具，受到广泛关注。

然而，在市场上现有的关于 Elastic Stack 的书籍中，笔者发现了一些不足之处。首先，很多国外翻译书籍过度依赖旧版本 Elasticsearch，如 Elasticsearch 1.X、2.X、5.X 等，导致部分案例不再适用，给读者的实际操作带来困难。其次，无论国内还是国外的书籍，都过于关注 API，而忽略了实战场景和原理解读，使得读者缺乏对原理的深刻理解，遇到问题时无法独立思考解决，也难以建立完整的知识体系。这类书只能"授人以鱼"，不能"授人以渔"。

与此同时，尽管借助近期热门的 ChatGPT 等大模型 AI 工具，我们可以在一定程度上提高对 Elasticsearch 的学习效率，但这些工具仍存在局限，例如：知识更新滞后，无法及时提供最新版本 Elasticsearch 的相关知识；提供的内容体系不够系统和完整；基于实战经验的内容不足，难以提供针对实际问题的解决方案；交互性有限，不能有效地解答切身问题；缺乏个性化的学习路径。

本书旨在弥补这些书籍和工具的能力欠缺，实现以下目标。

- 以实战为核心：结合项目和产品开发实战场景，透彻讲解概念，深入解读相关原理。
- 建立完整知识体系：对技术点进行深入剖析和旁征博引，以实现更高级的"授人以渔"的目标。
- 适用于各层次读者：在提高 Elasticsearch 初学者的认知的同时满足中高级读者的进阶需求。

此外，本书将关注主流的 Elasticsearch 8.X 版本，确保读者在实际操作中不会遇到版本上的困难。

从宏观和社会责任角度出发，本书力求解决行业现有问题，为 Elastic Stack 技术的普及和应用贡献力量。

读者对象

本书面向不同层次的 Elastic Stack 学习者和从业者，为各类读者提供翔实、丰富的内容。以下是本书的主要读者对象。

Elastic Stack 初学者、初级开发 / 运维工程师

本书致力于帮助初学者及初级工程师全面掌握 Elastic Stack 尤其是 Elasticsearch 的技术体系。本书详尽介绍了 Elasticsearch 的核心概念、应用场景以及问题解决能力，通过阅读本书，初级工程师将能迅速上手部署日志分析或全文检索环境，并应对开发和运维过程中可能遇到的挑战。

中级开发 / 运维工程师

具备一定 Elastic Stack 基础的中级工程师，可通过本书巩固基础知识，并深入探究 Elasticsearch 的底层原理。在项目或产品实战中，中级工程师可借助本书加强自身认知，规避实际开发和运维过程中不必要的弯路。同时，本书全面覆盖了 Elasticsearch 认证考试的关键考点，有助于中级开发 / 运维工程师顺利通过 Elastic 认证（ECE 认证）专家考试。

Elastic Stack 发烧友、资深开发 / 运维工程师和架构师

本书深入剖析了 Elasticsearch 的底层架构、原理及最佳实践，以帮助资深工程师和架构师更高效地运用所学知识，提升项目实践能力。另外，通过本书，这部分读者能将理论知识与实战经验融会贯通，更好地应用于实际项目之中。

总之，本书旨在为各阶段的 Elastic Stack 学习者和实践者提供专业、系统、实用的内容，以帮助他们提升技能水平、拓宽知识视野，为进一步的学习和应用奠定坚实基础。

本书特色

1）融入丰富的实战经验：本书融入了笔者 8 年以上的 Elastic Stack 实战开发、咨询经验（累计项目经费超过 1000 万元），以及 4 年间来自全球数百家企业的近 2000 名 Elastic 爱好者的实战经验，深入探讨技术本质，呈现了有用、有价值的高质量内容。

2）辅以大量的图解：在讲解透彻的前提下，本书添加了大量图解内容，使核心知识点更易被读者理解和吸收。

3）全面覆盖 Elastic 认证考试的考点：本书覆盖了 Elastic 认证考试的所有考点，且基于笔者所积累的宝贵考试经验编写而成（笔者已成功带领近 150 位工程师通过 Elastic 认证专家考试，占国内总通过人数的一半以上），能有效助力各层次读者建立 Elasticsearch 体系化认知。

4）提供实战项目：本书涵盖 3 个实战项目，以实践巩固基础原理，助力读者迅速将技能应用到企业实战环境中。

5）作者资历深厚：作者拥有多年架构、开发实战经验，长期活跃于 Elastic 中文社区、CSDN 等平台，具有累计阅读量超 1000 万博客和近 2000 人的付费社群，在行业内具有较高的知名度和影响力。

如何阅读本书

本书分为四大部分，共 20 章，全面讲解了 Elastic Stack 技术体系，深入剖析了 Elasticsearch 的基础概念、核心技术、进阶知识以及实战案例，让读者真正掌握其原理及实现。

第一部分　Elastic Stack 全局概览

这一部分（第 1 ～ 3 章）对 Elastic Stack 技术体系进行全局性探讨，涉及 Elasticsearch 的演进历程、Elastic Stack 的各个组成部分及主要应用场景，并且将 Elasticsearch 与其主要竞争对手进行比较。然后，讨论搜索引擎的基础知识，并初步探索了 Elasticsearch 的核心概念，如集群、节点、索引等。最后，详细介绍 Elasticsearch 单节点、多节点集群部署，以及 Kibana 部署等内容。

第二部分　Elasticsearch 核心技术

这一部分（第 4 ～ 14 章）从技术层面展开讲解，深入解读了索引、映射、分词、数据预处理、文档、脚本、检索、聚合、集群、安全和运维的核心技术。

第三部分　Elasticsearch 进阶指南

这一部分（第 15 ～ 17 章）是进阶知识，包括 Elasticsearch 各关键操作的原理、性能优化方案以及实战"避坑"指南。首先，讲解文档版本冲突及并发控制策略，以及更新 / 删除、写入、段合并、检索等操作的实现；其次，提供通用、写入、检索 3 个维度的性能优化建议；最后，对实战问题及解决技巧进行解读，涉及分片、线程池和队列、热点线程、集群规划、客户端选型、缓存、数据建模、性能测试等话题，为企业级实战保驾护航。

第四部分　Elasticsearch 项目实战

这一部分（第 18 ～ 20 章）融合前面三部分的知识和技能，带领读者将其应用于

Elasticsearch 三大核心业务场景——知识库检索系统、大数据可视化系统、日志系统。

为了使读者获得最佳的学习效果，有效提升认知水平，建议遵循以下步骤阅读。

1）预备知识：确保具备基本的计算机网络、编程语言和数据库知识，以便更好地理解本书内容。

2）明确目的：在开始阅读本书前明确阅读目的，无论学习 Elasticsearch 基本原理和操作，还是解决实际项目中的问题，目的明确都有助于实现针对性阅读。

3）阅读策略：本书内容按照“基本概念和功能——深入剖析原理和实战场景——复杂技术点和最佳实践”的逻辑安排，读者既可以按照章节顺序阅读，也可以针对性地学习某章。

4）实践操作：结合前面的理论知识，跟随书中示例进行实际操作，巩固所学知识。

5）结合官方文档：参考 Elasticsearch 官方文档获取最新、最准确的信息，以便更好地理解知识点并掌握最新动态。

6）多做笔记：记录关键知识点、实战技巧及思考和疑问，以便回顾和巩固所学内容。

7）刻意练习：将所学内容应用到实际场景中以提高技能水平。

8）总结回顾：定期回顾和总结所学知识，加深记忆和理解。

9）交流和分享：加入 Elastic Stack 社区、论坛或微信群，与其他读者或专家进行交流和讨论，取长补短。主动分享学习心得和经验，一方面获得更多反馈和启发，另一方面通过“输出倒逼输入”“向上学、向下帮”，快速提升自己。

遵循上述建议，你将更有效地阅读本书，从而提升 Elastic Stack 专业技能。

勘误和支持

本书中案例的完整源代码均可在该网址中获取：https://github.com/mingyitianxia/elasticsearch-made-easy。

若读者在阅读过程中发现错误或有疑问，可以通过以下联系方式进行反馈。

- 公众号：铭毅天下 Elasticsearch
- 微信号：elastic6
- 邮箱：ycy360@163.com

致谢

衷心感谢所有在本书的创作过程中提供帮助和支持的朋友。

感谢认真负责的审稿人，他们的细致评审确保了本书内容的准确性和可靠性；感谢热心的技术顾问，他们在本书的技术难题和最佳实践方面提供了有力的支持。

由衷感谢我的爱人张霞女士，正因为她的协助，我才能有充裕的时间整理书稿。深切感谢我的父母，我能从一个贫困的小山村走出来，离不开他们对教育的重视。同时，真诚感谢我的研究生导师刘海燕教授，“一朝沐杏雨，一生念师恩”，恩师不仅教授我知识，更教会我做人的道理。

特别感谢 Elasticsearch 社区的先驱者，如 Medcl（曾勇）、Wood 大叔（吴晓刚）、张超、魏子珺、吴斌、阮一鸣、魏彬、李猛、李捷、杨振涛、付磊、周钰、吴荣、陈晨、金多安等。在本书的创作过程中，他们的关心和指导给予了我源源不断的动力。感谢“死磕 Elasticsearch”知识星球的近 2000 名“球友”和“铭毅天下 Elasticsearch”公众号的近 50 000 名关注者。他们的问题讨论和经验分享为本书提供了宝贵的灵感。

感谢优秀的同事刘衍琦、张晓东，与他们的交流让我灵感迸发、受益匪浅。

本书写作时参考了 Elastic 官方文档、Elastic 源码、张超的《Elasticsearch 源码解析与优化实战》、张俊林的《这就是搜索引擎》，感谢相关作者及贡献者。

最后，向所有关注和支持本书的读者表示诚挚的谢意，正因为有他们的期待，本书才得以顺利完成。在未来的学习和实践过程中，希望本书能为读者提供帮助，也期待读者的反馈和建议能帮助我不断迭代本书。让我们共同进步，为 Elastic Stack 领域的发展做出贡献。

谨以此书献给我的女儿杨言溪，她的健康、快乐是我进步的原动力，期望本书能随她一同成长！

杨昌玉（铭毅天下）

2023 年 10 月 25 日

目　录 *Contents*

第二部分 Elasticsearch 核心技术

第三部分 Elasticsearch 进阶指南

第四部分 Elasticsearch 项目实战

第一部分 Part 1

Elastic Stack 全局概览

这是本书的开篇，我们将对Elastic Stack的整体进行探讨。首先，全面解析Elasticsearch的过去、现在以及未来，同时详尽地讲解Elastic Stack的各个组成部分以及主要应用场景。此外，在这一部分中我们会把Elasticsearch与其主要的竞争对手进行比较。随后，讲解搜索引擎的基础知识，并初步探索Elasticsearch的核心概念，包括集群、节点、索引等。最后，详细介绍Elasticsearch的集群部署方式，包括单节点和多节点集群部署，以及Kibana的部署等内容。

阅读完这一部分，你将全面把握Elastic Stack中各技术的基础知识和应用场景，深入理解搜索引擎及Elasticsearch的核心概念，能熟练地搭建单节点或多节点的集群环境。

Chapter 1 第 1 章

Elastic Stack 全景

随着人工智能、大数据、云计算、物联网、5G 等新技术的发展，数据呈爆炸式增长，并且成为战略性资源。据国际数据公司（IDC）的报告，2030 年数据规模将达到 2500ZB。此外，思科 2022 年的报告中指出，视频类型的数据在互联网数据中的比例超过了 82%，1s 内通过全网的视频数据时长总计达 10^6min。

数据规模高速增长，急需大数据相关的技术对大数据进行获取、存储、管理、处理、分析等。

如何实现海量数据的存储？如何从海量数据中挖掘有价值的信息？如何基于特定规则实现数据的聚合？如何确保海量数据的安全、容灾、可扩展及高可用？这些都离不开大数据技术。在大数据领域，2010 年开源的 Elasticsearch 一枝独秀。它多年来一直占据开源搜索引擎领域的榜首，并且根据 DB-Engines 排名来看，它的受欢迎程度也很高，如图 1-1 所示。Elasticsearch 在国内外各大中小型企业的大数据领域都有非常广泛的应用。

420 systems in ranking, June 2023

Rank			DBMS	Database Model	Score		
Jun 2023	May 2023	Jun 2022			Jun 2023	May 2023	Jun 2022
1.	1.	1.	Oracle	Relational, Multi-model	1231.48	-1.16	-56.27
2.	2.	2.	MySQL	Relational, Multi-model	1163.94	-8.52	-25.27
3.	3.	3.	Microsoft SQL Server	Relational, Multi-model	930.06	+9.97	-3.76
4.	4.	4.	PostgreSQL	Relational, Multi-model	612.82	-5.08	-8.02
5.	5.	5.	MongoDB	Document, Multi-model	425.36	-11.25	-55.36
6.	6.	6.	Redis	Key-value, Multi-model	167.35	-0.78	-7.96
7.	7.	7.	IBM Db2	Relational, Multi-model	144.89	+1.87	-14.30
8.	8.	8.	Elasticsearch	Search engine, Multi-model	143.75	+2.11	-12.25
9.	↑10.	9.	Microsoft Access	Relational	134.45	+3.28	-7.36
10.	↓9.	10.	SQLite	Relational	131.21	-2.65	-4.22
11.	11.	↑13.	Snowflake	Relational	114.13	+2.41	+17.71
12.	12.	↓11.	Cassandra	Wide column	108.55	-2.58	-6.90
13.	13.	↓12.	MariaDB	Relational, Multi-model	97.31	+0.44	-14.27
14.	14.	14.	Splunk	Search engine	89.45	+2.81	-6.11
15.	15.	↑16.	Amazon DynamoDB	Multi-model	79.90	-1.20	-3.98
16.	16.	↓15.	Microsoft Azure SQL Database	Relational, Multi-model	78.96	-0.23	-7.05
17.	17.	17.	Hive	Relational	75.52	+1.91	-6.06
18.	18.	↑24.	Databricks	Multi-model	65.82	+1.87	+17.69
19.	19.	↓18.	Teradata	Relational, Multi-model	62.64	-0.07	-7.76
20.	20.	↑23.	Google BigQuery	Relational	54.64	-0.24	+5.57

图 1-1　Elasticsearch 的受欢迎程度排名（2023 年 6 月）

正如 Elasticsearch 官方文档所介绍的，搜索是许多体验的基础，从查找文档到监测基础设施，再到系统保护免受安全威胁，都离不开搜索。

Elastic 在强大的 Elastic Stack 堆栈中集成了三大解决方案，无论在云端，还是裸机，均可部署，可帮助用户从任何类型的数据中快速获得洞察，并用于实践。

1.1 Elasticsearch 的过去、现在和未来

“以史为鉴，可以知兴替。”现在，Elastic 旗下软件的累计下载量超过 2.5 亿次、拥有了超过 100000 名用户。了解 Elastic 公司及 Elasticsearch 的发展史，能帮助我们了解大数据的发展历史。从“菜谱”式检索的小需求场景，到惠及亿万大众、覆盖众多垂直细分市场的整体解决方案；从几人小团队到遍布全球的国际化互联网公司；从一个开源软件到缔造了商业奇迹的上市公司……Elastic 公司及其产品 Elasticsearch 有太多值得我们学习的地方。

1.1.1 Elasticsearch 的过去

Lucene 开源软件项目于 1999 年首次发布，并于 2005 年成为 Apache 基金会项目。Lucene 项目发布了一个核心搜索库—— Lucene Core，以及一个用 Python 封装的 Lucene 库——PyLucene。其中，Lucene Core 是一个 Java 库，提供强大的索引和搜索功能，以及拼写检查、命中高亮显示、高级分析和标记化功能。此外，Lucene 通过一个简单的 API 提供了强大的功能，支持可扩展的高性能索引；提供了强大、准确、高效的搜索算法，支持跨平台解决方案。

2004 年，待业工程师 Shay Banon 与自己的新婚妻子来到伦敦。妻子想在伦敦学习做一名厨师，而 Shay Banon 则想为妻子开发一个方便搜索菜谱的应用，所以他接触了 Lucene（Apache 软件基金会下一个开放源代码的全文检索引擎工具包）。但是直接使用 Lucene 构建搜索应用有很多问题，包含大量重复性的工作，所以 Shay Banon 便在 Lucene 的基础上不断地进行抽象，让 Java 程序嵌入变得更容易。经过一段时间的打磨，Shay Banon 的第一个开源作品——Compass（指南针）便诞生了。而 Compass 就是 Elasticsearch 的前身。

之后，Shay Banon 找到了一份面向高性能分布式开发环境的新工作。在工作中他越来越需要一个易用、高性能、实时、分布式的搜索服务。因此，在设计 Compass 的第三个版本时，他意识到有必要基于分布式解决方案重写 Compass 的大部分内容。重写的过程中，他使用了基于 HTTP 的 RESTful API。这样，只需要构造 REST 请求并解析返回的 JSON 格式数据，即可实现数据访问和交互。重写后的 Compass 从一个库变成了一个独立的服务器，适配多种编程语言。Shay Banon 将其改名为 Elasticsearch，并于 2010 年 2 月公开发布了第一个版本。

开源的 Elasticsearch 一经推出，便引起了十分热烈的公众反响。由于使用量急速攀升，Elasticsearch 开始有了自己的社区，并引起了人们的高度关注。其中 Steven Schuurman、

Uri Boness 和 Simon Willnauer 基于对该产品的浓厚兴趣，与 Shay Banon 共同组建了一家专门研究搜索技术的公司，即 Elastic 公司。这时是 Elastic 公司的初创阶段。

在这个时间段，另外两个开源项目也正在跨越式发展。一个是 Jordan Sissel 开发的一款开源的可插拔数据采集工具——Logstash，它可将日志文件发送至用户选择的存储库。另一个是 Rashid Khan 开发的开源数据可视化 UI—— Kibana。Shay Banon、Jordan Sissel 和 Rashid Khan 彼此已认识一段时间，对各自的产品也颇为了解，所以他们最终决定携手发展。至此，ELK Stack 的雏形正式面世。ELK Stack 就是 Elasticsearch、Logstash 和 Kibana 技术栈的组合体。

随着时间的推移，Elastic 公司逐步扩充了产品线。在 Elasticsearch 的基础上，公司开发并推出了两个商业插件：一是 Marvel，这是一个监控工具，帮助用户对 Elasticsearch 进行实时监测，以确保其稳定和高效运行；二是 Shield，它提供了安全防护功能，包括加密、认证和权限控制等，保障了数据的安全性。这两个插件在 2019 年并入了开源的 X-Pack。X-Pack 包含了一系列强大的功能，比如安全、警报、监控、报告和图形等，为 Elastic Stack 带来了更全面的企业级特性。

2015 年，受柏林 PacketBeat 公司的启发，Elastic 公司开发了一系列单一用途的轻量化数据传送工具，以将网络数据、日志、指标、审计数据等从边缘机器传输到 Logstash 和 Elasticsearch。Beats 应运而生了。至此，ELK Stack 升级为 Elastic Stack，如图 1-2 所示。

2015 年，Elasticsearch 公司更名为 Elastic，新的品牌名称能够更好地代表逐渐扩大的产品生态系统和用例套件。与此同时，Elastic 公司在 AWS 上与提供 Elasticsearch 主机托管服务的公司 Found 实现了合作。通过这一合作，Elastic 能够提供市场上最方便、最全面的产品组合。

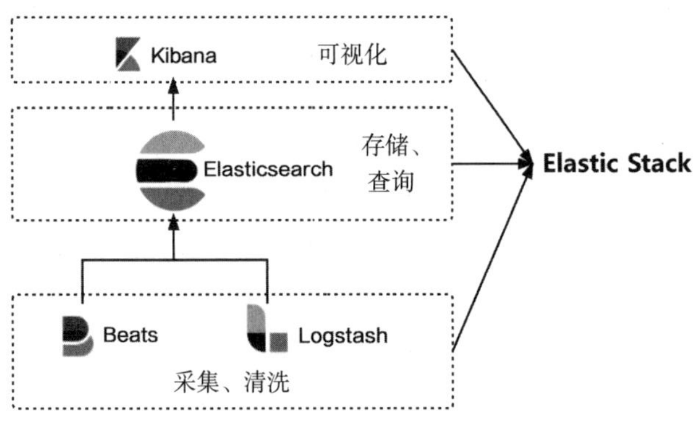

图 1-2 Elastic Stack 组成示意图

2017 年 6 月，Elastic 并购了位于哥本哈根的应用程序性能监测 APM 公司——Opbeat，以及位于旧金山的站点和企业搜索公司——Swiftype。然后 Elastic 公司开始考虑正式推出整体解决方案服务。每套解决方案背后都有实际产品作为支撑，而且在短短几分钟内即可部署完毕。

Elastic 公司于 2018 年 6 月提交了首次公开募股申请，估值在 15 亿 ~30 亿美元之间，并于 2018 年 10 月 5 日在纽约证券交易所挂牌上市。

Elasticsearch 产品从 2010 年开始，经历了数次重大版本升级，以确保能够适应不断变化的需求和技术环境。

1.1.2 Elasticsearch 的现在

围绕着追求极致性能和绝佳用户体验，Elastic 公司旗下产品追求的一直是“快”。

一方面是检索速度快，这是 Elastic 公司的根基产品 Elasticsearch 发展的动力之源。另一方面是版本更迭快，Elasticsearch 几乎每个月都会发布一个小版本，而大版本也已经由 0.X 更新到现在的 8.X。

作为 Elastic Stack 的开发公司，Elastic 公司产品支持的搜索范围从股票行情到 Twitter 消息流，从 Apache 日志到 WordPress 博文，不但让用户体验了强大的搜索功能，而且帮助用户以截然不同的方式探索和分析数据。

作为一个强大的分布式搜索引擎，Elastic 数据平台可以实现精准匹配、模糊查询、联想查询、布尔组合检索及自定义评分检索等，而不仅仅是进行全文快速检索。例如，用户业务数据中存在地理位置信息，并叠加了其他的多维数据，Elastic 数据平台可以采用新型的数据结构进行存储，从而实现高效检索；当用户的手机端应用遇到线上高并发的问题时，Elastic 数据平台也可以快速拉起多个协调节点应对数据高峰，且不会因此产生性能问题；在面对企业内部日志时，Elastic 数据平台先用数据收集器 Beats 进行统一管理，使用预置或定制的数据模型进行分析，再通过 Kibana 呈现给终端用户。此外，以各类事件信息为基础，Elastic 数据平台提供了目前市场上独有的 APM 应用性能管理体系，可通过对全量数据的串联分析轻松发现应用的性能瓶颈。

目前，Elastic 数据平台已广泛应用于各行各业，其中包括 eBay、Meta（以前称为 Facebook）、Uber、微软、思科、大众汽车、携程、招商银行、联想等公司，以及众多政府机构。在开源产品的核心功能之上，Elastic 数据平台为用户提供系统安全、数据告警、全栈监控、报表分析、图查询和机器学习六大付费商业化的功能。以数据告警为例，Elastic 数据平台提供了基于时序性数据的告警、集群全局监控和自动生成报表等功能，能帮助用户迅速完成分析并做出决策，使其最大程度止损。Elastic 数据平台的机器学习及图查询功能可以自动检测当前数据中的异常情况，逐级追溯至底层数据，厘清数据关联，再将其以图的形式展示给用户。基于这六大功能，Elastic 数据平台在搜索、地理位置、内部日志、数据指标、安全监控和 APM 应用性能管理等场景中的应用颇具亮点。

为帮助订阅用户充分利用这些强大特性，Elastic 不仅为套件内的商业特性提供指导，还提供了开源部分的集群架构设计、索引分片设计和集群整体性能优化等服务。Elastic 通过专家咨询服务团队，帮助客户将数据平台与自身业务快速融合，更提供了极具弹性的企业云服务，通过与微软 Azure、AWS、阿里云、腾讯云等合作，为用户业务的快速增长保驾护航。Elastic 企业云可对资源进行全局管理，迅速完成单节点的纵向扩容或多个集群间的横向扩容，不仅大大简化了系统架构，提升了硬件利用率，满足了业务增长需求，更凭借完善的安全机制和可靠的性能隔离策略最大化地利用了资源，直接节省了运营费用。

1.1.3 Elasticsearch 的未来

Elastic 公司除了从日志监控、APM、企业搜索、网站搜索、业务分析等不同维度为企业或个人提供服务以外，还由原来的 Elasticsearch 检索工具供应商转变为 Elastic Stack 解决方案提供商。面对未来，Elastic 提出了“3+1”战略，1 代表的是 Elastic Stack，3 代表的是搜索、可观察性和安全。该战略是指基于 Elastic Stack，对企业搜索、全方位的可观察性、安全这 3 个核心业务场景发力。

其中，企业搜索是常见场景，不必多说。而可观察性是指围绕企业基础设施数据进行观察，实现日志、指标、APM 的一体化。安全则是 Elastic 公司重点发力的一个方向。在这方面，Elastic 公司同样是一个颠覆者。Elastic 公司是业界第一个提供开源免费的终端安全防护解决方案的厂商，最近还发布了自己的开源检测规则库。开放、透明和社区协作将是未来应对大规模安全威胁的不二选择，企业能够借助 Elastic 的 SIEM（安全信息和事件管理）和终端防护方案，打造自己的 SOC（安全运营中心）团队，保护企业的数字资产。

在大数据和 AI 的新时代，一种名为向量检索的技术正在改变我们对搜索的理解和使用。向量检索是指将文本（如单词、短语或文档）、图像、语音或视频等多模态数据转化为数字向量，并在向量空间中进行比较和检索以发现其相关性。这种技术允许我们在多模态场景中实现深度语义理解和高效检索，因此在搜索和推荐等领域有着广泛的应用。

基于该背景，Elastic 公司经过两年精心研发，推出了一个全新特性 ESRE（Elasticsearch Relevance Engine，最早发布于 Elasticsearch 8.8 版本）。它是一款基于 AI 的搜索引擎，实现开箱即用的卓越语义搜索。ESRE 的出现，使强大的 AI 功能与 Elasticsearch 杰出的多模态搜索能力结合，开创了新的可能。

ESRE 的核心能力之一就是利用向量检索来创建、存储和搜索密集向量嵌入，这使得开发者可以通过大型语言模型（LLM）进行更深层次的语义理解和相关性排序。

ESRE 还支持开发者使用自有的转换器模型或第三方模型，例如 OpenAI 的 GPT-3 和 GPT-4，以满足具体业务场景的需求。这种灵活性使得 ESRE 不仅可以作为强大的搜索工具，还可以作为一种可定制的平台方案满足特定需求。

在提升搜索结果相关性的关键任务上，ESRE 的潜力显而易见。其先进的相关性算法可以大幅提高用户参与度，带来收入增长和生产力提升。在大型语言模型和生成式 AI 的新时代，ESRE 能以前所未有的精度响应用户需求，为用户带来高满意度的搜索体验。

对于自然语言搜索的挑战，ESRE 也提供了有效的解决方案。它可以方便地从私有源集成数据，让 AI 模型具备更多的领域知识，以便提供更为相关的业务信息。

总的来说，ESRE 的推出不仅标志着 Elasticsearch 的未来发展方向，也为开发人员提供了一款功能强大、兼容性良好且应用前景广阔的 AI 搜索引擎。

1.2　Elastic Stack 组成

1.2.1　Elasticsearch 概览

Elastic Stack 由 Logstash、Beats、Elasticsearch 和 Kibana 四大核心产品组成，在数据摄取、存储计算分析及数据可视化方面有着无可比拟的优势。

Elasticsearch 是 Elastic Stack 核心的分布式搜索和分析引擎，基于 Java 编程语言构建，可以在主流硬件平台上运行。在存储、计算和分析方面，Elasticsearch 允许执行和合并多种类型的搜索，适用于不断涌现的各种新用例，并在充分保障集群安全的前提下具有极高的可用性及容错性。

近期，Elasticsearch 官方网站的宣传语发生变化，由原来的“ You know, for search”改成“ You know, for search (and analysis)”。这是因为 Elasticsearch 能为几乎所有类型的数据提供高效的存储和索引、近实时的搜索和分析。这些数据类型包含但不限于结构化文本、非结构化文本、数值数据、地理空间数据等。

Elasticsearch 的分布式特性、横向扩展能力可以应对数据和查询量增长的情况。尽管并非所有问题都是搜索问题，但 Elasticsearch 仍然具备出色的在各种用例中处理数据的速度和灵活性。2022 年，在 Elastic 全球社区大会上，Elastic 公司创始人 Shay Banon 提出了“index everything”（一切皆可索引和检索）的理念。他倡导将所有类型的数据纳入索引，使之可以被搜索和分析，从而赋予数据更多价值。这体现了 Elastic 公司始终秉持的创新精神。尽管 Elastic 公司已经取得了显著的成就，但该公司仍然富有激情，怀揣着大有可为的愿景，以灵活变化的姿态去拥抱不断发展的技术领域。

Elasticsearch 的特点可以概括如下。

1）使用简单的 RESTful API，天然兼容多语言开发。

2）支持水平横向扩展节点，通过增加节点来实现负载均衡及增强集群可靠性。

3）面向文档，不使用“表”来存储数据，而使用“文档”来存储数据。

4）无模式，无须定义好字段类型、长度等，可以直接导入文档数据。

5）近实时存储，使每个字段都被索引且可用于搜索。

6）响应快，海量数据下能实现秒级响应速度。

7）易扩展，支持处理 PB 级的结构化或非结构化数据。

8）多租户，支持多个业务共用 Elasticsearch 服务，并且确保各业务间数据的隔离性。

9）支持多种编程语言，包含但不限于 Java、Python、C#、PHP、Python、Ruby 等。

Elasticsearch 和 Lucene 的对比如表 1-1 所示。

Lucene 的工作模式类似于“自己亲手种植蔬菜”，开发者使用它可以获得更多的控制权，但带来的问题是开发人员要花费更多的精力去维护。相比之下，Elasticsearch 的工作模式则类似于“去超市购买蔬菜”，明显效率会更高。

表 1-1 Elasticsearch 和 Lucene 的对比

比较项	Elasticsearch	Lucene
是否支持 RESTful API	是	否 仅支持函数调用方式
查询写入是否便捷	是 提供了 JSON 接口和强大的 DSL，用于在 Lucene 基础之上实现读取和写入查询	否 了解 Lucene 语法即可编写复杂的查询代码
是否支持分布式	是	否
是否支持高可用	是 支持多节点、分布式部署，集群中有多个数据副本，间接实现了高可用性	否
监控等 API 是否完备	是 线程池、队列、节点 / 集群的监控 API，数据监控 API，集群管理 API 等一应俱全	否

1.2.2 Logstash 概览

Logstash 和 Beats 作为底层核心引擎，共同组成了数据摄取平台，可以实现数据标准化，使数据便于后续分析使用。其中，Logstash 提供免费且开放的服务器端数据处理管道（pipeline），能够从多个不同的数据源采集数据、转换数据，然后将数据发送到诸如 Elasticsearch 等“存储库”中。

Logstash 过滤器（filter）能够解析各个事件，以自定义的规则识别已命名的字段，并将它们转换成通用格式，以便对其进行更强大的分析并实现商业价值。除 Elasticsearch 之外，Logstash 还提供了众多输出选择，我们可以将数据发送到业务需要的许多地方，如 MySQL、Kafka、Redis 等。

这都有赖于 Logstash 的可插拔框架。Logstash 支持 logstash_input_jdbc、logstash_input_kafka、logstash_output_elasticsearch 等 200 多个插件，可以将不同类型的输入数据通过输入、过滤、输出这“三段论模板”进行灵活配置，以满足不同业务场景的需求。

1.2.3 Kibana 概览

Kibana 是一个免费且开放的工具。用户使用 Kibana 工具可以实现 Elasticsearch 数据可视化分析。Kibana 作为用户界面的核心，集成了丰富的可视化工具、界面交互开发工具和管理工具，可以辅助技术人员进行开发、调试和运维工作，并可以自定义各种维度的数据报表。

除此之外，Kibana 还是可视化的安全和监控平台，可以监控 Elasticsearch 集群的各项运维指标，让用户直观地看到集群各项指标的实时运行状态和历史变化曲线，帮助用户防患于未然。Kibana 甚至还能通过机器学习来监测数据中的隐藏异常，并追溯其来源。

1.2.4　Beats 概览

Beats 是一个免费且开放的平台，集合了多种单一用途的数据采集器，使数据从成百上千或成千上万台的机器和系统向 Logstash 或 Elasticsearch 发送。这些数据采集器包含轻量型日志采集器 Filebeat、轻量型指标采集器 Metricbeat、轻量型网络数据采集器 Packetbeat 等。Beats 所具有的可扩展的框架及丰富的预置采集器将使数据采集工作事半功倍。

综上，以这四大核心产品为基础构建的 Elastic 数据平台实现了数据实时性、相关性及扩展性的完美结合，不仅可以处理各种数据，还能深入挖掘数据的内在关联并迅速进行呈现，彻底解决了企业的大数据实时处理难题。

1.3　Elastic Stack 的应用场景

刚接触 Elastic Stack 的人很可能会有这样的疑问：除了搜索功能以外，Elastic Stack 在实际应用场景中还有哪些用途？

在最近的某次咨询服务中，笔者曾被问到一个问题：在关于 ETC 卡口的数据存储、车流量分析、车辆路线分析及可视化的业务场景中，适合采用 Elastic Stack 吗？

上述问题均涉及 Elastic Stack 的应用场景这一话题。

如图 1-3 所示，Elastic Stack 在全文检索、产品检索、JSON 文档存储、数据聚合、坐标与地理位置检索、指标统计和分析、自动补全、自动推荐、安全分析等领域都有广泛的应用。我们将其划分为全文检索、日志分析、商业智能 3 类核心应用场景。

图 1-3　Elastic Stack 应用领域概览

1.3.1 全文检索场景

首先，Elasticsearch 支持各类应用、网站等的全文搜索，包括淘宝、京东等电商平台的搜索，360 手机助手、豌豆荚等应用市场平台的搜索，以及腾讯文档、石墨文档等平台的全文检索服务。

其次，Elasticsearch 支持用户通过自定义打分、自定义排序、高亮等机制召回期望的结果数据，通过跨机房 / 跨机架感知、异地容灾等策略，为用户提供高可用、高并发、低延时、用户体验好的搜索服务。

许多知名企业，如阿里巴巴、腾讯、携程、滴滴出行、美团、字节跳动、贝壳找房等，都将 Elasticsearch 作为关键技术之一，以提升用户体验和满足业务需求。

1.3.2 日志分析场景

Elasticsearch 支持的日志包含但不限于如下类型。

- 用户行为日志、应用日志等业务日志。
- 慢查询、异常探测等状态日志。
- Debug、Info、WARN、ERROR、FATAL 等不同等级的系统日志。

基于倒排索引技术，Elasticsearch 能够实现高效且灵活的搜索分析功能。从产生日志到生成相应的倒排索引并将其写入 Elasticsearch，再到最终用户可以访问这些信息，整个过程所需时间仅为秒级。这确保了 Elasticsearch 能够快速处理和检索大量数据，满足实时搜索和分析的需求。

许多知名企业，如 58 集团、唯品会、日志易、国投瑞银等，都使用 Elasticsearch 来快速分析和处理大量的日志数据，从而对业务运行状况进行实时的监控和故障排查。

1.3.3 商业智能场景

大型业务数据给电子商务、移动 App 开发、广告媒体等领域的企业的数据收集和数据分析带来了巨大的挑战。而 Elasticsearch 具有结构化查询功能，能实现全文数据检索和聚合分析，所以能有效帮助客户对上述大数据进行高效且个性化的分析，进而发现问题、辅助业务决策，并从数据中挖掘真正的商业价值。

许多知名企业的商业智能系统，如睿思 BI、百度数据可视化 Sugar BI、永洪 BI 等，都借助 Elasticsearch 的高效、实时的数据分析和可视化能力，帮助企业更好地理解市场趋势、优化决策过程。

1.4 Elasticsearch 竞品分析

在实际项目中，当传统的关系型数据库或者已有大数据技术栈无法满足低延时、高并发的检索需求的时候，技术人员往往会提出“使用Elastic Stack来实现检索功能或解决性能问题”的想法。但是在线上业务环境使用新的技术栈涉及整个产品线架构层面，是公司高层集体决策的结果，技术栈选型需要由技术预研报告支撑。而技术预研报告的核心部分之一是竞品分析。

传统的竞品分析一般从产品发展历程、适用场景、优势、劣势等多个维度展开，这需要花费较长时间根据自己公司的业务情况进行调研。下面我们来简单介绍下Elasticsearch的主要竞品。

1.4.1 Apache Solr

Apache Solr是建立在Lucene基础上的开源搜索服务器，它通过HTTP请求来提供Lucene的所有搜索功能。Apache Solr具有强大的功能，例如分布式全文搜索、近实时索引、高可用性、NoSQL功能、与Hadoop等大数据工具的集成，以及处理Word和PDF等富文本文档的能力。Elasticsearch与Apache Solr的对比如表1-2所示。

表1-2 Elasticsearch与Apache Solr的对比

比较项	Elasticsearch	Apache Solr
发布时间	2010年	2004年
流行趋势排名[㊀]	第8名	第24名
部署复杂度	相对简单	相对复杂
是否依赖Zookeeper	否	是
多租户支持	非常容易配置	配置复杂
监控支持	易于设置和扩展	难于管理

1.4.2 Splunk

Splunk自2003年发布以来，已经成为一个强大、可靠且可扩展的商业数据平台，用于探索、监控、分析和处理各类数据。然而，Splunk并非开源工具，因此我们无法在市场上免费获取它。Splunk在诸多应用场景中发挥了显著作用。例如，在大数据分析、IT运营管理、安全威胁检测以及业务和网络监控等领域，Splunk都提供了强大的数据处理和实时洞察功能。基于灵活处理及分析海量数据的能力，Splunk已经成为许多企业和团队优化决策、提升运营效率的重要工具。

1.4.3 OpenSearch

OpenSearch是由AWS（Amazon Web Services）发起并维护的开源搜索和分析套件。OpenSearch提供了与Elasticsearch相同的功能和完全向后兼容的API，让用户可以自由地将技术栈从Elasticsearch迁移到OpenSearch。与商业版Elasticsearch不同，OpenSearch的

㊀ 流行趋势排名参考https://db-engines.com/en/ranking。该排名为2023年4月11日的结果，排名会发生动态变化。

所有功能都是免费的。

OpenSearch 的优点如下。

- OpenSearch 是 Elasticsearch 7.10 的一个分支，与 Elasticsearch 的 API 兼容，易于迁移。
- OpenSearch 是完全开源的，没有任何商业许可限制。
- OpenSearch 集成了 Elasticsearch 和 Kibana 的全部功能，并且承诺未来所有功能均免费。

OpenSearch 的缺点如下。

- 尽管 Amazon 能提供强大支持，但 OpenSearch 的社区仍不如 Elasticsearch 的成熟。
- 目前来看，OpenSearch 的版本更新相较于 Elasticsearch 会慢一些。

从适用场景来看，OpenSearch 适用于需要使用 Elasticsearch 功能但不接受商业授权限制的企业及业务。

1.4.4 Doris

Doris 是一款由百度开源的 MPP（大规模并行处理）架构的分布式数据仓库，用于提供快速、高并发的在线查询分析服务。Doris 能够满足百度内部多种业务场景的复杂查询需求。Doris 支持 MySQL 协议，可以直接通过 MySQL 客户端进行访问，同时支持多种数据导入方式，如批量导入、实时导入等。

Doris 的优点如下。

- 具有高并发、低延迟的查询性能，适合实时 OLAP 场景。
- 通过列式存储和向量化计算，Doris 能够在 PB 级别的数据量上提供高效的查询服务。
- 具备良好的水平扩展性，能根据业务需求进行动态扩展。

Doris 的缺点如下。

- Doris 的社区规模和活跃度不如 Elasticsearch，用户获得的技术支持可能有限。
- 作为一个数据仓库，Doris 在全文搜索和实时数据索引方面的能力不如 Elasticsearch。

Doris 适用于大数据实时查询分析的场景，如数据仓库、大数据报表等。

1.4.5 ClickHouse

ClickHouse 是一款由俄罗斯搜索引擎 Yandex 开发并开源的列式存储数据库，专为 OLAP（在线分析处理）场景设计。ClickHouse 具有高速查询分析的能力，支持实时添加数据和修改结构，并且能够实现高度数据压缩比，从而有效节省存储空间。此外，ClickHouse 支持 SQL 查询，易于使用和集成。

ClickHouse 的优点如下。

- 可以实现高速查询性能和实时数据插入，适用于 OLAP 场景。
- 通过列式存储和数据压缩，ClickHouse 能够高效地存储和处理大量数据。

- 提供了丰富的数据分析功能，如窗口函数、数组和嵌套数据类型等。

ClickHouse 的缺点如下。

- ClickHouse 的全文搜索和实时数据索引能力不如 Elasticsearch。
- 作为一个数据分析系统，ClickHouse 在处理复杂业务逻辑和进行事务处理方面可能不如传统的关系型数据库。

ClickHouse 适用于大数据实时查询和分析的场景，如日志分析、用户行为分析等。

1.5 本章小结

为了便于理解和记忆，下面我们将本章所述的内容串联起来，如图 1-4 所示。

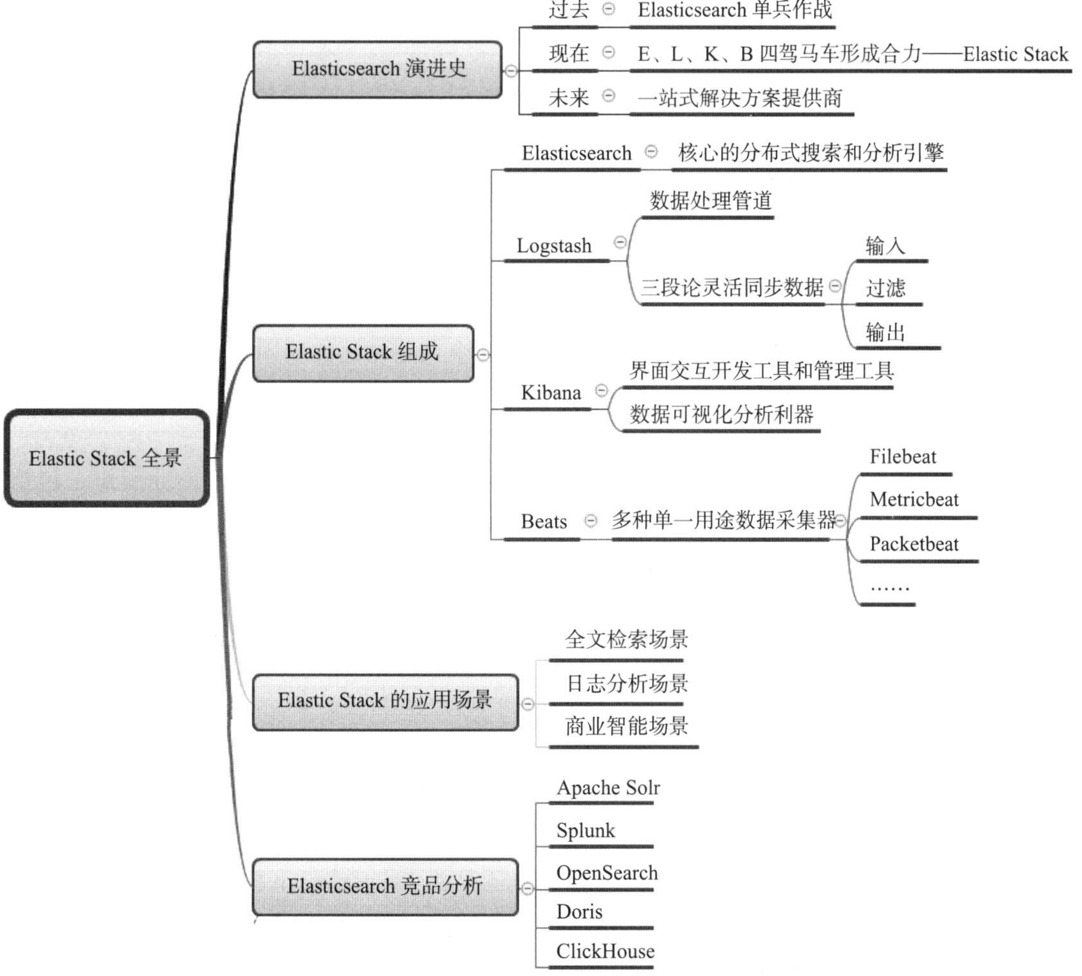

图 1-4 Elastic Stack 全景

Chapter 2 第 2 章

Elasticsearch 基础知识

2.1 搜索引擎基础知识

Elasticsearch 功能的核心是搜索引擎，学习搜索引擎的基础知识对于加深 Elasticsearch 核心概念的理解大有裨益。

在 20 世纪 90 年代初期，互联网刚开始普及，个人建站还比较困难，网站主要由公司或精通技术的爱好者托管。当时还没有搜索引擎之类的产品，网站影响力是通过口口相传的方式建立起来的。

在 1990 年前后，第一个搜索引擎工具出现了，随后几年出现了许多商业引擎，包括 Excite、AltaVista 和 Yahoo!。而后，网页和用户的数量逐渐增长到无法再通过集中列表来管理的程度。Google 于 1998 年应运而生，推出了 PageRank 算法，并一举改变了搜索引擎的格局，在搜索引擎领域长久地遥遥领先于竞争对手。

现如今，搜索引擎已然成为大多数人日常生活的一部分，人们已经离不开它。

2.1.1 搜索引擎的目标

如下 3 个核心目标是构建和优化搜索引擎的的基本框架，不仅适用于 Google、Bing、百度等大型搜索引擎，也适用于实际业务中的 Elasticsearch 应用。

1）全面性：无论是商业化的搜索引擎，还是由 Elasticsearch 构建的搜索引擎，全面的信息覆盖都是至关重要的。这既体现在商业搜索引擎的爬虫技术优化上，也体现在 Elasticsearch 搜索引擎的基础数据源的完整性上。它与大数据的定义——对所有数据进行分析处理，而非单纯依赖随机分析法（抽样调查）——有着天然的契合。毫无疑问，数据的多样性和完整性会极大增强基于全量数据的检索、聚合、统计、分析的价值。

2）速度：搜索引擎应能在海量数据中迅速有效地检索信息。这需要我们借助索引、缓存等技术来优化搜索引擎的检索速度。

3）准确性：搜索引擎的任务是返回用户最想获取的结果，以提升用户体验。这要求我们在设计和优化搜索引擎时追求结果的精确性、满足用户的具体需求。

2.1.2 搜索引擎的核心要求

搜索引擎的目的是帮助用户以极小的时间成本从海量的数据中找出最相关的结果。糟糕的搜索引擎往往会“答非所问”，用户可能连续翻了许多页依然找不到期望的结果。这一方面会浪费用户宝贵的时间，另一方面会令用户有挫败感。而出色的搜索引擎在召回数据的第一页甚至第一条就是最相关的结果，让用户“得来全不费工夫”。

问题来了，搜索引擎要满足哪些核心的要求，才能达到用户的预期、增强用户体验，且提高用户的满意度呢？

（1）识别用户真正的需求

通过用户输入的简短几个字符，识别出用户真正期望的搜索结果，获取用户隐藏在字符后面的真正需求，这是搜索引擎首先要解决的非常重要的问题。

（2）匹配用户需求

搜索本质上是一个信息匹配的过程，即从海量数据里找到匹配用户需求的内容。从实现的角度看，搜索引擎的核心工作是判断内容和用户查询关键词的相关度，相关度高的结果数据应当优先被召回。

（3）找到可信数据

对于在互联网上发布的信息是否可信，没有明确的判定标准。但可以将数据来源的可靠性、内容的准确性和一致性作为可信赖的判定依据。例如，同样是被召回的数据，来自人民网、新华网等权威媒体的结果的可信度极高，而来自普通自媒体、小型网站的结果的可信度则大打折扣甚至不可信，因此实战层面建议将权威媒体赋予更高的权重，以提高可信赖性。

2.1.3 检索质量的评价指标

点击搜索按钮之后，召回的结果是否达到用户的预期呢？一般我们从召回率、精准率两个指标来衡量检索质量。

（1）召回率

召回率是指在一次返回的搜索结果中与搜索关键词相关的文档占所有相关文档的比例。召回率的本质是衡量检索结果的查全率，评价检索系统是否把该召回的文档都召回了。

（2）精准率

精准率也叫精确率，可以定义为本次搜索结果中相关文档所占的比例。精准率的本质是衡量检索结果的查准率。当数据规模非常大时，用户更加关注的是排在前面的检索结果是否相关，是否达到搜索预期。所以，相较于召回率，大数据业务场景的用户更关注精准率。

如图 2-1 所示，N、M、K、L 代表不同类型的数据。横轴表示数据是否在搜索结果中。纵轴则表示数据是否与搜索关键词相关。

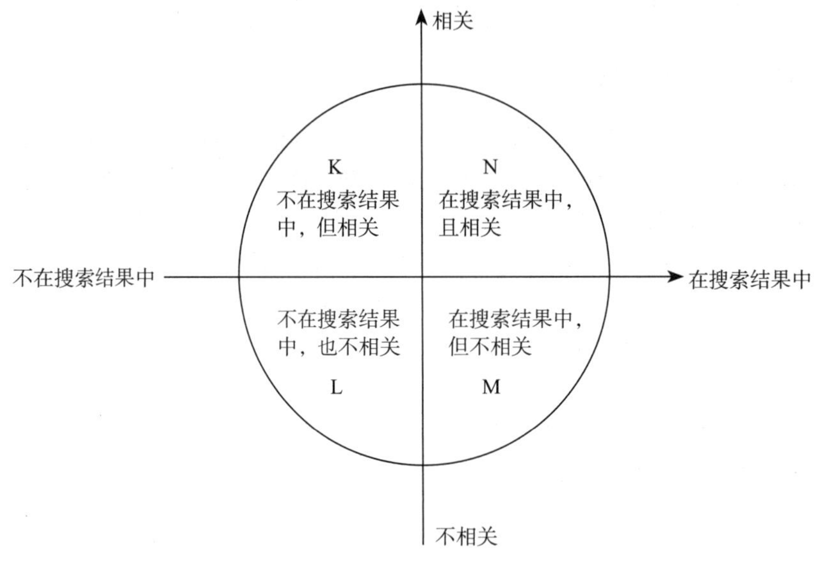

图 2-1 召回率、精准率图解

至此，N、M、K、L 的含义如下。

1）N 代表该数据在搜索结果中，且相关。

2）M 代表该数据在搜索结果中，但不相关。

3）K 代表该数据不在搜索结果中，但相关。

4）L 代表该数据不在搜索结果中，也不相关。

再来看召回率、精准率的计算公式。

召回率 = N/（N+K）

K 值越小，召回率越高。也就是说，未被召回的相关数据越少，召回率越高。极端情况 K=0，所有相关数据都被完整召回了，召回率为 1。

精准率 = N/（N+M）

M 值越小，精准率越高。也就是说，搜索结果中不相关数据越少，精准率越高。

2.1.4 倒排索引

面对海量数据时，倒排索引扮演了关键角色，它以卓越的性能为我们快速定位包含用户查询关键词的相关内容。为更好地理解倒排索引，我们首先需要明确其定义：在一个文档集合中，每个文档都可视为一个词语的集合，倒排索引则是将词语映射到包含这个词语的文档的数据结构。这与普通索引（即将文档映射到其包含的词语）正好相反，而倒排索引正因其特性，成为了快速实现全文搜索的理想选择。

图 2-2 展示了一本 C 语言图书末页的索引结构。这种结构揭示了核心关键词与页码之间的对应关系。这种关系模式可以视为倒排索引的实际例证。在此结构中，我们可以根据关键词快速找到包含这个关键词的内容的页码。这与倒排索引在接收关键词输入后能够迅速定位包含该关键词的文档的性质是一致的。借由这种类比，我们可以更为直观地理解倒排索引在数据查询中的关键作用。

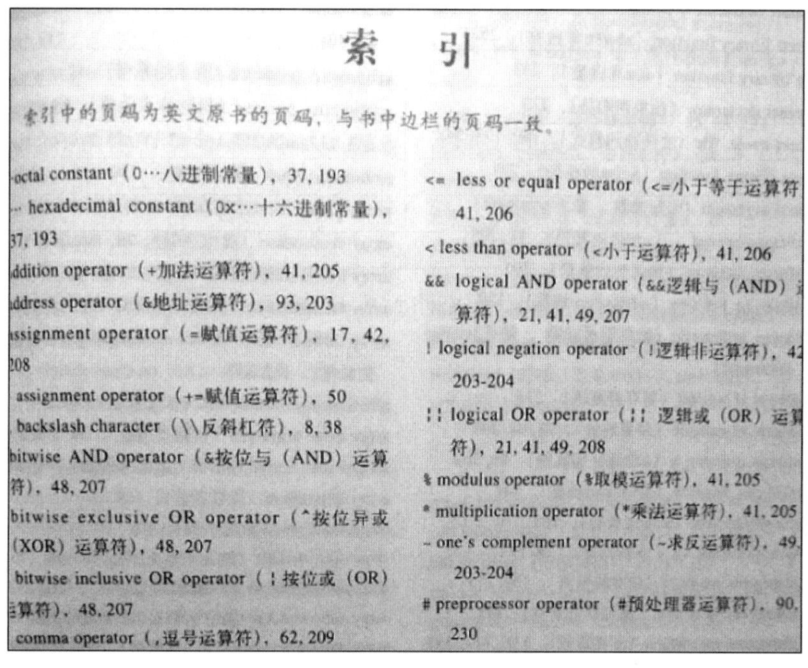

索 引

索引中的页码为英文原书的页码，与书中边栏的页码一致。

octal constant（0…八进制常量），37, 193
… hexadecimal constant（0x…十六进制常量），37, 193
addition operator（+加法运算符），41, 205
address operator（&地址运算符），93, 203
assignment operator（=赋值运算符），17, 42, 208
assignment operator（+=赋值运算符），50
backslash character（\\反斜杠符），8, 38
bitwise AND operator（&按位与（AND）运算符），48, 207
bitwise exclusive OR operator（^按位异或（XOR）运算符），48, 207
bitwise inclusive OR operator（|按位或（OR）运算符），48, 207
comma operator（,逗号运算符），62, 209
<= less or equal operator（<=小于等于运算符 41, 206
< less than operator（<小于运算符），41, 206
&& logical AND operator（&&逻辑与（AND）运算符），21, 41, 49, 207
! logical negation operator（!逻辑非运算符），42 203-204
|| logical OR operator（|| 逻辑或（OR）运算符），21, 41, 49, 208
% modulus operator（%取模运算符），41, 205
* multiplication operator（*乘法运算符），41, 205
~ one's complement operator（~求反运算符），49, 203-204
# preprocessor operator（#预处理器运算符），90, 230

图 2-2 索引的例子

倒排索引主要由两部分组成：单词词典，即每个文档进行分词后的词项在去重后组成的集合；倒排文件是倒排列表持久化存储的结果，通常保存在磁盘等存储设备上。倒排列表记录了词项所在文档的文档列表、单词频率等信息。

我们以 4 个文档为例，如表 2-1 所示。这 4 个文档的倒排索引如表 2-2 所示。

表 2-1 文档组成列表

文档编号	文档内容
1	作为一款领先的聊天助手，ChatGPT 凭借其卓越的 AI 技术为用户带来无与伦比的智能交流体验
2	聊天智能机器人 ChatGPT 运用了尖端的人工智能技术，为用户提供了流畅自然的对话体验
3	ChatGPT 以其出色的 AI 性能在聊天机器人领域脱颖而出，提供了一种全新的智能对话方式
4	ChatGPT，一款采用先进人工智能技术打造的聊天机器人，具备提供高质量智能对话服务的能力

表 2-2　倒排索引表（部分）

词项序号	词项	倒排列表（docid:TF）
1	chatgpt	(1:1)、(2:1)、(3:1)、(4:1)
2	一	(1:1)、(3:1)、(4:1)
3	一款	(1:1)、(4:1)
4	款	(1:1)、(2:1)、(3:1)、(4:1)
5	领先	(1:1)
6	的	(1:1)、(2:1)、(3:1)、(4:1)
7	聊天	(1:1)、(2:1), (3:1)、(4:1)
8	助手	(1:1)
9	凭借	(1:1)
10	其	(1:1)、(3:1)
11	卓越	(1:1)
12	ai	(1:1)、(2:1)、(3:1)、(4:1)
13	技能	(1:1)
14	能为	(1:1)
15	用户	(1:1)、(2:1)

docid 代表文档 ID，TF 代表词频。以词项“chatgpt”为例，其对应的倒排索引（1:1）中前面的 1 代表文档 ID，说明文档 1 中包含“chatgpt”词项；后面的 1 代表词频，说明“chatgpt”词项在文档 1 里出现了 1 次。

实际的倒排列表存储的信息要比表 2-2 复杂，还会包括词项在文档中出现的位置等信息，以方便实现复杂检索。

有了倒排列表，当检索“chatgpt”时，就无须对逐个文档进行扫描，而可以借助倒排索引锁定 ID 为 1、2、3、4 的文档，实现以 O(1) 的时间复杂度快速召回数据，达到快速响应的目的。

2.1.5　全文检索

数据索引化指的是数据在写入搜索引擎（本书中主要指 Elasticsearch）的过程中，扫描文档中的每一个词项，结合分词器和词典对必要的词项建立倒排索引，同时指明该词项在文章中出现的次数和位置。

全文检索的前提是待检索的数据已经索引化，当用户查询时能根据建立的倒排索引进行查找。衡量全文检索系统的关键指标是全面、准确和快速。

全文检索的特点如下。

- 只处理文本，不处理语义。
- 结果列表有相关度排序。
- 支持高亮显示结果数据。
- 原始的文本被切分为单个单词、短语或特殊标记后进行存储。

- 给定词与它的变体（如近义词）会被折叠为一个词，如electrification和ectric、mice和mouse、“土豆”和“马铃薯”、“西红柿”和“番茄”等，每组词均被视为同一个词。

2.2 Elasticsearch的核心概念

如前所述，Elasticsearch是目前最流行的、能够方便地实现各种类型数据的检索和分析的开源搜索引擎。Elasticsearch具有高度可扩展性，可以轻松管理PB级数据。熟悉Elasticsearch常用术语及概念是使用它的重要前提。

下面我们讲解Elasticsearch的几个核心概念。

来看“集群”“节点”“索引”“分片”等一系列概念。它们的关系如图2-3所示，对外提供服务的是整个集群，一个集群可以由多个节点组成，不同的节点根据用途不同会划分成不同的角色，每个节点的数据会划分出多个索引，一个索引对应多个分片数据。

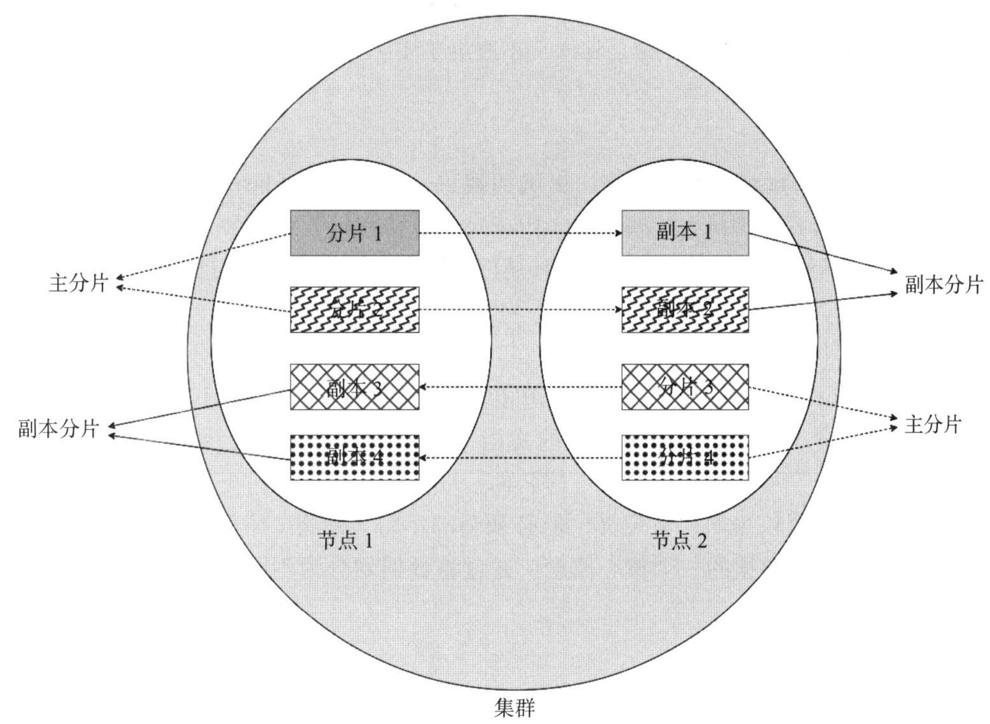

图2-3 集群、节点等概念的关系图

我们可以对比MySQL来理解Elasticsearch，如表2-3所示。左侧是MySQL的基本概念，右侧是Elasticsearch对应的相似概念的定义。借由这种对比，我们可以更直观地看出Elasticsearch与传统数据库之间的关系及差异。

表 2-3 MySQL 对比 Elasticsearch

MySQL	Elasticsearch
Table（表）	Index（索引）
Row（行）	Document（文档）
Column（列）	Field（字段）
Schema（模式）	Mapping（映射）
Index（索引）	Everything is indexed（所有字段都可索引化）
SQL（结构化查询语句）	Query DSL（查询语句）
Select * from table	GET http://...
Update table SET ...	PUT 或 POST http://...

2.2.1 集群

Elasticsearch 集群是一组 Elasticsearch 节点的集合。节点根据用途不同会划分出不同的角色，且节点之间相互通信。Elasticsearch 集群常用于处理大规模数据集，目的是实现容错和高可用。Elasticsearch 集群需要一个唯一标识的集群名称来防止不必要的节点加入。集群大小从单个节点到数千个节点不等，具体大小取决于实际业务场景。

2.2.2 节点

节点是指一个 Elasticsearch 实例，更确切地说，它是一个 Elasticsearch 进程。节点可以部署到物理机或者虚拟机上。每当 Elasticsearch 启动时，节点就会开始运行。每个节点都有唯一标识的名称，在部署多节点集群环境的时候我们要注意不要写错节点名称。

2.2.3 索引

索引是 Elasticsearch 中用于存储和管理相关数据的逻辑容器。索引可以看作数据库中的一个表，它包含了一组具有相似结构的文档。在 Elasticsearch 中，数据以 JSON 格式的文档存储在索引内。每个索引具有唯一的名称，以便在执行搜索、更新和删除操作时进行引用。索引的名称可以由用户自定义，但必须全部小写。总之，索引是 Elasticsearch 中用于组织、存储和检索数据的一个核心概念。通过将数据划分为不同的索引，用户可以更有效地管理和查询相关数据。

2.2.4 分片

在了解分片是什么之前，让我们谈谈为什么需要分片。假设你有一个包含超大规模文档的索引，有总计 1TB 的数据。当前集群中有两个节点，每个节点有 512GB 的空间可用于存储数据。显然，整个索引无法存储在任何一个节点上，因此有必要以某种方式拆分索引的数据，否则会导致数据存储不完整。在这种情况下，索引的大小超过了单个节点的硬件限制，分片就派上用场了。分片通过将索引分成更小的部分来解决这个问题。

因此，分片将包含索引数据的一个子集，并且其本身具有完整的功能和独立性，可以将分片近似看作“独立索引”。单节点集群环境中，当索引被分片时，该索引中的给定文档将仅存储在其中一个分片中。如图 2-3 中的分片 1~4、副本 1~4 均为分片。

当处理涉及多个数据分片的查询时，Elasticsearch 会将查询请求分发到各个相关的分片，并将它们的结果集进行聚合。对于使用 Elasticsearch 的应用程序来说，它无须了解底层数据的分片结构或处理这种复杂性，因为整个查询和结果集合的过程对于应用程序（进而对于用户）来说是完全“透明”的。这种设计带来了极高的便利性，允许应用程序更专注于数据处理和用户交互，而不需要关心底层数据存储和检索的细节。

所以说，一个分片本质就是一个 Lucene 索引。

2.2.5 副本

生产环境下，硬件随时可能发生故障。为了保证集群的容错性和高可用性、提高查询的吞吐率，Elasticsearch 提供了复制数据的特性。分片可以被复制，被复制的分片称为“主分片”，如图 2-3 中的主分片 1 ～ 4；主分片的复制版本称为“副本分片”或简称为“副本”，如图 2-3 中的副本 1 ～ 4。

创建索引时需要指定主分片，且主分片数一经指定就不支持动态更新了。而副本同样需要在创建索引时指定，每个分片可以有 0 或多个副本，副本数支持动态更新。

当某主分片所在的数据节点不可用时，会导致主分片丢失现象，若短时间内不对此采取补救措施，集群会将该分片对应的副本提升为新的主分片。

注意： Elasticsearch 7.X 版本之后，默认主分片数为 1，副本分片数为 1。

2.2.6 文档

关系型数据库将数据以行或元组为单位存储在数据库表中，而 Elasticsearch 将数据以文档为单位存储在索引中。

作为 Elasticsearch 的基本存储单元，文档是指存储在 Elasticsearch 索引中的 JSON 对象。文档中的数据由键值对构成。键是字段的名称，值是不同数据类型的字段。不同的数据类型包含但不限于字符串类型、数字类型、布尔类型、对象类型等。

以某航空类索引为例，如下。

```
{
          "FlightNum" : "9HY9SWR",
          "DestCountry" : "AU",
          "OriginWeather" : "Sunny",
          "OriginCityName" : "Frankfurt am Main",
          "AvgTicketPrice" : 841.2656419677076,
          "DistanceMiles" : 10247.856675613455,
          "FlightDelay" : false,
```

```
      "DestWeather" : "Rain",
      "Dest" : "Sydney Kingsford Smith International Airport",
      "FlightDelayType" : "No Delay",
      "OriginCountry" : "DE",
      "dayOfWeek" : 0,
      "DistanceKilometers" : 16492.32665375846,
      "timestamp" : "2022-06-06T00:00:00",
      "DestLocation" : {
        "lat" : "-33.94609833",
        "lon" : "151.177002"
      }
    }
```

2.2.7 字段

字段是 Elasticsearch 中最小的单个数据单元，类似于关系型数据库表中的字段。一般实战项目前期的设计环节都是根据业务需求拆分、定义字段，并且敲定字段类型。在上面航空类索引的示例中，“FlightNum”是字段，其含义为“航班号”，字段类型为 keyword。

与关系型数据库不同的是，Elasticsearch 的一个字段可以设定两种或两种以上的数据类型，通过定义 multi-field 来灵活地满足复杂的业务需求。

2.2.8 映射

不少初学者对映射（Mapping）这个概念会感觉不好理解。映射类似于关系型数据库中的 Schema，可以近似地理解为“表结构”。

映射的定义如下所示。

```
PUT kibana_sample_data_flights_001
{
  "mappings": {
    "properties": {
      "AvgTicketPrice": {
        "type": "float"
      },
      "Cancelled": {
        "type": "boolean"
      },
      "Carrier": {
        "type": "keyword"
      }
    }
  }
}
```

我们拿到一个业务需求后，往往会将业务细分为几个索引。每个索引都需要一个相对固定的表结构，包含但不限于字段名称、字段类型、是否需要分词、是否需要索引、是否需要存储、是否需要多字段类型等。这些都是设计映射时要考虑的问题。

2.2.9 分词

前面我们讲过了倒排索引，倒排索引的本质是使用户以 O(1) 的时间复杂度快速召回结果数据。而分词则是构建倒排索引的重要一环。

在英文文本中，空格就是切分语句或短语的“屏障”。但中文文本中则没有了这道“屏障”，于是分词就变得就不那么简单，需要由专门的分词算法构建的分词器来实现。

举例来说（该例子中选择 IK 分词器的 ik_smart 粗粒度分词器）。对于中文新闻标题“阿根廷击败法国夺得世界杯冠军梅西创多项纪录”，分词的结果如下。

```
阿根廷  击败  法国  夺得  世界杯  冠军  梅  西  创  多项  纪录
```

2.3 本章小结

首先，本章围绕搜索引擎的话题展开讲解，具体从搜索引擎的目标、搜索引擎要满足的 3 个核心要求、检索质量的评价指标、倒排索引、全文检索这 5 个方面阐述了搜索引擎的基础知识。

我们掌握了这些基础知识，对后面更进一步学习 Elasticsearch 也会有所帮助。

搜索引擎基础知识小结如图 2-4 所示。

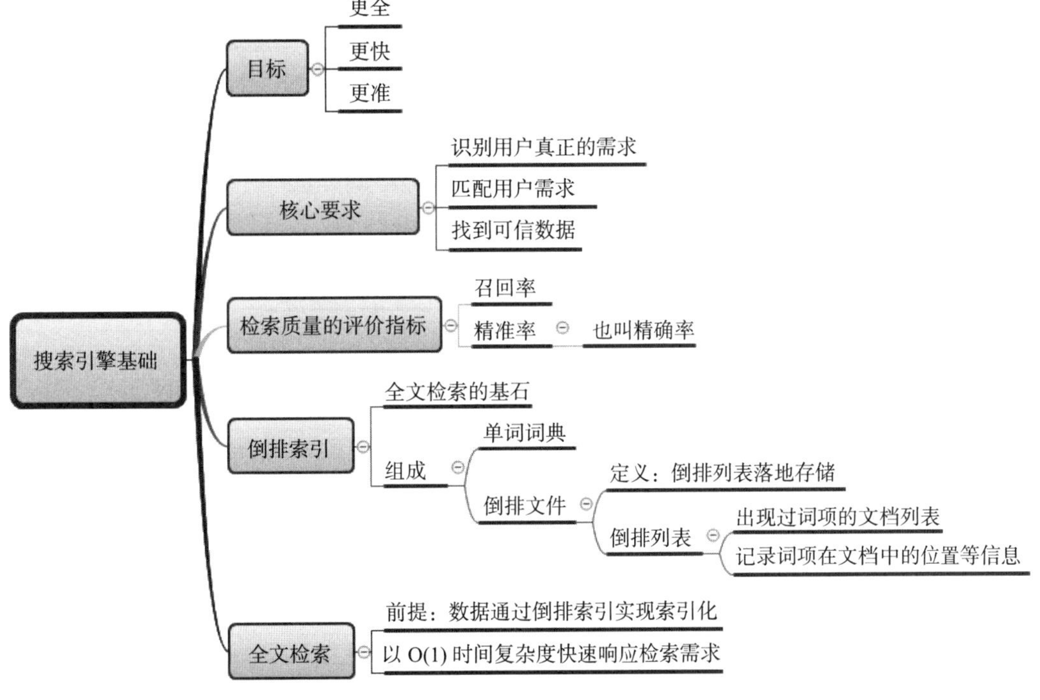

图 2-4 搜索引擎基础

其次，本章讲解了Elasticsearch的核心概念，如图2-5所示。

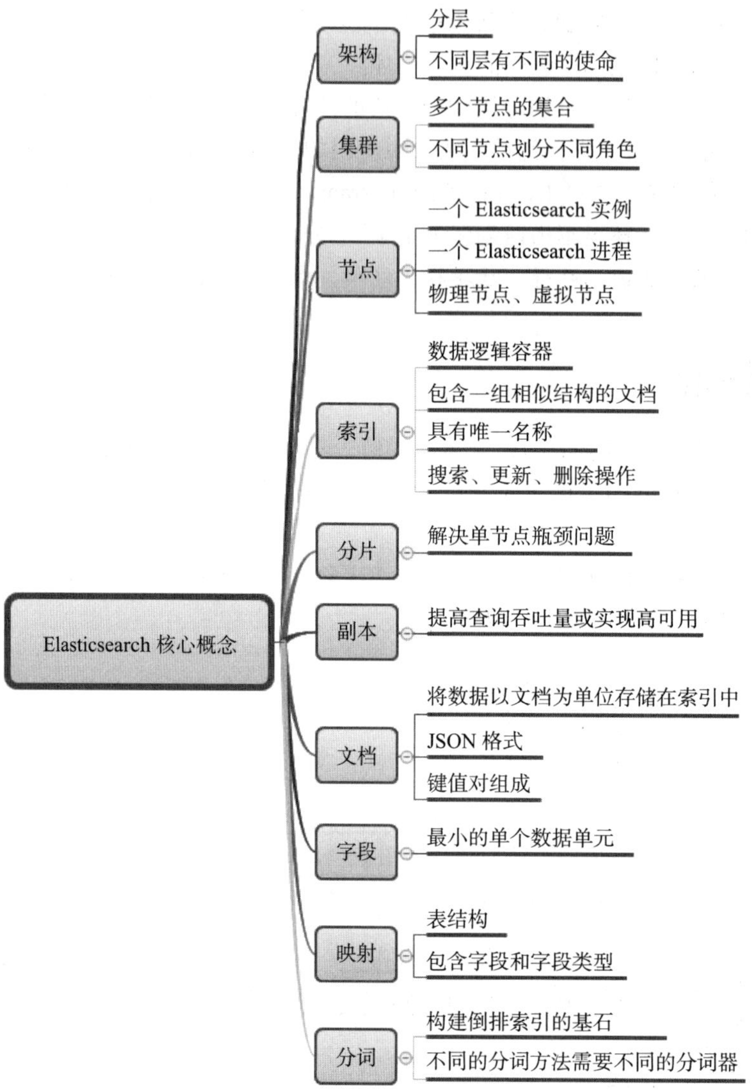

图2-5 Elasticsearch核心概念

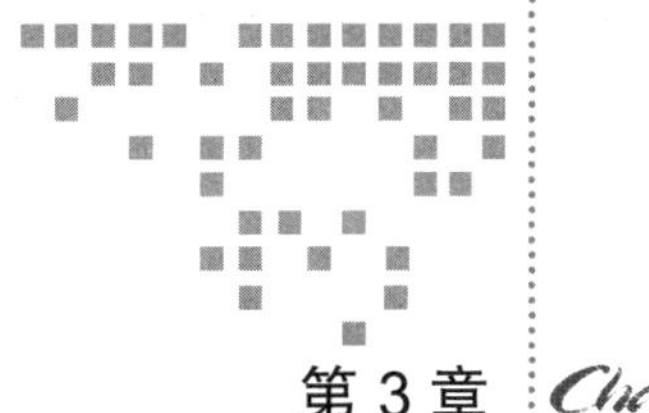

第 3 章 Chapter 3

Elasticsearch 集群部署

通过前面内容，大家已经建立起对 Elastic Stack 的全方位认知，理解了搜索引擎的核心基础知识，加深了对 Elasticsearch 核心概念与基础定义的理解。

从这一章开始，我们进行实战前的准备工作。本章主要带领大家在理论知识的基础上动手搭建一套 Elastic Stack 集群。

3.1 Elastic Stack 集群部署基础知识

关于 Elastic Stack，总结其各个技术栈的编程语言以及对跨平台的支持能力等，如表 3-1 所示。

表 3-1 Elastic Stack 各个技术栈概览

技术栈	GitHub 地址	编程语言（语言占比）	是否支持跨平台
Elasticsearch	https://github.com/elastic/elasticsearch	Java（99.8%）	是
Logstash	https://github.com/elastic/logstash	Ruby（48.7%） Java（47.0%）	是
Beats	https://github.com/elastic/beats	TypeScript（92.8%） JavaScript（6.2%）	是
Kibana	https://github.com/elastic/kibana	Go（62.1%） JavaScript（32.2%）	是

综上，Elasticsearch、Logstash、Beats、Kibana 全部都支持跨平台部署。

3.1.1 集群部署平台及操作系统的选型

首先，平台选型着重关注相关技术人员的技术储备是否充分，以及出了问题能否进行快速排查。

对于Elastic Stack，可供选择的部署平台包括实体服务器、虚拟机（VMWare、OpenStack 等）、容器化平台（Docker、Kubernetes 等）、公有云服务器（阿里云、腾讯云、华为云等）、私有云服务器（自建云服务器等）。

在公司实战项目中，建议根据业务需求来综合评估各部署平台。

其次，可供选择的操作系统包含但不限于Windows、Linux、macOS、银河麒麟（KylinOS）等。

无论选择 Windows、Linux 还是 macOS，都要根据企业需求、技术栈储备、偏好习惯等来定。一般企业级开发使用 Linux 平台部署集群的居多。

注意： Elastic 认证专家考试基于 CentOS 7 的 Linux。

3.1.2 集群部署的主要步骤

集群部署的核心步骤大致拆解如下。

1）做好部署平台选型，如 Linux 云服务器。

2）从官方网站下载最新版本（或自己选定版本）的压缩安装包。

以 Elasticsearch 为例，访问下载页面后，根据业务需求下拉列表选择操作系统类型并下载即可，如图 3-1 所示。

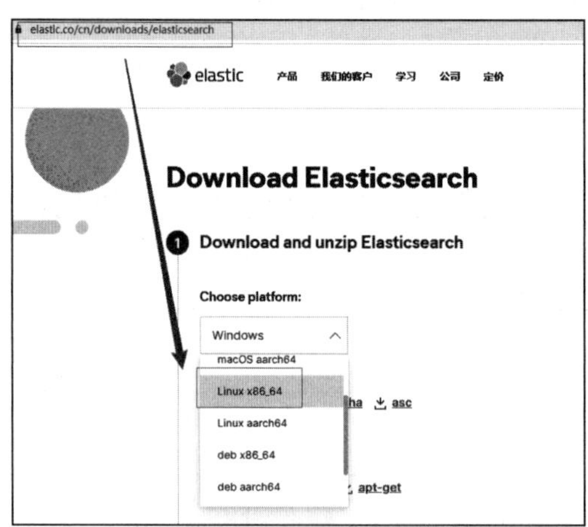

图 3-1 从官方网站下载 Elasticsearch

3）将下载好的压缩包拷贝到服务器指定路径下。在进行路径选择的时候，要确保磁盘空间充足。

4）解压压缩包，修改配置文件以适配当前的服务器，主要配置文件列表如表 3-2 所示。

表 3-2　Elastic Stack 各个技术栈配置文件列表

技术栈	配置文件	配置文件含义
Elasticsearch	elasticsearch.yml	Elasticsearch 核心配置文件
	jvm.options	Elasticsearch 堆内存配置文件
Kibana	kibana.yml	Kibana 核心配置文件

5）启动进程。Elasticsearch、Kibana、Logstash、Beats 的启动方式都不同，后面对比也会详细解读。

6）通过进程或者端口号监听进行查看，核实各技术栈是否启动成功，如图 3-2 所示。其中 Elasticsearch 集群的默认端口号为 9200，Kibana 默认端口号为 5601。

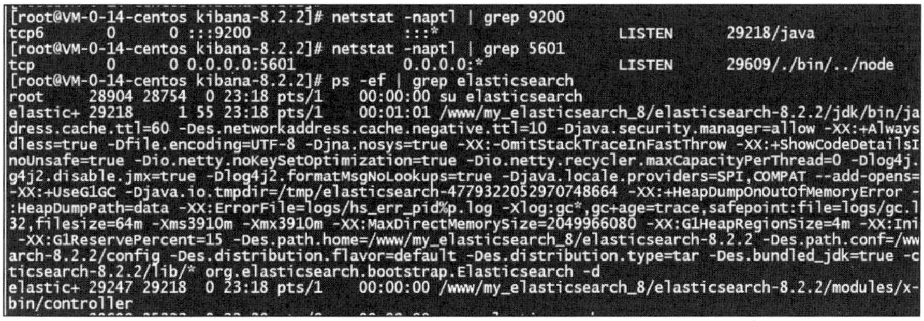

```
[root@VM-0-14-centos kibana-8.2.2]# netstat -naptl | grep 9200
tcp6       0      0 :::9200                 :::*                    LISTEN      29218/java
[root@VM-0-14-centos kibana-8.2.2]# netstat -naptl | grep 5601
tcp        0      0 0.0.0.0:5601            0.0.0.0:*               LISTEN      29609/./bin/../node
[root@VM-0-14-centos kibana-8.2.2]# ps -ef | grep elasticsearch
root     28904 28754  0 23:18 pts/1    00:00:00 su elasticsearch
elastic+ 29218     1 55 23:18 pts/1    00:01:01 /www/my_elasticsearch_8/elasticsearch-8.2.2/jdk/bin/ja
dress.cache.ttl=60 -Des.networkaddress.cache.negative.ttl=10 -Djava.security.manager=allow -XX:+Always
dless=true -Dfile.encoding=UTF-8 -Djna.nosys=true -XX:-OmitStackTraceInFastThrow -XX:+ShowCodeDetailsI
noUnsafe=true -Dio.netty.noKeySetOptimization=true -Dio.netty.recycler.maxCapacityPerThread=0 -Dlog4j.
g4j2.disable.jmx=true -Dlog4j2.formatMsgNoLookups=true -Djava.locale.providers=SPI,COMPAT --add-opens=
-XX:+UseG1GC -Djava.io.tmpdir=/tmp/elasticsearch-4779322052970748664 -XX:+HeapDumpOnOutOfMemoryError -
:HeapDumpPath=data -XX:ErrorFile=logs/hs_err_pid%p.log -Xlog:gc*,gc+age=trace,safepoint:file=logs/gc.l
32,filesize=64m -Xms3910m -Xmx3910m -XX:MaxDirectMemorySize=2049966080 -XX:G1HeapRegionSize=4m -XX:Ini
 -XX:G1ReservePercent=15 -Des.path.home=/www/my_elasticsearch_8/elasticsearch-8.2.2 -Des.path.conf=/ww
arch-8.2.2/config -Des.distribution.flavor=default -Des.distribution.type=tar -Des.bundled_jdk=true -c
ticsearch-8.2.2/lib/* org.elasticsearch.bootstrap.Elasticsearch -d
elastic+ 29247 29218  0 23:18 pts/1    00:00:00 /www/my_elasticsearch_8/elasticsearch-8.2.2/modules/x-
bin/controller
```

图 3-2　命令行验证各技术栈是否启动成功

Elasticsearch 集群部署涉及很多技术细节，比如堆内存的设置、集群节点角色划分、8.X 的新特性之安全必选项配置等，下面会逐步展开解读。

3.1.3　Elasticsearch 集群堆内存设置

1. 什么是堆内存

Java 中的堆是 JVM 所管理的最大的一块内存空间，主要用于存放各种类的实例对象。在 Java 中，堆被划分成两个不同的区域：新生代（Young）和老年代（Old）。新生代又被划分为 3 个区域：Eden、From Survivor、To Survivor。

这样划分的目的是使 JVM 更好地管理堆内存中的对象，包括内存的分配以及回收。

2. 堆内存的作用是什么

堆内存的唯一目的就是创建对象实例，所有的对象实例和数组都要在堆上分配。

因为堆是由垃圾回收来负责的，因此它也叫作“GC 堆”。垃圾回收采用分代算法，堆就是由此分为新生代和老年代的。

堆的优势体现在其灵活性和动态性上。它能够在程序运行时动态地分配内存空间，这意味着我们不必在编程时明确指定其生命周期。这种内存管理方式给我们带来了更大的便利性和效率。同时，Java 语言中的垃圾收集机制将自动回收不再使用的内存，从而进一步优化内存的使用和管理，这也是堆内存显著的优势之一。

但它的缺点是：由于要在运行时动态分配内存，它的存取速度较慢。当堆内存因为满了而无法扩展时就会抛出“java.lang.OutOfMemoryError:Java heap space”异常。

3. 堆内存如何配置

默认情况下，Elasticsearch JVM 使用的堆内存最小和最大值均为 4 GB（8.X 版本以上）。

在转移到生产环境时，配置足够容量的堆大小以确保 Elasticsearch 功能和性能是必要的。

Elasticsearch 将通过对 Xms（最小堆大小）和 Xmx（最大堆大小）的设置来分配 jvm.options 中指定的整个堆。设置方式共两种，如下所示。

1）在 jvm.options 配置文件（在安装包解压后的 config 路径下）中设置堆内存。

```
-Xms8g
-Xmx8g
```

2）通过环境变量进行设置。配置环境变量是一种简单且有效的设置 Java 内存分配的方式。对此我们可以通过编辑 Elasticsearch 的配置文件 jvm.options 来实现。具体来说，可以注释掉文件中的 Xms 和 Xmx 设置行，然后使用环境变量 ES_JAVA_OPTS 来定义这些值。这样操作的好处在于，它提供了一种统一且灵活的方式来管理 Java 内存设置，使得内存分配的调整变得更加简便易行。

```
ES_JAVA_OPTS="-Xms8g -Xmx8g" ./bin/elasticsearch
```

堆内存设置建议如下。

堆内存的值取决于服务器上可用的内存大小。Elasticsearch 堆内存设置对其性能表现来说十分关键。建议将堆大小配置为服务器可用内存的 50%，上限为 32GB，且预留足够的内存给操作系统以提升缓存效率。合理调整堆内存大小可减轻垃圾回收工作的压力，优化查询速度和索引效率。请务必进行监控并根据实际需求来调整堆内存大小。

4. 为什么堆内存不能超过物理机内存的一半

堆对 Elasticsearch 来说绝对重要，它用于许多内存数据结构的快速操作。但还有另外一个非常重要的内存使用者——Lucene。

Lucene 旨在利用底层操作系统来缓存内存中的数据结构。Lucene 段存储在单个文件中。因为段一旦形成就不会改变，所以它们非常容易进行缓存，并且，底层操作系统会将热段保留在内存中以便更快地进行访问。这些段包括倒排索引（用于全文搜索）和正排索引（用于聚合）。

Lucene 的性能依赖于与操作系统的这种交互。如果把所有可用的内存都给 Elasticsearch 堆，那么 Lucene 就不会有任何剩余的内存，这会严重影响其性能。针对内存的分配，通常的建议是将可用内存的一半分配给 Elasticsearch 堆，而保留剩下的一半。这种操作的核心在于平衡 Elasticsearch 堆和 Lucene。剩余的内存看起来空闲，但其实并非如此，因为 Lucene 会利用这些“空闲”内存来提高搜索和索引的性能。这种内存分配策略确保了 Elasticsearch 与 Lucene 之间的高效协作，进而能够提升整体系统性能。

如果实际业务不需要在字符串字段上做聚合操作（开启 text 类型的 fielddata），则可以考虑进一步降低堆大小。堆较小，就可以从 Elasticsearch（更快的 GC）和 Lucene（更多内存缓存）中获得更好的性能。

3.1.4 Elasticsearch 集群节点角色划分

如果你的 Elasticsearch 集群是 7.9 之前的版本，在配置节点的时候，则只会涉及节点类型的知识。相信大家会对下面的类型都比较熟悉。

- 主节点：负责集群管理和元数据维护，确保集群正常运行。
- 数据节点：负责存储、检索和处理数据，提供搜索和聚合功能。
- 协调节点：处理客户端请求，协调数据节点工作，优化分布式搜索。
- ingest 节点：即预处理节点，负责数据预处理，如过滤、转换等，准备好数据再将其索引到数据节点。

Elasticsearch 7.9 版本开始引入节点角色的概念。

节点角色划分的目的是让不同角色的节点各司其职，共同确保集群功能的稳定和性能的高可用。

一个新功能的诞生必然是由于产品早期版本存在 bug 或者用户体验差。节点角色就是基于节点类型配置复杂和用户体验差而产生的。

Elasticsearch 早期版本（以 7.1 版本为例）中，如果配置仅候选主节点类型，那么极端情况下需要的配置如下。

```
node.master: true
node.data: false
node.ingest: false
node.ml: false
xpack.ml.enabled: true
cluster.remote.connect: false
```

这是非常烦琐的配置，其逻辑类似于“若我要说明自己是主节点，则要先说明我不是数据节点、不是 ingest 节点、不是机器学习节点、不是 XXX 节点……”。

而节点角色的出现“革命性”地解决了这个问题。利用节点角色，我们只需要说明“我是 XXX”即可，而不需要卖力解释“我不是 XXX”。

```
node.roles: [data, master]
```

节点角色的引入后，大家实战环节往往会遇到如下问题。

1）Nginx + Elasticsearch Coordinate + Elasticsearch Master + Elasticsearch Node 应该如

何安装配置呢？可以只安装一个节点，然后拷贝并更改其他节点角色吗？

2）在 Elasticsearch 部署上，节点角色分为 m、d、i 等多种，它们在部署上各有什么优势？更推荐哪种？

3）请问在写入海量数据时，应该连接什么角色的节点，是专用协调节点还是数据节点？

4）在进行节点角色的配置时，data_hot、data_warm、data_cold 等角色和早期版本中自定义的 attr 属性有区别吗？

5）Elasticsearch 的角色 data、data_content、data_hot、data_warm、data_cold 之间有什么区别？

6）Elasticsearch 8.X 的 data_content 角色是什么？它和协调节点有什么区别？

带着这些问题，我们来解读 Elasticsearch 节点角色。

1. 什么是 Elasticsearch 节点角色

在 Elasticsearch 8.X 版本中，节点类型升级为节点角色。节点角色分得很细，包括数据节点角色、主节点角色、ingest 节点角色、热节点角色等。

在 Elasticsearch 集群中，每个启动的 Elasticsearch 进程都可以叫作一个节点。以 Elasticsearch 8.X 版本集群为例，如果我们不手动设置节点角色，则默认节点角色为 cdfhilmrstw，如图 3-3 所示。

```
GET _cat/nodes?v
```

```
1 ip          heap.percent ram.percent cpu load_1m load_5m load_15m node.role   master name
2 172.21.0.14            9          92   6    1.39    0.44     0.18 cdfhilmrstw *      VM-0-14-centos
3 172.21.0.14           30          92   6    1.39    0.44     0.18 cdfhilmrstw -      node-2
```

图 3-3 命令行查看集群节点角色

对默认节点角色 cdfhilmrstw 的解释如表 3-3 所示。

表 3-3 节点角色释义

节点角色缩写	英文释义	中文释义
c	cold data node	冷数据节点
d	data node	数据节点
f	frozen data node	冷冻数据节点
h	hot data node	热数据节点
i	ingest node	数据预处理节点
l	machine learning node	机器学习节点
m	master-eligible node	候选主节点
r	remote cluster client node	远程节点
s	content data node	内容数据节点
t	transform node	转换节点
w	warm data node	温数据节点
/	coordinating only node	仅协调节点

当集群规模比较大之后（比如集群节点数大于 6 个），就需要手动设定、配置节点角色。

2. 主节点

主节点在 Elasticsearch 集群中的关键作用主要体现在全局级别的管理上。例如，主节点负责管理索引的创建或删除操作，监控哪些节点是集群的成员，以及确定将哪些分片分配给哪些节点。这种决策和管理的能力使主节点在维持整个集群稳定运行中扮演了重要角色。

此外，主节点还负责存储重要的元数据，包括集群中每个索引的元数据和集群级别的元数据。特别地，主节点的 path.data 目录用于存放这些集群元数据信息，这是主节点不可或缺的功能。

因此，为了确保集群的稳定运行和有效管理，需要特别注意主节点的配置和维护。

拥有稳定的主节点对于集群健康非常重要。与早期版本不同，节点角色划分后，主节点又被细分为专用候选主节点和仅投票主节点。

（1）专用候选主节点（dedicated master-eligible node）

如果集群规模大、节点多，那么就有必要设置独立的专用候选主节点，其配置如下。

```
node.roles: [ master ]
```

（2）仅投票主节点（voting-only master-eligible node）

这类节点仅用于投票，它们不会被选为主节点。其硬件配置可以比专用候选主节点更低一些。仅投票主节点的配置如下，其中 master 必不可少。

```
node.roles: [ master, voting_only ]
```

关于集群主节点配置，要强调一点：高可用性集群需要至少 3 个符合主节点资格的节点，其中至少两个不是仅投票节点。这样即使其中一个节点发生故障，该集群也能够选举出一个主节点。

---

3. 数据节点

数据节点会在 Elasticsearch 集群中执行关键任务，包括保存数据到硬盘或其他永久性存储设备上（通常称为“落地存储”），以及执行各种数据处理操作（如数据添加、删除、修改、查询、搜索和聚合等）。由于数据节点的功能包括对大量数据进行处理和保存，它们对硬件配置的需求相对较高，特别是对 CPU、内存和磁盘的需求。为了确保数据节点有效地处理这些任务并响应查询请求，我们需要在硬件配置上提供足够的资源。而选择性能强大的 CPU 以及提供充足的内存和磁盘空间，是确保数据处理效率和稳定性的关键。

使用专用数据节点的好处在于可以让主节点和数据节点分离、各司其职。

数据节点存储的内容如下。

- ❑ 分片数据。
- ❑ 每个分片对应的元数据。
- ❑ 集群层面的元数据，如 setting 和索引模板。

数据节点的配置如下。

```
node.roles: [ data ]
```

在 Elasticsearch 多层冷热集群架构体系下，数据节点又可以细分如下。冷热节点数据流如图 3-4 所示。

- ❑ 内容数据节点。
- ❑ 热数据节点。
- ❑ 温数据节点。
- ❑ 冷数据节点。
- ❑ 冷冻数据节点。

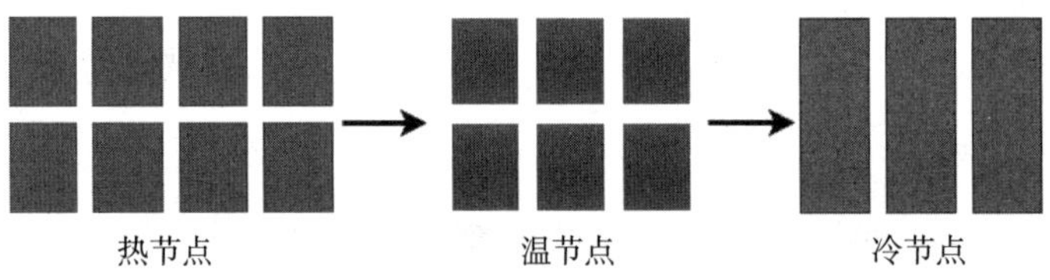

图 3-4　冷热节点数据流图

（1）内容数据节点

内容数据节点是一个节点角色，用于指定具体的负责存储和搜索数据的节点。这个角色的主要功能是处理和查询数据，包括文本、数字和地理位置等类型的数据。其具体职责如下。

- ❑ 存储数据：将数据分片存储在节点上。
- ❑ 搜索数据：处理来自客户端的搜索请求，并在本地分片中搜索数据。
- ❑ 索引数据：对新数据进行索引操作，以便进行搜索和查询。

```
node.roles: [ data_content ]
```

（2）热数据节点

热数据节点的用途主要是保存最近、最常访问的热数据，即经常被访问和更新的数据。在数据生命周期的早期，数据通常处于活跃状态，会频繁读写。热数据节点通常配置在高性能硬件上，例如高速 SSD 存储和高性能 CPU。

```
node.roles:[data_hot]
```

（3）温数据节点

温数据节点的用途主要是保存访问频次低且很少更新的时序数据。

```
node.roles: [data_warm]
```

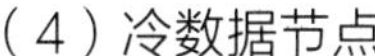
（4）冷数据节点

冷数据节点的用途主要是保存不经常访问且通常不更新的时序数据，可用于存储可搜索快照。

```
node.roles: [data_cold]
```

（5）冷冻数据节点

冷冻数据节点的用途主要是保存很少访问且从不更新的时序数据。

```
node.roles: [data_frozen]
```

注意：

1）在配置节点角色时，data_hot、data_warm、data_cold 要和 data_content 一起配置，而不要和原有的仅 data 节点角色一起配置了。

2）如果仅设置 data_hot 而不设置 data_content 节点角色，则会导致集群数据写入后无法落地。

3）data_hot、data_warm 与 data_cold 节点角色是标识性的角色，而数据实际落地存储还得靠 data_content 角色。

---

4. ingest 节点

这类节点通常执行由预处理管道组成的预处理任务，后面会专门详细解读 ingest 数据预处理过程。

```
node.roles: [ ingest ]
```

5. 仅协调节点

这类节点的作用类似于智能负载均衡器，负责路由分发请求、聚拢（或叫作收集，可理解为分发的反过程）搜索或聚合结果。

配置为空则代表仅协调节点，如下所示。

```
node.roles:[ ]
```

6. 远程节点

这类节点用于跨集群检索或跨集群复制。

```
node.roles: [ remote_cluster_client ]
```

7. 机器学习节点

机器学习节点是一类特殊类型的节点，它专门用于运行机器学习功能。它们负责运行数据分析任务，如异常检测、预测和回归等。这类节点的功能是收费的，Elasticsearch 开源版本并不提供。

```
node.roles: [ ml, remote_cluster_client]
```

8. 转换节点

转换节点是一个特殊类型的节点，负责执行数据转换任务。数据转换是指将数据从一种格式或结构转换为另一种格式或结构的过程。在 Elasticsearch 中，这通常涉及对原始数据创建新的索引，并对新索引中的数据进行汇总、分组或其他转换操作，以便更有效地进行分析和查询。

```
node.roles: [transform, remote_cluster_client]
```

9. 集群节点的 6 个实战问题

下面回答本节开始时提出的 6 个实战问题。

1）Nginx + Elasticsearch Coordinate + Elasticsearch Master + Elasticsearch Node 应该如何安装配置呢？可以只安装一个节点，然后拷贝并更改其他节点角色吗？

答：先划分节点角色。节点不多的话可以一个个手动部署（部署好一个以后，可以在其他部署中进行拷贝，再修改角色、IP 等）；节点非常多的话可以借助 Ansible 等脚本工具快速部署。

2）在 Elasticsearch 部署上，节点角色分为 m、d、i 等多种，它们在部署上各有什么优势？更推荐哪种？

答：m 代表主节点 master，d 代表数据节点 data，i 代表数据预处理节点 ingest。不同节点角色有不同的应用场景，建议根据集群规模进行综合考虑。

3）请问在写入海量数据时，应该连接什么角色的节点，是专用协调节点还是数据节点？

答：这要看节点规模和节点角色划分。如果已经有了独立协调节点，则连接独立协调节点。如果没有，则连接硬件配置较高的节点。

4）在进行节点角色的配置时，data_hot、data_warm、data_cold 等角色和早期版本中自定义的 attr 属性有区别吗？

答：新版本具有新特性，所以有区别。新的方式配置更为简洁，并且可读性强、用户体验优。

5）Elasticsearch 的角色 data、data_content、data_hot、data_warm、data_cold 之间有什么区别？

答：这涉及冷热集群架构的数据节点的分层处理机制。对于早期版本冷热集群架构中手动配置节点属性的部分，Elasticsearch 8.X 版本做了精细切分，使得数据的冷热集群管理更为高效。尤其在默认迁移自动实现机制之后，早期版本的分片分配策略手动配置（如下方代码所示）变得不再必要。

```
"allocate":{
        "include" : {
            "box_type": "hot,warm"
        }
}
```

6）Elasticsearch 8.X 的 data_content 角色是什么？它和协调节点有什么区别？

答：它们是两种完全不同的节点。data_content 属于数据节点，是永久存储数据的地方。而协调节点是用来请求路由分发、结果汇聚处理的。

划分了节点角色之后，Elasticsearch 仍然支持对早期版本的节点类型配置。

节点角色的引入是用户体验层面、功能层面的一项改进。有了节点角色，我们节点划分会更加清晰，节点使用会更加聚焦、具体。

关于节点角色和硬件配置的关系，可参考表 3-4。

表 3-4 节点角色和硬件配置的关系

角色	描述	存储	内存	计算	网络
数据节点	存储和检索数据	极高	高	高	中
主节点	管理集群状态	低	低	低	低
ingest 节点	转换输入数据	低	中	高	中
机器学习节点	机器学习	低	极高	极高	中
协调节点	请求转发和合并检索结果	低	中	中	中

3.1.5 Elasticsearch 集群核心配置解读

1. 开发模式和生产模式

默认情况下，Elasticsearch 工作在开发模式（development mode）下。在该模式下，如果配置错误，则警告信息会写入日志文件，但节点依然是能启动的。而在生产模式（production mode）下，一旦出现配置错误，节点就无法正常启动了。这本质上是一种保护机制。

开发模式和生产模式的界限在于：当修改 network.host 的默认值之后，默认的开发模式会升级为生产模式。通俗地讲，如果开发者个人搭建集群，则推荐使用开发模式；如果企业级开发环境，务必使用生产模式。

2. Linux 前置配置

说明一下：后面的部署过程都是基于 CentOS 7 云服务器平台进行的。为了实现快速部署，我们要修改如下的基础配置。

（1）修改文件描述符数目

为什么要修改该配置呢？

首先，Elasticsearch 在节点和 HTTP 客户端之间进行通信使用了大量的套接字，而套接字需要足够的文件描述符支持。

其次，在许多Linux发行版本中，每个进程默认有1024个文件描述符，这对Elasticsearch节点来说实在是太低了，何况该节点要处理数以百计的索引，所以要调大这个默认值。

那么，如何修改配置呢？

1）设置环境变量。设定同时打开文件数的最大值为65535，并使命令生效。

```
vim /etc/profile
ulimit -n 65535
source /etc/profile
```

2）修改limits.conf配置文件。在/etc/security/limits.conf增加如下内容，限制打开文件数为65535。

```
* soft nofile 65535
* hard nofile 65535
```

3）验证修改操作是否成功。切换到elastic用户，使用ulimit -a查看是否修改成功。

```
ulimit -a
```

（2）修改最大映射数量

Elasticsearch对各种文件混合使用了niofs（非阻塞文件系统）和mmapfs（内存映射文件系统），以实现对各种文件的优化处理。为了保证系统的顺畅运行，需要合理配置最大映射数量（MMP），以便有足够的虚拟内存可用于内存映射的文件。

1）一种设置方式如下。

```
sysctl -w vm.max_map_count=262144
```

2）另一种设置方式则是在/etc/sysctl.conf修改vm.max_map_count。执行sysctl -p来使修改生效。

```
[root@4ad config]# tail -f /etc/sysctl.conf
vm.max_map_count=262144
```

3. elasticsearch.yml配置文件解读

Elasticsearch集群的核心配置如表3-5所示

表3-5 Elasticsearch集群的核心配置表

配置模块	配置项目	配置含义
Cluster（集群）	cluster.name	集群名称。多个节点仅当集群名称相同时，才能组成一个集群，默认值为elasticsearch
Node（节点）	node.name	节点名称。同一个集群下多个节点的名称不同，默认值是机器的主机名
Path（路径）	path.data	数据路径。不手动指定的话，默认会在bin同级创建data目录
	path.log	日志路径。不手动指定的话，默认会在bin同级创建logs目录

（续）

配置模块	配置项目	配置含义
Memory（内存）	bootstrap.memory_lock	内存锁定。将进程地址空间锁定到内存中，防止任何Elasticsearch堆内存被换出，默认值为true
Network（网络）	network.host	节点IP地址。默认值为_local_（如回环地址：127.0.0.1），且默认为开发模式，若该默认配置被修改，则变成生产环境模式
	http.port	HTTP通信端口。客户端连接端口，默认值为9200~9299
	transport.port	节点间通信的端口，默认值为9300~9400
Discovery（发现）	discovery.seed_hosts	种子节点。节点需要配置一些种子节点，这与7.X之前版本的disvoery.zen.ping.unicast.hosts类似，一般配置集群中的全部候选主节点
	cluster.initial_master_nodes	集群引导节点。指定集群初次选举中用到的具有主节点资格的节点称为集群引导节点，只在第一次形成集群时需要

path.data配置注意事项：

1）不要修改data路径下的任何文件，手动修改会有数据损坏或丢失的风险。

2）不要尝试对数据目录进行备份，因为Elasticsearch不支持文件备份后的恢复操作。

3）使用快照snapshot命令对集群进行备份，使用restore命令进行恢复。

4）不要对数据路径进行病毒扫描，病毒扫描可能会阻止Elasticsearch工作，甚至修改数据目录内容。

4. jvm.option配置文件解读

该文件的核心配置就一处，即堆内存大小（JVM heap size），这里参见3.1.3节的配置方法即可。

3.2 Elasticsearch单节点集群与Kibana的极简部署

本节的极简部署过程选用CentOS 7云服务器平台进行部署，其他平台的部署方法与之大同小异。

3.2.1 Elasticsearch单节点集群极简部署

1）将下载的安装包拷贝到CentOS 7上待安装的路径（前提是存储空间足够），解压该安装包。

2）修改用户和用户组权限。因为Elasticsearch不支持以root账户启动，所以要做如下修改（其中8.X.Y代表具体的版本）。如果没有Elasticsearch用户，则可以通过Linux命令行useradd进行创建。

```
chown -R elasticsearch:elasticsearch elasticsearch-8.X.Y
```

3）修改 config/elasticsearch.yml 配置文件，参见 3.1.4 节的配置方法。简单起见，我们不做任何额外修改，全部使用默认值。

4）启动集群。

首先切换到 elasticsearch 账户，命令如下。

```
su elasticsearch
```

然后启动 Elasticsearch 实例，如下。

```
./bin/elasticsearch
```

启动完毕后，在命令行终端会打印出如下所示的账号、密码等安全信息。这是早期 7.X 版本所不具备的。在 7.X 版本中，Elasticsearch 安全是可选项，用户选择配置或者不配置都没有问题。而在 8.X 版本中，安全成为必选项，且 Elasticsearch 会自动配置。（下面的信息在实际应用中非常重要，建议手动备份到自己可随时访问的文件里。）

```
☑ Elasticsearch security features have been automatically configured!
☑ Authentication is enabled and cluster connections are encrypted.

i  Password for the elastic user (reset with `bin/elasticsearch-reset-password
 -u elastic`):
  kJXR_*u-IZHo882vHSxd

i  HTTP CA certificate SHA-256 fingerprint:
  67a6b70f715bbc67ec43e9f33eb6818d5bfd5e3d7ae3b91ed87825abda8928fb

i  Configure Kibana to use this cluster:
· Run Kibana and click the configuration link in the terminal when Kibana starts.
· Copy the following enrollment token and paste it into Kibana in your browser
 (valid for the next 30 minutes):
eyJ2ZXIiOiI4LjIuMiIsImFkciI6WyIxNzIuMjEuMC4xNDo5MjAwIl0sImZnciI6IjY3YTZiNzBmNzE1
  YmJjNjdlYzQzZTlmMzNlYjY4MThkNWJmZDVlM2Q3YWUzYjkxZWQ4NzgyNWFiZGE4OTI4ZmIiLCJrZX
  kiOiJjTFY1MTRFQjliY2Y2Qkd1VmVQTDpiSVBTV2h3ZFRvaUJqNzdnczIwYnFnIn0=

i  Configure other nodes to join this cluster:
· On this node:
  - Create an enrollment token with `bin/elasticsearch-create-enrollment-token
   -s node`.
  - Uncomment the transport.host setting at the end of config/elasticsearch.yml.
  - Restart Elasticsearch.
· On other nodes:
  - Start Elasticsearch with `bin/elasticsearch --enrollment-token <token>`,
   using the enrollment token that you generated.
```

启动成功之后，查看配置文件的变化，如下。

```
#---------------------- BEGIN SECURITY AUTO CONFIGURATION -----------------------
#
# The following settings, TLS certificates, and keys have been automatically
# generated to configure Elasticsearch security features on 07-07-2022 07:03:49
#
# -----------------------------------------------------------------------------

# Enable security features
  xpack.security.enabled: true
  xpack.security.enrollment.enabled: true

# Enable encryption for HTTP API client connections, such as Kibana, Logstash,
 and Agents
  xpack.security.http.ssl:
   enabled: true
   keystore.path: certs/http.p12

# Enable encryption and mutual authentication between cluster nodes
 xpack.security.transport.ssl:
   enabled: true
   verification_mode: certificate
   keystore.path: certs/transport.p12
   truststore.path: certs/transport.p12
# Create a new cluster with the current node only
# Additional nodes can still join the cluster later
  cluster.initial_master_nodes: ["VM-0-14-centos"]

# Allow HTTP API connections from anywhere
# Connections are encrypted and require user authentication
  http.host: 0.0.0.0

# Allow other nodes to join the cluster from anywhere
# Connections are encrypted and mutually authenticated
#transport.host: 0.0.0.0
```

再看配置路径 config 下的变化，发现多出了 certs 文件夹及证书等生成文件，如图 3-5 所示。

```
[root@VM-0-14-centos certs]# pwd
/www/my_elasticsearch_8/elasticsearch-8.2.2/config/certs
[root@VM-0-14-centos certs]# ls -al
总用量 32
drwxr-x--- 2 elasticsearch elasticsearch  4096 7月   7 15:03 .
drwxr-xr-x 4 elasticsearch elasticsearch  4096 7月   7 15:22 ..
-rw-rw---- 1 elasticsearch elasticsearch  1915 7月   7 15:03 http_ca.crt
-rw-rw---- 1 elasticsearch elasticsearch 10029 7月   7 15:03 http.p12
-rw-rw---- 1 elasticsearch elasticsearch  5838 7月   7 15:03 transport.p12
```

图 3-5 自动生成的安全证书文件

5）验证是否启动成功。在本地浏览器输入公网 IP 地址和端口，验证能否成功登录，如图 3-6 所示。

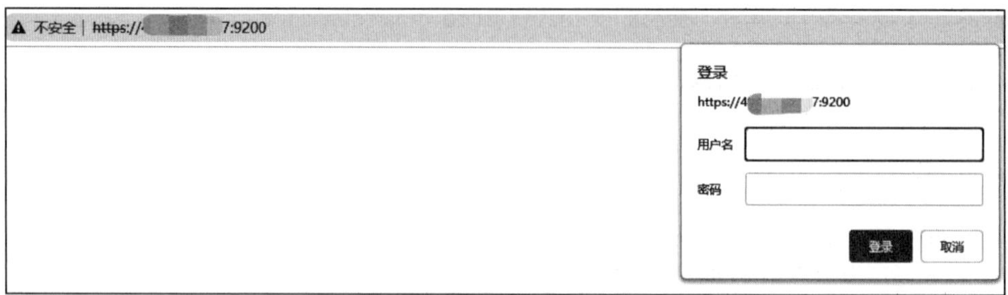

图 3-6 浏览器访问以验证是否启动成功

输入用户名“elastic”和密码“kJXR_*u-IZHo882vHSxd”（该密码来自启动 Elasticsearch 时控制台的输出信息）后，浏览器端会呈现集群基本信息，如图 3-7 所示。

```
{
  "name": "VM-0-14-centos",
  "cluster_name": "elasticsearch",
  "cluster_uuid": "RB6h8jcCQCS7UPqCVmpOAA",
  "version": {
    "number": "8.2.2",
    "build_flavor": "default",
    "build_type": "tar",
    "build_hash": "9876968ef3c745186b94fdabd4483e01499224ef",
    "build_date": "2022-05-25T15:47:06.259735307Z",
    "build_snapshot": false,
    "lucene_version": "9.1.0",
    "minimum_wire_compatibility_version": "7.17.0",
    "minimum_index_compatibility_version": "7.0.0"
  },
  "tagline": "You Know, for Search"
}
```

图 3-7 浏览器访问成功的标志

3.2.2 Kibana 极简部署

进行部署的前提是 Kibana 和 Elasticsearch 的版本一致。

1）解压安装包。

2）修改配置文件。因为要在本地通过浏览器访问云服务器，所以 IP 地址要修改为公网可以访问的地址。

```
server.host: 0.0.0.0
```

3）命令行启动，如下。

```
./bin/kibana --allow-root
```

启动后，控制台会输出如下信息。

```
./bin/kibana --allow-root
[2023-07-07T15:28:43.263+08:00][INFO ][plugins-service] Plugin
  "cloudSecurityPosture" is disabled.
......

i Kibana has not been configured.

Go to http://0.0.0.0:5601/?code=988547 to get started.
```

4）通过本地浏览器访问云端 Kibana。其中 0.0.0.0 要改成云服务器的公网 IP 地址。访问后，浏览器端会提示输入 Enrollment token，如图 3-8 所示。这个 token 也通过首次启动 Elasticsearch 时的控制台获得。

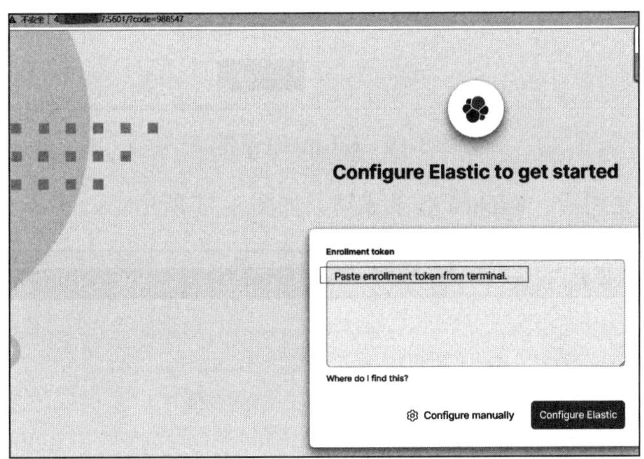

图 3-8 输入 Enrollment token

5）输入完毕，进入配置导航页，如图 3-9 所示。

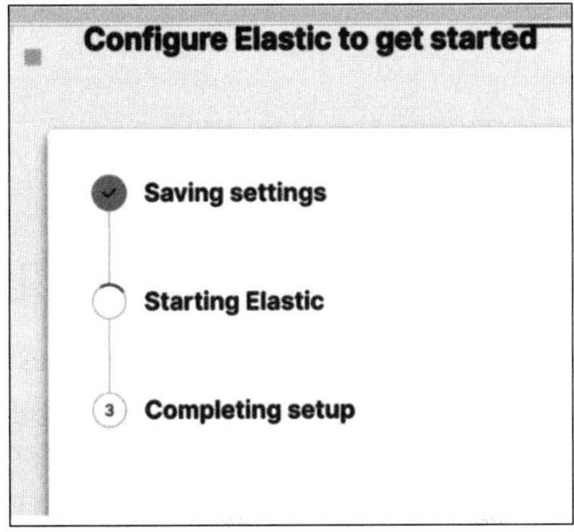

图 3-9 配置导航

6）导航完毕，进入 Kibana 登录界面，如图 3-10 所示。

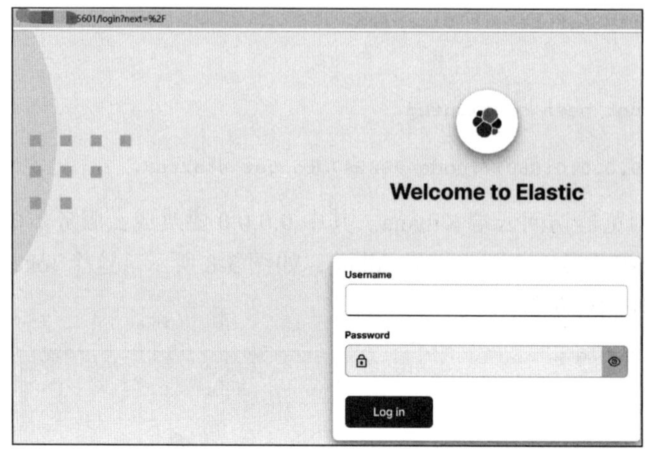

图 3-10 Kibana 登录界面

7）输入账号、密码后，Kibana 登录成功，如图 3-11 所示。

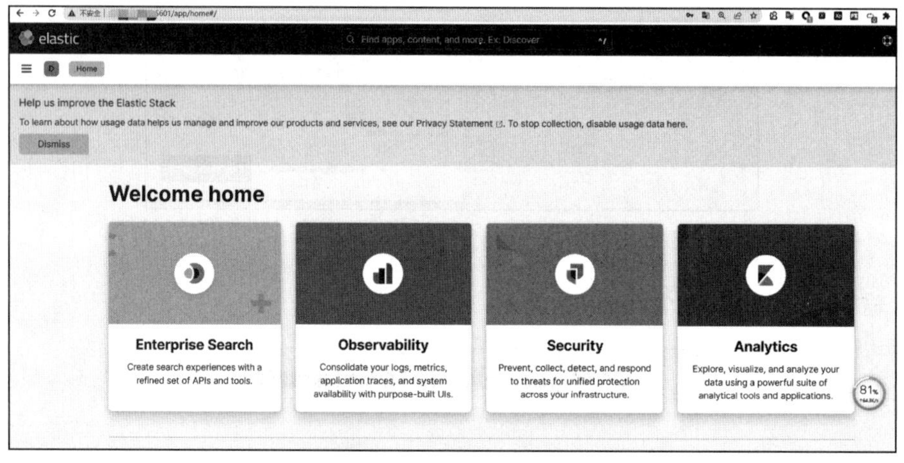

图 3-11 Kibana 首页

3.3 Elasticsearch 单节点集群与 Kibana 的自定义证书部署

在 Elasticsearch 系统中，为了保证数据安全，不同节点间的通信和数据传输通常采用 HTTPS 的加密协议。这样的设计能有效防止数据在传输过程中被窃取或篡改。同样，Elasticsearch 与 Kibana 之间的互动也使用了 HTTPS，以确保数据在交互过程中的安全性。

对于在浏览器上直接访问 Elasticsearch 的情况，也推荐使用 HTTPS，提供更安全的网络环境。而对 Kibana 的访问虽然可以采用 HTTP，但出于安全考虑，HTTPS 仍然是更佳选择。

一图胜千言，查看图 3-12，我们要怎么做就一目了然了。

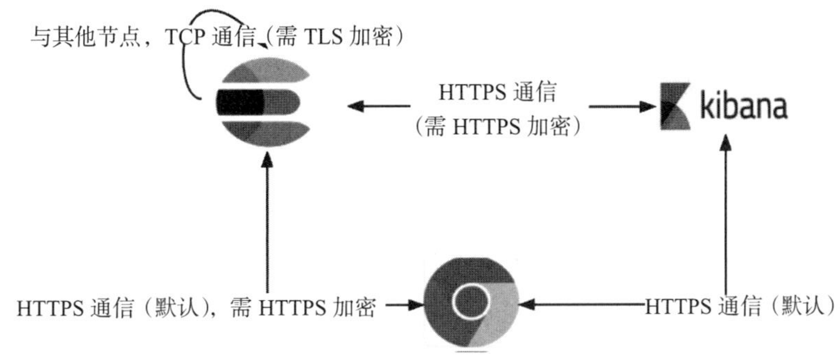

图 3-12 通信方式图示

3.3.1 Elasticsearch 单节点集群自定义证书部署

1）先以默认的安装方式完成 Elasticsearch 安全配置，参见 3.2 节。通过如下设置将 Elasticsearch 端默认的认证中心（CA）和证书改成自定义生成的，再进行 TLS（Transport Layer Security，传输层安全协议）加密通信设置。

首先，生成或创建认证中心。

```
./bin/elasticsearch-certutil ca
```

其次，借助 Elasticsearch 的证书实用程序（elasticsearch-certutil）来生成一个新的公开密钥证书。该证书由名为 elastic-stack-ca.p12 的已有证书授权实体签署，从而在 Elasticsearch 集群间确保通信流程的安全性。

```
./bin/elasticsearch-certutil cert --ca elastic-stack-ca.p12
```

然后，修改 elasticsearch.yml 的安全配置。按照业务需求来设置集群名称、节点名称，并且设置 TLS 安全加密，参考如下。

```
## 启用 SSL 以保护 Elasticsearch 节点间的通信
xpack.security.transport.ssl.enabled: true
## 设置 SSL 验证模式为证书模式
xpack.security.transport.ssl.verification_mode: certificate
## 要求客户端进行身份验证
xpack.security.transport.ssl.client_authentication: required
## 指定了证书库和信任库的路径，这里使用的是名为 elastic-certificates.p12 的证书文件
xpack.security.transport.ssl.keystore.path: elastic-certificates.p12
xpack.security.transport.ssl.truststore.path: elastic-certificates.p12
```

注意： 这些设置和自动生成的配置是一致的。如果有需要，那么只要修改认证名称就可以。

最后，将密码存储在密钥库中。如果你在创建节点证书时输入了密码，则需运行以下

命令将密码存储在 Elasticsearch 密钥库中。

```
./bin/elasticsearch-keystore add xpack.security.transport.ssl.keystore.secure_
  password
./bin/elasticsearch-keystore add xpack.security.transport.ssl.truststore.secure_
  password
```

到这里，其实 TCP 安全通信部分就配置完毕了。

如果此时启动 Elasticsearch，那么至少不会报 TLS 加密相关的错误了。但由于没有设置 HTTPS，此时启动会报 http.p12 相关的 HTTPS 认证的错误。

2）进行 HTTPS 加密通信设置。

首先，生成 HTTP 的证书。

```
./bin/elasticsearch-certutil http
```

然后，将生成的 zip 文件（即 elasticsearch-ssl-http.zip）解压缩为 elasticsearch 和 kibana 两个文件夹，如图 3-13 所示。它们分别是 Elasticsearch 端 HTTPS 的安全加密机制以及 Kibana 与 Elasticsearch 端加密通信机制所需的。

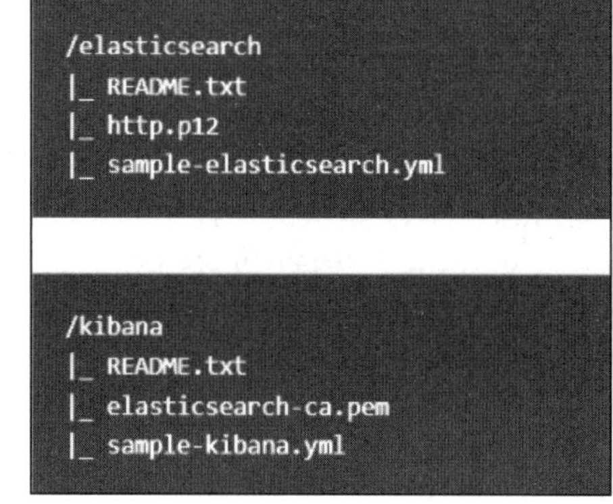

图 3-13 文件解压缩

3）在 Elasticsearch 端配置生成的 http.p12 证书。其实我们用默认生成的证书就可以，只需要把新生成的证书拷贝到指定的 config/certs 路径下。

4）将密码存储在密钥库中，如下所示。

```
./bin/elasticsearch-keystore add xpack.security.http.ssl.keystore.secure_password
```

到这里，单独启动 Elasticsearch 就没有报错了。

3.3.2 Kibana 自定义证书部署

其实图 3-14 中的 sample-kibana.yml 文件给出了详细的配置说明。要注意的是，需要将 Kibana 与 Elasticsearch 之间默认的 HTTP 通信协议改成更安全的 HTTPS。

1. 使用生成的证书

前提是将新生成的证书拷贝到 config 路径下，然后必须在 kibana.yml 文件中进行适当的配置修改，以确保系统能够正确使用这些新证书，如图 3-14 所示。

```
# ================== System: Elasticsearch ===================
# The URLs of the Elasticsearch instances to use for all your queries.
elasticsearch.hosts: ["https://172.21.0.14:9200"]
```

图 3-14 配置修改

2. 配置非 elastic 管理员账户和密码

在 Elasticsearch 7.X 版本中可以使用 elastic 账户，而 8.X 版本出于安全考虑已禁用该操作。那么，要如何获得密码呢？可以借助 reset_password 命令行工具，如图 3-15 所示。

```
[root@VM-0-14-centos bin]# ./elasticsearch-reset-password -h
warning: ignoring JAVA_HOME=/usr/jdk1.8.0_91; using bundled JDK
Resets the password of users in the native realm and built-in users.

Option (* = required)  Description
---------------------  -----------
-E <KeyValuePair>      Configure a setting
-a, --auto
-b, --batch
-f, --force            Use this option to force execution of the command
                         against a cluster that is currently unhealthy.
-h, --help             Show help
-i, --interactive
-s, --silent           Show minimal output
* -u, --username       The username of the user whose password will be reset
--url                  the URL where the elasticsearch node listens for
                         connections.
-v, --verbose          Show verbose output
```

图 3-15　reset_password 命令行工具

首先通过如下命令来自动生成密码。

```
./bin/elasticsearch-reset-password -u kibana_system
```

然后改动配置，使用自动生成的账号和密码，如图 3-16 所示。

```
# If your Elasticsearch is protected with basic authentication, these settings provide
# the username and password that the Kibana server uses to perform maintenance on the Kibana
# index at startup. Your Kibana users still need to authenticate with Elasticsearch, which
# is proxied through the Kibana server.
elasticsearch.username: "kibana_system"
elasticsearch.password: "rkPzaKnuRzmuVPtesOcr"
```

图 3-16　配置账号和密码

3. Kibana 启动完成

出现如图 3-17 所示的页面，我们可以登录 Elastic 了，即 Kibana 启动成功。

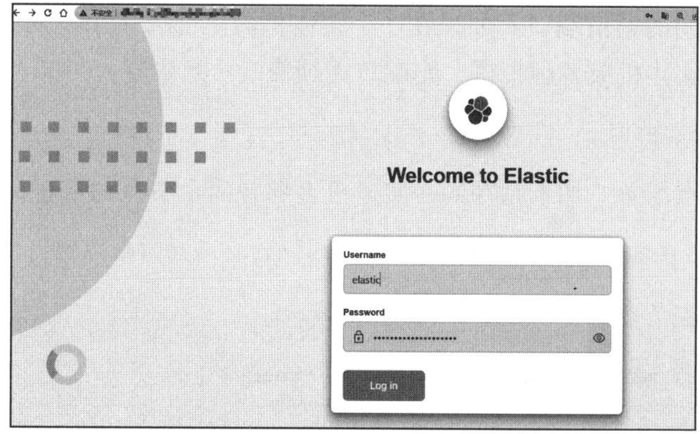

图 3-17　Kibana 启动成功

至此，Kibana 安全部署完毕。

3.4 Elasticsearch 多节点集群部署

对于 Elasticsearch 多节点集群部署，这里只介绍最简单的部署方式。前提条件是确保单节点部署没有问题，具体部署方法参见 3.2、3.3 节。

1）按照前文所说的部署方式来部署好第一个节点，并确保访问过程没有问题。

2）拷贝第一个节点的全部内容到第二个节点、第三个节点……此时要注意删除 data 目录下的全部内容，否则可能出现两个集群脑裂的现象。

3）根据业务需求，修改第二个节点、第三个节点……的配置。其中有些配置无须修改。

无须修改的配置如下。

首先是集群名称，参考如下命令。

```
cluster.name: elasticsearch
```

然后是集群安全配置部分，参考如下命令。

```
#---------------------- BEGIN SECURITY AUTO CONFIGURATION ----------------------
....
#---------------------- END SECURITY AUTO CONFIGURATION ------------------------
```

而需要修改的各个节点的配置如下。

首先是节点的名称。根据集群规划来命名，要确保每个节点的名称不一样。

```
node.name: node2
```

其次是 HTTP 通信端口。如果在一个实体机器上部署多个实例，则端口必须修改；如果有多个不同的实体机或者虚拟机，则端口无须修改（默认值：9200）。

```
http.port: 9201
```

再次是节点之间的通信端口。如果在一个实体机器上部署多个实例，则端口必须修改；如果有多个不同的实体机或者虚拟机，则端口无须修改（默认值：9300）。

```
transport.port: 9301
```

然后是种子节点配置。如下是在同一实体机上部署两个节点的配置命令，可供参考。

```
discovery.seed_hosts: ["172.21.0.14:9300", "172.21.0.14:9301"]
```

接着是初始化主节点的基础配置，如下。

```
cluster.initial_master_nodes: ["node-1", "node-2"]
```

此外还有节点角色设置。根据集群规划去设置不同的节点角色。而关于集群规划的内容则会在后面详解。

```
node.roles: [data, master]
```

4）逐一启动节点。

5）验证是否启动成功。可以借助 head 插件或者相关命令行查看集群是否构建完毕。如图 3-18 所示，这是 head 插件截图，代表有两个节点的集群部署完毕，其中 VM-0-14-centos 为选举后的主节点。

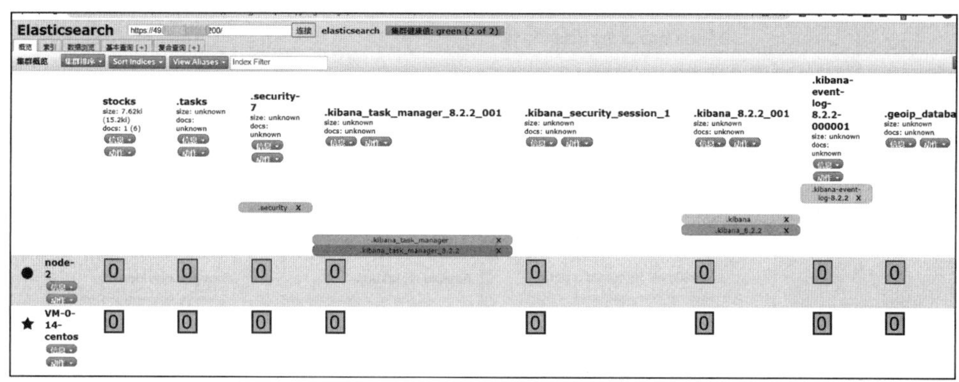

图 3-18　head 插件展示

3.5　Kibana 自带样例数据导入

集群部署完毕，接下来该导入或者使用 Kibana 自带的数据验证学习了。

1）如图 3-20 所示，点击最左侧的 elastic 图标，能看到“Try sample data”的按钮，如图 3-19 所示。

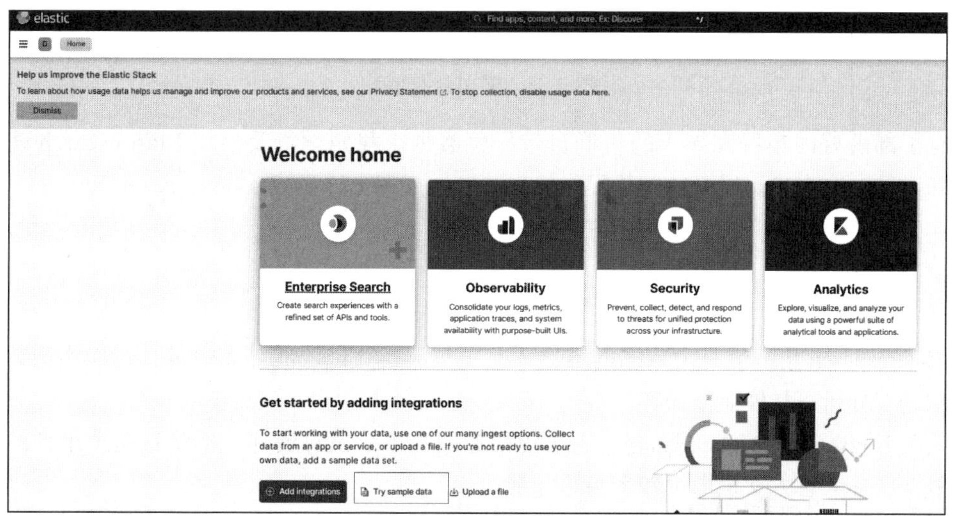

图 3-19　Kibana 首页

2）如图 3-21 所示，点击“Try sample data”按钮，进入“More ways to add data”的页面，如图 3-20 所示。该页面提供了多种方式来添加数据。

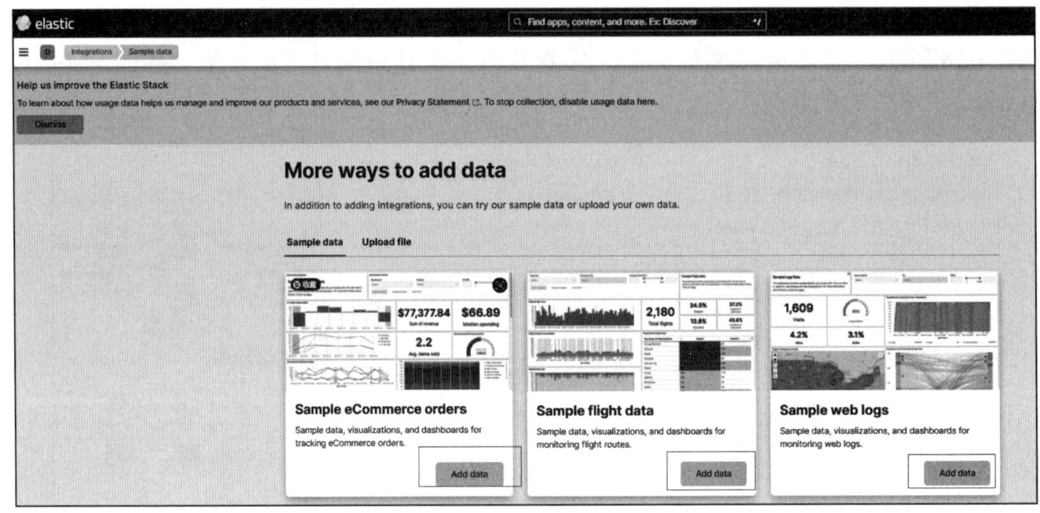

图 3-20 添加数据页面

3）点击“Add data”按钮，将数据导入 Elasticsearch。

4）在 Kibana Dev Tools 中查看索引及数据是否导入成功。在 Kibana 左侧菜单栏找到 Dev Tools，输入如下命令进行查看。返回结果如图 3-21 所示。

```
GET _cat/indices?v
```

health	status	index	uuid	pri	rep	docs.count	docs.deleted	store.size	pri.store.size
green	open	kibana_sample_data_logs	ekzbv3NqRuyntA9jzWnDFg	1	0	14074	0	9.1mb	9.1mb
green	open	kibana_sample_data_flights	CvmKwIMvS7qqEjSS2YpHqA	1	0	13059	0	6mb	6mb
green	open	kibana_sample_data_ecommerce	eAnM_sloSOatfvRDLrY3Lg	1	0	4675	0	4.2mb	4.2mb

图 3-21 索引查看结果

有了部署好的集群和导入的集群自带样例数据，我们学习及使用 Elasticsearch 就有了环境和工具，这为我们后面的实战提供了保障。

3.6 本章小结

Elasticsearch 集群就是大数据的容器，有了集群，我们才能导入数据，进而实现数据存储、检索、分析等具体业务操作。

关于 Logstash、Beats 的部署，由于篇幅原因，本章没有展开。但是这两个组件的部署并不复杂，参考官方文档即可较容易地完成。

本章小结如图 3-22 所示。

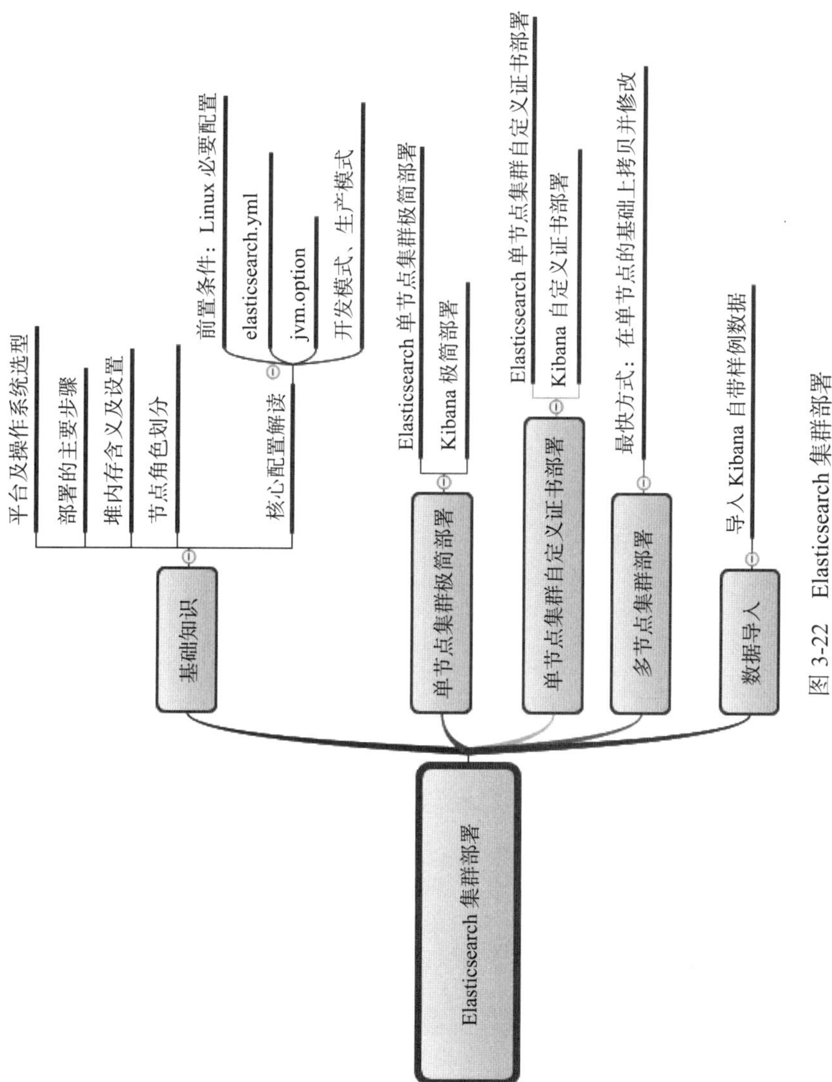

图 3-22　Elasticsearch 集群部署

第二部分 Part 2

Elasticsearch 核心技术

第二部分在第一部分的基础上，从技术层面展开讲解，主要探讨索引、映射、分词、数据预处理、文档、脚本、检索、聚合、集群、安全和运维等话题。

这一部分的目标是带领读者逐个击破Elasticsearch核心技术，夯实这些技术的基础知识，建立起对Elasticsearch技术体系的全局性认知。

Chapter 4 第4章

Elasticsearch 索引

索引是数据的载体，存储了文档和映射的信息。本章主要讲解索引的定义规范，索引的常规增、删、改、查操作，以及索引别名、索引模板等，希望大家通过本章的学习，会灵活使用索引、别名、模板来解决业务问题。

4.1 索引的定义

索引是具有相同结构的文档的集合，由唯一索引名称标定。一个集群中有多个索引，不同的索引代表不同的业务类型数据。下面列举一些应用索引的实战场景。

1）实战场景 1：将采集的不同业务类型的数据存储到不同的索引。

- 微博业务对应的索引 weibo_index。
- 新闻业务对应的索引 news_index。
- 博客业务对应的索引 blog_index。

以上 3 个索引包含的字段个数、字段名称、字段类型可能不完全一致。

2）实战场景 2：按日期切分存储日志索引。

- 2025 年 1 月的日志对应 logs_202501。
- 2025 年 3 月的日志对应 logs_202503。

以上 logs_202501、logs_202503 属于一类索引，只是考虑到日志新旧重要程度、数据量规模、索引分片大小和检索性能，按照时间维度进行了切分。

4.1.1 类比关系型数据库看索引

如前所述，索引类似于关系型数据库中的一个表，这点在业务建模的时候要格外注意。

实战中建议将不同业务类型的数据存储到不同的索引中。

在 Elasticsearch 6.X 之前的版本中，索引类似于 SQL 数据库，而 type（类型）类似于表。但 6.X 之后版本中，父子文档索引不再使用多类型机制，而改为使用 Join 类型。

Elasticsearch 早期版本的多类型机制实际上具有一定的设计瑕疵，主要体现在如下方面。

首先，字段设置的灵活性较差。在多类型设计中，如果一个索引的多个类型中存在相同的字段，那么这些字段必须具有相同的类型。

其次，这种设计可能导致数据的稀疏性问题，并可能妨碍 Lucene 的功能。具体来说，这可能会影响 Lucene 对文档存储空间进行有效压缩的能力。

Elasticsearch 关于类型设计的版本历史及规划如下。

- 从 Elasticsearch 6.0 开始，禁止新索引具有多个类型，并弃用了 default 映射。
- 从 Elasticsearch 7.0 开始，弃用 type API，引入了新的无类型 API，并移除了对 default 映射的支持。
- 从 Elasticsearch 8.0 开始，移除 type API。

4.1.2 索引定义的实现

可以借助如下命令创建名为 index_00001 的索引。

```
PUT index_00001
```

索引的命名规范如下。

- 只能使用小写字母，不能使用大写字母。
- 不能包括“\”“/”“*”“?”““”“<”“>”“|”“`”“,”“#”“:”及空格等特殊符号。
- 不能以“-”“_”“+”作为开始字符。
- 不能命名为“.”或者“..”。
- 不能超过 255 个字节。
- 不建议使用中文命名。

举几个反面例子，如下几个命名都是不允许的。

```
PUT INDEX_0002                     # 不允许！因为不能用大写字母定义索引。
PUT _index_0003                    # 不允许！因为索引名称不能以 "_" 开头。
PUT index?_0004                    # 不允许！因为索引中不能有 "?" 等特殊字符。
PUT ..                             # 不允许！因为 ".." 是不允许作为索引名称的。
PUT 索引 0006                      # 不建议！因为该格式不规范，不方便后续管理。
```

1. 索引定义

定义索引不止限于名称，同时可以指定索引设置、索引映射、索引别名等。

定义名为 hamlet-1 的索引，如下所示。

```
PUT hamlet-1
{
  "settings": {
    "number_of_shards": 2,
    "number_of_replicas": 1
  },
  "mappings": {
    "properties": {
      "cont":{
        "type":"text",
        "analyzer": "ik_max_word",
        "fields": {
          "field":{
            "type":"keyword"
          }
        }
      }
    }
  },
  "aliases": {
    "hamlet": {}
  }
}
```

在以上代码片段中，我们执行了一系列有关索引创建和配置的步骤。首先，我们定义了一个名为 hamlet-1 的索引，该索引被设定为拥有两个主分片以及一个副本分片。接下来，我们设定了映射，这是指定字段数据类型的过程，此处设置了 cont 的字段类型。最后，我们为 hamlet-1 索引设置了别名，即 hamlet。

其中，字段定义涉及两种类型：text 和 keyword。text 类型使用如 ik_max_word 中文分词器之类的分词器进行全文检索；而 keyword 类型则用于聚合、排序和精准匹配。

2. 索引设置

索引设置包含两部分核心内容。

- 静态设置（static index settings），只允许在创建索引时或者针对已关闭的索引进行设置。
- 指动态设置（dynamic index settings），可以借助更新设置（update settings) 的方式进行动态更新，更新后立即生效。

静态设置实战场景举例如下。

设置主分片大小的参数是 index.number_of_shards，只在创建索引时生效，不支持动态修改。默认主分片大小为 1，且每个索引的分片数量上限默认为 1024。此限制是一个安全限制，可防止索引分片数过多导致集群不稳定。

对此提出一道思考题：在业务层面扩充节点后确实需要扩展主分片数，该怎么办？

答案：在非业务核心时间通过 reindex 操作迁移实现。（关于 reindex 操作，后面会展开讲解。）

动态设置的实战场景举例如下。

1）设置副本数参数为 index.number_of_replicas，可以动态修改。

```
PUT news_index/_settings
{
  "number_of_replicas": 3
}
```

2）设置刷新频率参数为 index.refresh_interval，可以动态修改。

```
PUT news_index/_settings
{
  "refresh_interval": "1s"
}
```

默认刷新频率参数值为 1s，即每秒刷新一次。这 1s 决定了 Elasticsearch 是近实时的搜索引擎，而非准实时搜索引擎。如果业务层面对实时性的要求不高，可以考虑将该值调大。因为如果采用 1s，则每秒都会生成一个新的分段，会影响写入性能。

3）max_result_window 是 Elasticsearch 中的一个设置参数，用于控制搜索结果的最大窗口的大小。默认情况下，max_result_window 的值为 10000。这意味着在分页搜索时最多可以返回 10000 条数据。如果每页可显示 10 条数据，那么最多可以翻到 1000 页。

在某些情况下，可能需要处理比默认值更大的数据集。在这种情况下，可以通过更新索引设置来动态修改 max_result_window 的值。以下是一个示例，展示了如何使用 PUT 请求更新名为 news_index 的索引的 max_result_window 设置。

```
PUT news_index/_settings
{
  "max_result_window": 50000
}
```

上述命令将 max_result_window 的值设置为 50000。此时如果每页显示 10 条数据，则可以最多翻到 5000 页。

注意：

增大 max_result_window 的值可能会对 Elasticsearch 集群的性能产生影响，尤其是在处理大量数据时。因此，在根据实际需求调整此参数时，要权衡性能和查询范围之间的关系。如果需要遍历大量数据，则建议使用 scroll API 或 search_after 参数，以更高效地进行处理。

---

3. 索引映射和别名

可以将索引映射理解成 MySQL 中的表结构 Schema。因为这个概念太重要，所以后面会专门用一章来解读。

索引映射包括如下主要内容。

- 字段名称。
- 字段类型。
- 分词器选择。
- 其他精准设置，如 coerce、fielddata、doc_values 等。

索引别名所起的作用类似于 windows 系统的桌面快捷方式、Linux 系统的软链接、MySQL 的视图。对这个概念，4.3 节会展开解读，这里进行如下提示。

- 一个索引可以创建多个别名。
- 一个别名也可以指向多个索引。

4.2 索引操作

索引的操作除了增、删、改、查外，还有 reindex 数据迁移等，下面对此进行讲解。

4.2.1 新增 / 创建索引

新增 / 创建索引一般有两种常见方式。

- 方式一：详细定义索引设置、映射、别名。
- 方式二：只定义索引名，而 settings、mappings 取默认值，如下所示。

```
PUT myindex
```

通过 GET myindex 命令获取索引详情信息如下。

- aliases 默认为空。
- mappings 默认为空。
- 在 settings 中，主分片默认为 1，副本分片默认为 1。

```
{
  "myindex" : {
    "aliases" : { },
    "mappings" : { },
    "settings" : {
      "index" : {
        "creation_date" : "1584173126147",
        "number_of_shards" : "1",
        "number_of_replicas" : "1",
        "uuid" : "auutu_XeS9acPJt_aydHMg",
        "version" : {
          "created" : "7020099"
        },
        "provided_name" : "myindex"
      }
```

```
      }
    }
  }
```

4.2.2　删除索引

实战中会遇到这样的问题：已经在 myindex 中写入了上亿条数据，此时却想清空数据，应该怎么办?

此时有如下两种备选方式。

- 方式一：删除索引。

```
DELETE myindex
```

- 方式二：结合 delete_by_query 和 match_all 实现清空，还能保留索引。

```
POST my_index/_delete_by_query
{
  "query":{
    "match_all":{}
  }
}
```

但是切记：实战中一定要选择方式一！这是为什么呢?

- 方式一为物理删除，效率更高、更快；方式二为逻辑删除。
- 方式一立马能释放磁盘空间；方式二不会立即释放磁盘空间。

使用 DELETE 命令可以从索引层面删除索引及数据，并释放空间。而使用 delete_by_query 命令是通过查询来删除数据的，数据不会立即被删除，而是形成新的数据分段，待段合并时才能被物理删除。

4.2.3　修改索引

在索引创建之后，虽然其名称不能直接修改，但是我们仍然可以进行以下操作以适应变化的需求。

- 为已有索引添加别名。
- 动态更新索引的 settings 部分，参见 4.1.2 节的实现过程。
- 动态更新索引的部分 mapping 字段信息，后面会展开讲解。

另外，如果创建索引的时候没有指定别名，那么可以通过如下方式添加别名。

```
POST /_aliases
{
  "actions": [
    {
      "add": {
        "index": "myindex",
```

```
        "alias": "myindex_alias"
      }
    }
  ]
}
```

4.2.4 查询索引

GET myindex 是一个请求，旨在获取名为 myindex 的索引的基础信息。这样的操作只涉及对索引的查询，不会对索引进行修改。

```
GET myindex
```

若加上 _search，则获取的是在该索引下的数据的信息。

```
GET myindex/_search
```

关于查询的详细实现方式，会在后面关于检索的部分展开全面解读。

4.3 索引别名

Elasitcsearch 创建索引后，就不允许改索引名了。而在很多业务场景下，单一索引可能无法满足要求，举例如下。

- 场景 1：面对 PB 级别的增量数据，对外提供服务的是基于日期切分的 *n* 个不同索引，每次检索都要指定数十个甚至数百个索引，非常麻烦。
- 场景 2：线上提供服务的某个索引设计不合理，比如某字段分词定义不准确，那么如何保证对外提供服务不停止，也就是在不更改业务代码的前提下更换索引？

这两个真实业务场景问题都可以借助索引别名来解决。在很多实际业务场景中，使用别名会很方便、灵活、快捷，且使业务代码松耦合。

4.3.1 别名的定义

索引别名可以指向一个或多个索引，并且可以在任何需要索引名称的 API 中使用。别名提供了极大的灵活性，它允许用户执行以下操作。

- 在正在运行的集群上的一个索引和另一个索引之间进行透明切换。
- 对多个索引进行分组组合（例如 last_three_months 的索引别名就是对过去 3 个月的索引 logstash_202303、logstash_202304、logstash_202305 进行的组合）。
- 在索引中的文档子集上创建“视图”，结合业务场景，缩小了检索范围，自然会提升检索效率。

对于索引别名的定义，我们可借助图 4-1 来进行理解。

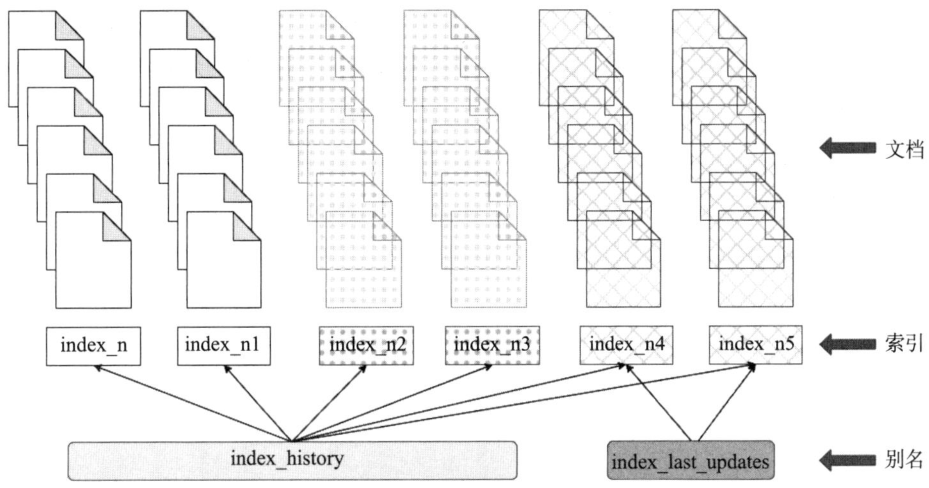

图 4-1　索引别名示意图

从图中可知，index_history 别名对应 index_n、index_n1、index_n2、index_n3、index_n4、index_n5 索引，而 index_last_updates 别名对应 index_n4、index_n5 索引。

4.3.2　别名的实现

1. 为索引或模板指定别名

创建索引的时候可以指定别名，命令如下。

```
PUT myindex
{
  "aliases": {
    "myindex_alias": {}
  },
  "settings": {
    "refresh_interval": "30s",
    "number_of_shards": 1,
    "number_of_replicas": 0
  }
}
```

2. 多索引检索的实现方案

基于别名产生的背景，我们进一步探讨如何实现多索引检索。

- 方式一：使用逗号对多个索引名称进行分隔。

```
POST visitor_logs_202301,visitor_logs_202302/_search
```

- 方式二：使用通配符进行多索引检索。

```
POST visitor_logs_*/_search
```

有了索引别名后，上述操作会变得更加简洁。实战中，我们不需要知道操作的实际索引名称，就可以透明地更改别名使用的索引，而不会影响使用别名的用户。

1）使别名关联已有索引，如下所示。

```
PUT visitor_logs_202301
PUT visitor_logs_202302

POST /_aliases
{
  "actions": [
    {
      "add": {
        "index": "visitor_logs_202301",
        "alias": "visitor_logs"
      }
    },
    {
      "add": {
        "index": "visitor_logs_202302",
        "alias": "visitor_logs"
      }
    }
  ]
}
```

2）使用别名进行检索。如下所示，两个索引 visitor_logs_202301 和 visitor_logs_202302 的别名都是 visitor_logs。针对 visitor_logs 执行搜索时，Elasticsearch 会自动把这个搜索操作应用到上述两个索引上。

```
POST visitor_logs/_search
```

4.3.3 别名应用的常见问题

1）Elasticsearch 批量插入操作可以使用别名实现吗？

答案是“不可以”。举例如下。

首先对别名插入数据。

```
POST visitor_logs/_bulk
{"index":{}}
{"title":"001"}
```

报错如下。

```
 "error" : {
          "type" : "illegal_argument_exception",
          "reason" : "no write index is defined for alias [visitor_logs]. The
            write index may be explicitly disabled using is_write_index=false or
```

```
            the alias points to multiple indices without one being designated as
            a write index"
        }
```

如果非要指定别名来插入数据，则需要提前设置 is_write_index。也就是说，在添加别名的时候就指定待写入的索引名称。具体实现方法如下所示。

```
POST /_aliases
{
  "actions": [
    {
      "add": {
        "index": "visitor_logs_202302",
        "alias": "visitor_logs",
        "is_write_index": true
      }
    }
  ]
}
POST visitor_logs/_bulk
{"index":{}}
{"title":"001"}
```

这样再指定别名批量写入数据，就不会报错。

2）Elasticsearch 怎么获取所有别名信息？

转换一下该问题，也就是说，如何通过索引别名查找实际索引名称。

对此，实现如下。

```
GET _cat/aliases?v
```

返回信息如下。

```
alias         index               filter routing.index routing.search is_write_index
visitor_logs  visitor_logs_202301 -      -             -              -
mydata        mydata001           -      -             -              -
my-alias      test-000002         -      -             -              true
```

3）使用别名和基于索引的检索效率一样吗？

若索引和别名指向相同，则在相同检索条件下的检索效率是一致的，因为索引别名只是物理索引的软链接的名称而已。

实战中，很多工程师在开发中后期才发现索引别名的妙处。正如前文所说，别名能进行高效的索引管理，能进行索引数据修改或更新操作并确保用户无感知。

注意：

1）对相同索引别名的物理索引建议有一致的映射，以提升检索效率。

2）推荐充分发挥索引别名在检索方面的优势，但在写入和更新时还得使用物理索引。

4.4 索引模板

来看两个常见的业务场景问题。

- 问题 1：数据量非常大，需要进行索引生命周期管理，具体要按日期划分索引，且要求多个索引的 Mapping 一致，而每次手动创建或者脚本创建都很麻烦，怎么办？
- 问题 2：实际业务中应用了多个索引，想让这些索引中相同名字的字段类型完全一致，以便实现跨索引检索，怎么办？

思考上面两个问题，我们会发现传统方式不能解决多索引的快速定义和高效管理等问题。因此，索引模板应运而生。

在百度百科中，“模板”一词的解释为“模板，或称样板、范本，通常指具有固定内容、可构建多个不同实例的可重用样板”。而 Elasticsearch 索引模板是指在创建新索引时自动套用的模板，我们来一探究竟。

4.4.1 索引模板的定义

Elasticsearch 7.8 及之后版本支持两种定义模板的方式，可简记为普通模板定义方式和组件模板新增 / 创建方式。

普通模板定义方式如下所示。

```
PUT _index_template/template_1
{
  "index_patterns": [
    "te*",
    "bar*"
  ],
  "template": {
    "aliases": {
      "alias1": {}
    },
    "settings": {
      "number_of_shards": 1
    },
    "mappings": {
      "_source": {
        "enabled": false
      },
      "properties": {
        "host_name": {
          "type": "keyword"
        },
        "created_at": {
          "type": "date",
          "format": "EEE MMM dd HH:mm:ss Z yyyy"
        }
      }
    }
```

```
  }
}
```

其中，index_patterns 表示要匹配的索引集合，而 template 是一个综合体，包含 settings（配置索引的各项参数）、mappings（定义字段如何被索引和存储以满足特定查询需求）以及 aliases（作为实际索引的别名，便于执行查询、更新和删除操作）等部分。这里的 settings 指索引层面的设置，包括但不限于对分片数（number_of_shards）、副本数（number_of_replicas）、刷新频率（refresh_interval）的设置。

而组件模板的核心在于将原有普通模板定义的 mappings、settings 等以组件的方式分隔，以便最小化更新模板。

组件模板定义方式如下所示。

```
PUT _component_template/component_mapping_template
{
  "template": {
    "mappings": {
      "properties": {
        "@timestamp": {
          "type": "date"
        },
        "host_name": {
          "type": "keyword"
        },
        "created_at": {
          "type": "date",
          "format": "EEE MMM dd HH:mm:ss Z yyyy"
        }
      }
    }
  }
}

PUT _component_template/component_settings_template
{
  "template": {
    "settings": {
      "number_of_shards": 3
    },
     "aliases": {
      "mydata": { }
    }
  }
}

PUT _index_template/mydata_template
{
  "index_patterns": [
    "mydata*"
  ],
```

```
  "priority": 500,
  "composed_of": [
    "component_mapping_template",
    "component_settings_template"
  ],
  "version": 1,
  "_meta": {
    "description": "my custom template"
  }
}
```

由上可知，模板名称为 mydata_template，包含两个核心组件——component_mapping_template、component_settings_template。

component_mapping_template 组件模板实现了映射的定义，component_settings_template 实现了设置和别名的定义。当业务层面需要更新映射时，只需要更新 component_mapping_template 组件模板即可，改动范围更小、操作更精细化。

4.4.2 索引模板的基础操作

（1）新增 / 创建模板

该操作的具体内容参考 4.4.1 节，代码如下。

```
PUT _index_template/template_1
```

（2）删除模板

删除的命令如下。

```
DELETE _index_template/template_1
```

（3）修改模板

按照 4.4.1 节的两种创建模板的方式修改模板则会生成具有相同名称的新模板，并会覆盖原来的模板。而新模板只对新创建的索引生效，对历史索引不起作用。

（4）查询模板

查询的命令如下。

```
GET _index_template/template_1
```

4.4.3 动态模板实战

模板和映射下的动态模板（dynamic_templates）结合，就相当于“放大招”。下面直接用实战例子来说明。

分析需求如下。

- 需求 1：如果默认不显式指定映射，则数值类型的值会被映射为 long 类型，但实际业务数值都比较小，可能会有存储浪费，需要将默认值改成 integer。
- 需求 2：date_* 开头的字符将统一匹配为 date 日期类型。

实战代码如下。

```
PUT _index_template/sample_dynamic_template
{
  "index_patterns": [
    "sample*"
  ],
  "template": {
    "mappings": {
      "dynamic_templates": [
        {
          "handle_integers": {
            "match_mapping_type": "long",
            "mapping": {
              "type": "integer"
            }
          }
        },
        {
          "handle_date": {
            "match": "date_*",
            "mapping": {
              "type": "date"
            }
          }
        }
      ]
    }
  }
}
```

上述代码的核心部分的解读如下。

- index_patterns：对应待匹配的、以“sample 前缀”定义的索引。
- handle_integers、handle_date：动态模板的名字，非系统指定，用户可自己定义。
- match_mapping_type：被匹配的、待重新指定的源数据类型。
- match：匹配字段类型。

整个操作的核心是将默认的 long 类型映射为 integer 类型，将以 date_* 为前缀的字段映射为 date 类型。导入数据再查看映射，会发现结果符合设置预期。

```
DELETE sampleindex
PUT sampleindex/_doc/1
{
  "ivalue":123,
  "date_curtime":"1574494620000"
}

GET sampleindex/_mapping
```

注意:

动态模板的功能非常强大,本书未全部展开讲解,建议参考官方文档深入学习。在企业级实战中不确定字段名称、不确定字段类型的场景下,借助动态模板来灵活设置字段就显得尤为必要。

4.4.4 索引模板应用的常见问题

1)模板和索引在应用上的区别是什么?

索引针对的是单一索引,类似 MySQL 中的一个表。而模板针对一个或多个索引,或者说是针对具有相同表结构的一类索引。

2)如果想更新映射,那么可以通过更新模板来实现吗?

首先需要建立这样一个认知前提:一旦创建了映射,除几个特定的类型以外,其他类型都不支持更新,除非进行 reindex 操作。

所以,一旦创建了索引,对索引模板的更新将不会影响该索引。更新模板仅适用于新创建的索引。更新为动态模板仅会影响索引中的新字段。

在企业级实战中,我们会发现索引模板是一个很高效的工具,可全局设置多个索引且批量生效,避免不必要的重复工作。

相比之下,映射和别名的优势如下。

- 映射有助于我们保持数据库结构的一致性,并为我们提供了丰富的 Elasticsearch 数据类型以及更复杂的自定义类型。
- 别名对于在无须中断服务的情况下尽可能完成索引切换起到重要作用。

因此,当我们新系统准备选择 Elasticsearch 存储核心数据时,需要优先注意数据建模,并且在数据建模的过程中要综合考虑模板、别名、映射、设置的优势,才能保证模型的健壮性。

注意:

1)实战业务中如果数据量非常大,则推荐先创建模板并指定好别名,再基于模板创建索引。

2)索引设置一定要区分静态和动态设置,其中静态值要在业务建模阶段提前规划好。

4.5 本章小结

本章主要讲解了索引的概念、作用,以及如何创建、管理和使用索引。本章还涵盖了如何执行常见的索引操作,例如创建、删除、更新和查询索引。

索引的重要性不容小觑,有了索引,数据才有了“归宿”。如果业务规模足够大,导致数据的全量基数大且增量非常显著,则推荐优先使用索引模板和别名来管理索引。

本章小结如图 4-2 所示。

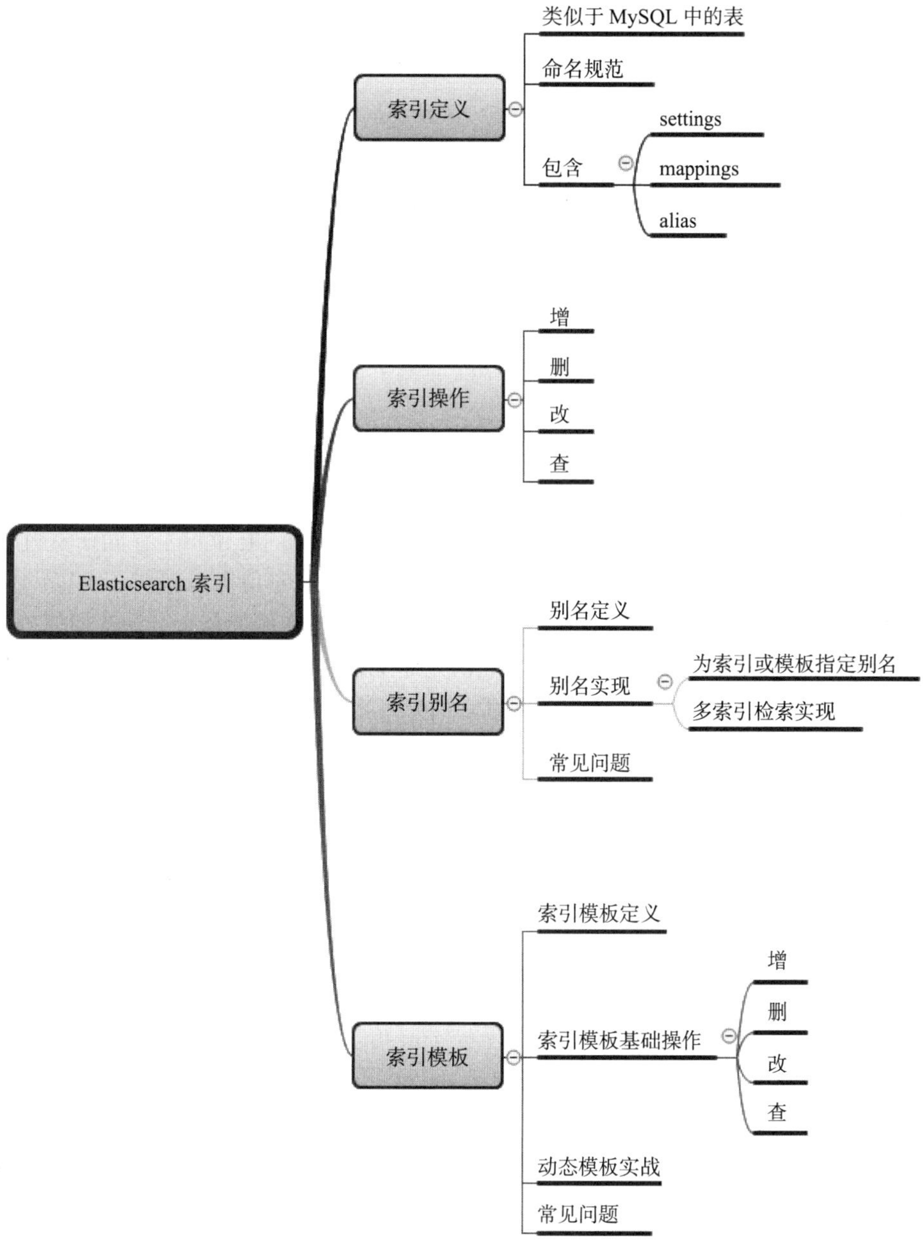

图 4-2　Elasticsearch 索引

Chapter 5 第5章

Elasticsearch 映射

Elasticsearch 映射是一种将数据结构与索引相关联的机制。它指定了存储在索引中的文档的字段类型和其他属性，例如是否为必需字段、是否允许空值等。映射还可以设置数据类型（例如字符串、整数、日期等），以及设置如何处理数据（例如是否分词或如何分词）。

Elasticsearch 映射是非常重要的，因为它决定了如何存储数据，以及如何处理搜索和分析请求。如果映射不正确，则可能会导致搜索结果不准确，或者查询性能变差。因此，确保映射的正确性、合理性、可扩展性就显得越发重要。

5.1 映射的定义

5.1.1 认识映射

映射类似于关系型数据库中的 Schema（模式）。Schema 在关系型数据库中是指库表包含的字段及字段存储类型等基础信息。

Elasticsearch 映射描述了文档可能具有的字段、属性、每个字段的数据类型，以及 Lucene 是如何索引和存储这些字段的。

例如，使用映射定义哪些字符串字段应设置为全文检索字段类型，哪些字段包含数字、日期或地理位置，字段的日期格式，以及如何自定义规则来动态添加字段。

映射定义由两部分组成：元字段、数据类型字段。

下面我们将深入细节，对映射进行详细解读，帮助大家建立全面认知。如果你对这部分内容已非常熟悉，则可以跳过阅读后面内容。

5.1.2 元字段

元字段用于自定义关于处理文档的相关元数据。元字段包括文档的 index、id 和 source 等。各种元字段都以一个下划线开头，例如 _id 和 _source。

常见元字段类型如下。

（1）标识元字段

- _index：表示文档所属的索引。
- _id：表示文档的 ID。

（2）文档源元字段

- _source：表示代表文档正文的原始 JSON 对象。
- _size：表示 source 字段的大小（以字节为单位）。

（3）索引元字段

- _field_names：表示给定文档中包含非空值的所有字段。
- _ignored：表示由于设置 ignore_malformed 而在索引时被忽略的字段。

（4）路由元字段

- _routing：用于将给定文档路由到指定的分片。

（5）其他元字段

- _meta：表示应用程序特定的元数据，通俗地解读为可用于给索引加必要注释信息。
- _tier：指定文档所属索引的数据层级别，如在查询文档时可以指定 data_hot、data_warm、data_cold 等。

5.1.3 数据类型

Elasticsearch 的文档支持多种数据类型。

1. 基本数据类型

这是指大多数系统都支持的基本数据类型，举例如下。

- binary：编码为 Base64 字符串的二进制类型。
- boolean：仅支持 true 和 false 的布尔类型。
- keyword：支持精准匹配的 keyword 类型、const_keyword 类型和 wildcard 类型。
- number：数值类型，如 integer、long、float、double 等。
- date：日期类型，包括 date 和 date_nanos。
- alias：别名类型，区别于索引别名，此处的别名是字段级别的别名。
- text：全文检索类型。

2. 复杂数据类型

复杂数据类型是常见数据类型的组合，举例如下。

- 数组类型：Array。
- JSON 对象类型：Object。
- 嵌套数据类型：Nested。
- 父子关联类型：Join。
- Flattened 类型：将原来一个复杂的 Object 或者 Nested 嵌套多字段类型统一映射为扁平的单字段类型。

注意：

1）严格来讲，Elasticsearch 无专门的数组类型。

2）任何类型都可以包含一个或者多个元素，当数据包含多个元素的时候，它就是数组类型。

3）数组类型要求一个组内的数据类型一致。

举例如下。

```
#### 数组定义
PUT my_index_0501/_doc/1
{
  "media_array": [
    " 新闻 ",
    " 论坛 ",
    " 博客 ",
    " 电子报 "
  ],
  "users_array": [
    {
      "name": "Mary",
      "age": 12
    },
    {
      "name": "John",
      "age": 10
    }
  ],
  "size_array": [
    0,
    50,
    100
  ]
}
```

在上述示例中，定义了如下 3 种数组类型。

- media_array：媒体分类数组，数组元素是字符串类型。
- users_array：个人信息数组，数组元素是 Object 类型。
- size_array：规模数组，数组元素是 long 类型。

3. 专用数据类型

- 坐标数据类型：用于保存地理位置详细信息，例如表示经纬度信息的 geo_point 数据类型。
- IP 类型：表示 IPV4 或 IPV6 地址。
- completion 类型：是 Elasticsearch 中的一种专用字段类型，旨在实现高效的自动补全功能。该类型的设计理念在于快速查找和返回符合查询条件的建议，从而实现如搜索框自动补全等交互性强的功能，极大提升用户体验。

4. 多字段类型

多字段类型即 multi_fields，对此举例说明。

```
#### 多字段类型
PUT my_index_0502
{
  "mappings": {
    "properties": {
      "cont": {
        "type": "text",
        "analyzer": "english",
        "fields": {
          "keyword": {
            "type": "keyword"
          },
          "stand": {
            "type": "text",
            "analyzer": "standard"
          }
        }
      }
    }
  }
}
```

上述代码示例中定义了类型 cont，使用 english 分词器，基于英文关键词全文检索。同时该代码为 cont 定义了两个扩展类型：keyword，用于精准匹配；standard，用于全文检索。

在公司项目中进行实战时，我们往往对需要全文检索的字段设置 text 类型，并且指定中文分词器。同时，若该字段支持聚合、排序等操作，则仍需要设置 keyword 类型。举例如下。

```
#### 多字段类型的应用
PUT my_index_0503
{
  "mappings": {
    "properties": {
      "title": {
        "type": "text",
```

```
          "analyzer": "ik_max_word",
          "fields": {
            "keyword": {
              "type": "keyword"
            }
          }
        }
      }
    }
  }
```

Elasticsearch 中的多字段类型功能允许用户对单个文档字段设定多种不同的数据类型，以满足不同查询需求。这提高了搜索引擎的灵活性，使其能够根据不同场景为相同字段生成多种数据类型。

5.1.4 映射类型

实战问题 1：我们通过 Logstash 同步 MySQL 数据到 Elasticsearch 的时候，不在 Elasticsearch 中做任何映射操作也能写入数据，为什么？

实战问题 2：在如下创建新索引的操作中，为什么明明没有定义，也能提交成功？

```
#### 创建索引
PUT my_index_0504/_bulk
{"index":{"_id":1}}
{"cont":"Each document has metadata associated with it","visit_
  count":35,"publish_time":"2023-05-20T18:00:00"}
```

这两个问题会颠覆我们对传统关系型数据库的认知。在关系型数据库（如 Oracle、MySQL、PostgreSQL）中，我们必须先创建库表，再在表中指定字段类型，然后才能创建表，而后才能插入数据。但 Elasticsearch 不需要，这里就引出了一个概念——动态映射。

1. 动态映射

动态映射是 Elasticsearch 映射中的最重要功能之一。它试图摆脱束缚，让用户尽快开始探索数据。动态映射的核心是在自动检测字段类型后添加新字段。

哪些字段类型支持动态检测呢？答：boolean 类型、float 类型、long 类型、Object 类型、Array 类型、date 类型、字符串类型。除此之外的类型是不支持动态检测匹配的，会适配为 text 类型。

动态映射的弊端是什么呢？

1）字段匹配不准确，如将 date 类型匹配为 keyword 类型。

举例如下。

```
#### 字段匹配不正确
DELETE my_index_0505
PUT my_index_0505/_doc/1
```

```
{
  "create_date": "2020-12-26 12:00:00"
}
GET my_index_0505/_mapping
```

获取映射发现，create_date 是 text 和 keyword 组合类型，不是我们期望的 date 类型。那么如何解决呢？方案如下（需要提前设置匹配规则）。

```
#### 提前设置匹配规则
DELETE my_index_0505
PUT my_index_0505
{
  "mappings": {
    "dynamic_date_formats": ["yyyy-MM-dd HH:mm:ss"]
  }
}
PUT my_index_0505/_doc/1
{
  "create_date": "2020-12-26 12:00:00"
}
GET my_index_0505/_mapping
```

2）字段匹配不精准，可能不是用户期望的。

举例：用户期望 text 类型支持 ik 中文分词，但默认的是 standard 标准分词器。对此当然也有解决方案，可借助动态模板实现。

3）占据多余的存储空间。

举例：string 类型匹配为 text 和 keyword 两种类型，但实际用户极有可能只期望排序和聚合的 keyword 类型，或者只需要存储 text 类型，如网页正文内容只需要全文检索，不需要排序和聚合操作。

4）映射可能错误泛滥。

不小心写错查询语句，由于使用了 PUT 操作，导致映射变得非常混乱。

2. 静态映射

官方也将静态映射称作显式映射。静态映射类似于关系型数据库 MySQL。我们在数据建模前，需要明确文档中各个字段的类型。如何严格禁止动态添加字段或者忽略动态添加字段呢？这些都是静态映射要解决的问题。

对于该场景，可以将 dynamic 参数设置为 false（表示忽略新字段），或者将 dynamic 参数设置为 strict（表示如果遇到未知字段，则引发异常）。

例如，在 "dynamic":false 后，cont 字段可以写入，但不能被检索。

```
#### 创建索引，指定dynamic 为 false
PUT my_index_0506
{
  "mappings": {
```

```
    "dynamic": false,
    "properties": {
      "user": {
        "properties": {
          "name": {
            "type": "text"
          },
          "social_networks": {
            "dynamic": true,
            "properties": {}
          }
        }
      }
    }
  }
}

#### 数据可以写入成功
PUT my_index_0506/_doc/1
{
  "cont": "Each document has metadata associated"
}

#### 检索不能找回数据，核心原因在于 cont 是未映射字段
POST my_index_0506/_search
{
  "profile": true,
  "query": {
    "match": {
      "cont": "document"
    }
  }
}

#### 可以返回结果
GET my_index_0506/_doc/1

#### mapping 中并没有 cont
GET my_index_0506/_mapping
```

代码中 "profile":true 辅助我们看到底层的检索逻辑，而不能召回数据的核心原因在于 cont 是未映射的字段。

```
 "type" : "MatchNoDocsQuery",
               "description" : """MatchNoDocsQuery("unmapped fields [cont]")""",
```

如果 "dynamic": "strict"，那么写入映射中未定义的字段会怎么样呢？

```
#### dynamic 设置为 strict
DELETE my_index_0507
PUT my_index_0507
```

```
{
  "mappings": {
    "dynamic": "strict",
    "properties": {
      "user": {
        "properties": {
          "name": {
            "type": "text"
          },
          "social_networks": {
            "dynamic": true,
            "properties": {}
          }
        }
      }
    }
  }
}

#### 数据写入失败
PUT my_index_0507/_doc/1
{
  "cont": "Each document has metadata associated"
}
```

我们发现写入操作会直接报错，如下所示。将映射的dynamic属性设置为strict后，是不允许写入未定义过的字段的。

```
{
  "error" : {
    "root_cause" : [
      {
        "type" : "strict_dynamic_mapping_exception",
        "reason" : "mapping set to strict, dynamic introduction of [cont] within [_
          doc] is not allowed"
      }
    ],
...  },
  "status" : 400
}
```

5.1.5 实战：映射创建后还可以更新吗

官方文档强调已经定义的字段在大多数情况下不能更新，除非通过reindex操作来更新映射。但以下3种情况例外。

- Object对象可以添加新的属性。
- 在已经存在的字段里面可以添加fields，以构成一个字段多种类型。
- ignore_above是可以更新的。

对此，实战验证如下。

```
#### 创建索引，验证映射更新
PUT my_index_0508
{
  "mappings": {
    "properties": {
      "name": {
        "properties": {
          "first": {
            "type": "text"
          }
        }
      },
      "user_id": {
        "type": "keyword"
      }
    }
  }
}
```

更新映射的操作如下所示。

```
#### 映射是可以更新成功的
PUT my_index_0508/_mapping
{
  "properties": {
    "name": {
      "properties": {
        "first": {
          "type": "text",
          "fields": {
            "field": {
              "type": "keyword"
            }
          }
        },
        "last": {
          "type": "text"
        }
      }
    },
    "user_id": {
      "type": "keyword",
      "ignore_above": 100
    }
  }
}
```

在以上实战中，对应第一种情况，Object 对象可以添加新的属性，添加了 last 字段。对应第二种情况，first 添加了 keyword 类型，以组合构造 fields。对应第三种情况，user_id

添加了 ignore_above。

这 3 种映射更新的特例情况，大家需要掌握。针对这 3 种情况，实战环节不需要 reindex 迁移操作就可以更新映射，还是非常便捷的。

本节主要是认识 Elasticsearch 映射，讲解了 Elasticsearch 映射的定义，介绍了各个组成部分，并且着重介绍了动态映射和静态映射的区别。在业务开发实战环节，考虑到 Elasticsearch 动态映射的 4 个缺点，如果业务相对固定，且项目中后期也不会动态添加字段，那么建议设置 "dynamic": "strict"。如果业务动态扩展性强，需要动态添加字段，那么建议使用映射默认值，并结合动态模板实现。

5.2 Nested 类型及应用

Nested 类型也被称作嵌套数据类型，本节将详细解读该类型。

5.2.1 Nested 类型的定义

在 Elasticsearch 中，我们可以将密切相关的实体存储在单个文档中。例如，博客文章和评论可以写在一个文档中。

```
#### 数据构造
PUT my_index_0509/_bulk
{"index":{"_id":1}}
{"title":"Invest Money","body":"Please start investing money as soon...","tag
  s":["money","invest"],"published_on":"18 Oct 2017","comments":[{"name":"Wil
  liam","age":34,"rating":8,"comment":"Nice article..","commented_on":"30 Nov
  2017"},{"name":"John","age":38,"rating":9,"comment":"I started investing after
  reading this.","commented_on":"25 Nov 2017"},{"name":"Smith","age":33,"rating"
  :7,"comment":"Very good post","commented_on":"20 Nov 2017"}]}
```

如上所示，我们用一个文档描述了博文及其全部评论信息。假设我们想查找用户 {name：John，age：34} 评论过的所有博客，应该如何操作呢？

让我们再看一下上面的示例文档，找到评论过的用户信息。

```
name  age
William  34
John  38
Smith  33
```

从列表中我们可以清楚地看到，用户 John 的年龄是 38 岁。那么，如果我们检索 34 岁的 John 这个用户，会得到什么结果呢？下面用检索语句验证一下。

```
#### 执行检索
POST my_index_0509/_search
{
  "query": {
```

```
    "bool": {
      "must": [
        {
          "match": {
            "comments.name": "John"
          }
        },
        {
          "match": {
            "comments.age": 34
          }
        }
      ]
    }
  }
}
```

执行检索，发现竟然召回了结果数据。这是为什么呢？

核心原因在于，如果没有特殊的字段类型说明，那么默认写入的嵌套数据映射为Object类型，其嵌套的字段部分被扁平化为一个简单的字段名称和值列表。上面写入的嵌套文档的内部存储结构如下所示。

```
{
  "title":                    [ invest, money ],
  "body":                     [ as, investing, money, please, soon, start ],
  "tags":                     [ invest, money ],
  "published_on":             [ 18 Oct 2017 ]
  "comments.name":            [ smith, john, william ],
  "comments.comment":         [ after, article, good, i, investing, nice, post,
                              reading, started, this, very ],
  "comments.age":             [ 33, 34, 38 ],
  "comments.rating":          [ 7, 8, 9 ],
  "comments.commented_on":    [ 20 Nov 2017, 25 Nov 2017, 30 Nov 2017 ]
}
```

可以清楚地看到，comments.name 和 comments.age 之间的关系已丢失。这就是检索 John 和 34 依然有结果文档召回的原因。

要解决这个问题，我们只需要对映射进行一些小改动，将默认的 Object 类型修改为 Nested 类型。实操如下。

```
PUT my_index_0510
{
  "mappings": {
    "properties": {
      "title": {
        "type": "text"
      },
      "body": {
        "type": "text"
```

```
        },
        "tags": {
          "type": "keyword"
        },
        "published_on": {
          "type": "keyword"
        },
        "comments": {
          "type": "nested",
          "properties": {
            "name": {
              "type": "text"
            },
            "comment": {
              "type": "text"
            },
            "age": {
              "type": "short"
            },
            "rating": {
              "type": "short"
            },
            "commented_on": {
              "type": "text"
            }
          }
        }
      }
    }
  }
}
```

导入数据及其构造。将嵌套字段类型更改为Nested后，查询索引的方式也略有变化。此时我们需要使用Nested查询。下面给出了Nested查询示例。

```
#### 执行检索，不会召回结果
POST my_index_0510/_search
{
  "query": {
    "bool": {
      "must": [
        {
          "nested": {
            "path": "comments",
            "query": {
              "bool": {
                "must": [
                  {
                    "match": {
                      "comments.name": "John"
                    }
```

```
                },
                {
                  "match": {
                    "comments.age": 34
                  }
                }
              ]
            }
          }
        }
      }
    ]
  }
 }
}
```

由于用户 {name：John，age：34} 没有匹配，上面的查询操作将不会召回任何文档。这是因为 Nested 嵌套对象将数组中的每个对象索引为单独的隐藏文档，这意味着可以独立于其他对象查询每个嵌套对象。

下面给出了更改映射后的样本文档的内部代码表示。

```
{
  {
    "comments.name":       [ John ],
    "comments.comment":    [ after i investing started reading this ],
    "comments.age":        [ 38 ],
    "comments.rating":     [ 9 ],
    "comments.date":       [ 25 Nov 2017 ]
  },
  {
    "comments.name":       [ William ],
    "comments.comment":    [ article, nice ],
    "comments.age":        [ 34 ],
    "comments.rating":     [ 8 ],
    "comments.date":       [ 30 Nov 2017 ]
  },
  {
    "comments.name":       [ Smith ],
    "comments.comment":    [ good, post, very],
    "comments.age":        [ 33 ],
    "comments.rating":     [ 7 ],
    "comments.date":       [ 20 Nov 2017 ]
  },
  {
    "title":               [ invest, money ],
    "body":                [ as, investing, money, please, soon, start ],
    "tags":                [ invest, money ],
    "published_on":        [ 18 Oct 2017 ]
  }
}
```

如上所示，每个评论都在内部存储为单独的隐藏文档。

简单来说，Nested 类型是 Object 数据类型的升级版本，它允许对象以彼此独立的方式进行索引。

5.2.2 Nested 类型的操作

以前面的 my_index_0510 索引为例，讲解 Nested 类型的增、删、改、查及聚合操作。

1. Nested 类型的增操作

新增博客和评论的索引及文档，代码如下。

```
#### Nested 增操作
POST my_index_0510/_doc/2
{
  "title": "Hero",
  "body": "Hero test body...",
  "tags": [
    "Heros",
    "happy"
  ],
  "published_on": "6 Oct 2018",
  "comments": [
    {
      "name": "steve",
      "age": 24,
      "rating": 18,
      "comment": "Nice article...",
      "commented_on": "3 Nov 2018"
    }
  ]
}
```

2. Nested 类型的删操作

序号为 1 的评论原来有 3 条，删除 John 的评论数据后评论变为 2 条。这里的删除操作借助了脚本的 removeIf 指令，代码如下。

```
#### Nested 删操作
POST my_index_0510/_update/1
{
  "script": {
    "lang": "painless",
    "source": "ctx._source.comments.removeIf(it -> it.name == 'John');"
  }
}
```

3. Nested 类型的改操作

将 Steve 评论内容中的 age 值调整为 25，同时调整评论内容，代码如下。

```
#### Nested 改操作
POST my_index_0510/_update/2
{
  "script": {
    "source": "for(e in ctx._source.comments){if (e.Name == 'Steve') {e.age =
      25; e.comment= 'very very good article...';}}"
  }
}
```

4. Nested 类型的查操作

查询评论字段中评论人姓名为 William 并且年龄为 34 的用户的评论信息，代码如下。

```
#### Nested 查操作
POST my_index_0510/_search
{
  "query": {
    "bool": {
      "must": [
        {
          "nested": {
            "path": "comments",
            "query": {
              "bool": {
                "must": [
                  {
                    "match": {
                      "comments.name": "William"
                    }
                  },
                  {
                    "match": {
                      "comments.age": 34
                    }
                  }
                ]
              }
            }
          }
        }
      ]
    }
  }
}
```

5. Nested 的聚合操作

首先要知道 Nested 聚合属于聚合分类中的 Bucket 分桶聚合分类，后续我们会对聚合内容进行详细解读。下面是一个简单的示例，表示聚合索引中最小年龄的评论者的年龄值。

```
#### Nested 聚合操作
POST my_index_0510/_search
```

```
{
  "size": 0,
  "aggs": {
    "comm_aggs": {
      "nested": {
        "path": "comments"
      },
      "aggs": {
        "min_age": {
          "min": {
            "field": "comments.age"
          }
        }
      }
    }
  }
}
```

在处理业务索引时，使用嵌套对象对于数据的组织和查询非常重要。然而，在进行查询操作之前，我们需要确保嵌套对象的类型为Nested。如果没有将嵌套对象设置为Nested类型，那么查询可能会返回无效的结果文档，从而影响业务逻辑的正确执行。

5.3 Join类型及应用

某新闻App的新闻内容和新闻评论是一对多的关系吗？在Elasticsearch 8.X中该如何实现灵活存储？如何进行高效检索、聚合操作呢？

5.3.1 认识Join类型

在传统的关系型数据库（如MySQL）中，多表关联是一种非常常见的操作。它允许我们将多个表中的数据关联在一起，以便查询和分析。然而，在Elasticsearch这种分布式搜索和分析引擎中，实现这种多表关联操作并不简单，因为它的底层数据结构和存储方式与关系型数据库有很大的不同。为了解决这个问题，Elasticsearch在6.X版本之后引入了一种名为Join的数据类型，旨在模拟关系型数据库中的多表关联操作。

在Elasticsearch中，Join类型允许在同一个索引下通过父子关系来实现类似于MySQL中多表关联的操作。使用Join类型时，我们需要在映射中定义一个名为“join”的字段，并为其分配一个或多个关系名称。这些关系名称定义了父子文档之间的层次结构，使得我们能够在查询时进行关联操作。

5.3.2 Join类型基础实战

1. Join类型映射的定义

Join类型的映射如下，其中my_join_field为Join类型的名称，"question": "answer"是

指 question 为 answer 的父类。

```
#### Join 定义
PUT my_index_0511
{
  "mappings": {
    "properties": {
      "my_join_field": {
        "type": "join",
        "relations": {
          "question": [
            "answer"
          ]
        }
      }
    }
  }
}
```

2. Join 类型父文档的定义

以下简化的形式更好理解些。如下所示的代码定义了两篇父文档，文档类型为父类型，即 question。

```
#### 写入父文档
POST my_index_0511/_doc/1
{
  "text": "This is a question",
  "my_join_field": "question"
}

POST my_index_0511/_doc/2
{
  "text": "This is another question",
  "my_join_field": "question"
}
```

3. Join 类型子文档的定义

如下代码定义了子文档，其中关键点如下。

- ❑ 路由值是强制性的，因为父文件和子文件必须在相同的分片上建立索引。
- ❑ answer 标志着子文档的类型，代表该文档是子文档。
- ❑ 指定此子文档关联的父文档 ID 为 1。

```
#### 写入子文档
PUT my_index_0511/_doc/3?routing=1&refresh
{
  "text": "This is an answer",
  "my_join_field": {
    "name": "answer",
```

```
    "parent": "1"
  }
}

PUT my_index_0511/_doc/4?routing=1&refresh
{
  "text": "This is another answer",
  "my_join_field": {
    "name": "answer",
    "parent": "1"
  }
}
```

4. Join 类型全量检索

```
####Join 检索
POST my_index_0511/_search
{
  "query": {
    "match_all": {}
  }
}
```

5. 基于父文档查找子文档

```
#### 通过父文档查找子文档
POST my_index_0511/_search
{
  "query": {
    "has_parent": {
      "parent_type": "question",
      "query": {
        "match": {
          "text": "This is"
        }
      }
    }
  }
}
```

6. 基于子文档查找父文档

```
#### 通过子文档查找父文档
POST my_index_0511/_search
{
  "query": {
    "has_child": {
      "type": "answer",
      "query": {
        "match": {
          "text": "This is question"
```

```
        }
      }
    }
  }
}
```

7. Join 类型的聚合操作

```
#### Join 聚合操作
POST my_index_0511/_search
{
  "query": {
    "parent_id": {
      "type": "answer",
      "id": "1"
    }
  },
  "aggs": {
    "parents": {
      "terms": {
        "field": "my_join_field#question",
        "size": 10
      }
    }
  }
}
```

以上操作含义如下。

- parent_id 是特定的检索方式，用于检索属于特定父文档（id=1）的子文档类型为 answer 的文档的个数。
- 基于父文档类型 question 进行聚合。

5.3.3 Join 类型一对多实战

1. 什么是一对多

在 Elasticsearch 中，Join 类型用于捕获并表示一对多的关系。在这种关系中，一个“父”实体可以与多个“子”实体建立关联。例如，一个公司可以有多个员工，或者一篇博客文章可以有多条评论。通过 Join 类型，我们能够在一个索引内部管理这些复杂的关系，并执行相应的查询。

一个父文档 question 与多个子文档 answer、comment 的索引定义如下。

```
#### 一对多的 Join 类型索引定义
PUT my_index_0512
{
  "mappings": {
    "properties": {
```

```
        "my_join_field": {
          "type": "join",
          "relations": {
            "question": [
              "answer",
              "comment"
            ]
          }
        }
      }
    }
}
```

2. 什么是一对多对多

“一对多对多”是一种三代关联关系，示意如下。

```
question
    /    \
   /      \
comment  answer
            |
            |
          vote
```

通过以下代码实现祖孙三代关联关系的定义。

```
#### 一对多对多的 Join 类型索引定义
PUT my_index_0513
{
  "mappings": {
    "properties": {
      "my_join_field": {
        "type": "join",
        "relations": {
          "question": [
            "answer",
            "comment"
          ],
          "answer": "vote"
        }
      }
    }
  }
}
```

将孙子文档导入数据，如下所示。

```
#### 将孙子文档导入数据
PUT my_index_0513/_doc/3?routing=1&refresh
{
  "text": "This is a vote",
```

```
  "my_join_field": {
    "name": "vote",
    "parent": "2"
  }
}
```

注意：

1）孙子文档所在分片必须与其父母和祖父母相同。

2）孙子文档的父代号必须指向其父亲 answer 文档。

Join 类型的重要特点如下。

1）对于每个索引，仅允许定义一个与 Join 类型关联的映射，举例如下。

```
#### 创建一个索引，包含两个 Join 类型
PUT my_index_0514
{
  "mappings": {
    "properties": {
      "my_join_field": {
        "type": "join",
        "relations": {
          "question": [
            "answer"
          ]
        }
      },
      "my_join_field_02": {
        "type": "join",
        "relations": {
          "question_02": [
            "answer_02"
          ]
        }
      }
    }
  }
}
```

如上代码中一个索引包含了两个 Join 类型的字段，创建索引失败，报错如下。

```
{
  "error" : {
    "root_cause" : [
      {
        "type" : "illegal_argument_exception",
        "reason" : "Only one [parent-join] field can be defined per index, got [my_
          join_field_02, my_join_field]"
      }
    ],
```

```
    ......省略......
  },
  "status" : 400
}
```

2）父文档和子文档必须在同一个分片上写入索引。这意味着当进行删除、更新、查找子文档等操作时需要提供相同的路由值。

3）一个文档可以有多个子文档，但一个子文档只能有一个父文档。

4）可以为已经存在的 Join 类型添加新的关系。

5）当一个文档已经成为父文档后，就可以为该文档添加子文档。

5.4　Flattened 类型及应用

5.4.1　Elasticsearch 字段膨胀问题

Elasticsearch 映射如果不进行特殊设置，则默认为 dynamic:true。dynamic:true 实际上支持不加约束地动态添加字段。这样对某些日志场景，可能会产生大量的未知字段。字段如果持续激增，就会达到 Elasticsearch 映射层面的默认上限，对应设置和默认大小为 index.mapping.total_fields.limit:1000。我们把这种非预期字段激增的现象称为字段膨胀。

以一个线上环境作为示例，看一下 dynamic:true 的副作用。在一个实际业务环境中，混淆了检索和写入的语法，则会将检索语句动态地认定为新增映射字段。

当然，如果是非常复杂的大型 bool 检索语句写入映射，会导致映射变得非常复杂，甚至会出现字段膨胀的情况。

例如，若误将检索语句写成插入文档 语句，依然可以写入成功。

```
#### 误操作：将检索语句写成插入语句
PUT my_index_0515/_doc/1
{
  "query": {
    "bool": {
      "must": [
        {
          "nested": {
            "path": "comments",
            "query": {
              "bool": {
                "must": [
                  {
                    "match": {
                      "comments.name": "William"
                    }
                  },
                  {
```

```
                    "match": {
                      "comments.age": 34
                    }
                  }
                ]
              }
            }
          }
        }
      ]
    }
  }
}
```

但这种情况下，映射会变得非常冗杂，如图 5-1 所示。

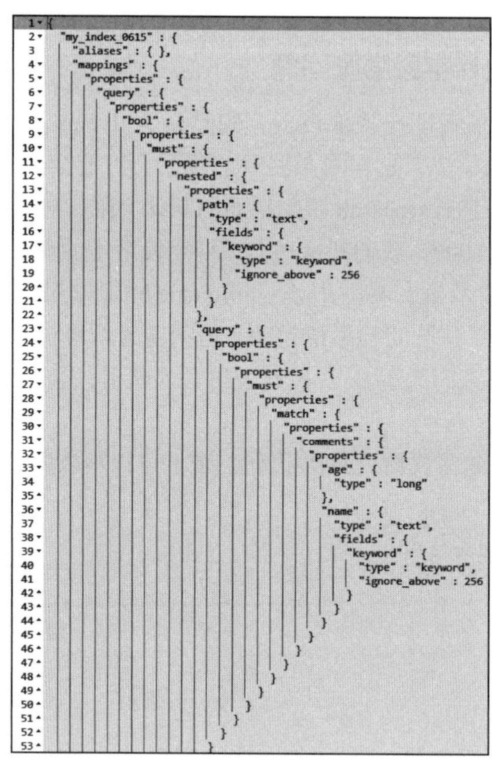

```
{
  "my_index_0615" : {
    "aliases" : { },
    "mappings" : {
      "properties" : {
        "query" : {
          "properties" : {
            "bool" : {
              "properties" : {
                "must" : {
                  "properties" : {
                    "nested" : {
                      "properties" : {
                        "path" : {
                          "type" : "text",
                          "fields" : {
                            "keyword" : {
                              "type" : "keyword",
                              "ignore_above" : 256
                            }
                          }
                        },
                        "query" : {
                          "properties" : {
                            "bool" : {
                              "properties" : {
                                "must" : {
                                  "properties" : {
                                    "match" : {
                                      "properties" : {
                                        "comments" : {
                                          "properties" : {
                                            "age" : {
                                              "type" : "long"
                                            },
                                            "name" : {
                                              "type" : "text",
                                              "fields" : {
                                                "keyword" : {
                                                  "type" : "keyword",
                                                  "ignore_above" : 256
                                                }
                                              }
                                            }
                                          }
                                        }
                                      }
                                    }
                                  }
                                }
                              }
                            }
                          }
                        }
                      }
```

图 5-1　字段膨胀问题

当然，可行的解决方案就是将 dynamic 设置为 false，甚至可以采用更为严谨的推荐方式，即将 dynamic 设置为 strict，具体设置过程参见 5.1.4 节。

5.4.2　Flattened 类型的产生背景

如前分析，将 dynamic 设置为 false 或者 strict 不是普适的解决方案。例如，在日志场景中，虽然期望动态添加字段，但 strict 过于严格会导致新字段数据拒绝写入，而 dynamic:true 过于松散会导致字段膨胀。这就导致同时满足上述两个方面的 Flattened 字段的诞生。

Flattened 这一单词的中文释义为“压扁、弄平”，实际在程序中是“字段扁平化”的意思。当面临处理包含大量不可预测字段的文档时，使用 Flattened 类型可以将整个 JSON 对象及其 Nested 字段索引为单个关键字（keyword 类型）字段，以此减少字段总数。

Flattened 类型最早发布于 Elasticsearch 7.3 这一版本。

在特定的日志场景、电商场景中，Elasticsearch 映射字段数有时是无法预知的。随着新写入数据的激增，如果字段也激增，那后果如何呢？

Elasticsearch 必须为每个新字段更新集群状态，并且必须将此集群状态传递给所有节点。由于跨节点的集群状态传输是单线程操作，因此需要更新的字段映射越多，完成更新所需的时间就越长。这种延迟通常大大降低集群性能，有时会导致整个集群宕机。这被称为 mapping 爆炸或字段膨胀。

这也是 Elasticsearch 从 5.X 版本开始将索引中的字段数限制为 1000 的原因之一。如果实战业务场景的字段数超过 1000，那么我们必须手动更改默认索引字段限制或者考虑架构重构。

修改默认值的方式如下。

```
PUT my_index_0516
{
  "settings": {
    "index.mapping.total_fields.limit": 2000
  }
}
```

一句话来说，Flattened 字段就是用来解决字段膨胀问题的。

5.4.3 Flattened 类型实战

1. Flattened 类型的定义

在如下代码中，我们来看一下 Flattened 的“真容”。它和 integer、long、Nested、Join 等都属于字段类型的范畴。

```
PUT my_index_0517
{
  "mappings": {
    "properties": {
      "host": {
        "type": "flattened"
      }
    }
```

```
    }
}
```

Flattened 的本质是将原来一个复杂的 Object 或者 Nested 嵌套多字段类型统一映射为扁平的单字段类型。这里要强调的是：不管原来内嵌多少个字段、内嵌多少层，利用 Flattened 类型都能一下“拉平”。

2. 基于 Flattened 类型插入数据

基于上面所说的映射，写入一条数据如下。

```
#### 写入数据
PUT my_index_0517/_doc/1
{
  "message": "[5592:1:0309/123054.737712:ERROR:child_process_sandbox_support_
    impl_linux.cc.",
  "fileset": {
    "name": "syslog"
  },
  "process": {
    "name": "org.gnome.Shell.desktop",
    "pid": 3383
  },
  "@timestamp": "2025-03-09T18:00:54.000+05:30",
  "host": {
    "hostname": "bionic",
    "name": "bionic"
  }
}
```

这时候再查看映射结构，如图 5-2 所示。

由于将 host 字段设置为 Flattened，hostname、name 字段都不再映射为特定嵌套子字段。

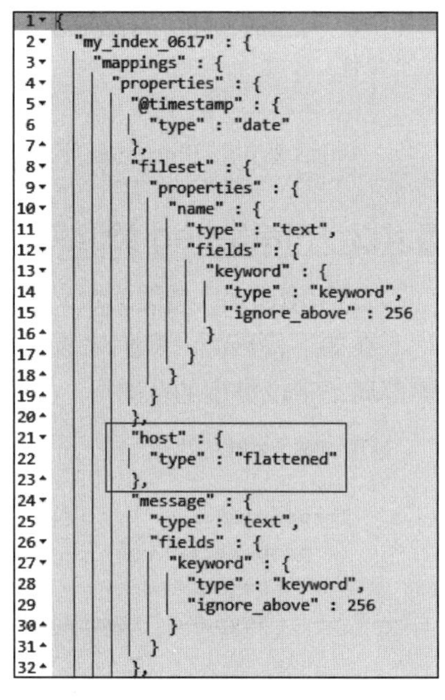

图 5-2 查看映射结构

3. 更新 Flattened 字段并添加数据

```
POST my_index_0517/_update/1
{
  "doc": {
    "host": {
      "osVersion": "Bionic Beaver",
      "osArchitecture": "x86_64"
    }
  }
}
```

再次查看映射结构，它依然“岿然不动”。继续使用 Flattened，既没有字段扩增，也不会有 mapping 爆炸出现。

4. Flattened 类型检索

以下两种检索方式都会召回数据。

```
#### 精准匹配 term 检索
POST my_index_0517/_search
{
  "query": {
    "term": {
      "host": "Bionic Beaver"
    }
  }
}

POST my_index_0617/_search
{
  "query": {
    "term": {
      "host.osVersion": "Bionic Beaver"
    }
  }
}
```

而如下检索的返回结果为空。

```
#### match 全文类型检索
POST my_index_0517/_search
{
  "query": {
    "match": {
      "host.osVersion": "bionic beaver"
    }
  }
}

POST my_index_0517/_search
{
  "query": {
    "match": {
      "host.osVersion": "Beaver"
    }
  }
}
```

这是为什么呢?

由于使用 Flattened 类型，Elasticsearch 未对该字段进行分词（下一章会详细解读）等处理，因此它只会返回匹配字母大小写且完全一致的结果。所以，如上检索结果和 keyword 类型检索结果一致。这也初步暴露出 Flattened 类型的部分缺陷。

5.4.4 Flattened 类型的不足

面对 Flattened 对象，在进行 Elasticsearch 扁平化数据类型的选型时，我们需要考虑以下几个关键限制。

1）Flattened 类型支持的查询类型目前仅限于以下几种：term、terms、terms_set、prefix、range、match、multi_match、query_string、simple_query_string、exists。

2）Flattened 不支持的查询类型如下。

- 无法执行涉及数字计算的查询，例如 range 检索。
- 无法支持高亮查询。
- 尽管支持诸如 term 聚合之类的聚合，但不支持处理诸如 histograms 或 date_histograms 之类的数值数据的聚合。

总之，Flattened 类型的出现解决了字段膨胀引起的 mapping 爆炸问题。如果业务生产环境高于 7.3 版本，那么我们遇到类似问题时可以小心求证，然后大胆尝试使用 Flattened 这种新类型。

5.5 多表关联设计

Elasticsearch 多表关联的问题是讨论最多的问题之一。多表关联通常指一对多或者多对多的数据关系，如博客及其评论的关系。

5.5.1 Elasticsearch 多表关联方案

严格意义上讲，之前讲过的 Nested 嵌套类型、Join 父子文档类型都可以算作多表关联类型。除此之外，Elasticsearch 还支持宽表冗余存储、业务端关联的多表关联方式。

1. Nested 嵌套类型

如前所述，Nested 类型是 Elasticsearch 映射定义的对象类型之一。在实战中，我们需要注意以下两点。

- 当使用嵌套文档时，使用通用的查询方式是无法进行访问的，必须使用合适的查询方式（nested query、nested filter、nested facet 等）。在很多场景下，使用嵌套文档的复杂度在于索引阶段对关联关系的组合拼装。
- index.mapping.nested_fields.limit 的默认值是 50，即一个索引中最大允许拥有 50 个 Nested 类型的数据。index.mapping.nested_objects.limit 的默认值是 10000，即一个文档中所有 Nested 类型的 JSON 对象数据的总量是 10000。

Nested 类型适用于一对少量、子文档偶尔更新、查询频繁的场景。如果需要索引对象数组并保持数组中每个对象的独立性，则应使用 Nested 数据类型而不是 Object 数据类型。

Nested 类型的优点是 Nested 文档可以将父子关系的两部分数据关联起来（例如博客与

评论），可以基于 Nested 类型做任何查询。其缺点则是查询相对较慢，更新子文档时需要更新整篇文档。

2.Join 父子文档类型

Join 类型用于在同一索引的文档中创建父子关系。

Join 类型适用于子文档数据量明显多于父文档的数据量的场景，该场景存在一对多量的关系，子文档更新频繁。举例来说，一个产品和供应商之间就是一对多的关联关系。当使用父子文档时，使用 has_child 或者 has_parent 做父子关联查询。

Join 类型的优点是父子文档可独立更新。缺点则是维护 Join 关系需要占据部分内存，查询较 Nested 类型更耗资源。

3. 宽表冗余存储

非规范化数据就是“冗余存储”，即对每个文档保持一定数量的冗余数据以避免访问时进行多表关联。通过 Logstash 同步关联数据到 Elasticsearch 时，通常建议先通过视图对 MySQL 数据做好多表关联，然后同步视图数据到 Elasticsearch。此处的视图可以理解为宽表的雏形。

宽表适用于一对多或者多对多的关联关系。

宽表的优点是速度快。因为每个文档都包含了所需的所有信息，当这些信息需要查询并匹配时，并不需要进行昂贵的关联操作，本质是以空间换时间。缺点则是索引更新或删除数据时，应用程序不得不处理宽表的冗余数据；并且由于冗余存储，某些搜索和聚合操作的结果可能不准确。

4. 业务端关联

这是普遍使用的技术，即在应用接口层面处理关联关系。一般建议在存储层面使用两个独立索引存储，在实际业务层面这将分为两次请求来完成。

业务端关联适用于数据量少的多表关联业务场景。数据量少时，用户体验好；而数据量多时，两次查询耗时肯定会比较长，反而影响用户体验。

5.5.2 多表关联方案对比

我们将上述多表关联方案的特点总结一下，如表 5-1 所示。

表 5-1 多表关联方案对比

对比	Nested 嵌套类型	Join 父子文档类型	宽表冗余存储	业务端关联
适用场景	一对少量、子文档偶尔更新、查询频繁	子文档频繁更新	一对多或者多对多	数据量少
优点	读取性能高（因为文档存储在一起）	父子文档可独立更新，互不影响	以空间换时间	数据量少时，用户体验好
缺点	查询相对较慢	Join 关系的维护也耗费内存，读取性能比 Nested 还差	字段冗余造成存储空间的浪费	数据量多，两次查询耗时比较长，影响用户体验

在 Elasticsearch 开发实战中，对于多表关联的设计要突破关系型数据库设计的思维定式。不建议在 Elasticsearch 中做多表关联操作，尽量在设计时使用扁平的宽表文档模型，或者尽量将业务转化为没有关联关系的文档形式，在文档建模处多下功夫，以提升检索效率。

Nested 嵌套类型和 Join 父子文档类型必须考虑性能问题。Nested 类型检索使得检索效率慢几倍，Join 父子文档类型检索则会使得检索效率慢几百倍，所以选型时要慎之又慎。

5.6 内部数据结构解读

在实战中，常会遇到如下问题。

1）对于 doc_values、fielddata、store 这几个概念的理解一直存在模糊地带。

2）一个文档中有这样几个地方可能会进行存储：倒排索引、_source 字段、store 字段（如果启用）、正排索引。如果这几个地方都存储，那可以理解为数据大致膨胀了 4 倍吗？

5.6.1 数据存储的基础知识

Elasticsearch 的特点之一是分布式文档存储。Elasticsearch 不会将信息存储为类似列数据库的行，而是存储为已序列化为 JSON 文档的复杂数据结构。当集群中有多个 Elasticsearch 节点时，存储的文档会分布在整个集群中，并且可以从任何节点立即进行访问。

存储文档后，将在 1s（默认刷新频率）内近实时地对其进行索引和完全搜索。如何做到快速索引和全文检索呢？

对此，Elasticsearch 使用倒排索引的数据结构。该结构能实现非常快速的全文本搜索。

倒排索引列出了出现在任何文档中的每个唯一词项，并标识了每个词项出现的所有文档。索引可以认为是文档的优化集合，每个文档都是字段的集合，这些字段包含数据的键值对。默认情况下，Elasticsearch 会对每个字段中的所有数据建立索引，并且每个索引字段都具有专门的优化数据结构。例如文本字段存储在倒排索引中，而数字字段和地理字段存储在 BKD 树中，如表 5-2 所示。

表 5-2 Elasticsearch 数据类型及数据结构

数据类型	数据结构
text/keyword	倒排索引
数字 / 地理位置	BKD 树

不同字段具有属于自己字段类型的特定优化数据结构，并具备快速响应返回搜索结果的能力，这使得 Elasticsearch 搜索速度非常快。

5.6.2 倒排索引

1. 倒排索引定义

面对海量内容，如何快速找到包含用户查询词的内容呢？倒排索引扮演了关键角色。

倒排索引是从单词到文档的映射关系的最佳实现形式。详细示例可见 2.1.4 节。

2. 倒排索引特点

- 在索引时创建。
- 序列化到磁盘。
- 全文搜索速度非常快。
- 不适合做排序。
- 默认开启。

3. 倒排索引适用场景

以下是一些适用倒排索引的场景。

- 文本搜索引擎：作为搜索引擎的核心技术之一，倒排索引使搜索引擎能迅速地找到包含查询关键词的网页，为用户提供相关结果。
- 文档检索系统：在知识库、图书馆、档案馆等领域，倒排索引有助于用户快速查找包含特定关键词的文档，从而提高检索效率。
- 企业内部搜索：倒排索引可应用于企业内部对文件、邮件、会议记录等信息的检索，协助员工迅速找到相关信息。
- 社交媒体分析：在社交媒体分析中，倒排索引可帮助分析师迅速找到包含特定话题或关键词的帖子，以便进行数据挖掘和分析。
- 新闻和论文检索：借助倒排索引，用户可以迅速找到包含感兴趣的关键词的新闻报道或学术论文，节省时间。
- 数据挖掘：倒排索引适用于大量非结构化数据，能结合数据挖掘算法来迅速找到含有关键词的文本，从而提高数据挖掘效率。

综上所述，倒排索引主要适用于需要高效、快速检索包含特定关键词的文档的场景。

5.6.3 正排索引

1. 正排索引定义

doc_values 被定义为“正排索引”。

在 Elasticsearch 中，正排索引（doc_values）就是一种列式存储结构，默认情况下每个字段的 doc_values 都是激活的（除了 text 类型）。正排索引是在索引时创建的。当字段索引时，Elasticsearch 为了能够快速检索，会把字段的值加入倒排索引中，同时会存储该字段的正排索引。

2. 正排索引特点

- 在索引时创建。
- 序列化到磁盘。
- 适合排序、聚合操作。

- 将单个字段的所有值一起存储在单个数据列中。
- 默认情况下，除 text 之外的所有字段类型均启用正排索引。

3. 正排索引适用场景

Elasticsearch 中的正排索引常被应用于以下场景。

- 对一个字段进行排序。
- 对一个字段进行聚合。
- 某些过滤场景，比如地理位置过滤。
- 某些与字段相关的脚本计算。

注意：

1）因为文档值被序列化到磁盘，我们可以依赖操作系统的帮助来快速访问。

2）当工作集远小于节点的可用内存时，系统会自动将所有的文档值保存在内存中，使其读写十分高速。

3）当工作集远大于可用内存时，操作系统会自动把 doc_values 加载到系统的页缓存中，从而避免 JVM 堆内存溢出异常。

---

4. 正排索引使用注意事项

对于不需要排序、聚合、脚本计算、地理位置过滤的业务场景，可以考虑禁用 doc_values，以节约存储。

```
PUT my_index_0518
{
  "mappings": {
    "properties": {
      "title": {
        "type": "keyword",
        "doc_values": false
      }
    }
  }
}
```

5.6.4 fielddata

1. fielddata 定义

如前所述，在搜索过程中，我们需要解决“哪个文档包含此词”的问题，这可以通过倒排索引来实现。然而，在排序和聚合时，我们需要解决一个不同的问题，即根据哪个字段的值对文档进行排序、聚合或统计。在这种情况下，我们可以使用正排索引来解决这个问题。

但对于 text 类型字段，不支持正排索引。在使用 text 字段进行查询时，系统会为其创建基于内存的数据结构 fielddata。当 text 字段被用于聚合、排序或脚本操作时，fielddata 会按需构建相应的数据结构。

fielddata 是通过从磁盘读取每个字段的完整倒排索引，反转词项与文档之间的关系，并将结果存储在 JVM 堆的内存中构建的。这使得在进行聚合、排序和脚本操作时，系统能够高效地获取和处理相关字段的数据。

2. fielddata 示例

如下所示，通过 fielddata，实现了 text 类型字段 body 的聚合操作。

```
PUT my_index_0519
{
  "mappings": {
    "properties": {
      "body":{
        "type":"text",
        "analyzer": "standard",
        "fielddata": true
      }
    }
  }
}
POST my_index_0519/_bulk
{"index":{"_id":1}}
{"body":"The quick brown fox jumped over the lazy dog"}
{"index":{"_id":2}}
{"body":"Quick brown foxes leap over lazy dogs in summer"}

GET my_index_0519/_search
{
  "size": 0,
  "query": {
    "match": {
      "body": "brown"
    }
  },
  "aggs": {
    "popular_terms": {
      "terms": {
        "field": "body"
      }
    }
  }
}
```

3. fielddata 特点

- 仅适用于 text 字段类型。
- 在查询时创建。

- 是基于内存的数据结构。
- 没有序列化到磁盘。
- 默认情况下被禁用（构建它很昂贵，并且需在堆中预置）。

4. fielddata 适用场景

- 全文统计词频。
- 全文生成词云。
- 聚合、排序、脚本计算。

5. fielddata 使用注意事项

- 在启用字段数据之前，需考虑为什么将文本字段用于聚合、排序或者脚本操作。
- 除非业务特殊需要，否则启用 fielddata 通常没有任何意义，因为它非常耗费内存资源。
- 若仅应用于全文搜索，就不需要启用 fielddata。

5.6.5 _source 字段

1. _source 定义

_source 字段包含索引时传递的原始 JSON 文档主体。_source 字段本身未构建索引（因此不可搜索），但已存储该字段，以便在执行获取请求（如 GET 或 search 请求）时可以将其返回。

2. _source 使用注意事项

1）尽管使用上非常方便，但是 _source 字段确实会导致索引内的存储开销，因此可以将其禁用。

```
PUT my_index_0520
{
  "mappings": {
    "_source": {
      "enabled": false
    }
  }
}
```

2）禁用前要做好衡量。禁用 _source 后，Update、update_by_query 和 reindex API，以及高亮操作将不可用，所以要在存储空间、业务场景之间权衡利弊后选型。

5.6.6 store 字段

1. store 定义

默认情况下，对字段值进行索引以使其可搜索（如倒排索引），但不存储它们。这意味着可以查询该字段，但是无法检索原始字段值。通常这无关紧要，因为该字段值已经是 _source 字段的一部分，默认情况下已存储。但对于某些特殊场景，比如你只想检索单个字段或几个字段的值，而不是整个 _source 的值，这时 store 字段就派上用场了。

2. store 示例

store 字段使用举例如下。

```
#### store 使用举例
PUT my_index_0521
{
  "mappings": {
    "_source": {
      "enabled": false
    },
    "properties": {
      "title": {
        "type": "text",
        "store": true
      },
      "date": {
        "type": "date",
        "store": true
      },
      "content": {
        "type": "text"
      }
    }
  }
}
PUT my_index_0521/_doc/1
{
  "title":   "Some short title",
  "date":    "2021-01-01",
  "content": "A very long content field..."
}
#### 不能召回数据
GET my_index_0521/_search

#### 可以召回数据
GET my_index_0521/_search
{
  "stored_fields": [ "title", "date" ]
}
```

3. store 适用场景

如前所述，在某些情况下，store 字段可能很有意义。例如，采集的新闻数据是带有标题、日期和篇幅巨大的内容字段的文档，则可以只检索标题和日期，而不必从较大的

_source 字段中提取这些字段。

至此，我们可以回答前面的两个问题。

1）基于前文，对于 doc_values、field data、store 的概念区分应该非常清晰了。

2）字段类型不一样，存储不一样。Elasticsearch 默认索引每个字段中的所有数据，每个被索引的字段都对应专用的优化数据结构。正排索引是对非 text 类型默认启用，_source（存储原始文档的所有字段的 JSON 结构数据）和 store（存储指定字段的 JSON 数据）的启用与否需要结合业务实际。假设正排索引、倒排索引、_source、store 都启用了，那么存储肯定会增加，但不是线性地增大 4 倍。

5.7 详解 null_value

实战业务场景中，经常会遇到定义空值、检索指定空值数据的情况。这时候，如果我们翻看官方文档中关于 null_value 的部分，就会看到如下描述。

1）接受一个字符串值替换所有显式的空值，默认为 null，这意味着该字段被视为丢失。

2）空值不能被索引或搜索。当字段设置为 null（空数组或 null 值的数组）时，将其视为该字段没有值。

这样的描述可能不好理解，我们通过实战来一探究竟。看下面的代码。

```
#### 创建索引
PUT  my_index_0522
{
  "mappings": {
    "properties": {
      "status_code": {
        "type": "keyword"
      },
      "title": {
        "type": "text"
      }
    }
  }
}
#### 批量写入数据
PUT  my_index_0522/_bulk
{"index":{"_id":1}}
{"status_code":null,"title":"just test"}
{"index":{"_id":2}}
{"status_code":"","title":"just test"}
{"index":{"_id":3}}
{"status_code":[],"title":"just test"}

#### 执行检索
POST  my_index_0522/_search
```

```
{
  "query": {
    "term": {
      "status_code": null
    }
  }
}
```

检索返回错误如下。

```
{
  "error": {
    "root_cause": [
      {
        "type": "illegal_argument_exception",
        "reason": "field name is null or empty"
      }
    ],
    "type": "illegal_argument_exception",
    "reason": "field name is null or empty"
  },
  "status": 400
}
```

5.7.1 null_value 的含义

使用 null_value 参数可以用指定的值替换显式的空值，以便对其进行索引和搜索，如下所示。

```
#### 创建索引
PUT my_index_0523
{
  "mappings": {
    "properties": {
      "status_code": {
        "type":       "keyword",
        "null_value": "NULL"
      }
    }
  }
}

#### 批量写入数据
PUT my_index_0523/_bulk
{"index":{"_id":1}}
{"status_code":null}
{"index":{"_id":2}}
{"status_code":[]}
{"index":{"_id":3}}
{"status_code":"NULL"}
```

```
#### 执行检索
POST my_index_0523/_search
{
  "query": {
    "term": {
      "status_code": "NULL"
    }
  }
}
```

注意，这里返回结果包含 _id 为 1 及 _id 为 3 的文档，但不包含 _id 为 2 的文档。

这里说明一下“null_value”:“NULL”的含义。它表示用指定的值替换显式的空值。其中 NULL 可以自定义，比如在业务系统中我们可以将其定义成“Unkown”，相当于我们在映射定义阶段指定了空的默认值，用 NULL 来代替。这样做的好处是，对于如上所示的 _id = 1 的文档，空字段也可以被索引、检索。另外，这样就不会再报 field name is null or empty 的错误了。

5.7.2 null_value 使用的注意事项

null_value 必须和定义的数据类型匹配。举例来说，long 类型字段不能有 string 类型的 null_value。例如，如下的定义就会报错。

```
PUT my_index_0524
{
  "mappings": {
    "properties": {
      "status_code": {
        "type": "keyword"
      },
      "title": {
        "type": "long",
        "null_value": "NULL"
      }
    }
  }
}
```

报错如下。

```
{
  "error": {
    "root_cause": [
      {
        "type": "mapper_parsing_exception",
        "reason": "Failed to parse mapping [_doc]: For input string: \"NULL\""
      }
    ],
```

```
    "type": "mapper_parsing_exception",
    "reason": "Failed to parse mapping [_doc]: For input string: \"NULL\"",
    "caused_by": {
      "type": "number_format_exception",
      "reason": "For input string: \"NULL\""
    }
  },
  "status": 400
}
```

该报错是类型不匹配导致的。null_value 只影响了数据的索引，不会修改 _source 文档。正确写法如下。

```
"null_value": null
```

5.7.3　支持 null_value 的核心字段

很多常用字段都支持 null_value，包括 Arrays、Boolean、Date、geo_point、IP、Keyword、numeric、point 等。

下面解释两个常见问题。

1）text 类型不支持 null_value 吗？

答：是的，不支持。示例如下。

```
PUT my_index_0525
{
  "mappings": {
    "properties": {
      "status_code": {
        "type": "keyword"
      },
      "title": {
        "type": "text",
        "null_value": "NULL"
      }
    }
  }
}
```

返回结果如下。

```
{
  "error": {
    "root_cause": [
      {
        "type": "mapper_parsing_exception",
        "reason": "Mapping definition for [title] has unsupported parameters:
          [null_value : NULL]"
```

```
      }
    ],
......
  "status": 400
}
```

2）如果 text 类型也想设置空值，应该怎么做呢？

推荐使用 multi_fields，借助 keyword 和 text 组合类型达到业务需求。定义参考如下。

```
PUT my_index_0526
{
  "mappings": {
    "properties": {
      "status_code": {
        "type": "keyword"
      },
      "title": {
        "type": "text",
        "fields": {
          "keyword": {
            "type": "keyword",
            "null_value": "NULL"
          }
        }
      }
    }
  }
}
```

对于 text 类型的字段，实战业务场景下我们经常需要设置 multi_fields，将 text 和 keyword 进行组合设置。其中 text 类型用于全文检索，keyword 类型用于聚合和排序。

5.8 本章小结

本章在前述的索引基础上进行了细化和深入，着重讲解了映射的定义、Elasticsearch 支持的常见数据类型、复杂的多表关联数据类型 Nested 和 Join、内部数据结构、空值处理，这些都为将来系统化的数据建模打下了基础。但是映射的细节非常多，本章无法一一展开，所以仅讲解了实战中最常用的知识点。

总结本章的主要知识点，如图 5-3 所示。

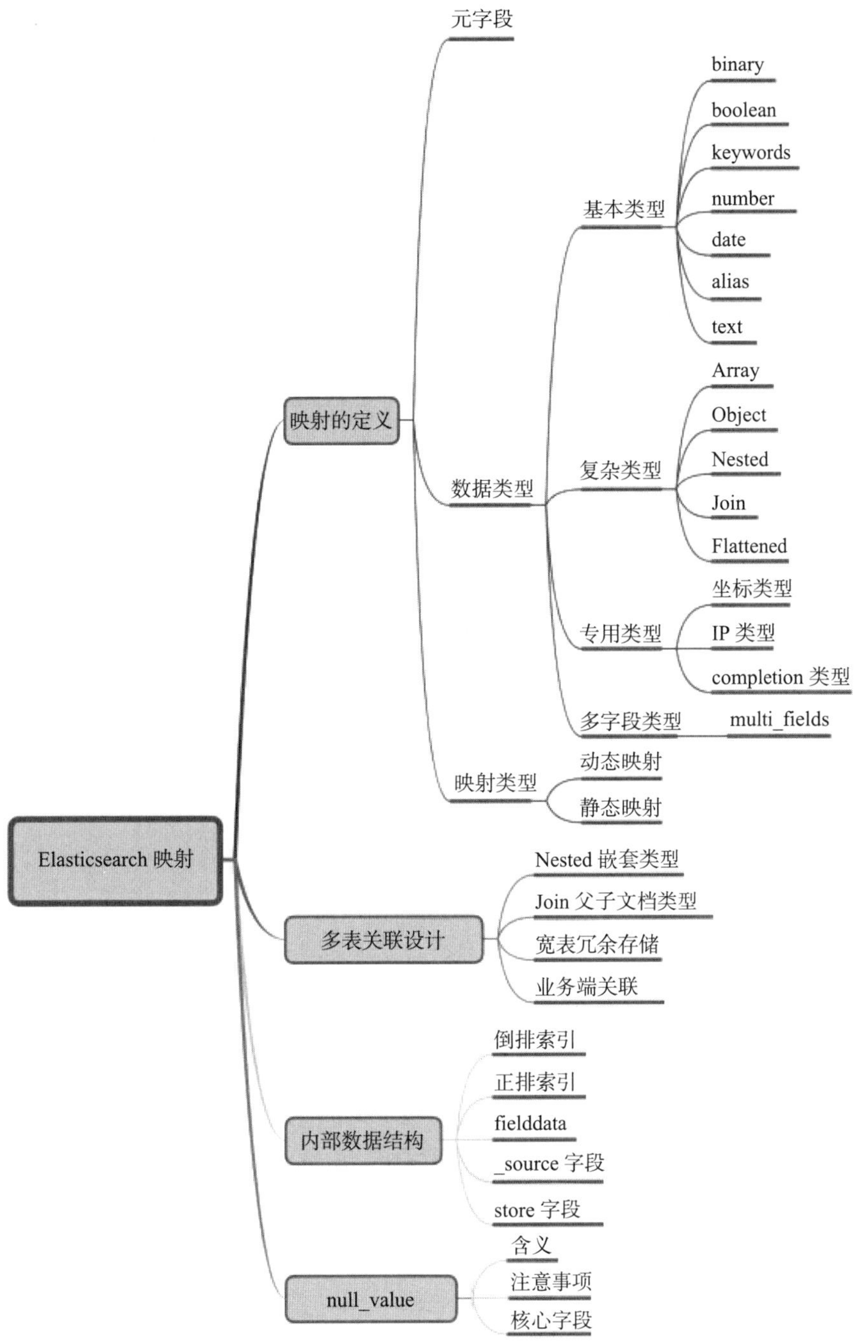

图 5-3　Elasticsearch 映射

Chapter 6 第6章

Elasticsearch 分词

分词是构建倒排索引的重要一环。分词根据语言环境的不同可以分为英文分词、中文分词等；根据分词实现的不同又分为标准分词器、空格分词器、停用词分词器等。在传统的分词器不能解决特定业务场景的问题时，往往需要自定义分词器。本章会围绕分词展开解读。

6.1 认识分词

对于分词操作来说，英语单词相对而言是比较容易辨认和区分的，因为单词之间都会以空格或者标点隔开，举例如下。

```
A man can be destroyed, but not defeated.
a / man/ can/ be/ destroyed /but /not/defeated（正确）
```

而中文在单词、句子甚至段落之间没有空格。有些词可以用几个字来表达，但是同样的字在另外的句子中可以拆解成不同的组合。例如，在下面示例中，“和尚未”可以拆解为“和尚”“未”或者“和”“尚未”等不同的组合形式。

- 内塔尼亚胡说的确实在理。

```
内塔尼亚胡 / 说 / 的确 / 实在 / 理（错误）
内塔尼亚 / 胡说 / 的 / 确实 / 在理（错误）
内塔尼亚胡 / 说的 / 确实 / 在理（正确）
```

- 已经取得文凭的和尚未取得文凭的干部。

```
已经 / 取得 / 文凭 / 的 / 和尚 / 未 / 取得 / 文凭 / 的 / 干部 （错误）
```

```
已经/取得/文凭/的/和/尚未/取得/文凭/的/干部(正确)
```

❑ 杭州市长春药店。

```
杭州/市长/春药/店(错误)
杭州市/长春/药店(正确)
```

6.2 为什么需要分词

中文分词是自然语言处理的基础。搜索引擎之所以需要进行中文分词，主要有如下3个维度的原因。

- ❑ 语义维度：单字很多时候表达不了语义，而词往往能表达。分词相当于预处理，能使后面和语义有关的分析更准确。
- ❑ 存储维度：如果所有文章按照单字来索引，那么所需要的存储空间和搜索计算时间就要多得多。
- ❑ 时间维度：通过倒排索引，我们能以O(1)的时间复杂度，通过词组找到对应的文章。

以“深入浅出Elasticsearch”这一字符串的检索为例。“深”“入”“浅”“出”这些字在全体内容中可能会无数次出现，如果以这些单独的字为索引，那么就需要添加无数条记录。而以“深入”为索引，所需记录就少了一些；以“深入浅出”为索引，则少得更多；最后以“深入浅出Elasticsearch”为索引，可能就剩余寥寥几条数据。但只有剩余的这些全字符匹配的文档才是我们期望召回的结果。

搜索引擎的3个核心目标之一就是“更快”，这也正是需要分词的原因。除了汉语、英语外，其他语种同理，也需要分词。

注意：

设计索引的Mapping阶段，要根据业务用途确定是否需要分词。如果不需要分词，则建议设置keyword类型；如果需要分词，则建议设置为text类型并指定分词器。

6.3 分词发生的阶段

6.3.1 写入数据阶段

分词发生在数据写入阶段，也就是数据索引化阶段。举例如下。该例中使用的中文分词器ik自带词典，词典系2012年前后的词典。写入和检索步骤拆解后，如图6-1所示。

6.3.2 执行检索阶段

当使用ik_smart分词器对“昨天，小明和他的朋友们去了市中心的图书馆”进行分词后，会将这句话分成不同的词汇或词组，如下所示。

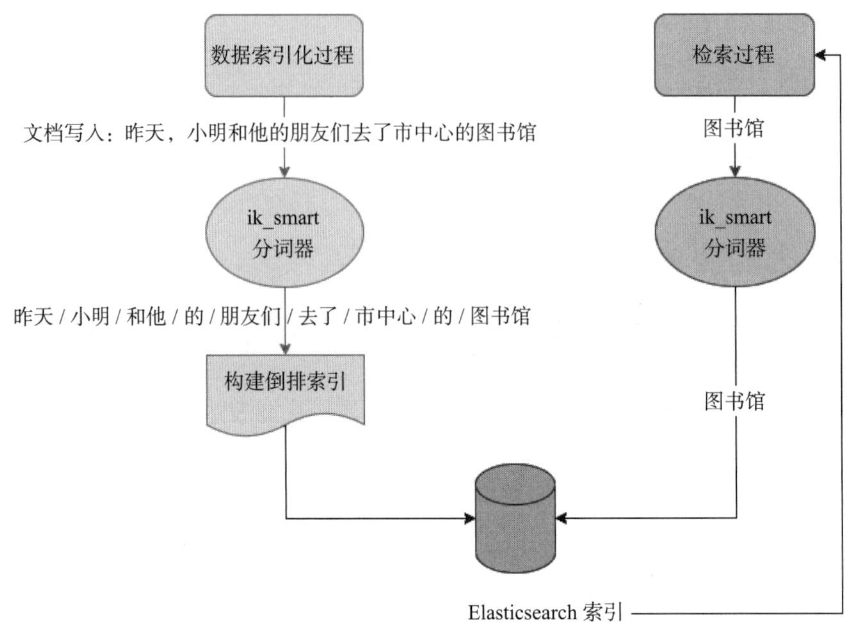

图 6-1　图解索引过程

```
昨天
小明
和他
的
朋友们
去了
市中心
的
图书馆
```

在执行“图书馆”检索时，Elasticsearch 会根据倒排索引查找所有包含“图书馆”的文档。

6.4　分词器的组成

文档被写入并转换为倒排索引之前，Elasticsearch 对文档的操作称为分析。而分析是基于 Elasticsearch 内置分词器（analyzer）或者自定义分词器实现的。分词器由如下三部分组成，如图 6-2 所示。

6.4.1　字符过滤

字符过滤器（character filter）将原始文本作为字符流接收，并通过添加、删除或更改字符来转换字符流。字符过滤器分类如下。

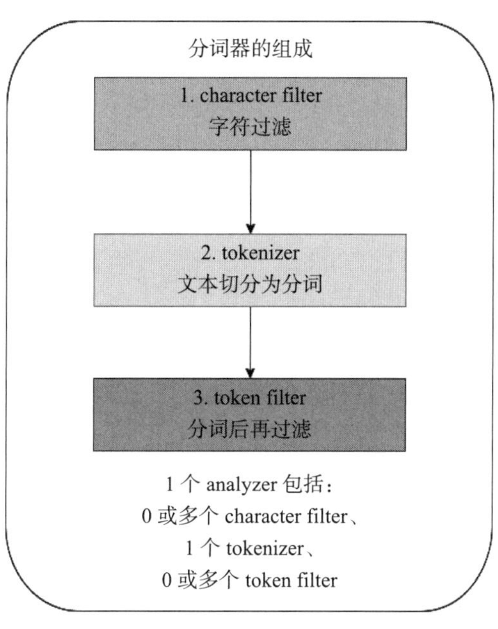

图 6-2　分词器的组成

1）HTML Strip Character Filter：用于删除 HTML 元素，如删除 <b> 标签；解码 HTML 实体，如将 & 转义为 &。

2）Mapping Character Filter：用于替换指定的字符。

3）Pattern Replace Character Filter：可以基于正则表达式替换指定的字符。

6.4.2　文本切分为分词

若进行了字符过滤，则系统将接收过滤后的字符流；若未进行过滤，则系统接收原始字符流。在接收字符流后，系统将对其进行分词，并记录分词后的顺序或位置（position）、起始值（start_offset）以及偏移量（end_offset-start_offset）。而 tokenizer 负责初步进行文本分词。

tokenizer 分类如下，详细使用方法需参考官方文档。

- Standard Tokenizer（标准分词器）
- Letter Tokenizer（字母分词器）
- Lowercase Tokenizer（小写转化分词器）

6.4.3　分词后再过滤

在对 tokenizer 处理后的字符流进行进一步处理时，例如进行转换为小写、删除（去除停用词）和新增（添加同义词）等操作，可能会感到有些复杂。不用担心，只需将它们的执行顺序牢记在心，结合实战案例的详细解析来进行理解，便能逐渐明白其中的奥妙。

6.5 分词器的分类

1. 支持不同语言的分词器

人类语言五花八门，所以没有“包治百病”的万能分析器。Elasticsearch 为多达 29 种语言提供了专门的分析器，对其他的特殊语言则以插件的形式提供支持。

2. 默认分词器

Elasticsearch 默认使用 standard 分词器。也就是说，针对 text 类型，如果不明确指定分词器，则默认为 standard 分词器。standard 分词器会将词汇单元转换成小写，并去除停用词和标点符号。它基于 Unicode 文本分割算法进行工作，适用于大多数语言。

standard 分词器针对英文的分词效果如下。

1）对于英文，以“A man can be destroyed, but not defeated.”为例，分词效果如下。

```
a /man /can/ be/ destroyed/ but/not /defeated
```

2）对于中文，以“昨天，小明和他的朋友们去了市中心的图书馆。”为例，分词效果如下。

```
昨 / 天 / 小 / 明 / 和 / 他 / 的 / 朋 / 友 / 们 / 去 / 了 / 市 / 中 / 心 / 的 / 图 / 书 / 馆
```

3. 其他典型分词器

列举其他典型的常见分词器，如表 6-1 所示。而常见的中文分词器，则如表 6-2 所示。

表 6-1 常见的分词器列表

分词器名称	分词器用途
Whitespace Analyzer	基于空格字符分词，不转为小写
Simple Analyzer	按照非字母切分（符号被过滤），进行小写处理
Stop Analyzer	在 Simple Analyzer 的基础上，移除停用词
Keyword Analyzer	不切词，将输入的整个字符串一起返回
Patter Analyzer	正则表达式，默认使用 \W+（非字符分隔）
Language	提供了适用于 30 多种常见语言的分词器

表 6-2 常见的中文分词器

中文分词器（部分）	开源地址
IK 分词	https://github.com/medcl/elasticsearch-analysis-ik
ANSJ 分词	https://github.com/NLPchina/elasticsearch-analysis-ansj
结巴分词	https://github.com/sing1ee/elasticsearch-jieba-plugin
HanLP 分词	https://github.com/KennFalcon/elasticsearch-analysis-hanlp
THULAC 分词	https://github.com/microbun/elasticsearch-thulac-plugin
斯坦福分词	https://github.com/stanfordnlp/CoreNLP
哈工大分词	https://github.com/HIT-SCIR/ltp

那么，在实战开发环节，中文分词插件如何选型？这里建议选用 IK 中文分词器，原因有以下几点。

1）IK 分为细粒度的 ik_max_word 和粗粒度的 ik_smart 这两种分词方式。

2）IK 更新字典时只需要在词典末尾添加关键词即可，支持本地和远程词典两种方式。

3）IK 分词插件由 Elastic 中国首位员工、Elastic 中文社区创始人集成开发，其更新速度较快，与 Elasticsearch 最新版本保持高度一致。

使用 IK 分词器有以下注意事项。

1）IK 自带词典并不完备，建议自己结合业务添加所属业务的词典。

2）IK 采用动态添加词典的方式，建议修改 IK 分词插件源码，与 MySQL 数据库结合，以灵活支持动态词典的更新。

6.6 特定业务场景的自定义分词案例

下面看一个来自真实业务场景的问题。

业务需求是这样的：有一个作者字段，比如 Li,LeiLei;Han,MeiMei 以及 LeiLei Li……现在要对其进行精确匹配。对此，你有什么想法？

你可能会考虑用自定义分词的方式，通过分号分词。但是这样的话，如果检索 Li,LeiLei，那么 LeiLei Li 就不能被搜索到，而我们希望 LeiLei Li 也被搜索到。并且对于这种分词，Li,LeiLei 中间不加逗号也不能匹配到。但是为什么在映射里面添加停用词也是无效的呢？

下面一起来看看这个问题。

6.6.1 实战问题拆解

首先来看自定义分词器在映射的 Settings 部分中的设置。

```
#### 创建索引
PUT my_index_0601
{
  "settings": {
    "analysis": {
      "char_filter": {},
      "tokenizer": {},
      "filter": {},
      "analyzer": {}
    }
  }
}
```

分词器由如下几部分组成。

- "char_filter":{},——对应字符过滤部分。

- "tokenizer":{},——对应文本切分为分词部分。
- "filter":{},——对应分词后再过滤部分。
- "analyzer":{}——对应分词器，包含上述三者。

然后来拆解问题，如下所示。

- 核心问题 1：实际检索中，名字不带“,”，即逗号需要通过字符过滤掉。

方案：在 char_filter 阶段实现过滤。

- 核心问题 2：基于什么进行分词？

方案：在 Li,LeiLei;Han,MeiMei; 的构成中，只能采用基于“;”的分词方式。

- 核心问题 3：支持姓名颠倒后的查询，即 LeiLeiLi 也能被检索到。

方案：需要结合同义词实现。在分词后的过滤阶段，将 LiLeiLei 和 LeiLeiLi 设定为同义词。

6.6.2 实现方案

代码实现如下。

```
#### 删除索引
DELETE my_index_0601

#### 创建完整索引
PUT my_index_0601
{
  "settings": {
    "analysis": {
      "char_filter": {
        "my_char_filter": {
          "type": "mapping",
          "mappings": [
            ", => "
          ]
        }
      },
      "filter": {
        "my_synonym_filter": {
          "type": "synonym",
          "expand": true,
          "synonyms": [
            "leileili => lileilei",
            "meimeihan => hanmeimei"
          ]
        }
      },
      "analyzer": {
        "my_analyzer": {
          "tokenizer": "my_tokenizer",
```

```
          "char_filter": [
            "my_char_filter"
          ],
          "filter": [
            "lowercase",
            "my_synonym_filter"
          ]
        }
      },
      "tokenizer": {
        "my_tokenizer": {
          "type": "pattern",
          "pattern": """\;"""
        }
      }
    }
  },
  "mappings": {
    "properties": {
      "name": {
        "type": "text",
        "analyzer": "my_analyzer"
      }
    }
  }
}
```

实现代码的核心组成部分如表 6-3 所示。

表 6-3 实现代码的核心组成部分及相应解读

自定义分词组成	实现	解读
character filter	映射过滤	将“,”过滤掉
tokenizer	自定义分词分隔符	将“;”作为自定义分词分隔符
token filter	同义词过滤	添加同义词词组 "lileilei => leileili" "hanmeimei => meimeihan"

6.6.3 结果验证

借助 analyzer API 验证分词结果是否正确。

analyzer API 的用途如下。

- ❑ 实际业务场景中，用以检验分词的正确性。
- ❑ 排查检索结果和预期的一致性与否。

方法 1：直接验证分词结果。

```
POST my_index_0601/_analyze
{
  "analyzer": "my_analyzer",
  "text": "Li,LeiLei;Han,MeiMei"
}
```

方法 2：基于索引字段验证分词结果。

```
POST my_index_0601/_analyze
{
  "field": "name",
  "text": "Li,LeiLei;Han,MeiMei"
}
```

经如下对比，验证结果达到预期。这也印证了 6.6.3 节所讲的自定义分词方案的正确性。

```
#### 批量写入数据
POST my_index_0601/_bulk
{"index":{"_id":1}}
{"name":"Li,LeiLei;Han,MeiMei"}
{"index":{"_id":2}}
{"name":"LeiLei,Li;MeiMei,Han"}

#### 执行检索
POST my_index_0601/_search
{
  "query": {
    "match_phrase": {
      "name": "lileilei"
    }
  }
}
```

牢记分词器的三部分组成，结合实际业务场景具体分析，多结合业务场景实践会加深自定义分词的理解。

6.7 Ngram 自定义分词案例

当对 keyword 类型的字段进行高亮查询时，若值为 123asd456，查询 sd4，则高亮结果是 <em> 123asd456 <em>。那么，有没有办法只对 sd4 高亮呢？

用一句话来概括问题：明明只想查询 ID 的一部分，但高亮结果是整个 ID 串，此时应该怎么办？

6.7.1 实战问题拆解

```
#### 定义索引
PUT my_index_0602
{
  "mappings": {
    "properties": {
      "aname": {
        "type": "text"
      },
      "acode": {
        "type": "keyword"
      }
    }
  }
}
#### 批量写入数据
POST my_index_0602/_bulk
{"index":{"_id":1}}
{"acode":"160213.OF","aname":"X泰纳斯达克100"}
{"index":{"_id":2}}
{"acode":"160218.OF","aname":"X泰国证房地产 "}

#### 执行模糊检索和高亮显示
POST my_index_0602/_search
{
  "highlight": {
    "fields": {
      "acode": {}
    }
  },
  "query": {
    "bool": {
      "should": [
        {
          "wildcard": {
            "acode": "*1602*"
          }
        }
      ]
    }
  }
}
```

高亮检索结果如下。

```
"highlight" : {
          "acode" : [
            "<em>160213.OF</em>"
          ]
        }
```

也就是说，整个字符串都呈现为高亮状态了，没有达到预期。

检索过程中选择使用 wildcard 是为了解决子串匹配的问题，wildcard 的实现逻辑类似于 MySQL 的 like 模糊匹配。传统的 text 标准分词器，包括中文分词器 ik、英文分词器 english、standard 等都不能解决上述子串匹配问题。

而实际业务需求是这样的：一方面要求输入子串能召回全串；另一方面要求检索的子串实现高亮。对此，只能更换一种分词来实现，即 Ngram。

6.7.2 Ngram 分词器定义

1. Ngram 分词定义

Ngram 是一种基于统计语言模型的算法。Ngram 基本思想是将文本里面的内容按照字节大小进行滑动窗口操作，形成长度是 *N* 的字节片段序列。此时每一个字节片段称为 gram。对所有 gram 的出现频度进行统计，并且按照事先设定好的阈值进行过滤，形成关键 gram 列表，也就是这个文本的向量特征空间。列表中的每一种 gram 就是一个特征向量维度。

该模型基于这样一种假设，第 *N* 个词的出现只与前面 *N*−1 个词相关，而与其他任何词都不相关，整句的概率就是各个词出现概率的乘积。这些概率可以通过直接从语料中统计 *N* 个词同时出现的次数得到。常用的是二元的 Bi-Gram（二元语法）和三元的 Tri-Gram（三元语法）。

2. Ngram 分词示例

以“你今天吃饭了吗“这一中文句子为例，它的 Bi-Gram 分词结果如下。

```
你今
今天
天吃
吃饭
饭了
了吗
```

3. Ngram 分词应用场景

- ❑ 场景 1：文本压缩、检查拼写错误、加速字符串查找、文献语种识别。
- ❑ 场景 2：自然语言处理自动化领域得到新的应用。如自动分类、自动索引、超链的自动生成、文献检索、无分隔符语言文本的切分等。
- ❑ 场景 3：自然语言的自动分类功能。

针对 Elasticsearch 检索，Ngram 针对无分隔符语言文本的分词（比如手机号检索），可提高检索效率（相较于 wildcard 检索和正则匹配检索来说）。

6.7.3 Ngram 分词实战

```
#### 创建 Ngram 分词索引
PUT my_index_0603
{
  "settings": {
    "index.max_ngram_diff": 10,
    "analysis": {
      "analyzer": {
        "my_analyzer": {
          "tokenizer": "my_tokenizer"
        }
      },
      "tokenizer": {
        "my_tokenizer": {
          "type": "ngram",
          "min_gram": 4,
          "max_gram": 10,
          "token_chars": [
            "letter",
            "digit"
          ]
        }
      }
    }
  },
  "mappings": {
    "properties": {
      "aname": {
        "type": "text"
      },
      "acode": {
        "type": "text",
        "analyzer": "my_analyzer",
        "fields": {
          "keyword": {
            "type": "keyword"
          }
        }
      }
    }
  }
}
#### 批量写入数据
POST my_index_0603/_bulk
{"index":{"_id":1}}
```

```
{"acode":"160213.OF","aname":"X 泰纳斯达克 100"}
{"index":{"_id":2}}
{"acode":"160218.OF","aname":"X 泰国证房地产 "}
```

如上示例共有 3 个核心参数。

- ❑ min_gram：最小字符长度（切分），默认为 1。
- ❑ max_gram：最大字符长度（切分），默认为 2。
- ❑ token_chars：表示生成的分词结果中包含的字符类型，默认是全部类型，而在如上的示例中代表保留数字、字母。若只指定 letter 分词器，则数字就会被过滤掉，分词结果只剩下串中的字符，如 OF。

借助 analyzer API 查看分词结果。

```
POST my_index_0603/_analyze
{
  "analyzer": "my_analyzer",
  "text":"160213.OF"
}
```

分词结果如下所示。

```
1602
16021
160213
6021
60213
0213
```

检索及高亮的执行语句如下。

```
POST my_index_0603/_search
{
  "highlight": {
    "fields": {
      "acode": {}
    }
  },
  "query": {
    "bool": {
      "should": [
        {
          "match_phrase": {
            "acode": {
              "query": "1602"
            }
          }
        }
```

```
        ]
      }
    }
  }
```

返回结果的片段如下。

```
"highlight" : {
          "acode" : [
            "<em>1602</em>13.OF"
          ]
        }
```

可以看出，此时代码已经能满足检索和高亮的双重需求，也就是说自定义分词完美地解决了提出的问题。

6.7.4　Ngram 分词选型的注意事项

Ngram 的本质是用空间换时间，匹配的前提是写入的时候已经按照 min_gram、max_gram 进行切词。

在分词选型上，总结以下几点注意事项。

- 若数据量非常少且不要求子串高亮，则可以考虑 keyword。
- 若数据量大且要求子串高亮，则推荐使用 Ngram 分词，结合 match 或者 match_phrase 检索实现。
- 若数据量大，则不建议使用 wildcard 前缀匹配。因为使用带有通配符的模式（pattern）构造出来的 DFA（Deterministic Finite Automaton，确定性有限自动机）可能会很复杂，资源开销很大，可能导致线上环境不稳定甚至宕机。

本节旨在解决线上问题，探讨了 Ngram 原理与应用逻辑，揭示了它在文本分析中的重要性。同时，本节明确了通配符与 Ngram 在不同业务场景下的适用性，为高效解决问题提供了有力支持。

6.8　本章小结

本章首先讲解了什么是分词、为什么要分词、分词器的主要组成和分类，以及常见的英文、中文分词器等，目的是让大家建立起分词的全局认知；然后通过两个线上实战问题拆解了自定义分词的实现逻辑，目的是引导大家在遇到自定义分词器相关的业务问题时能形成解决思路。

本章小结如图 6-3 所示。

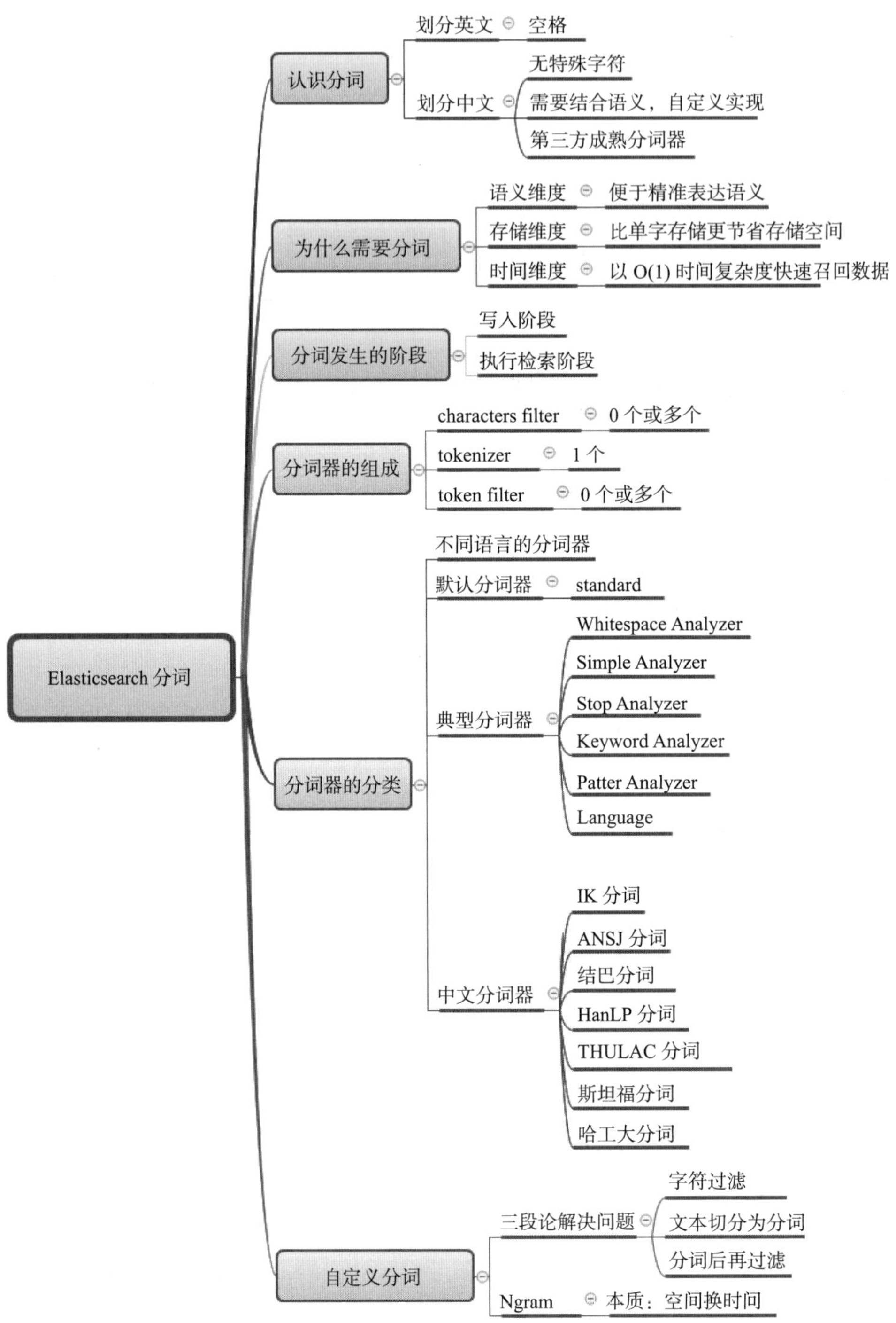

图 6-3 Elasticsearch 分词

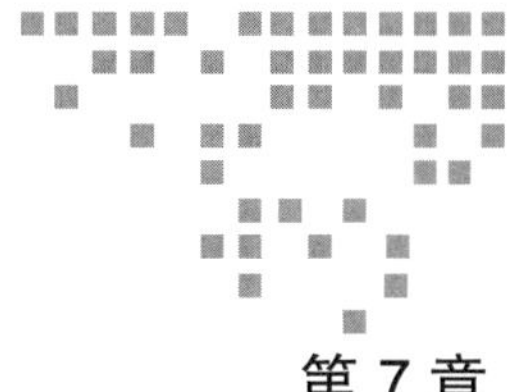

第 7 章 Chapter 7

Elasticsearch 预处理

Elasticsearch 数据预处理是指在从数据源写入 Elasticsearch 的中间环节对数据进行的处理操作，可以看作大数据的 ETL（抽取、转换、加载）环节的工作。本章从实战业务问题引出预处理的定义、分类、优势、实现、应用场景，回答了实战环节常见问题。主要目的是梳理清楚什么是预处理、预处理要解决哪类问题以及如何解决业务场景问题。

下面提出两个问题，请大家先进行思考。

1）如何在数据写入阶段修改字段名（不是修改字段值）?

2）在批量写入数据的时候，如何在每条文档插入实时时间戳?

7.1 预处理定义

一般情况下，我们在程序中写入数据或者从第三方数据源（MySQL、Oracle、HBase、Spark 等）导入数据，都是直接批量同步 Elasticsearch 的，原始数据长什么样，写入 Elasticsearch 索引化的数据就是什么样。如图 7-1 所示。

数据预处理的步骤大致拆解如下。

1）数据清洗：主要是为了去除重复数据、去除干扰数据以及填充默认值。

2）数据集成：将多个数据源的数据放在一个统一的数据存储平台中。

3）数据转换：将数据转化成适合进行数据挖掘或分析的形式。

3.1.4 节讲解了 Elasticsearch 节点角色的划分。其中，ingest 节点的本质是在实际文档建立索引之前使用 ingest 节点对文档进行预处理。ingest 节点的主要职责是拦截并处理来自批量索引或单个索引的请求。它先用预设的转换规则对请求数据进行处理，再将处理后的文档通过相应的单个索引或批量索引的 API 进行写入，从而将数据存储到相应的位置。其实 ingest 节点所做的这些工作就是数据预处理。

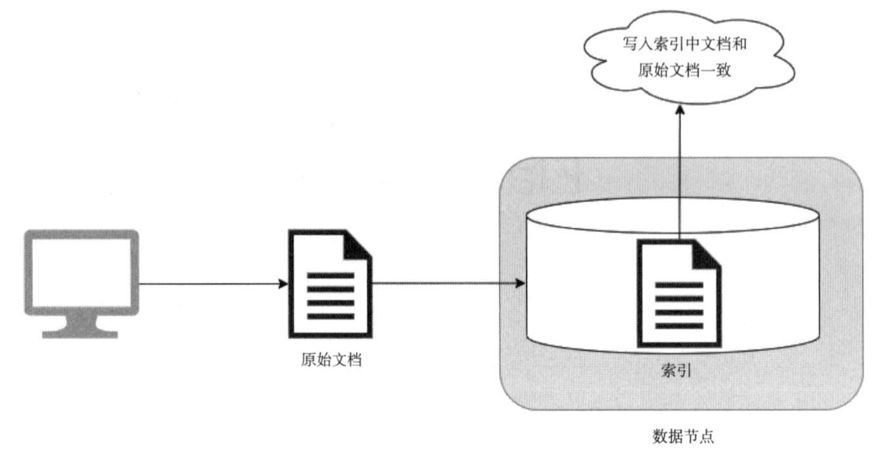

图 7-1 没有预处理的写入过程

如图 7-2 所示，这张图比较形象地说明了 Elasticsearch 数据预处理的流程。

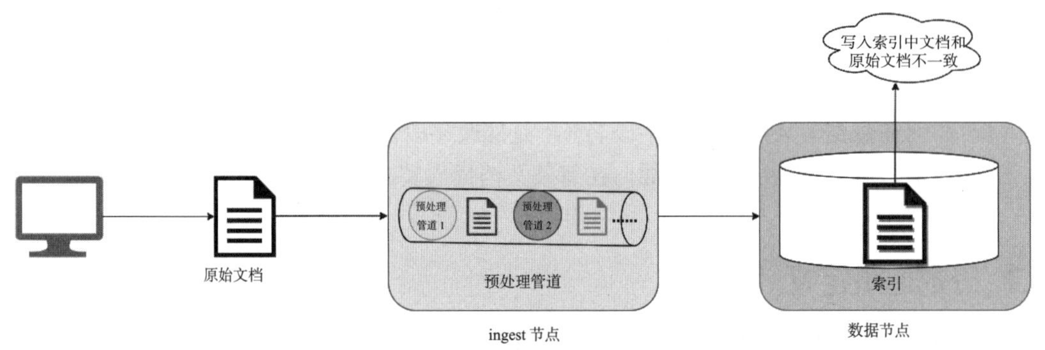

图 7-2 包含预处理的写入过程

实际业务场景中，预处理步骤如下。

1）定义预处理管道，通过管道实现数据预处理。根据实际要处理的复杂数据的特点，有针对性地设置一个或者多个管道。

2）写入数据关联预处理管道。写入数据、更新数据或者 reindex 操作环节，指定要处理索引的管道，实际就是将写入索引与上面的预处理管道 1 和预处理管道 2 关联起来。

3）写入数据。

一句话概括：ingest 节点的预处理工作（即 ingest 预处理）是实际文档索引化之前对文档进行的预先处理。

7.2 预处理器分类

常见的预处理器如表 7-1 所示。

表 7-1　预处理器分类功能表

预处理器	用途
append	将一个或多个值附加到现有数组
convert	将当前提取的文档中的字段转换为不同的类型
CSV	从文档中的单个文本字段中提取 CSV 行中的字段
date	从字段中解析日期，然后使用日期或时间戳作为文档的时间戳
drop	满足给定条件则执行删除操作
enrich	用来自另一个索引的 enrich 数据来丰富文档
fingerprint	计算文档内容的哈希值，用于去重
foreach	在数组或对象的每个元素上运行预处理
lowercase	将字符串转换为等效的小写字母
remove	移除存在的字段
rename	对已有字段重命名
script	对已有字段进行脚本处理操作
set	设置一个字段并将其与指定值相关联
sort	对数组的元素进行升序或降序排序
split	使用分隔符将字段拆分为数组，仅适用于字符串字段
trim	剔除字段中的空白字符

7.3 预处理实现

如果没有预处理，而是将数据原样导入 Elasticsearch，并在分析阶段做检索脚本（script）处理，那么一方面会发现脚本处理能力有限，另一方面会徒增性能问题。所以，非必要不推荐直接导入数据。

而提前借助 ingest 节点进行数据预处理，做好必要的数据清洗（ETL），哪怕增大空间存储（如新增字段），也要以空间换时间，为后续分析环节扫清障碍。这样看似写入变得复杂，实则为分析赢取了时间。业务层面涉及数据处理的场景都推荐使用 ingest 预处理实现。

预处理管道的定义如下。

```
PUT _ingest/pipeline/my-pipeline-id
{
  "version": 1,
  "processors": [ ... ]
}
```

- my-pipeline-id：代表预处理管道的名称，确保每个集群中该 ID 是唯一的。
- processors：每个预处理过程可以指定一个或多个预处理管道。

- version：代表版本，非必须字段。

7.4 预处理实战案例

7.4.1 字符串切分预处理

在下面例子中，Elasticsearch 可以根据 _id 字符串切分，再聚合统计吗？

```
数据 1，_id=C12345；
数据 2，_id=C12456；
数据 3，_id=C31268。
```

解答如下。

```
#### 定义索引
PUT my_index_0701
{
  "mappings": {
    "properties": {
      "mid": {
        "type": "keyword"
      }
    }
  }
}


#### 批量写入样例数据
POST my_index_0701/_bulk
{"index":{"_id":1}}
{"mid":"C12345"}
{"index":{"_id":2}}
{"mid":"C12456"}
{"index":{"_id":3}}
{"mid":"C31268"}

#### 预处理，提取前两个字符
PUT _ingest/pipeline/split_mid
{
  "processors": [
    {
      "script": {
        "lang": "painless",
        "source": "ctx.mid_prefix = ctx.mid.substring(0,2)"
      }
    }
  ]
}

#### 借助预处理执行更新操作
```

```
POST my_index_0701/_update_by_query?pipeline=split_mid
{
  "query": {
    "match_all": {}
  }
}
#### 执行检索，验证是否成功
GET my_index_0701/_search
```

执行结果如下。通过 Elasticsearch 聚合统计 C1 开头的数据有 2 个，C3 开头的数据有 1 个。

```
  {
  ......
                "_source" : {
                  "mid" : "C12345",
                  "mid_prefix" : "C1"
                }
  },
  {
  ......
                "_source" : {
                  "mid" : "C12456",
                  "mid_prefix" : "C1"
                }
  },
  {
  ......
                "_source" : {
                  "mid" : "C31268",
                  "mid_prefix" : "C3"
                }
  }
```

核心实现是借助 script 处理器中的 substring 提取子串，构造新的前缀串字段，用于分析环节的聚合操作。

7.4.2 字符串转 JSON 格式

插入数据的时候，能不能先对原数据进行一定转化，再将其写入？数据示例如下，能在数据插入阶段把 JSON 类型转换成 Object 类型吗？

```
{
    "headers":{
        "userInfo":[
            "{  \"password\": \"test\",\n  \"username\": \"zy\"}"
        ]
    }
}
```

解答如下。

```
#### 创建索引并写入数据，采用默认分词
POST my_index_0702/_doc/1
{
  "headers":{
      "userInfo":[
          "{  \"password\": \"test\",\n  \"username\": \"zy\"}"
      ]
  }
}

#### 查看 mapping，以便后续对比
GET my_index_0702/_mapping

#### 创建 JSON 预处理器
PUT _ingest/pipeline/json_builder
{
  "processors": [
    {
      "json": {
        "field": "headers.userInfo",
        "target_field": "headers.userjson"
      }
    }
  ]
}

#### 批量更新操作
POST my_index_0702/_update_by_query?pipeline=json_builder

#### 再次查看 mapping，与前面对比发现不同
GET my_index_0702/_mapping
```

上述代码借助 JSON 预处理器做字段类型转换，字符串转成了 JSON。

7.4.3 列表操作

若想在一个 list 的每个值后面都加一个字符，比如将 {"tag":["a","b","c"]} 这样一个文档变成 {"tag":["a2","b2","c2"]}，那该如何实现呢？

解答如下。

```
#### 创建索引并指定字段类型
PUT my_index_0703
{
  "mappings": {
    "properties": {
      "tag": {
        "type": "keyword"
      }
    }
```

```
  }
}

#### 批量写入数据
POST my_index_0703/_bulk
{"index":{"_id":1}}
{"tag":["a","b","c"]}

#### 预处理脚本实现
PUT _ingest/pipeline/add_builder
{
  "processors": [
    {
      "script": {
        "lang": "painless",
        "source": """
for (int i=0; i < ctx.tag.length;i++) {
      ctx.tag[i]=ctx.tag[i]+"2";
    }
"""
      }
    }
  ]
}

#### 实现更新操作
POST my_index_0703/_update_by_query?pipeline=add_builder

#### 执行检索
POST my_index_0703/_search
```

核心原理是借助 script 处理器循环遍历数组，实现每个数组字段内容的再填充。

7.4.4 enrich 预处理

将实战项目抽象为如下两个需求。

需求 1：将如下所示的 topicA 和 topicB 的数据写到同一个 Elasticsearch 索引中，但更新速度太慢，如何加速写入呢？（topicA 和 topicB 的数据可能会有几天的延时。）

```
kafka 源数据：
topicA:{"A_content":"XXX","name":"A","type":"XXX","id":1}
topicB:{"B_content":"XXX","name":"B","type":"XXX","id":1}
```

需求 2：在 cluster1 上有 a、b 两索引，索引 a、b 均有字段 filed_a，又各自包含其他字段，现需要建立新索引 c，要求索引 c 包含索引 a 的全部文档，且对于索引 a 和 b 的关联字段 field_a 的值相同的文档，需要把索引 b 的其他字段更新到索引 c 中。

1. 需求分析

如上两个需求都涉及两个索引数据之间的关联。提到数据关联或者多表关联，我们应该能想到 5.5 节讲过的 4 种多表关联的核心实现。

- 宽表，以空间换时间。
- Nested 嵌套文档，适合子文档更新不频繁场景。
- Join 父子文档，适合子文档频繁更新的场景。
- 业务层面自己实现，灵活自控。

但以上 4 种方式却无法实现上述需求。

而对于需求 2，我们需要构建一个全新的索引，这个索引需要包含另一索引的所有文档数据。更进一步，我们希望能在不同索引间通过相同的关联字段，从一个索引向另一个索引扩充字段信息。这是一个涉及跨索引字段扩充的任务。在 Elasticsearch 6.5 版本的 ingest 预处理环节新增了 enrich processor 字段来丰富功能，能很好地实现该需求。

2. 认识 enrich processor

如表 7-1 所示，从全局视角来看，enrich processor 是 ingest 预处理管道中众多预处理器中的一个。借助 enrich 预处理管道，可以将已有索引中的数据添加到新写入的文档中。官方举例如下：

- 根据已知 IP 添加 Web 服务或供应商。
- 根据产品 ID 添加零售订单。
- 根据电子邮件补充添加联系信息。
- 根据用户地址添加邮政编码。

3. 非 enrich processor 工作原理

为了对比，我们先讲一下非 enrich processor 的工作原理。非 enrich 的预处理管道都相对简单、直白，如图 7-3 所示。

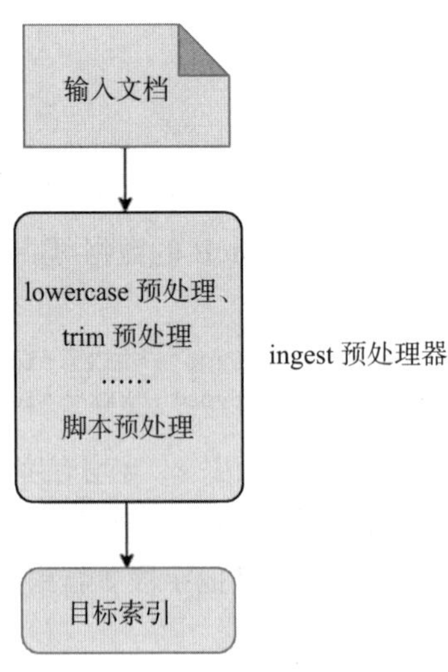

图 7-3 基础预处理的写入过程

将输入文档在经过数据的 ETL 清洗后写入目标索引中。ETL 清洗包括但不限于 trim、drop、append、foreach 等预处理方式。

4. enrich processor 工作原理

区别于非 enrich processor 的直来直去，enrich processor 在预处理管道中间加了“秘方”。其写入过程如图 7-4 所示。

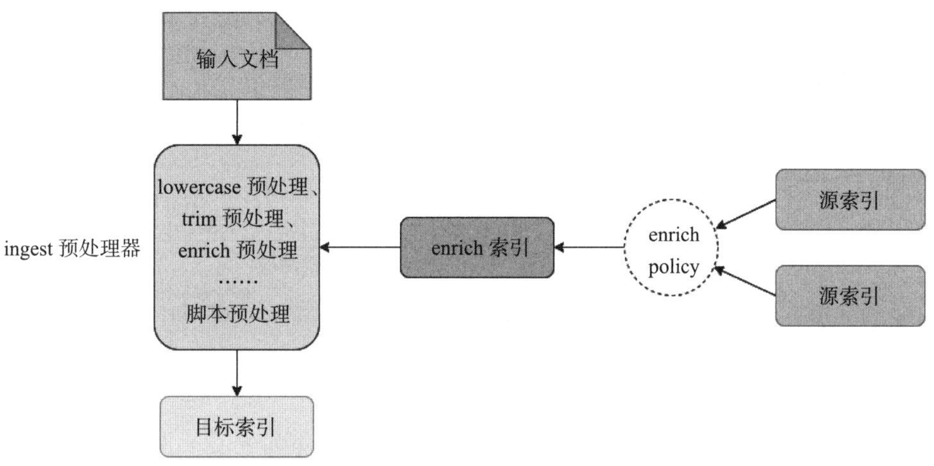

图 7-4 enrich 预处理的写入过程

那么“秘方”是什么呢？ enrich policy。policy 实际是阶段（phrase）和动作（action）的综合体。

而在 enrich 数据预处理环节，其组成部分有哪些呢？

（1）enrich policy

先用下面的例子来对 enrich policy 建立直观的认知。

```
PUT /_enrich/policy/data-policy
{
  "match": {
    "indices": "index_test_b",
    "match_field": "field_a",
    "enrich_fields": [
      "author",
      "publisher"
    ]
  }
}
```

- Indices：一个或多个源索引的列表，存储的是待扩展的数据。
- match ：policy 类型，除了传统的 match 类型，还有应用于地理位置场景的 geo_match 类型。

- match_field：源索引中用于匹配输入文档的匹配字段。
- enrich_field：源索引中的字段列表，包含了匹配成功后待富化的字段名，在例子中包括 author 和 publisher 两个字段。

（2）source index（源索引）

用于丰富新写入文档的索引。它是目标索引中添加的待富化数据的源头数据索引。没有了它，enrich 预处理将无从谈起。

（3）enrich index（丰富索引）

这是一个很多读者从来没有见过的新概念，有必要详细解读一下，如图 7-5 所示。

图 7-5 enrich index 示意图

enrich index 是执行 enrich policy 生成的索引。执行命令如下。

```
POST /_enrich/policy/data-policy/_execute
```

enrich index 的特点如下。

- Elasticsearch 内部管理的系统级索引。
- 用途很单一，仅用于 enrich processor。
- 以 .enrich-* 开头。
- 只读，不支持人为修改。

通过 Get 方式获取索引信息时，会看到禁止修改的说明，如下所示。

```
".enrich-data-policy-1675649106441" : {
  "aliases" : {
    ".enrich-data-policy" : {
      "is_hidden" : true
    }
  },
  "mappings" : {
    "dynamic" : "false",
    "_meta" : {
      "enrich_policy_name" : "data-policy",
      "enrich_readme" : "This index is managed by Elasticsearch and should not
        be modified in any way.",
      "enrich_policy_type" : "match",
      "enrich_match_field" : "field_a"
    }
```

```
  }
}
```

关于 enrich 索引，读者可能会有疑问：直接用 source 索引不是更直接吗？其实使用 source 索引直接将传入文档与源索引中的文档进行匹配，可能会很慢且需要大量资源。为了加快速度，enrich 索引应运而生。进一步讲，使用 source 源索引过程中可能会有大量的增删改查操作，而 enrich 一经创建便不允许更改，除非重新执行 policy。

综上可知，enrich processor 适用于日志场景，以及其他需要对跨索引的丰富数据进行预处理的场景。

enrich processor 需执行多项操作，可能会影响 ingest 管道的速度。对此，官方强烈建议在将 enrich 预处理器部署到生产环境之前对其进行测试和基准测试。同时，官方不建议使用 enrich 处理器来丰富实时数据。enrich processor 最适合的数据类型为不经常更改的索引数据。

5. enrich processor 实战

针对本节开始时提出的需求 1、需求 2，使用传统的索引关联方式并不能解决问题，因此我们尝试使用 enrich processor 来实现。核心实现步骤如图 7-6 所示。

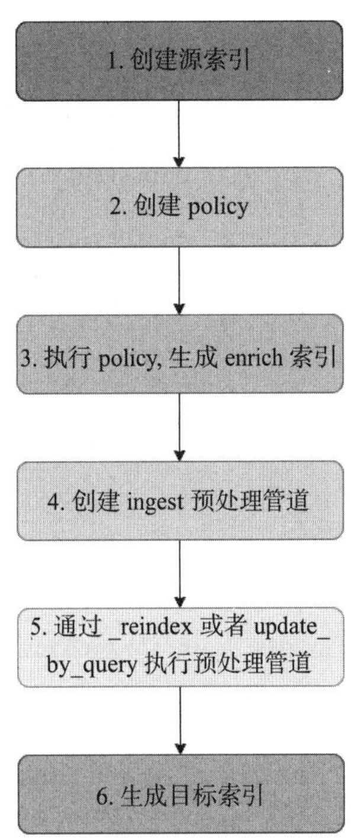

图 7-6　enrich 预处理实现步骤

借助 enrich processor 实现的具体代码如下。

1）创建初始索引。

```
#### 创建索引
PUT my_index_0704
{
  "mappings": {
    "properties": {
      "field_a": {
        "type": "keyword"
      },
      "title": {
        "type": "keyword"
      },
      "publish_time": {
        "type": "date"
      }
    }
  }
}
#### 批量写入数据
POST my_index_0704/_bulk
{"index":{"_id":1}}
{"field_a":"aaa","title":"elasticsearch in action","publish_time":"2017-07-
  01T00:00:00"}

#### 创建索引
```

```
PUT my_index_0705
{
  "mappings": {
    "properties": {
      "field_a": {
        "type": "keyword"
      },
      "author": {
        "type": "keyword"
      },
      "publisher": {
        "type": "keyword"
      }
    }
  }
}
#### 批量写入数据，和 my_index_0704 存在相同字段 field_a。
POST my_index_0705/_bulk
{"index":{"_id":1}}
{"field_a":"aaa","author":"jerry","publisher":"Tsinghua"}
```

2）创建 data-policy。

```
DELETE _enrich/policy/data-policy
PUT /_enrich/policy/data-policy
{
  "match": {
    "indices": "my_index_0705",
    "match_field": "field_a",
    "enrich_fields": ["author","publisher"]
  }
}
```

3）执行 data-policy。

```
POST /_enrich/policy/data-policy/_execute
```

4）创建预处理管道。

```
DELETE /_ingest/pipeline/data_lookup
PUT /_ingest/pipeline/data_lookup
{
  "processors": [
    {
      "enrich": {
        "policy_name": "data-policy",
        "field": "field_a",
        "target_field": "field_from_bindex",
        "max_matches": "1"
      }
    },
```

```
    {
      "append": {
        "field": "author",
        "value": "{{field_from_bindex.author}}"
      }
    },
    {
      "append": {
        "field": "publisher",
        "value": "{{field_from_bindex.publisher}}"
      }
    },
    {
      "remove": {
        "field": "field_from_bindex"
      }
    }
  ]
}
```

- enrich processor：实现了将 b 索引的 field_a 关联数据与新写入索引数据融合，使得新索引更丰富。
- append processor：实现了字段修改。
- remove processor：删除了不需要的中间字段数据。

5）建立 reindex 索引。

```
DELETE my_index_0706
POST _reindex
{
  "source": {
    "index": "my_index_0704"
  },
  "dest": {
    "index": "my_index_0706",
    "pipeline": "data_lookup"
  }
}
```

6）检索结果。

```
POST my_index_0706/_search
```

最终结果数据如下所示。

```
{
  "_index" : "my_index_0706",
  "_id" : "1",
  "_score" : 1.0,
  "_source" : {
```

```
      "field_a" : "aaa",
      "publish_time" : "2017-07-01T00:00:00",
      "author" : [
        "jerry"
      ],
      "publisher" : [
        "Tsinghua"
      ],
      "title" : "elasticsearch in action"
      }
    }
```

可见，索引 my_index_0706 实现了索引 my_index_0704 和索引 my_index_0705 的融合，索引 my_index_0706 变得更丰富了。

我们知道，新功能或者新概念往往是基于特定的业务需求产生的。追根溯源，enrich processor 起源于 bug 和新需求，如图 7-7 所示，这是最早版本的 Elasticsearch 源码，更能够说明 enrich processor 的本质。

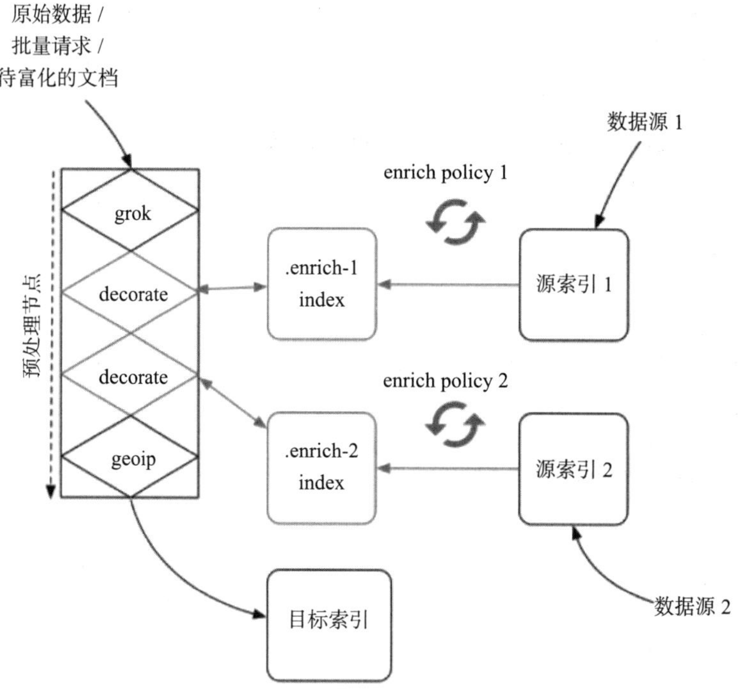

图 7-7 enrich Elasticsearch 源码截图

总结一下，新写入的文档通过 enrich processor 达到了跨索引丰富数据的目的，最终写入目标索引。而丰富数据是借助 enrich policy 将源索引（source origin data）生成系统只读索引（enrich index）实现的。enrich processor 预处理可以算作跨索引处理数据的扩展。

7.4.5 预处理实战的常见问题

1. ingest 角色的必要性

默认情况下，所有节点都默认启用 ingest 角色，因此任何节点都可以完成数据的预处理任务。但是，当集群数据量级够大且预处理任务繁重时，建议拆分节点角色，并与独立主节点、独立协调节点一样，设置独立专用的 ingest 节点。

2. 何时指定预处理管道

创建索引、创建模板、更新索引、reindex 以及 update_by_query 环节都可以指定预处理管道。

1）创建索引环节指定预处理管道，如下。

```
PUT my_index_0707
{
  "settings": {
    "index.default_pipeline": "split_mid"
  }
}
```

2）创建模板环节指定预处理管道。

```
PUT _index_template/template_0708
{
  "index_patterns": [
    "myindex*"
  ],
  "template": {
    "settings": {
      "number_of_shards": 1,
      "index.default_pipeline": "split_mid"
    }
  }
}
```

3）reindex 环节添加预处理管道。

```
POST _reindex
{
  "source": {
    "index": "my_index_0701"
  },
  "dest": {
    "index": "my_index_0709",
    "pipeline": "split_mid"
  }
}
```

4）更新环节指定预处理管道。

```
POST my_index_0702/_update_by_query?pipeline=json_builder
```

7.5 本章小结

预处理管道是 Elasticsearch 数据预处理的核心功能，一旦将其应用于生产实战环境实现 ETL，你就会变得离不开它。ingest 预处理一般不会单独进行，它广泛应用于索引创建阶段指定默认预处理管道、模板创建阶段指定预处理管道、索引迁移 reindex 阶段指定预处理管道、索引更新操作指定预处理管道。

本章知识点总结如图 7-8 所示。

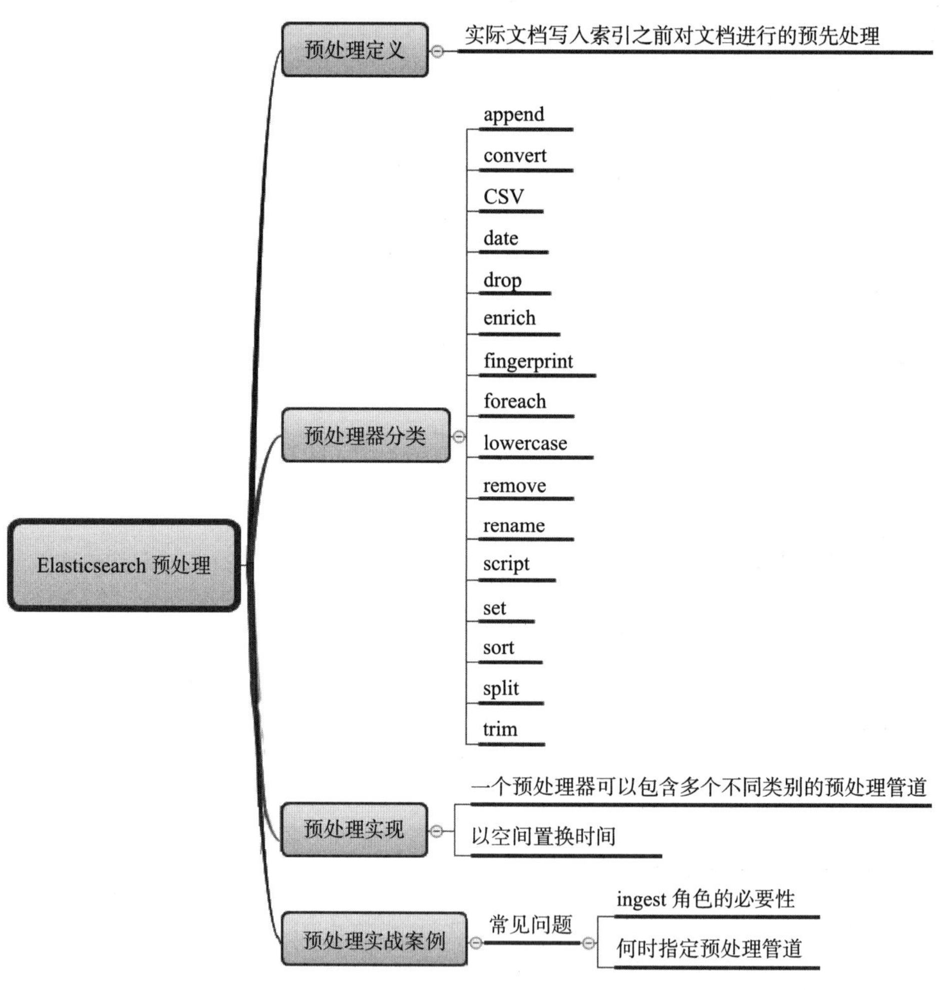

图 7-8 Elasticsearch 预处理

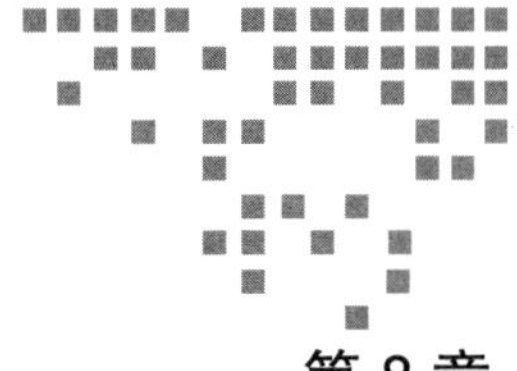

第 8 章 Chapter 8

Elasticsearch 文档

Elasticsearch 索引是一组相关文档的集合体，而文档是存储在索引中的数据，每个文档在索引中都有一个唯一的 ID。每个文档都是一组字段的组合，字段可以是任意数据类型，例如字符串、数字、布尔值等。可以使用 Elasticsearch 的 API 来创建、更新、删除文档，也可以搜索文档，并且可以使用聚合功能进行复杂的分析。

文档就是 Elasticsearch 中索引的一条记录信息。它与 MySQL 数据库中的一个元组类似，也就是一行记录。在 Elasticsearch 中，它是以 JSON 形式存储的，如下所示。

```
{
  "_index" : "kibana_sample_data_flights",
  "_id" : "iNXGGIIBzpSblKON7cg4",
  "_score" : 1.0,
  "_source" : {
    "FlightNum" : "9HY9SWR",
    "DestCountry" : "AU",
    "OriginWeather" : "Sunny",
  ......
  "timestamp" : "2022-07-11T00:00:00",
  "DestLocation" : {
    "lat" : "-33.94609833",
    "lon" : "151.177002"
  },
  "DestAirportID" : "SYD",
  "Carrier" : "Kibana Airlines",
  "Cancelled" : false,
  "FlightTimeMin" : 1030.7704158599038,
  "Origin" : "Frankfurt am Main Airport",
  "OriginLocation" : {
```

```
    "lat" : "50.033333",
    "lon" : "8.570556"
  },
  ......
  "FlightDelayMin" : 0
}
```

文档层面常见的操作包括增、删、改、查、reindex 迁移数据等。

8.1 新增文档

新增文档的本质是向已经创建好的索引中写入数据，分为两种情况：单条写入数据、批量写入数据。

8.1.1 文档 ID

文档多了会出现数据重复问题，用什么来唯一标定一个文档呢？文档 ID 应运而生。

文档 ID 为标定文档的一串 ID 值。确切地说，是基于 Base64 编码且长度为 20 个字符的 GUID 字符串（大小写英文字符、阿拉伯数字组成）。

如果写入文档的时候不进行指定，则系统会分配一个随机值代表文档的唯一 ID。文档 ID 通常如下所示。

```
"_id" : "UdXGGIIBzpSblKON79XD",
"_id" : "T9XGGIIBzpSblKON8d4n",
"_id" : "ONXGGIIBzpSblKON8uQQ",
```

如果指定 ID，则以指定的为准。

举个例子来说。若采集了新闻、论坛、博客等各种业务通道数据，那如何保证全通道数据不重复呢？对此，ID 设计非常重要，比如以 URL 的 md5 值作为文档 ID，就能有效避免文档重复。

8.1.2 新增单个文档

1. 指定 ID 新增单个文档

如下是向索引 my_index_0801 中插入文档 ID 为 1 的一条记录数据。该文档的 JSON 数据由以下 3 个字段组成。

- User：用户名（发布人）。
- post_date：发布日期。
- message：发布推文内容。

```
#### 写入一条文档数据
PUT my_index_0801/_doc/1
```

```
{
  "user": "kimchy",
  "post_date": "2023-11-15T14:12:12",
  "message": "trying out Elasticsearch"
}
```

以上操作在没有预先创建索引 my_index_0801 的条件下也可以成功新增数据。这是为什么？因为 Elasticsearch 默认的创建索引机制是开启的，由 action.auto_create_index 动态参数决定，该参数默认值是 true。

可以使用如下命令行来关闭自动创建索引机制。

```
#### 关闭自动创建索引
PUT _cluster/settings
{
  "persistent": {
    "action.auto_create_index": "false"
  }
}
```

该机制关掉之后会有什么影响？为了查看影响，我们先创建一个集群中不存在的索引 my_index_0802，如下所示。

```
DELETE my_index_0802
PUT my_index_0802/_doc/1
{
  "user": "kimchy"
}
```

报错如下。

```
{
  "error" : {
    "root_cause" : [
      {
        "type" : "index_not_found_exception",
        "reason" : "no such index [my_index_0802] and [action.auto_create_index]
          is [false]",
        "index_uuid" : "_na_",
        "index" : "my_index_0802"
      }
    ],
  ......
  "status" : 404
}
```

简单来说，此时系统会先判断索引是否存在，若不存在则自动创建索引。

2. 不指定 ID 新增单条文档

如果不指定 ID，那么系统会使用自动生成的 ID 来唯一标定一条记录。

```
POST my_index_0801/_doc/
{
  "user": "kimchy",
  "post_date": "2023-01-15T14:12:12",
  "message": "trying out Elasticsearch"
}
```

创建成功后返回信息如下，文档 ID 为 K9f_KYYBHtttwoI8c3Dr。

```
{
  "_index" : "my_index_0801",
  "_id" : "K9f_KYYBHtttwoI8c3Dr",
  "_version" : 1,
  "result" : "created",
  ......
}
```

8.1.3 新增批量文档

Elasticsearch 批量操作是 bulk 操作。批量操作是写入优化中最重要的优化指标之一。因为相比于一条条插入数据，批量写入数据能有效减少刷新以及段合并操作、提高写入效率。第三方 Elasticsearch 数据同步工具 elastic-dump 的本质就是结合 reindex 与批量 bulk 操作。

1. 指定索引批量插入数据

如下所示，通过一次 bulk 操作批量写入了 3 条文档记录。

```
POST my_index_0801/_bulk
{"index":{"_id":"1"}}
{"user":"aaa","post_date":"2023-11-15T14:12:12","message":"trying out
  Elasticsearch"}
{"index":{"_id":"2"}}
{"user":"bbb","post_date":"2023-11-15T14:12:12","message":"trying out
  Elasticsearch"}
{"index":{"_id":"3"}}
{"user":"ddd","post_date":"2023-11-15T14:12:12","message":"trying out
  Elasticsearch"}
```

2. 批量执行多种操作

如下所示的批量 bulk 操作，实现了文档的插入、删除、更新。

```
POST _bulk
{"index":{"_index":"my_index_0801","_id":"1"}}
{"field1":"value1"}
{"delete":{"_index":"my_index_0801","_id":"2"}}
{"create":{"_index":"my_index_0801","_id":"3"}}
{"field1":"value3"}
{"update":{"_id":"1","_index":"my_index_0801"}}
{"doc":{"field2":"value2"}}
```

这里要强调一下 index 和 create 的区别。

如果已存在具有相同索引的文档，create 将会失败，但 index 不会失败，而是按需添加或替换文档。下面结合例子来看。

```
POST _bulk
{"create":{"_index":"my_index_0801","_id":"3"}}
{"field1":"value3"}
{"index":{"_index":"my_index_0801","_id":"3"}}
{"field1":"value3"}
```

看一下返回结果。

```
{
  "took" : 6,
  "errors" : true,
  "items" : [
    {
      "create" : {
        "_index" : "my_index_0801",
        "_id" : "3",

        "error" : {
          "type" : "version_conflict_engine_exception",
          "reason" : "[3]: version conflict, document already exists (current
            version [1])",
          "index_uuid" : "7NBh5XnnQ_aTHNiDcHu5hw",
  ......
        }
      }
    },
    {
      "index" : {
        "_index" : "my_index_0801",
        "_id" : "3",
        "_version" : 2,
        "result" : "updated",
      ......
      }
    }
  ]
}
```

综合上面的对比，二者本质区别如下。

- Create：如果相同 ID 文档存在，则保持原有文档，且会有报错提示。
- Index：如果相同 ID 文档存在，则更新当前新插入文档，并覆盖之前插入的旧文档。

8.2 删除文档

我们可以删除单个或批量文档，但有时会发现文档删除后，索引存储空间反而增大。

这是因为 Elasticsearch 采用段数据结构。每个段都是独立且不可变的索引结构，旨在提高查询性能。

在删除文档时，Elasticsearch 并不立即将其从物理存储中移除，而是将其标记为“已删除”，并继续保留在段中。随后，在段合并的过程中，已删除文档才会被彻底移除并释放相应的存储空间。这种设计策略是 Elasticsearch 为了提高查询性能和避免频繁修改索引结构而采用的。

8.2.1 单个文档删除

操作命令如下。

```
DELETE my_index_0801/_doc/1
```

返回结果如下。

```
{
  "_index" : "my_index_0801",
  "_id" : "1",
  "_version" : 5,
  "result" : "deleted",
  ......
}
```

删除操作的实现代码的关键在于“ _version + 1”。文档不可见、不可被检索，但文档版本是更新的，直到段合并，文档才会彻底被物理删除。

8.2.2 批量文档删除

该操作的执行语法和检索一致，只是请求头由 search 变成了 _delete_by_query。

```
#### 批量删除文档 #
POST my_index_0801/_delete_by_query
{
  "query": {
    "match": {
      "message": "Elasticsearch"
    }
  }
}
```

返回结果如下所示。

```
{
  "took" : 10,
  "timed_out" : false,
  "total" : 1,
  "deleted" : 1,
  "batches" : 1,
```

```
  "version_conflicts" : 0,
  ......
}
```

其中 "deleted" : 1 就代表删除成功的文档数量。

注意：

在实际业务开发中，为了避免误删（类似于 linux rm -f）操作，建议先进行查询（search），核对返回结果，确认无误后，再执行 delete_by_query 操作。

扩展问题：实际业务中，批量删除了很大数据量级的数据，事后发现出错想取消，怎么办呢？

对于该问题，可借助 _cancel API 将损失最小化。

首先查找有哪些 task。找到对应类型为 delete 的操作。

```
GET _tasks
```

然后用 _cancel 命令指定 task id，取消对应任务。

```
POST _tasks/r1A2WoRbTwKZ516z6NEs5A:36619/_cancel
```

8.3 修改 / 更新文档

修改实际就是更新文档。

更新文档按照更新单个或者多条文档记录又可以细分为单个文档更新和批量文档更新。单个文档更新对应的 API 是 update，是针对某条文档的更新；批量文档更新对应的 API 是 update_by_query，是基于检索条件的更新。

更新文档按照文档修改的内容又可以细分为：部分更新文档，即更新文档的部分字段；全部更新文档，即用新文档覆盖原来的旧文档内容。

8.3.1 更新文档的前置条件

_source 字段必须设置为 true，这也是默认设置。如果将其手动设置为 false，执行 update 会报错，示例如下。

```
PUT my_index_0803
{
  "mappings": {
    "_source": {
      "enabled": false
    }
  }
}
```

```
PUT my_index_0803/_doc/1
{
  "counter" : 1,
  "tags" : ["red"]
}

POST my_index_0803/_update/1
{
  "doc": {
    "counter": 2
  }
}
```

报错如下。

```
{
  "error" : {
    "root_cause" : [
      {
        "type" : "document_source_missing_exception",
        "reason" : "[1]: document source missing",
        "index_uuid" : "SPy0J8iiSp2jKmE6CqYPnQ",
        "shard" : "0",
        "index" : "my_index_0803"
      }
    ],
  ......
  "status" : 400
}
```

8.3.2 单个文档部分更新

1. 在原有基础上新增字段

比如在my_index_0803索引Mapping的基础上新增name字段。这里要强调的是“doc”不可缺少，否则会报错。

```
#### 删除索引
DELETE my_index_0803
#### 创建索引
PUT my_index_0803
#### 写入数据
PUT my_index_0803/_doc/1
{
  "counter" : 1,
  "tags" : ["red"]
}
#### 更新操作
POST my_index_0803/_update/1
{
```

```
  "doc": {
    "name": "doctor wang"
  }
}
#### 执行检索
POST my_index_0803/_search
```

返回结果如下。

```
{
  "_index" : "my_index_0803",
  "_id" : "1",
  "_score" : 1.0,
  "_source" : {
    "counter" : 1,
    "tags" : [
      "red"
    ],
    "name" : "doctor wang"
    }
  }
```

在上面示例中，在原有文档基础上新增了字段 "name" : "doctor wang"，而原来文档中的 counter 和 tags 的内容不变。

2. 在原有字段基础上部分修改字段值

这就涉及脚本操作了，示例如下。

```
#### 文档更新操作
POST my_index_0803/_update/1
{
  "script": {
    "source": "ctx._source.counter += params.count; ctx._source.tags.add(params.
      tag); ctx._source.phone = '18999998888'",
    "lang": "painless",
    "params": {
      "count": 4,
      "tag": "blue"
    }
  }
}
```

这里使用了 Painless 脚本。在脚本中有 3 个并行操作，如下所示。（关于 Painless 脚本的内容，后面会用专门的一章来讲解。）

- ❑ 将 params.count 的值（此处为 4）加到 counter 当前值上。
- ❑ tags 数组添加了值 blue。
- ❑ 新增了字段 phone，用于存储手机号码信息。此处在脚本中新增字段的方法和在原有基础上新增字段是一致的。

3. 存在则更新，不存在则插入给定值

我们更新一个字段的前提是在索引的 Mapping 中有这个字段，且这个字段有一个初始值。但实际项目中，这个条件可能不满足，若此时我们还想插入数据，那么该如何进行呢？对此，如果字段存在，则更新之；如果不存在，则给定一个初始值，并且插入。

这时候 upsert 就派上用场了，upsert 的作用等价于 update 与 insert 的叠加效果。举个例子一探究竟。

```
#### 删除索引
DELETE my_index_0803
#### 借助 upsert 更新文档
POST my_index_0803/_update/1
{
  "script": {
    "source": "ctx._source.counter += params.count",
    "lang": "painless",
    "params": {
      "count": 4
    }
  },
  "upsert": {
    "counter": 1
  }
}
#### 执行检索操作
GET my_index_0803/_search
```

返回结果如下。

```
{
  "_index" : "my_index_0803",
  "_id" : "1",
  "_score" : 1.0,
  "_source" : {
    "counter" : 1
  }
}
```

根据代码可知，在 id = 1 的文档不存在的前提下，执行插入 upsert 操作，得到了 counter 赋值为 1 的结果。

再次借助 upsert 更新文档，counter 就会变成 5，执行更新操作。

8.3.3 全部文档更新

全部文档更新本质上是借助 index 的 API 实现的，而不是 update 的 API。

```
#### 插入数据的同时，创建索引
PUT my_index_0803/_doc/1
```

```
{
  "user": "kimchy",
  "post_date": "2009-11-15T14:12:12",
  "message": "trying out Elasticsearch"
}
#### 执行检索
GET  my_index_0803/_search
```

返回结果如下。

```
 "_source" : {
          "user" : "kimchy",
          "post_date" : "2009-11-15T14:12:12",
          "message" : "trying out Elasticsearch"
        }
```

根据代码可知，原有的 counter 字段及其内容被全部覆盖。

这里提出一个问题：Mapping 会如何变化呢？

答案是以上所有字段在 Mapping 中都会存在。原因是字段及字段值的更迭只会造成 Mapping 的扩展，不会导致 Mapping 收缩。更确切地说，Mapping 不会因为文档的写入或更新操作而导致收缩，除非通过 reindex 操作将数据迁移到新的索引上。

8.3.4 批量文档更新

如前所述，批量更新的本质是基于特定检索条件的更新。所以相比于之前单个文档更新使用 update，批量文档更新则使用 update_by_query。

1. 基于 Painless 脚本的批量更新

与前面所讲的更新操作类似，批量更新实现脚本如下。

```
#### 借助 Painless 脚本实现批量更新
POST my_index_0803/_update_by_query
{
  "script": {
    "source": "ctx._source.counter++",
    "lang": "painless"
  },
  "query": {
    "term": {
      "counter": 5
    }
  }
}
```

脚本里的 3 个参数缺一不可。

- script：代表执行脚本。
- source：代表执行更新的操作。

- lang：代表脚本语言 Painless。

2. 基于 ingest 预处理管道的批量更新

当实战中遇到脚本处理的问题时，如果使用 script 和 ingest 两种方式都能解决，则推荐使用 ingest，因为它更好调试和便于理解。

1）定义 ingest 预处理管道，如下所示，使用了 set processor。

```
#### 定义 ingest pipeline
PUT _ingest/pipeline/new-add-field
{
  "description": "new add title field",
  "processors": [
    {
      "set": {
        "field": "title",
        "value": "title testing..."
      }
    }
  ]
}
```

2）更新的同时指定 ingest 预处理管道。

```
#### 更新的同时，指定 pipeline
POST my_index_0803/_update_by_query?pipeline=new-add-field
#### 查看更新后的结果
GET my_index_0803/_search
```

3）看一下结果是否达到了预期，如下所示。文档完成了更新，符合预期。

```
{
      "_index" : "my_index_0803",
      "_id" : "1",
      "_score" : 1.0,
      "_source" : {
        "post_date" : "2009-11-15T14:12:12",
        "message" : "trying out Elasticsearch",
        "title" : "title testing...",
        "user" : "kimchy"
      }
    }
```

8.3.5 取消更新

对于 N 个文档的批量操作很可能出现误操作，此时想取消更新怎么办？记住如下几个步骤。

1）获取该更新任务的任务 ID。

```
GET _tasks?detailed=true&actions=*byquery
```

2）查看该任务 ID，了解任务详情。为了避免取消操作出错，可以先查看，再取消。这与批量删除中先进行 search 操作后进行 delete 操作是一致的。

```
GET /_tasks/r1A2WoRbTwKZ516z6NEs5A:36619
```

3）取消更新任务。

```
POST _tasks/r1A2WoRbTwKZ516z6NEs5A:36619/_cancel
```

8.4 reindex：迁移文档

8.4.1 reindex 操作的背景及定义

1. 为什么需要进行 reindex 操作

在 MySQL 中要修改已有的库表中某个字段的类型是比较方便的，尤其可以借助第三方可视化工具 navicat 修改。数据量小很快就能生效，数据量大，就是时间问题。试问类似操作在 Elasticsearch 如何实现呢？当然，这个问题也可以转换成“Elasticsearch 如何快速修改字段类型？”

对于上述问题，需使用 reindex 操作进行索引数据迁移，有两种不同的方法，如下。

- 同集群索引数据迁移：Elasticsearch 如何将一个索引的数据克隆到另外一个索引？
- 跨集群索引数据迁移：Elasticsearch 如何将一个集群的索引数据克隆到另外一个集群？

读者若熟悉第三方工具，可能立马会想到 elastic-dump、Logstash 等。除了上述工具，Elasticsearch 自身有何方式来实现呢？业务零掉线的情况下如何实现数据迁移呢？

2. reindex 操作的本质

reindex 的本质是将文档从一个索引复制到另一个索引。下面举个例子，一看就明白。

```
#### reindex 实现数据迁移
POST _reindex
{
  "source": {
    "index": "my_index_0803"
  },
  "dest": {
    "index": "my_index_0804"
  }
}
```

源索引是 my_index_0803。前提是源索引必须存在。

目的索引是 my_index_0804。目的索引可以不存在，如果不存在，就会自动创建索引。

8.4.2 同集群索引之间的全量数据迁移

全量数据迁移的实现代码如下。

```
#### 同集群索引之间的全量数据迁移
POST _reindex
{
  "conflicts": "proceed",
  "source": {
    "index": "my_index_0803"
  },
  "dest": {
    "index": "my_index_0805"
  }
}
```

conflicts 参数的含义如下。

- conflicts 请求正文参数可用于指示 _reindex 继续处理有关版本冲突的下一个文档。
- 其他错误类型的处理不受 conflicts 参数的影响。
- 在请求正文中设置 "conflicts": "proceed" 时，_reindex 将在版本冲突时继续执行。

8.4.3 同集群索引之间基于特定条件的数据迁移

1. 源索引设置检索条件

目的是将满足条件的源索引数据迁移到目标索引，代码如下。

```
#### 基于检索条件的部分结果数据迁移
POST _reindex
{
  "source": {
    "index": "my_index_0803",
    "query": {
      "term": {
        "user": "kimchy"
      }
    }
  },
  "dest": {
    "index": "my_index_0806"
  }
}
```

2. 基于 script 脚本的索引迁移

目的是用脚本指定特定的处理操作，例如基于脚本的删除操作，代码如下。

```
#### 基于脚本的删除操作
POST _reindex
{
  "source": {
```

```
    "index": "my_index_0803"
  },
  "dest": {
    "index": "my_index_0808",
    "version_type": "external"
  },
  "script": {
    "source": "if (ctx._source.user == 'kimchy') { ctx._source.remove('user')}",
    "lang": "painless"
  }
}
```

3. 基于预处理管道的数据迁移

实现代码如下。

```
#### 批量写入数据
POST my_index_0809/_bulk
{"index":{"_id":1}}
{"title":" foo bar "}
#### 执行检索操作
GET my_index_0809/_search
#### 定义预处理管道
PUT _ingest/pipeline/my-trim-pipeline
{
  "description": "describe pipeline",
  "processors": [
    {
      "trim": {
        "field": "title"
      }
    }
  ]
}
#### 同时指定预处理管道实现数据迁移
POST _reindex
{
  "source": {
    "index": "my_index_0809"
  },
  "dest": {
    "index": "my_index_0810",
    "pipeline": "my-trim-pipeline"
  }
}
#### 获取迁移后的检索结果
GET my_index_0810/_search
```

上述代码实现了如下功能。

- 定义预处理管道。
- 预处理管道的用途：去掉 title 字段的前后空格。

- reindex：将索引 my_index_0809 迁移到索引 my_index_0810。

8.4.4 不同集群索引之间的数据迁移

1）涉及跨集群数据迁移，必须要提前配置白名单。在 elasticsearch.yml 配置文件中完成相关配置后，重启才能生效。

```
reindex.remote.whitelist: "172.17.0.11:9200, 172.17.0.12:9200"
```

2）同普通的跨索引数据迁移的实现方法一致，举例参考如下。

```
#### 执行索引迁移操作
POST _reindex
{
  "source": {
    "remote": {
      "host": "http://otherhost:9200"
    },
    "index": "source_index",
    "size": 10,
    "query": {
      "match": {
        "test": "data"
      }
    }
  },
  "dest": {
    "index": "my_index_0811"
  }
}
```

8.4.5 查看及取消 reindex 任务

1. 查看 reindex 任务

reindex 是以任务的形式存在的，当同步或者迁移的数据量非常大的时候，reindex 任务实际上会在后台运行。查看 reindex 任务的代码如下所示。

```
#### 获取 reindex 相关任务
GET _tasks?detailed=true&actions=*reindex

#### 获取任务 ID 及相关信息
GET /_tasks/r1A2WoRbTwKZ516z6NEs5A:36619
```

2. 取消 reindex 任务

取消 reindex 任务的代码如下所示。

```
#### 取消任务
POST _tasks/r1A2WoRbTwKZ516z6NEs5A:36619/_cancel
```

8.4.6　业务零掉线情况下的数据迁移

在实际业务开发中可能会遇到这样的场景：若在对外提供服务的线上环境中，发现集群中核心业务涉及的索引设计不合理，需要做数据迁移，但是不想对外停服，也不想重启Elasticsearch，怎么解决？

这个时候就体现出“reindex+别名”的重要性了。这里的核心还是别名，我们以别名的形式从后台向前台提供服务。同时，新建索引并设定好Mapping，然后进行数据reindex迁移操作。

8.5　本章小结

文档作为Elasticsearch数据的基本单元，是数据的索引、检索、查询、聚合等功能的前提。正确管理文档并控制它们的数量和质量，对于确保系统的效率和性能是至关重要的。

文档的增、删、改、查操作是文档的基础操作，其方法必须掌握。尤其是更新操作的脚本以及ingest预处理管道等知识，在实战开发中经常用到，必须要完全掌握。

本章知识点总结如图8-1所示。

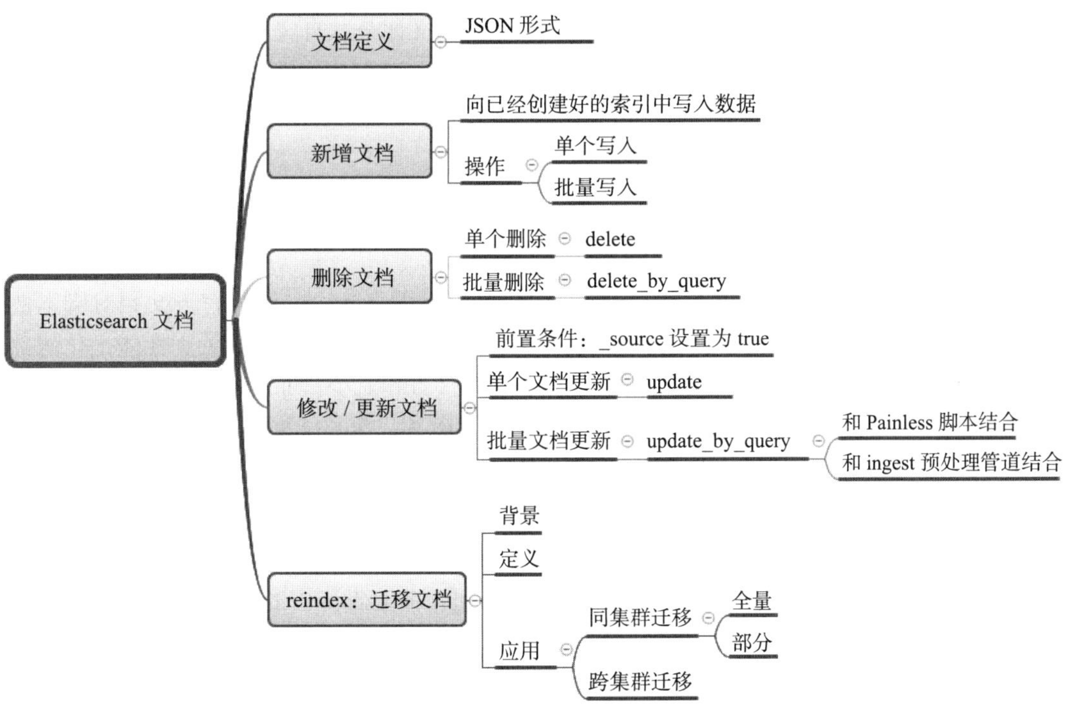

图8-1　Elasticsearch文档

Chapter 9 第9章

Elasticsearch 脚本

本章首先讲解 Elasticsearch 脚本的背景、定义、应用场景与模板等基础知识，演示如何创建和使用 Elasticsearch 脚本，然后会详细介绍脚本语言 Painless，展示如何使用脚本在 Elasticsearch 中实现常见操作，例如自定义字段、自定义评分、自定义更新文档等，并提供大量有关 Elasticsearch 脚本的示例，帮助读者更好地进行理解和实践。

9.1 认识 Elasticsearch 脚本

9.1.1 Elasticsearch 脚本的背景

除了官方文档，其他介绍 Elasticsearch 脚本的资料少之又少。结合官方文档对脚本使用的说明，一般来说应该避免使用脚本。一方面在于性能，官方文档中关于性能优化的部分明确指出使用脚本会导致性能低；另一方面是使用场景相对少，非复杂业务场景下，基础的增、删、改、查基本上就能满足需求。但不能否认的是，在解决复杂业务问题（如自定义评分、自定义文本相关度、自定义过滤、自定义聚合分析等）时，脚本依然是 Elasticsearch 强悍的利器之一。

如果特殊场景需要，则应该优先选择 Painless 脚本和 expressions 引擎。

举例来说，如果有一个包含大量剧院信息的索引，需要查询以 Down 开头的所有剧院，那么你可能会运行一个如下脚本进行查询。

```
#### 批量写入数据，同时创建索引
PUT my_index_0901/_bulk
{"index":{"_id":1}}
```

```
{"theatre":"Downtown","popularity":10}
{"index":{"_id":2}}
{"theatre":"Downstyle","popularity":3}

#### 执行检索操作
POST my_index_0901/_search
{
  "query": {
    "bool": {
      "filter": {
        "script": {
          "script": {
            "lang": "painless",
            "source": "doc['theatre.keyword'].value.startsWith('Down')"
          }
        }
      }
    }
  }
}
```

但是这个查询非常耗费资源，会减慢整个系统的运行速度。对此，有如下两个解决方案。

- 方案一：prefix 前缀匹配。实测 prefix 较 scripting 性能提升 5 倍。
- 方案二：索引时考虑添加一个名为"theatre_prefix"的 keyword 类型字段，然后可以查询 "theatre_prefix":"Down"。

Elasticsearch 脚本的发展过程如表 9-1 所示。

表 9-1 Elasticsearch 脚本的发展过程

Elasticsearch 版本	使用脚本
Elasticsearch 1.4 以下	MVEL 脚本
Elasticsearch 5.0 以下	Groovy 脚本
Elasticsearch 5.0 及以上	Painless 脚本

Groovy 脚本的出现是为了解决 MVEL 的安全隐患问题，但 Groovy 仍存在内存泄漏及安全漏洞问题。Painless 脚本的官方发布时间是 2016 年 9 月 21 日。该脚本名字的中文释义是"无痛"，Painless 的出现让用户能够更方便、高效地使用脚本。

9.1.2 Painless 脚本语言简介

Painless 是一种简单、安全的脚本语言，专为与 Elasticsearch 一起使用而设计。它是 Elasticsearch 的默认脚本语言，可以安全地用于内联和存储脚本。

Painless 的特点如下。

- 性能较优：Painless 脚本运行速度比备选方案（包括 Groovy 脚本）都要快几倍。
- 安全性强：使用白名单来限制函数与字段的访问，避免了可能的安全隐患。

- 可选输入：变量和参数可以使用显式类型或动态 def 类型。
- 上手容易：扩展了 Java 的基本语法，并兼容 groove 风格的脚本语言特性。
- 特定优化：是 Elasticsearch 官方专为 Elasticsearch 脚本编写而设计的一种语言。

9.2 Elasticsearch 脚本的应用场景和模板

1. 应用场景

首先需要认识到，增删改查能解决业务场景 80% 的问题，而 Painless 脚本操作一般应用于相对复杂的业务场景，包括自定义字段、自定义评分、自定义更新、自定义 reindex、自定义聚合，以及其他自定义操作。

2. 应用模板

只要心中有模板，脚本使用就能找到“套路”。

```
"script": {
    "lang":   "...",
    "source" | "id": "...",
    "params": { ... }
  }
```

- lang：代表 language，即脚本语言，默认指定 Painless。
- source：脚本的核心部分，其中 id 应用于 stored script。
- params：传递给脚本使用的变量参数。

9.3 Elasticsearch 脚本实战

9.3.1 自定义字段

例如：返回原有映射未定义的字段值。如下所示，通过 my_doubled_field 返回 my_field 字段的值翻倍后的结果。

```
#### 写入数据同时创建索引
POST my_index_0902/_bulk
{"index":{"_id":1}}
{"my_field":10,"insert_date":"2024-01-01T12:10:30Z"}
#### 实现自定义字段的检索
POST my_index_0902/_search
{
  "script_fields": {
    "my_doubled_field": {
      "script": {
        "lang": "expression",
        "source": "doc['my_field'] * multiplier",
```

```
          "params": {
            "multiplier": 2
          }
        }
      }
    }
}
```

这里的脚本语言选择 Expression。（Expression 会在下一节讲解。）

如下所示，可获得日期中的年份，可通过类似方法返回日期字段中的“月”“日”等。

```
#### 截取返回日期格式中的年份
POST my_index_0902/_search
{
  "script_fields": {
    "insert_year": {
      "script": {
        "source": "doc['insert_date'].value.getYear()"
      }
    }
  }
}
```

9.3.2 自定义评分

自定义评分的实现代码如下所示。

```
#### 自定义评分检索
POST my_index_0901/_search
{
  "query": {
    "function_score": {
      "script_score": {
        "script": {
          "lang": "expression",
          "source": "_score * doc['popularity']"
        }
      }
    }
  }
}
```

9.3.3 自定义更新

自定义更新的实现代码如下所示，其中 Update 表示将已有字段值赋值给其他字段。

```
#### 已有字段更新为其他字段
POST my_index_0901/_update/1
{
  "script": {
```

```
      "lang": "painless",
      "source": """
        ctx._source.theatre = params.theatre;
      """,
      "params": {
        "theatre": "jingju"
      }
    }
  }
```

如下所示，Update_by_query 表示在满足字符“j”开头（注意正则写法）的字段末尾添加 matched。

```
#### 基于正则表达式更新
POST my_index_0901/_update_by_query
{
  "script": {
    "lang": "painless",
    "source": """
      if (ctx._source.theatre =~/^j/) {
        ctx._source.theatre += "matched";
      } else {
        ctx.op = "noop";
      }
    """
  }
}
```

9.3.4 自定义 reindex

下面我们尝试通过 reindex API 将 my_index_0903 的文档索引到 my_index_0904。

对于该操作的要求包括：增加一个整型字段，value 是 my_index_0903 的 field_x 的字符长度，例如 field_x 为“abcd”，则长度为 4；增加一个数组类型的字段，value 是 field_y 的词集合，而 field_y 是空格分割的一组词，例如 foo bar，要求索引到 index_b 后变成 ["foo", "bar"]）。

```
#### 创建索引
PUT my_index_0903
{
  "mappings": {
    "properties": {
      "field_x": {
        "type": "keyword"
      },
      "field_y": {
        "type": "keyword"
      }
    }
```

```
  }
}
#### 导入样例数据
POST my_index_0903/_bulk
{"index":{"_id":1}}
{"field_x":"abcd","field_y":"foo bar"}

#### 创建预处理管道
PUT _ingest/pipeline/change_pipeline
{
  "processors": [
    {
      "script": {
        "source": """
        ctx.field_x_len = ctx.field_x.length();
        """,
        "lang": "painless"
      }
    },
    {
      "split": {
        "field": "field_y",
        "separator": " "
      }
    }
  ]
}
#### 基于预处理管道执行更新操作
POST my_index_0903/_update_by_query?pipeline=change_pipeline

#### 验证更新结果是否满足预期
POST my_index_0903/_search
```

上述示例中的预处理管道的实现语法参见第8章内容。这段代码共创建两个预处理管道，介绍如下。

- script预处理管道：基于length函数实现求字段的长度。
- split预处理管道：基于空格切分字段，由字符串分隔为数组类型。

9.3.5 自定义聚合

```
#### 基于脚本的聚合
POST my_index_0901/_search
{
  "aggs": {
    "terms_aggs": {
      "terms": {
        "script": {
          "source": "doc['popularity'].value",
          "lang": "painless"
```

```
            }
          }
        }
      }
    }
```

上述脚本的聚合实现方式仅说明基于脚本可以获取字段信息。而更为简洁的方式是直接基于字段“field”:“popularity”聚合实现这个目的。关于聚合的内容，后面会展开解读。

9.3.6 实战常见问题

1）脚本类型只有 Painless 一种吗？

显然不是。除了 Painless，Expressions 也是常用的 Lucene 的脚本语言。Elasticsearch 支持的脚本分类如表 9-2 所示。

表 9-2 Elasticsearch 支持脚本分类

脚本类型	脚本沙盒执行与否	系统是否自带	脚本用途
Painless	是	是	专为 Elasticsearch 打造
Expressions	是	是	快速自定义排名和排序
Mustache	是	是	模板
Java	需自己开发	否，需要自己开发	专家级 API

为了安全考虑，脚本会在一个受限的环境中执行。沙盒强制执行对脚本进行一定限制，例如限制对文件系统、网络或某些 Java 类的访问，并监视脚本的 CPU 和内存使用情况以防止资源耗尽。这有助于确保脚本不会对 Elasticsearch 集群造成伤害或损害其安全性。

2）如何界定 Expressions 与 Painless？

在 Elasticsearch 中，脚本是用来执行特定计算的代码片段。它们可以使用多种脚本语言，如 Expressions Language（MVEL）、JavaScript 和 Painless 等。

要界定脚本语言是 Expressions 还是 Painless，可以检查它的语言字段。在请求或配置文件中可以指定脚本的语言类型，举例如下。

```
"script": {
    "lang": "painless",
    "source": "..."}
```

在上面的示例中，lang 字段指定了脚本的语言是 Painless。如果脚本语言为 Expressions，则为 "lang": "expressions"。

3）Painless 脚本语言的安全性注意事项有哪些？

尽管 Painless 是 Elasticsearch 中安全性更高的脚本语言，但它仍然可能存在漏洞。为了确保系统保持安全，该脚本语言的正确使用和配置是非常重要的。此外，还应该采取其他安全措施，例如访问控制和数据加密来提高安全性。安全方面的核心注意点如下。

- 不要在 root 账户下运行 Elasticsearch。

- 不要公开 Elasticsearch 路径给其他用户。
- 不要将 Elasticsearch 路径公开发布到互联网。

9.4 本章小结

本章深入讲解了脚本的发展历程、应用场景、功能、脚本语言语法和使用方法等。Painless 脚本是一种强大且灵活的工具，它可以帮助我们在 Elasticsearch 中实现复杂的数据处理、计算和自定义逻辑。如果你需要在 Elasticsearch 中执行复杂的数据处理，在性能可控的前提下，Painless 脚本是一个值得考虑的选项。

本章小结如图 9-1 所示。

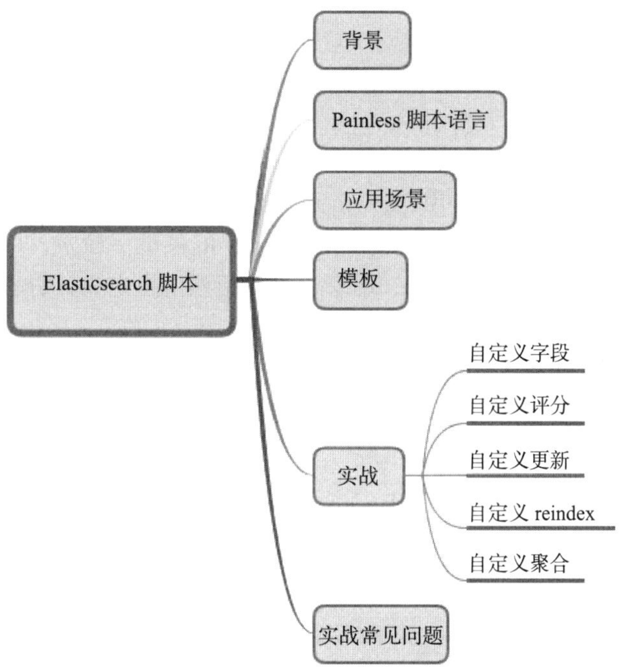

图 9-1 Elasticsearch 脚本

Chapter 10 第 10 章

Elasticsearch 检索

检索是 Elasticsearch 的核心功能之一，它能够快速、精确地从海量数据中搜索出所需的信息。本章将介绍如何使用 Elasticsearch 进行简单的关键字检索，以及如何使用各种技巧和工具进行复杂的检索操作。同时，本章还将介绍如何自定义评分和排序检索，以及如何使用检索模板，并给出深度分页问题的解决方案。

10.1 检索选型指南

先看一个企业的实战问题。如图 10-1 所示的这种查询条件，可以通过 Elasticsearch 组合查询实现吗？

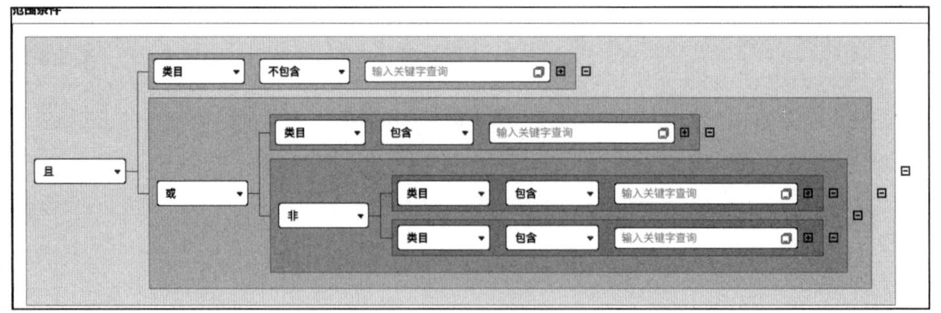

图 10-1 Elasticsearch 检索案例

显然，这是一个较为复杂的检索需求。对于熟悉 Elasticsearch 的读者来说，可以将这个看似错综复杂的图解拆分成简单的部分，实际上涉及的逻辑运算只是“与、或、非”。这些逻辑运算在 Elasticsearch 中分别对应 must、should、must_not，以及组合在一起的 bool 检索。

对于该案例，我们将在了解各检索类型之后作出解答。

在 DSL 中一次问卷调查中，笔者收集到如下这些和检索类型相关的问题。

- 麻烦讲一下 Elasticsearch 常用的查询关键词及使用场景，比如 term、match、should、filter……
- 麻烦讲一下查询 term、match、match_pharse、operator、mget、multi_match 等的用法和区别。
- 麻烦讲一下 term、match、phrase、bool 检索等常用语法对不同类型数据字段的支持，以及在分词场景下的区别。
- 麻烦讲一下 fuzzy 检索的 fuzziness 参数的不同取值，以及 minimum_should_match 不同取值的负数、百分比等含义。

所以问题来了：Elasticsearch 检索有几十种分类，我们要如何区分、如何选型，使用时又有哪些注意事项呢？

下面我们将从宏观视角来俯瞰 Elasticsearch 检索的分类，分别解读各个检索类型的特点和应用场景，以及不同类型的区别。

10.1.1 Elasticsearch 检索分类

根据 Elasticsearch 8.6 官方文档，Elasticsearch 检索类型如图 10-2 所示，不会也不可能超出这个范围。

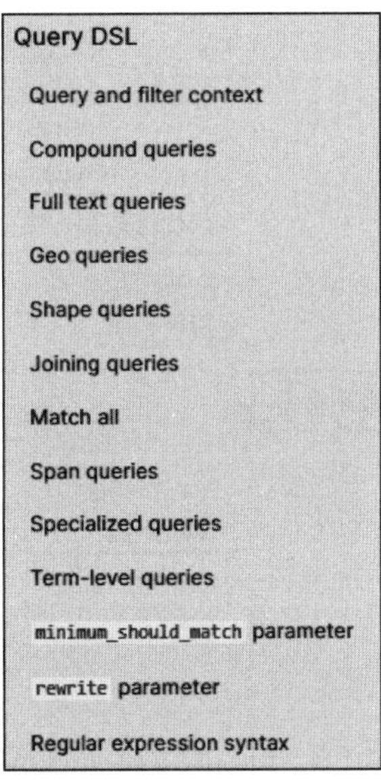

图 10-2 官方文档中的 Elasticsearch 检索分类

这么看可能不够清晰，我们再进一步梳理一下，如图 10-3 所示。

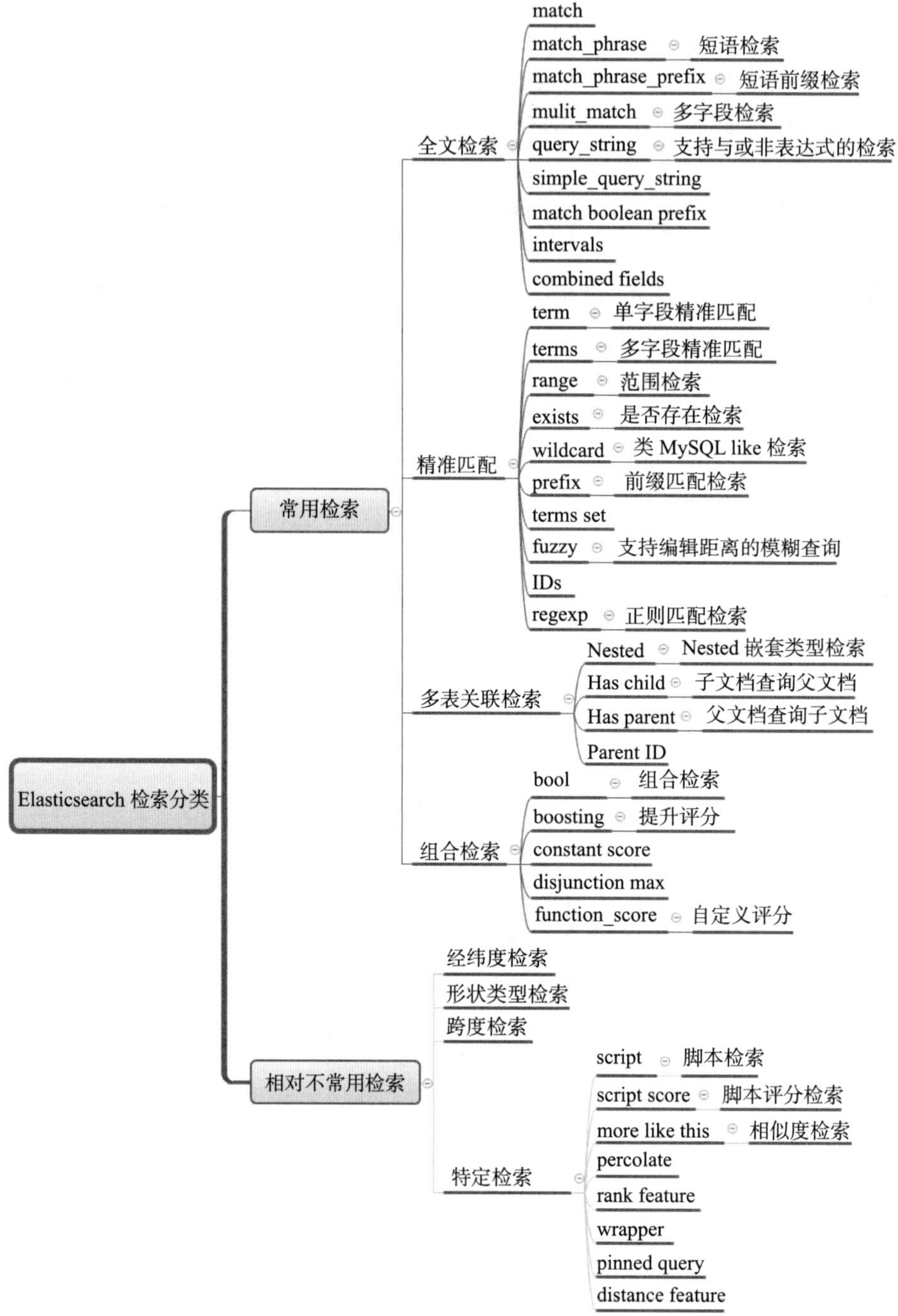

图 10-3 Elasticsearch 检索分类

下面我们会详细解读其中的常用类型。而对于不常用的类型，建议大家在使用前阅读官方文档，做到知己知彼、有的放矢。

笔者想先分享一下自己在初学 Elasticsearch 时所犯的错误或者遇到的问题。请各位看看有没有“中招”。

第一个问题：“一把梭”。

match 检索很好用，能够召回数据也很多。曾经，在业务中凡是涉及检索的需求，笔者都会使用 match 检索方法。化用电影台词来说：“曾经有许多检索类型放在我面前，我没有珍惜。我挑出用得最多最爽的 match 检索并乐此不疲，当召回了一大批不相关的数据时才后悔莫及！如果老天再给我一次选型机会的话，我会优先考虑 match_phrase”。为什么会这么说呢，我们将在后文通过示例进行详细说明。

第二个问题：自己编写代码实现与或非检索。

由于笔者当时对检索类型的了解不深，只知道有限的搜索类型，如 term、match 和 terms 等，并且并不知道 query_string 检索已经实现了与或非检索功能，因此自己编写代码来实现与或非检索。这花费了很多时间，而且在全面性上也不如 query_string 的自身实现。

第三个问题：数百个通配符模糊匹配组合，导致演示现场集群宕机。

回头看，这些问题出现的原因主要在于以下几点。

- 对检索类型了解不全、拿来就用。
- 不能分辨不同检索类型的应用场景和可能的副作用。
- 项目着急时只关注能否使用，而没有关注如何使用好、如何更好用。

这些挑战在实际应用中很常见，许多人都可能遇到类似问题。通过深入了解 Elasticsearch 检索分类及其适用场景，我们可以在实战中运用恰当的策略和方法论，从而规避这些问题。

10.1.2 精准匹配检索和全文检索的本质区别

对于 Elasticsearch 检索类型，我们继续缩小学习范围，聚焦于最常用的精准匹配检索、全文检索、组合检索这 3 种类型。

精准匹配检索是 Elasticsearch 中一种根据确切词条值查找文档的方法。在此检索方式下，用户查询的关键词须与文档中的词条完全吻合，方可视为匹配。此类检索主要应用于结构化数据，如 ID、状态和标签等。在 Elasticsearch 中，精准匹配检索通常采用 term、terms 和 terms_set 等检索类型。

全文检索是 Elasticsearch 中一种对文档内容进行深入分析和处理的方法，以便找到与查询关键词相关的文档。全文检索考虑词汇的语义关联，包括词干、同义词等，并通常对文档进行评分，以衡量其与查询关键词的相关程度。此类检索主要应用于非结构化文本数据，如文章和评论等。在 Elasticsearch 中，全文检索主要使用 match、match_phrase、query_string 等查询类型。

组合检索是Elasticsearch中一种将多个查询条件结合在一起的检索方法。此类检索允许用户根据多个因素和逻辑操作符（如与、或、非）来定位相关文档，从而实现更为复杂且精确的查询。组合检索可以针对不同字段进行精准匹配和全文检索，并将它们组合在一个查询中。在Elasticsearch中，组合检索主要使用bool检索来实现多条件查询，包括must（与）、should（或）、must_not（非）等子句。

精准匹配检索与全文检索的本质区别主要表现在两个方面。

- 精准匹配检索不对待检索文本进行分词处理，而是将整个文本视为一个完整的词条进行匹配。
- 全文检索则需要对文本进行分词处理。在分词后，每个词条将单独进行检索，并通过布尔逻辑（如与、或、非等）进行组合检索，以找到最相关的结果。

后续我们将以如下数据为例展开讨论。

```
#### 创建索引
PUT my_index_1001
{
  "mappings": {
    "properties": {
      "title": {
        "type": "text",
        "analyzer": "ik_max_word",
        "fields": {
          "keyword": {
            "type": "keyword"
          }
        }
      },
      "popular_degree": {
        "type": "integer"
      },
      "source_class": {
        "type": "keyword"
      }
    }
  }
}
#### 批量写入数据
POST my_index_1001/_bulk
{"index":{"_id":1}}
{"title":"乌兰图雅经典歌曲30首连播  标清_手机乐视视频","popular_degree":30,"source_
  class":"wechat"}
{"index":{"_id":2}}
{"title":"乌兰县地区生产总值22.9亿元","popular_degree":10,"source_class":"blog"}
{"index":{"_id":3}}
{"title":"乌兰新闻网欢迎您!","popular_degree":100,"source_class":"news"}
{"index":{"_id":4}}
{"title":"乌兰:你说急什么呢,我30岁了","popular_degree":50,"source_class":"weibo"}
```

```
{"index":{"_id":5}}
{"title":"千城胜景丨胜境美誉 多彩乌兰","popular_degree":50,"source_class":"weibo"}
{"index":{"_id":6}}
{"title":"乌兰新世界百货","popular_degree":80,"source_class":"news"}
```

精准匹配和全文检索的区别在下例中展示得很清楚。

```
POST my_index_1001/_search
{
  "query": {
    "match": {
      "title": "乌兰新闻网欢迎您!"
    }
  }
}
```

召回数据如下（只截取了title字段）。

```
行 22:          "title" : "乌兰新闻网欢迎您!"
行 30:          "title" : "乌兰:你说急什么呢,我30岁了"
行 38:          "title" : "千城胜景丨胜境美誉 多彩乌兰"
行 46:          "title" : "乌兰县地区生产总值22.9亿元 "
行 54:          "title" : "乌兰图雅经典歌曲30首连播 标清_手机乐视视频"
```

而检索“乌兰新闻网欢迎您!”却召回了全部数据。这是为什么呢？为了一探究竟，我们在检索语句加上"profile":true，召回结果如下所示。

```
"type" : "BooleanQuery",
  "description" : "title:乌兰 title:兰新 title:兰 title:新闻 title:网 title:欢迎
    您 title:欢迎 title:您",
```

可以看到，match_query在检索的时候将待检索字符串做了分词处理。通过analyzer API可以查看分词结果。

```
POST my_index_1001/_analyze
{
  "text": [
    "乌兰新闻网欢迎您"
  ],
  "field": "title"
}
```

分词结果如下所示。

```
乌兰
兰新
兰
新闻
网
欢迎您
欢迎
您
```

注意：

1）不同的分词词典可能会导致分词结果不一致。

2）上述示例在原生 IK 分词词典的基础上加了自定义词典。

然后，我们看一下精准匹配的检索实现，代码如下。

```
POST my_index_1001/_search
{
  "profile": true,
  "query": {
    "term": {
      "title.keyword": "乌兰新闻网欢迎您！"
    }
  }
}
```

通过 "profile":true，看到结果如下。

```
"type" : "TermQuery",
               "description" : "title.keyword:乌兰新闻网欢迎您！",
```

也就是说，精准匹配是用整个文本串进行 term 检索的，不做分词处理。

在理解了上述相关概念后，接下来，我们分类解读各个检索类型的特点及应用场景。

10.1.3 精准匹配检索详解

1. term 检索：单字段精准匹配

term 检索主要应用于单字段精准匹配的场景。在实战过程中，需要避免将 term 检索应用于 text 类型的检索。进一步说，term 检索针对的是非 text 类型，用于 text 类型时并不会报错，但检索结果一般会达不到预期。

若确实需要对 text 类型字段进行 term 检索，将会如何？

我们通过下面示例来看一下效果。

```
# 尝试对 text 类型字段执行 term 检索，实战不推荐
POST my_index_1001/_search
{
  "profile": true,
  "query": {
    "term": {
      "title": {
        "value": "乌兰：你说急什么呢，我 30 岁了"
      }
    }
  }
}
```

我们发现该检索过程没有召回结果数据。写入时，“乌兰：你说急什么呢，我 30 岁了”经过 ik_max_word 分词处理后，转化为“乌兰”“兰”“你说”“急”“什么”“么”“呢”“我”“30”“岁”的倒排索引词项并进行存储。而检索的时候，检索的是“乌兰：你说急什么呢，我 30 岁了”整体，因此并没有数据召回。

2. terms 检索：多字段精准匹配

terms 检索主要应用于多值精准匹配场景，它允许用户在单个查询中指定多个词条来进行精确匹配。这种查询方式适合从文档中查找包含多个特定值的字段，例如筛选出具有多个特定标签或状态的项目。而 terms 检索是针对未分析的字段进行精确匹配的，因此它在处理关键词、数字、日期等结构化数据时表现良好。

```
#### terms 多字段精准检索
POST my_index_1001/_search
{
  "query": {
    "terms": {
      "source_class": [
        "weibo",
        "wechat"
      ]
    }
  }
}
```

该查询示例展示了如何使用 terms 检索在一个字段中查找包含多个特定词条的文档。在此示例中，我们查找 source_class 字段值为 weibo 或 wechat 的文档。

terms 检索与 term 检索的核心区别在于：Terms query 支持多值匹配，而 Term query 仅适用于单一值匹配。

3. range 检索：范围检索

range 检索是 Elasticsearch 中一种针对指定字段值在给定范围内的文档的检索类型。这种查询适合对数字、日期或其他可排序数据类型的字段进行范围筛选。range 检索支持多种比较操作符，如大于（gt）、大于等于（gte）、小于（lt）和小于等于（lte）等，可以实现灵活的区间查询。

```
#### 区间范围检索
POST my_index_1001/_search
{
  "query": {
    "range": {
      "popular_degree": {
        "gte": 10,
        "lte": 100
      }
    }
```

```
  },
  "sort": [
    {
      "popular_degree": {
        "order": "desc"
      }
    }
  ]
}
```

我们寻找 popular_degree 字段值在 10 ～ 100 之间的文档。通过使用 gte 和 lte 操作符，我们能够精确地定义所需的区间范围。

注意：

1）当 search.allow_expensive_queries 设置为 false 时，对 text 和 keyword 类型的 range 检索不能被执行。

2）对于 text、keyword 类型的区间检索来说，range query 的实际意义不大。

---

4. exists 检索：是否存在检索

exists 检索在 Elasticsearch 中用于筛选具有特定字段值的文档。这种查询类型适用于检查文档中是否存在某个字段，或者该字段是否包含非空值。通过使用 exists 检索，你可以有效地过滤掉缺少关键信息的文档，从而专注于包含所需数据的结果。应用场景包括但不限于数据完整性检查、查询特定属性的文档以及对可选字段进行筛选等。

```
#### exists 检索
POST my_index_1001/_search
{
  "query": {
    "exists": {
      "field": "title.keyword"
    }
  }
}
```

如上代码针对名为 my_index_1001 的索引进行查询，目标字段为 title.keyword。查询后将返回包含 title.keyword 字段且字段值非空的文档。

5. wildcard 检索：通配符检索

wildcard 检索是 Elasticsearch 中一种支持通配符匹配的查询类型，它允许在检索时使用通配符表达式来匹配文档的字段值。通配符包括两种。

- 星号（*）：表示零或多个字符，可用于匹配任意长度的字符串。
- 问号（?）：表示一个字符，用于匹配任意单个字符。

wildcard 检索适用于对部分已知内容的文本字段进行模糊检索。例如，在文件名或产品型号等具有一定规律的字段中，使用通配符检索可以方便地找到满足特定模式的文档。请注意，通配符查询可能会导致较高的计算负担，因此在实际应用中应谨慎使用，尤其是在涉及大量文档的情况下。

需要注意的是，wildcard 检索主要适用于未分析的字段（如关键字字段），因为它基于原始字段值进行匹配。对于已分析的字段，通配符查询可能无法按预期工作，因为分词过程可能已改变了原始字段值。

```
POST my_index_1001/_search
{
  "profile": true,
  "query": {
    "wildcard": {
      "title.keyword": {
        "value": "*乌兰*"
      }
    }
  }
}
```

如上代码展示了使用 wildcard 检索的方式在 Elasticsearch 中进行通配符检索的示例。针对名为 my_index_1001 的索引，查询目标字段为 title.keyword。使用通配符表达式 “乌兰” 进行查询，将返回 title.keyword 字段值中包含 “乌兰” 子串的文档。同时，启用 profile 选项以获取查询性能相关信息。返回信息如下。

```
"type" : "MultiTermQueryConstantScoreWrapper",
              "description" : "title.keyword:*乌兰*",
"type" : "BooleanQuery",
              "description" : "title.keyword:乌兰：你说急什么呢，我30岁了 title.
                keyword:乌兰县地区生产总值22.9亿元 title.keyword:乌兰图雅经典歌曲30首连
                播 标清_手机乐视视频 title.keyword:乌兰新闻网欢迎您！ title.keyword:千城
                胜景丨胜境美誉 多彩乌兰",
"children" : [
            {
              "type" : "TermQuery",
              "description" : "title.keyword:乌兰：你说急什么呢，我30岁了",
              "time_in_nanos" : 18950,
......
```

其中，"type": "MultiTermQueryConstantScoreWrapper" 表示查询类型为一对多词条查询的常数分数包装器。这意味着在执行通配符查询时，系统将为匹配的所有文档分配相同的分数。

6. prefix 检索：前缀匹配检索

prefix 检索是 Elasticsearch 中一种支持前缀匹配的查询类型，它允许根据指定前缀检索文档的字段值。此查询类型适用于检索以特定字符或字符串作为名称开头的文档，例如查找具有相同名称开头的产品型号、姓名或地名等。在这些场景下，前缀查询可以方便地找到满足特定前缀条件的文档。

先看一个实战问题：若对如下 3 个文档采用 ik_max_word 分词，那么要如何实现前缀搜索？

- 考试专题
- 测试考试成绩
- 新动能考试

关于这个问题，我们可以采用 prefix 检索来实现前缀匹配。不过需要注意的是，这种查询方式仅适用于关键字类型（keyword）的字段。具体实现如下所示。

```
#### 创建索引
PUT my_index_1002
{
  "mappings": {
    "properties": {
      "title": {
        "type": "text",
        "analyzer": "ik_max_word",
        "fields": {
          "keyword": {
            "type": "keyword"
          }
        }
      }
    }
  }
}
#### 导入数据
POST my_index_1002/_bulk
{"index":{"_id":1}}
{"title":" 考试专题 "}
{"index":{"_id":2}}
{"title":" 测试考试成绩 "}
{"index":{"_id":3}}
{"title":" 新动能考试 "}
#### 执行前缀匹配检索
POST my_index_1002/_search
{
  "query": {
    "prefix": {
      "title.keyword": {
        "value": " 考试 "
      }
    }
  }
}
```

上述代码创建了一个包含 title 字段的索引，批量导入了 3 个文档，然后使用 Prefix query 在 title.keyword 字段上执行了前缀匹配检索，寻找以“考试”为前缀的文档。

7. terms set 检索

terms set 检索是 Elasticsearch 中一种功能强大的检索类型，主要用于解决多值字段中的文档匹配问题，在处理具有多个属性、分类或标签的复杂数据时非常有用。其核心功能在于，它可以检索匹配一定数量给定词项的文档，其中匹配的数量可以是固定值，也可以是基于另一个字段的动态值。

从应用场景来说，terms set 检索在处理多值字段和特定匹配条件时具有很大的优势。它适用于标签系统、搜索引擎、电子商务系统、文档管理系统和技能匹配等场景。通过灵活设置匹配数量条件，使用 terms set 检索的方式可以轻松地找到满足特定需求的文档，对系统中的筛选和推荐功能具有很大帮助。

terms set 检索的基本语法如下。

```
{
  "query": {
    "terms_set": {
      "<字段名>": {
        "terms": ["<词项1>", "<词项2>", ...],
        "minimum_should_match_field": "<匹配数量字段名>",
        "minimum_should_match_script": {
          "source": "<脚本>"
        }
      }
    }
  }
}
```

terms set 检索的工作原理可以分为以下几个步骤。

- 指定要查询的字段名，这个字段通常是一个多值字段，如数组或集合。
- 提供一组词项，用于在指定字段中进行匹配。
- 设置匹配数量的条件，可以有两种方式：通过 minimum_should_match_field 参数指定一个包含匹配数量的字段名；使用 minimum_should_match_script 参数提供一个脚本，该脚本可以动态计算匹配数量。
- Elasticsearch 会检索匹配给定词项数量要求的文档，并将它们作为查询结果返回。

下面来看一个 terms set 检索应用案例。假设我们有一个电影数据库，其中每部电影都有多个标签。现在，我们希望找到同时具有一定数量的给定标签的电影。以下是使用 terms set 检索方式的过程。

首先，创建一个名为 my_index_1003 的索引。

```
PUT my_index_1003
{
  "mappings": {
    "properties": {
      "title": {
```

```
        "type": "text"
      },
      "tags": {
        "type": "keyword"
      },
      "tags_count": {
        "type": "integer"
      }
    }
  }
}
```

然后，向索引中添加一些电影数据，如下所示。

```
POST my_index_1003/_bulk
{"index":{"_id":1}}
{"title":" 电影 1","tags":[" 喜剧 "," 动作 "," 科幻 "],"tags_count":3}
{"index":{"_id":2}}
{"title":" 电影 2","tags":[" 喜剧 "," 爱情 "," 家庭 "],"tags_count":3}
{"index":{"_id":3}}
{"title":" 电影 3","tags":[" 动作 "," 科幻 "," 家庭 "],"tags_count":3}
```

现在，我们希望找到包含给定标签的电影。我们可以使用 terms set 检索来实现这个需求。

```
GET my_index_1003/_search
{
  "query": {
    "terms_set": {
      "tags": {
        "terms": [" 喜剧 ", " 动作 ", " 科幻 "],
        "minimum_should_match_field": "tags_count"
      }
    }
  }
}
```

上述代码使用 terms_set 检索，在名为 my_index_1003 的索引中检索满足动态匹配数量要求的电影，匹配数量由 tags_count 字段决定，查询标签包括“喜剧”“动作”和“科幻”。文档 1 被召回。

再看如下的检索过程。

```
GET my_index_1003/_search
{
  "query": {
    "terms_set": {
      "tags": {
        "terms": [
          " 喜剧 ",
          " 动作 ",
```

```
          " 科幻 "
        ],
        "minimum_should_match_script": {
          "source": "doc['tags_count'].value * 0.7"
        }
      }
    }
  }
}
```

在上述代码中，对于索引 my_index_1003 中的文档，如果其 tags 字段中的标签满足我们设定的条件，则这些文档会被返回。此处限制了匹配标签数量，由自定义脚本 doc['tags_count'].value * 0.7 动态计算，表示至少有 70% 的标签是“喜剧”“动作”或“科幻”。例如，在查询结果中 _id 为 1 和 _id 为 3 的文档满足这个条件，它们就会被返回。

至此，我们知道 terms set 检索是 Elasticsearch 中一种非常强大的检索方式，适用于处理具有多个属性、分类或标签的复杂数据。通过灵活地设置匹配数量条件，我们可以轻松地找到满足特定要求的文档。然而，需要注意的是，使用 terms set 检索时可能会遇到性能问题，特别是在处理大量数据时。为了提高查询性能，可以考虑对数据进行预处理，例如使用聚类算法将标签分组，然后根据分组查询文档。

8. fuzzy 检索：支持编辑距离的模糊检索

在使用搜索引擎的时候，我们可能会遇到搜索引擎给出的“Did you mean...”的提示，这一般是由于输入了一个错误的单词或句子。

- 当用户输入“pager”（单词语法错误）时，搜索引擎返回“Did you mean page?”或者，当用户输入“langauge”（单词拼写错误）时，搜索引擎返回“Did you mean language?”
- 当用户输入“apple”（单词正确，但上下文语义错误时），搜索引擎返回“Did you mean apply?”

类似情况涉及模糊匹配，需要借助“编辑距离”来实现精准的搜索。

编辑距离是指从一个单词转换到另一个单词需要编辑单字符的次数。举例来说，这里的转换操作又分为表 10-1 的 4 种不同形式。

表 10-1　编辑距离的 4 种不同转换形式

原始单词	目标单词	执行操作	转换形式
apple	apply	e 变成 y	替换
langauge	language	a 和 u 交换	交换
chagpt	chatgpt	a 后插入 t	插入
pager	page	删除 r	删除

在 fuzzy 检索中，fuzziness 参数用于编辑距离的设置，其默认值为 AUTO，支持的数值为 [0，1，2]。如果值设置越界，会有如下报错。

```
Valid edit distances are [0, 1, 2] but was [3]
```

fuzzy 检索是一种强大的搜索功能，它能够在用户输入内容存在拼写错误或上下文不一致时，仍然返回与搜索词相似的文档。通过使用编辑距离算法来度量输入词与文档中词条的相似程度，模糊查询在保证搜索结果相关性的同时，有效地提高了搜索容错能力。这使得 Elasticsearch 能够更好地满足用户在实际应用场景中的需求。

其具体实现如下所示。

```
#### 创建索引
PUT my_index_1004
{
  "mappings": {
    "properties": {
      "title": {
        "type": "text",
        "analyzer": "english"
      }
    }
  }
}

#### 批量写入数据
POST my_index_1004/_bulk
{"index":{"_id":1}}
{"title":"Editing Language Skins"}
{"index":{"_id":2}}
{"title":"Mirroring Pages in Page Layouts"}
{"index":{"_id":3}}
{"title":"Applying Conditions to Content"}

#### 执行检索，输入 apple、langauge、pager 时均能召回数据
POST my_index_1004/_search
{
  "query": {
    "fuzzy": {
      "title": {
        "value": "langauge"
      }
    }
  }
}
```

9. IDs 检索

IDs 检索也是一种常用的 Elasticsearch 查询方法，它允许我们基于给定的 ID 组快速召回相关数据，从而实现高效的文档检索。

```
#### 基于 ID 进行检索
POST my_index_1005/_search
```

```
{
  "query": {
    "ids": {
      "values": [
        "1",
        "2",
        "3"
      ]
    }
  }
}
```

在上面这个例子中，我们要求 Elasticsearch 返回 ID 为“1”“2”和“3”的文档。通过 IDs 查询，我们能够快速定位并召回这些指定 ID 的文档。

10. regexp 检索：正则匹配检索

regexp 检索是一种基于正则表达式的检索方法。虽然该检索方式的功能强大，但建议在非必要情况下避免使用，以保持查询性能的高效和稳定。

以下是一个 regexp 检索的使用示例。假设我们有一个包含商品名称的索引 my_index_1005，我们想要找到具有以 Lap 开头、后面紧跟两个任意字符的名称的所有产品：

```
GET my_index_1005/_search
{
  "query": {
    "regexp": {
      "product_name.keyword": {
        "value": "Lap.."
      }
    }
  }
}
```

在这个查询中，我们针对 product_name 字段使用 regexp 检索。正则表达式 "Lap.." 表示“以 Lap 开头，后面紧跟两个任意字符”。通过这个查询，我们可以找到符合该正则表达式规则的所有产品文档。

10.1.4　全文检索类型详解

1. match 分词检索

match 检索适合应用于高召回率和结果精准度要求较低的场景，在追求高精准度的情境中应慎重选用。因为 match 检索本质上是由大 bool 检索和 term 检索相结合构成的，这意味着在确保较高召回率的前提下，它会适当牺牲精准度以满足各种查询需求。

通过下面示例来查看 match 分词检索的工作原理。

```
#### 加上profile:true 参数，查看底层执行逻辑
```

```
POST my_index_1001/_search
{
  "profile": true,
  "query": {
    "match": {
      "title": " 乌兰新闻 "
    }
  }
}
```

部分执行结果如下所示。match 检索的核心就是将待检索的语句根据设定的分词器分解为独立的词项单元，然后对多个词项单元分别进行 term 检索，最后对各 term 检索词项进行 bool 组合。

```
"type" : "BooleanQuery",
                "description" : "title:乌兰 title:兰新 title:兰 title:新闻 ",
```

2. match_phrase 检索：短语检索

match_phrase 检索适用于注重精准度的召回场景。与 match 检索（分词检索）不同，match_phrase 检索更适合称为短语匹配检索。这是因为 match_phrase 检索要求查询的词条顺序和文档中的词条顺序保持一致，以确保更高的精准度。因此，场景差异在于 match_phrase 检索强调短语的完整性和顺序，以提高查询结果的准确性。实战中建议——在需要精确匹配短语时使用 match_phrase 检索，以满足高精准度召回的需求。

```
#### 短语匹配检索
POST my_index_1001/_search
{
  "query": {
    "match_phrase": {
      "title": {
        "query": " 乌兰新闻 "
      }
    }
  }
}
```

召回结果如下。

```
  {
        "_index" : "my_index_1001",
        "_id" : "3",
        "_score" : 3.5435135,
        "_source" : {
          "title" : " 乌兰新闻网欢迎您 !",
 ......
        }
      }
```

这里着重说明一点，match_phrase 检索确保待检索文本和原文档中的关键词在分词后具有相同的顺序，从而提高查询结果的精准度。

举例：检索语句和索引文档的分词结果如表 10-2 所示。

表 10-2 分词结果列表

序号	"乌兰新闻"分词结果	"乌兰新闻网欢迎您"分词结果	"乌兰新世界百货"分词结果
1	乌兰	乌兰	乌兰
2	兰新	兰新	兰新
3	兰	兰	兰
4	新闻	新闻	新世界
5		网	新世
6		欢迎您	世界
7		欢迎	世
8		您	界
9			百货
10			百
11			货

只有文档 _id 为 3、内容为"乌兰新闻网欢迎您"的文档满足"相同词组的分词结果和词项顺序一模一样"这一条件，其他文档均有不同之处。所以，只召回了 _id 为 3 的文档。

3. multi_match 检索

multi_match 检索适用于在多个字段上执行 match 检索的场景。它提供了一种方便的方法来在多个字段中同时搜索指定的关键词，从而实现跨字段的高效检索。通过使用 multi_match 检索，用户可以简化复杂的多字段查询，优化搜索体验，并确保结果满足各种检索需求。

```
#### mulit_match 检索案例
POST my_index_1001/_search
{
  "query": {
    "multi_match" : {
      "query" : "乌兰",
      "fields" : [ "title^3", "message" ]
    }
  }
}
```

查询主体包含一个 multi_match 查询语句，用于在多个字段上执行匹配操作。查询中指定的关键词为"乌兰"，我们希望在 title 和 message 两个字段中进行搜索。为了强调 title 字段在搜索结果中的重要性，我们使用"^3"来提高其权重。这意味着匹配 title 字段的文档将比匹配 message 字段的文档具有更高的相关性分数。

通过 multi_match 检索，我们可以在多个字段上同时搜索关键词"乌兰"，并进行权重调整，实现跨字段的高效检索。

由于涉及的字段不止一个，multi_match 检索在处理结果评分时采用特殊的评分机制，包括 most_fields、best_fields、cross_fields 等评分方式。这些评分方式确定了如何对每个字段获取的分数进行整合，如表 10-3 所示。

表 10-3 字段含义列表

字段分类	是否默认值	含义
best_fields	是	多个字段中返回评分最高的
most_fields	否	匹配多个字段，返回各个字段评分之和
cross_fields	否	跨字段匹配，待查询内容在多个字段中都显示

4. match_phrase_prefix 检索

match_phrase_prefix 检索是一种灵活且实用的查询类型，它结合了短语匹配和前缀匹配的特点。在这种检索方式下，查询词语需要按顺序匹配文档中的内容，同时允许最后一个词语只匹配其前缀。这使得 match_phrase_prefix 检索在部分用户输入、搜索建议或自动补全等场景中非常有用，能够在保证查询结果精确性的同时提供良好的用户体验。

```
#### match_phrase_prefix 检索案例
POST my_index_1001/_search
{
  "profile": true,
  "query": {
    "match_phrase_prefix": {
      "title": " 乌兰新 "
    }
  }
}
```

profile:true 的核心执行结果如下，可见该检索类型会将待检索语句的分词结果作为前缀，进行全文检索。

```
  "type" : "MultiPhraseQuery",
              "description" : "title:\" 乌兰 兰新 兰 ( 新世界 新世 新闻 )\"",
```

5. query_string 检索

query_string 检索允许用户使用 Lucene 查询语法直接编写复杂的查询表达式。这种查询方式具有高度的灵活性和精确度，支持多字段查询、通配符查询、模糊查询、范围查询等多种检索类型。应用场景包括高级搜索、数据分析和报表等，适合处理需满足特定需求、要求支持与或非表达式的复杂查询任务，通常用于专业领域或需要高级查询功能的应用中。

```
#### query_string 检索案例
POST my_index_1001/_search
{
```

```
  "query": {
    "query_string": {
      "default_field": "title",
      "query": " 乌兰 AND 新闻 "
    }
  }
}
```

6. simple_query_string 检索

simple_query_string 检索是一种用户友好且易于使用的查询方式。它具有类似于 query_string 查询的灵活性，而且对用户输入的语法错误更加宽容。这种查询方式支持多字段、通配符、模糊等基本检索类型，同时简化了 Lucene 查询语法。应用场景包括基本搜索和快速筛选等，适用于具有简单而实用的查询功能的应用。使用 simple_query_string 查询，开发者可以在确保良好用户体验的同时降低查询错误率。

simple_query_string 和 query_string 的区别如下。

1）simple_query_string 对语法的核查并不严格。simple_query_string 在输入语句的语法不对时并不会报错。例如：“乌兰 AND 新闻 AND”语法是错误的，simple_query_string 可以执行，而 query_string 不可以。

```
POST my_index_1001/_search
{
  "query": {
    "query_string": {
      "query": " 乌兰 AND 新闻 AND",
      "fields": ["title"]
    }
  }
}
```

2）simple_query_string 是一种简单的查询语法，只支持单词查询、短语查询或者包含查询，不支持使用通配符和正则表达式。这种查询方式更加安全，因为它不会产生性能问题。

3）query_string 是一种复杂的查询语法，它支持使用通配符、正则表达式和复杂的布尔运算。但这种复杂性可能会导致性能问题。

总的来说，如果查询语法比较简单，则可以使用 simple_query_string；如果查询语法非常复杂，则可以使用 query_string。

除了 simple_query_string 和 query_string 以外，官方文档中还有一些语法，如 intervals query、match boolean prefix query、combined fields query，但这些语法的应用场景相对受限，本书不再展开讲解，大家根据官方文档选型即可。

10.1.5 组合检索类型详解

如果把上文的精准匹配检索和全文检索比作不同的单兵种作战方式，那么组合检索就可以看作海陆空全方位作战。组合检索主要分为两大类：bool 组合检索和自定义评分检索。

1. bool 组合检索

bool 组合检索是一种强大且灵活的查询方式，适用于处理复杂的检索场景。当单一或特定类型的查询条件无法满足多样化的需求时，bool 组合检索就会成为首选方案。它主要包括以下 4 种子查询类型。

- must：查询结果必须满足指定条件。
- must_not：查询结果必须不满足指定条件。在此情况下，召回的数据评分为 0，且不考虑评分。
- filter：过滤条件，同样不考虑评分，召回的数据评分为 0。使用 filter 可以借助缓存机制提高查询性能。
- should：查询结果可以满足的部分条件，具体满足条件的最小数量由 minimum_should_match 参数控制。

使用 bool 组合检索，开发者可以轻松地实现对多个条件的灵活组合和处理，满足不同场景下的检索需求。

2. 自定义评分检索

当传统的 BM25 机制不能满足评分要求，且某一个或者多个字段需要提升、降低或者修改权重比例的时候，可以优先考虑自定义评分检索。如果自定义评分检索也无法满足场景需求，那就只能自己开发评分插件来实现了。

对于自定义评分检索，我们将在 10.3 节展开讲解。

10.1.6 query 和 filter 的区别

Elasticsearch 查询语句中的 query 和 filter 具有不同的用途。

1）query 用于评估文档相关性，并对结果进行评分，通常用于搜索场景。

2）filter 用于筛选文档，不会对文档评分，通常用于过滤场景。

因此，在性能优化方面，filter 比 query 更有效，因为它不需要进行评分，并且可以被缓存。

请注意，当需要同时评分和筛选文档时，可以使用带有 query 和 filter 的组合检索语句，以获得更好的结果，如下所示。

```
####query 和 filter 的组合检索语句
POST my_index_1005/_search
{
  "query": {
    "bool": {
      "must": [
        {
          "match": {
```

```
          "title": "Search"
        }
      },
      {
        "match": {
          "content": "Elasticsearch"
        }
      }
    ],
    "filter": [
      {
        "term": {
          "status": "published"
        }
      },
      {
        "range": {
          "publish_date": {
            "gte": "2024-01-01"
          }
        }
      }
    ]
  }
 }
}
```

总结一下，不同检索类型的选型流程参考图 10-4。

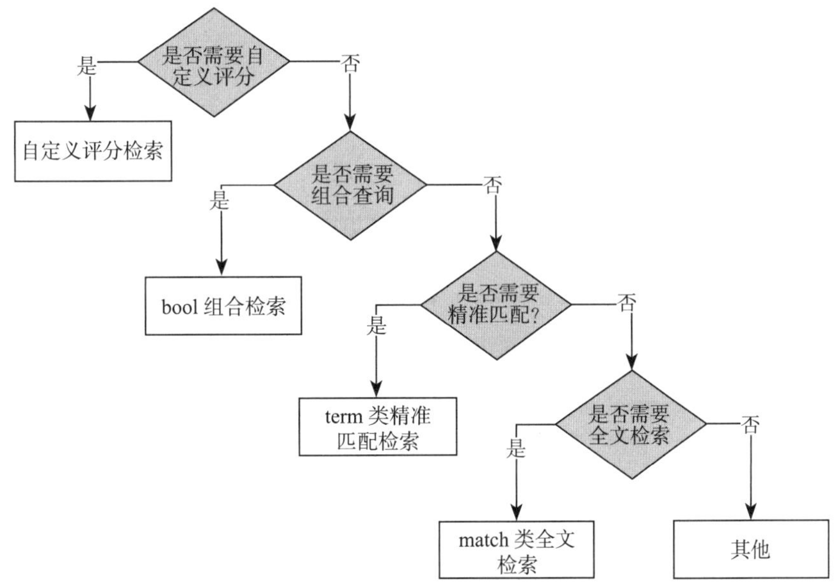

图 10-4 Elasticsearch 检索选型流程

（1）全文检索类检索

- match 适用于召回率高、精准度不高的场景。
- match_phrase 适用于精准度高、召回率不高的场景。
- match_phrase_prefix 适用于短语前缀匹配检索。
- mulit_match 适用于多字段检索。
- query_string 适用于支持与或非表达式的检索。
- simple_query_string 适用于比 query_string 容错率更高的场景。

（2）精准匹配类检索

- term 检索适用于单字段精准匹配。
- terms 检索适用于多字段精准匹配。
- range 检索适用于范围检索。
- exists 检索适用于判定是否存在检索。
- wildcard 检索适用于类 MySQL like 检索，非必要不使用。
- prefix 检索适用于前缀匹配检索。
- fuzzy 检索适用于支持编辑距离的模糊查询。
- IDs 检索适用于基于文档 ID 组检索的场景。
- regexp 检索适用于正则匹配检索，非必要不使用。

10.2 高亮、排序和分页

10.2.1 高亮

1. 高亮定义

以给定的高亮语法格式，在一个或者多个字段中使待检索的字段形成高亮或者突出显示的片段。例如，在图 10-5 所示的截图中，高亮显示了“ChatGPT”关键词。

图 10-5 Elasticsearch 高亮示例

2. 高亮语法

- fragment_size：每个高亮片段的字符数。默认为 100。
- number_of_fragments：高亮最大片段数。如果片段数设置为 0，则不返回任何高亮片段，而是将整个字段内容突出显示并返回，同时 fragment_size 将被忽略。默认值为 5。
- fields：待高亮字段。假设指定 comment_*，则以 comment_ 开头的所有 text、keyword 类型的字段都会被高亮显示。

3. 高亮实战

如下示例使用了 Kibana 自带的电子商务数据集，索引名称为 kibana_sample_data_ecommerce。

```
#### 高亮语法演示
POST kibana_sample_data_ecommerce/_search
{
  "_source": "products.product_name",
  "query": {
    "match": {
      "products.product_name": "dress"
    }
  },
  "highlight": {
    "number_of_fragments": 0,
    "fragment_size": 150,
    "fields": {
      "products.product_name": {
        "pre_tags": [
          "<em>"
        ],
        "post_tags": [
          "</em>"
        ]
      }
    }
  }
}
```

返回结果（片段）如下。

```
"highlight" : {
          "products.product_name" : [
            "Summer <em>dress</em> - peach nougat",
            "Cocktail <em>dress</em> / Party <em>dress</em> - peacoat"
          ]
        }
```

从结果中可以看出我们检索的关键字 dress 被高亮显示，在该字符之前是 <em>，在该

字符之后是 </em>。

10.2.2 排序

图 10-6 为某业务系统的排序功能部分的截图。该排序部分支持按时间、按热度进行升序或降序。

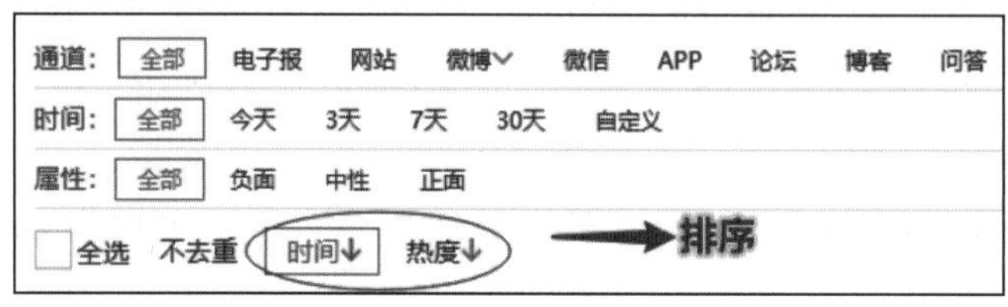

图 10-6 Elasticsearch 排序示例

1. 排序定义

Elasticsearch 支持在查询时自定义排序规则，这使得用户可以根据实际需求对查询结果进行排序。排序可以基于文档评分、字段值或者自定义脚本实现。在编写查询语句时，通过在请求体中添加 sort 字段并指定排序规则，即可实现对查询结果的排序。

在一个或多个特定字段上，可以添加一种或多种排序方式。排序是在字段级别上定义的，其中特殊字段名如下。

- _score：按分数排序。
- _doc：按索引顺序排序（通常用在 scroll 遍历上）。

能排序的字段都具备正排索引，单 text 类型字段是不可以排序的，举例验证如下。

```
#### text 字段排序
POST my_index_1001/_search
{
  "sort": [
    {
      "title": {
        "order": "desc"
      }
    }
  ]
}
```

报错如下。

```
  "error" : {
    "root_cause" : [
      {
        "type" : "illegal_argument_exception",
        "reason" : "Text fields are not optimised for operations that require
          per-document field data like aggregations and sorting, so these
```

```
          operations are disabled by default. Please use a keyword field
          instead. Alternatively, set fielddata=true on [title] in order to load
          field data by uninverting the inverted index. Note that this can use
          significant memory."
      }
    ],
```

如果要使 text 字段支持排序、聚合，则需要开启 fielddata。

2. 排序语法

如下所示，sort 后面跟的是数组，表示支持一个或者多个字段的组合排序。

```
sort": [
       {
        "age":"asc",
        "post_date":"desc"
       }
  ]
```

注意：sort 是和 query 平级的，并不会被 query 包含。

3. 排序实战

在如下示例中使用了两种排序方式，这些字段首先基于 popular_degree 降序排列，在 popular_degree 相同的情况下再基于 _score 进行升序排列。

```
#### 两种排序方式
POST my_index_1001/_search
{
  "query": {
    "match": {
      "title": " 乌兰 "
    }
  },
  "sort": [
    {
      "popular_degree": {
        "order": "desc"
      }
    },
    {
      "_score": {
        "order": "asc"
      }
    }
  ]
}
```

10.2.3 分页

1. 分页介绍

Elasticsearch 支持对查询结果进行分页处理，允许用户逐步获取和浏览大量数据。在编写查询语句时，可通过在请求体中添加 from 和 size 字段实现分页。from 表示结果集的起始位置，而 size 表示每页返回的文档数量。这两个字段的默认值分别为 0 和 10，即默认返回查询结果的前 10 条记录。图 10-7 为某系统真实分页的截图。

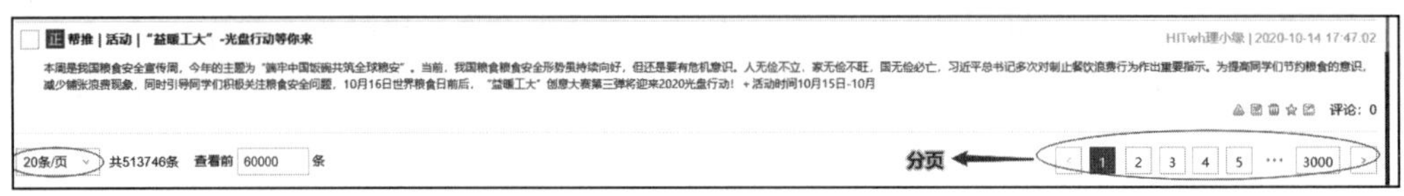

图 10-7 Elasticsearc 分页示例

关于 from 起始值，笔者曾在项目中遇到这样一个情况：每次检索时都会少一条数据。仔细排查才发现这是因为代码中 from 是从 1 开始的。希望大家实战开发中要注意这个细节。

主流的搜索引擎，如 Google、Bing、百度、360 搜索、搜狗搜索，都是分页展示结果数据的。这是为什么呢？

因为对于海量数据来说，用户关注的往往是自己最关心的 TOP *N* 条数据。那么搜索引擎又是怎么知道哪些结果数据是用户最关注的呢？最原始的办法就是利用评分机制（如 TF-IDF 机制）实现：当评分越高时，该条数据返回的位置越靠前。

2. 分页语法

```
#### 分页查询
POST my_index_1001/_search
{
  "from": 0,
  "size": 10,
  "query": {
    "match_all": {}
  }
}
```

如果将 from 设置为 10、size 设置为 10，则返回的是第 10 ～ 19 条数据（默认从第 0 条开始）。以此类推，就能实现翻页。

3. 分页实战

以 Kibana 样例索引数为例，分页检索实现代码如下。

```
#### 基于 Kibana 样例索引数据实现检索
POST kibana_sample_data_ecommerce/_search
```

```
{
  "from": 0,
  "size": 5,
  "_source": "products.product_name",
  "query": {
    "match": {
      "products.product_name": "dress"
    }
  }
}
```

10.3 自定义评分

在进行信息检索时，返回结果的相关度是一个至关重要的因素。Elasticsearch 使用评分算法，根据查询条件与索引文档的匹配程度来确定每个文档的相关度。同时，为了满足各种特定的业务需求，Elasticsearch 也充分允许用户自定义评分。

下面，我们将详细探讨自定义评分策略的应用场景、搜索结果的相关度以及如何进行自定义评分，以便在搜索时获得最符合用户需求的结果。我们将介绍 Elasticsearch 的评分机制，并通过实例来展示如何使用自定义评分来影响搜索结果的排序。

Elasticsearch 自定义评分的主要作用如下。

1）排序偏好：通过在搜索结果中给每个文档自定义评分，可以更好地满足搜索用户的排序偏好。

2）特殊字段权重：通过给特定字段赋予更高的权重，可以让这些字段对搜索结果的影响更大。

3）业务逻辑需求：根据业务需求，可以定义复杂的评分逻辑，使搜索结果更符合业务需求。

4）自定义用户行为：可以使用用户行为数据（如点击率）作为评分因素，提高用户搜索体验。

总的来说，自定义评分是用来优化 Elasticsearch 默认评分算法的一种有效方法，可以更好地满足特定应用场景的需求。

10.3.1 搜索结果相关度与自定义评分的关系

搜索引擎本质是一个匹配过程，即从海量的数据中找到匹配用户需求的内容。判定内容与用户查询的相关度一直是搜索引擎领域的核心研究课题之一。如果搜索引擎不能准确地识别用户查询的意图并将相关结果排在前面的位置，那么搜索结果就不能满足用户的需求，从而影响用户对搜索引擎的满意度。

如图 10-8 所示，左侧圆圈代表用户期望通过搜索引擎获取的结果，右侧圆圈代表用户最终得到的结果。左右两个圆的交集部分即为预期结果与实际结果的相关度。

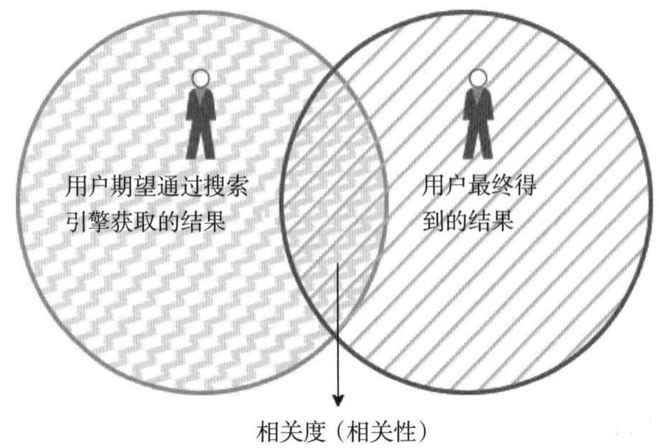

图 10-8 相关度示意图

10.3.2 控制 Elasticsearch 相关度

在结构化数据库（如 MySQL）中只能查询结果与数据库中的行（row）是否匹配，而此类查询所返回的结果往往是二元的，即“是”或“否”。举例如下。

```
select title from hbinfos where title like '%发热%'。
```

而通过全文搜索引擎 Elasticsearch，不仅能找到匹配的文档，还可以按照相关度的高低对它们进行排序。

实现返回结果按相关度排序的核心是评分。

在下面示例中，_score 就是 Elasticsearch 检索返回的评分，其值可以衡量每个文档与查询的匹配程度，即相关度。每个文档都有对应的评分，该得分由正浮点数表示。文档评分越高，则该文档的相关度越高。

```
"hits" : [
        {
          "_index" : "kibana_sample_data_flights",
          "_type" : "_doc",
          "_id" : "FHLWlHABl_xiQyn7bHe2",
          "_score" : 3.4454226,
          ......
        ]
      }
```

10.3.3 计算相关度评分

Lucene（或 Elasticsearch）使用布尔模型查找匹配文档，并用一个名为“实用评分函数”的公式来计算相关度。这个公式借鉴了 TF-IDF（词频 – 逆向文档频率）和向量空间模型，同时加入了一些现代的新特性，如协调因子、字段长度归一化以及词 / 查询语句权重提升。

Elasticsearch 5 之前的版本，评分机制或者打分模型是基于 TF-IDF 实现的。从

Elasticsearch 5 之后，默认的打分机制改成了 Okapi BM25。其中 BM 是 Best Match 的缩写，25 是指经过 25 次迭代调整之后得出的算法，它是由 TF-IDF 机制进化来的。

传统 TF-IDF 和 BM25 都使用逆向文档频率来区分普通词（不重要）和非普通词（重要），使用词频来衡量某个词在文档中出现的频率。两种机制的逻辑相似：首先，文档里的某个词出现得越频繁，文档与这个词就越相关，得分越高；其次，某个词在集合中所有文档里出现的频次越高，则它的权重越低、得分越低。也就是说，某个词在集合中所有文档里越罕见，其得分越高。

BM25 在传统 TF-IDF 的基础上增加了几个可调节的参数，使得它在应用上更佳灵活和强大，具有较高的实用性。

传统的 TF 值理论上是可以无限大的。而 BM25 不同，它在 TF 计算方法中增加了一个常量 k，用来限制 TF 值的增长极限。下面是两者的公式。

$$\text{传统 TF 值} = \text{sqrt}(tf)$$

$$\text{BM25 的 TF 值} = ((k + 1) \times tf) / (k + tf)$$

BM25 还引入了平均文档长度的概念，单个文档长度对相关度的影响与它和平均长度的比值有关系。BM25 公式里，除了常量 k 外，还引入了另外两个参数——L 和 b。

- L 是单个文档长度与平均文档长度的比值。如果单个文档长度是平均文档长度的 2 倍，则 L ＝ 2。
- b 是一个常数，它的作用是规定 L 对评分的影响有多大。

加入 L 和 b 的公式如下所示。

$$\text{BM25 的 TF 值} = ((k + 1) \times tf) / (k \times (1.0 - b + b \times L) + tf)$$

10.3.4 影响相关度评分的查询子句

在布尔查询中，每个 must、should 和 must_not 元素都称为查询子句。

根据文档满足 must 或 should 标准的程度，可以确定文档的相关度评分。分数越高，文档就越符合的搜索条件。

must_not 子句中的条件被视为“过滤器"。它会决定文档是否包含在结果中，但不会影响文档的评分方式。在 must_not 里可以显式指定任意过滤器，以基于结构化数据来决定包含或排除文档。

filter 表示“必须匹配”，但它不以评分，而以过滤模式来实现匹配。filter 内部语句对评分没有贡献，只是根据过滤标准来决定包含或排除文档。

简单来说，filter、must_not 不影响评分，其他查询子句会影响评分。

10.3.5 自定义评分定义

自定义评分的核心是通过修改评分来修改文档相关度，在最前面的位置返回用户最期望的结果。然而，如何实现这样的自定义评分策略，以确保搜索结果能够最大限度地满足用户需求呢？我们可以从多个层面，包括索引层面、查询层面以及后处理阶段着手。

以下是几种主要的自定义评分策略。

1. Index Boost：在索引层面修改相关度

Index Boost 这种方式能在跨多个索引搜索时为每个索引配置不同的级别。所以它适用于索引级别调整评分。

实战举例：一批数据里有不同的标签，数据结构一致，要将不同的标签存储到不同的索引（A、B、C)，并严格按照标签来分类展示（先展示 A 类，然后展示 B 类，最后展示 C 类)，应该用什么方式查询呢？

具体实现如下。借助 indices_boost 提升索引的权重，让 A 排在最前，其次是 B，最后是 C。

```
#### 创建索引并写入数据
PUT my_index_100a/_doc/1
{
  "subject": "subject 1"
}
PUT my_index_100b/_doc/1
{
  "subject": "subject 1"
}
PUT my_index_100c/_doc/1
{
  "subject": "subject 1"
}
#### 执行检索
POST my_index_100*/_search
{
  "indices_boost": [
    {
      "my_index_100a": 1.5
    },
    {
      "my_index_100b": 1.2
    },
    {
      "my_index_100c": 1
    }
  ],
  "query": {
    "term": {
      "subject.keyword": {
        "value": "subject 1"
      }
    }
  }
}
```

2. boosting：修改文档相关度

boosting 可在查询时修改文档的相关度。

boosting 值所在范围不同，含义也不同。若 boosting 值为 0 ～ 1，如 0.2，代表降低评分；若 boosting 值 > 1，如 1.5，则代表提升评分。

适用于某些特定的查询场景，用户可以自定义修改满足某个查询条件的结果评分。

实战如下。

```
#### 通过 boost 提升字段评分
POST my_index_1001/_search
{
  "query": {
    "bool": {
      "must": [
        {
          "match": {
            "title": {
              "query": " 新闻 ",
              "boost": 3
            }
          }
        }
      ]
    }
  }
}
```

3. negative_boost：降低相关度

原理说明如下。

- negative_boost 仅对查询中定义为 negative 的部分生效。
- 计算评分时，不修改 boosting 部分评分，而 negative 部分的评分则乘以 negative_boost 的值。
- negative_boost 取值为 0 ～ 1.0，如 0.3。

若对某些返回结果不满意，但又不想将其排除（must_not），则可以考虑采用 negative_boost 的方式。

实战如下。在 my_index_1001 索引中搜索 title 字段，返回包含“乌兰”（positive 部分）但是不包含“新闻”（negative 部分）的文档。对于那些既包含“乌兰”又包含“新闻”的文档，其评分将被降低为原评分的 1/10（由 negative_boost 参数决定）。

```
#### 需包含“乌兰”的数据，但该召回数据中只要包含“新闻”则降低其评分为原评分的 1/10
POST my_index_1001/_search
{
  "query": {
    "boosting": {
      "positive": {
```

```
          "match": {
            "title": " 乌兰 "
          }
        },
        "negative": {
          "match": {
            "title": " 新闻 "
          }
        },
        "negative_boost": 0.1
      }
    }
  }
```

4. function_score：自定义评分

该方式支持用户自定义一个或多个查询语句及脚本，达到精细化控制评分的目的，以对搜索结果进行高度个性化的排序设置。适用于需进行复杂查询的自定义评分业务场景。

实战举例 1：若商品信息如表 10-4 所示，如何同时根据销量和浏览人数进行相关度提升？

表 10-4 商品信息表

商品	销量 / 件	浏览人数 / 人
A	10	10
B	20	20

想要提升相关度评分，则将每个文档的原始评分与其销量和浏览人数相结合，得到一个新的评分。例如，使用如下公式。

评分 = 原始评分 ×（销量 + 销售人数）

这样，销量和浏览人数较高的文档就会有更高的评分，从而在搜索结果中排名更靠前。这种评分方式不仅考虑了文档与查询的匹配度（由 _score 表示），还考虑了文档的销量和浏览人数，非常适用于电子商务等场景。

该需求可以借助 script_score 实现，代码如下，其评分是基于原始评分和销量与浏览人数之和的乘积计算的结果。

```
#### 批量写入数据
PUT my_index_1006/_bulk
{"index":{"_id":1}}
{"name":"A","sales":10,"visitors":10}
{"index":{"_id":2}}
{"name":"B","sales":20,"visitors":20}
{"index":{"_id":3}}
{"name":"C","sales":30,"visitors":30}

#### 基于 function_score 实现自定义评分检索
POST my_index_1006/_search
{
```

```
  "query": {
    "function_score": {
      "query": {
        "match_all": {}
      },
      "script_score": {
        "script": {
          "source": "_score * (doc['sales'].value+doc['visitors'].value)"
        }
      }
    }
  }
}
```

实战举例 2：针对 my_index_1001 索引，基于文章流行度（popular_degree 字段）计算评分，使评分曲线相对平滑，没有大的波动。

利用 field_value_factor 函数来影响得分，代码如下。

```
#### 基于 field_value_factor 修改评分
POST my_index_1001/_search
{
  "query": {
    "function_score": {
      "query": {
        "match": {
          "title": " 乌兰 "
        }
      },
      "field_value_factor": {
        "field": "popular_degree",
        "modifier": "log1p",
        "factor": 0.1,
        "missing": 1
      },
      "boost_mode": "sum"
    }
  }
}
```

其中，评分计算公式

$$new\_score = old\_score + \log(1 + 0.1 \times popular\_degree\text{ 值})$$

使用 field_value_factor 时要注意，有的文档可能会缺少这个字段，则需以 missing 充当缺失字段的默认值。

实战举例 3：在同一个索引里以固定的查询方式返回结果，其相关度评分能否保持在一定范围之内，比如 0~100 分？这样当对某些词语或文档进行搜索时，就可以知道在索引里面是否存在满足相关度需求的文档了。

回答如下。

- 利用 "modifier": "log1p"，通过对原始评分的对数变换，评分结果会表现得更加“平滑”。
- 通过设置 max_boost 参数，可以使新评分不超过特定范围。例如，将该参数的值设置为 100，则所有文档的评分都不会超过 100。max_boost 参数的默认值为 FLT_MAX，即浮点数的最大值。

```
#define FLT_MAX 3.402823466e+38F
```

这样的设置可以帮助我们更好地控制和理解搜索结果的评分，也便于我们在处理搜索结果时做出更精确的判断。

5. rescore_query：查询后二次打分

二次评分是指重新计算查询所返回的结果文档中指定文档的得分。Elasticsearch 会截取查询返回的前 *N* 条结果，并使用预定义的二次评分方法来重新计算其得分。

但对全部有序的结果集进行重新排序的话，开销势必很大，使用 rescore_query 可以只对结果集的子集进行处理。该方式适用于对查询语句的结果不满意，需要重新打分的场景。

实现代码如下。

```
#### 基于 rescore_query 执行检索
POST my_index_1001/_search
{
  "query": {
    "match": {
      "title": " 乌兰 "
    }
  },
  "rescore": {
    "window_size": 50,
    "query": {
      "rescore_query": {
        "function_score": {
          "script_score": {
            "script": {
              "source": "doc['popular_degree'].value"
            }
          }
        }
      }
    }
  }
}
```

其中，query rescorer 仅对 query 和 post_filter 阶段返回的前 *K* 个结果执行第二次查询。query rescorer 是一种工具，用于对搜索结果进行重新评分和排序。而 *K* 是一个用户设定的参数，用于控制重新评分阶段处理的文档数量。

在上述查询示例中，window_size 参数的值设为 50，这意味着系统将对每个分片上前 50 个（即 K=50）返回结果执行二次查询。这些结果称为“窗口”，因此该参数命名为“window_size”。

10.4　检索模板

Elasticsearch 检索模板（search template）是一个预先定义好的查询语句，它可以用于复制或重复使用复杂的查询操作，而无须手动编写复杂的 JSON 查询语句。

Elasticsearch 检索模板的应用场景及优势列举如下。

- 便于重复使用复杂的查询语句：使用检索模板可以降低代码的重复度，以及节省编写复杂的 JSON 查询语句所需的时间。
- 将复杂的查询语句共享给团队：可以将检索模板共享给团队，让其他人也使用相同的查询语句。
- 简化查询操作：使用检索模板有助于简化查询操作，降低手动编写 JSON 查询语句的复杂性。
- 提高查询语句的可读性：使用检索模板可以使查询语句更具可读性，方便后期的维护和修改。

10.4.1　检索模板基础知识

1. 什么是检索模板

经过 4.4 节的学习，我们知道了什么是索引模板，并且知道了索引模板的好处：便于跨索引统一建模；适合数据量巨大、索引字段类似的业务系统；灵活便捷。

检索模板不如索引模板的使用范围广。在实战业务场景中，每次业务请求都要构造 DSL，每次请求的 DSL 可能有些微差别（比如这次查 title、下次查 content），除此之外的部分都一样，但要实现两次请求，后端代码那里就要有相应的修改和适配。那么有没有不修改、拼接 DSL 使用检索的方案呢？这就需要检索模板了。

在搜索技术中，检索模板与关系数据库中的存储过程在概念上有很多相似之处。其中，它们都允许预定义并存储一些常用的操作，然后在需要时引用它们的标识符（例如 ID）来调用这些操作。

关系数据库能够存储常见的数据库操作流程，以便在多个场合下重复使用这些操作，而 Elasticsearch 的检索模板也允许我们预先定义一些常用的查询模板，然后在应用程序中通过模板 ID 来引用。这样可以简化查询操作的构造过程，提高查询效率。这种做法的好处是，可以帮助我们抽象和封装复杂的查询逻辑，使得应用程序更易于编写和维护，同时减少了手动编写复杂的查询逻辑而导致的错误。此外，使用查询模板，我们可以将查询逻辑从应用程序代码中解耦出来，使得对查询逻辑的修改和管理更为方便。

检索模板支持在运行时指定参数。检索模板存储在服务器端，我们可以在不更改客户端代码的情况下对其进行修改。检索模板利用了应用广泛的 Mustache 模板引擎。Mustache 是一种“无逻辑”的模板语法。模板本身只负责表示和描绘数据的呈现格式及结构，而不关心数据是如何生成和控制的。Mustache 能够清晰简洁地表示模板，还可以方便地接受参数来动态地生成内容。在 Elasticsearch 中，这种机制使得我们能够创建一些动态的、可以在运行时接受参数的查询模板，从而极大地提高查询的灵活性和可复用性。

2. 检索模板示例

在 Elasticsearch 中，我们可以使用如下方式定义一个检索模板。

```
#### 定义检索模板
PUT _scripts/cur_search_template
{
  "script": {
    "lang": "mustache",
    "source": {
      "query": {
      "match": {
        "{{cur_field}}": "{{cur_value}}"
      }
    },
    "size": "{{cur_size}}"
    }
  }
}
#### 基于检索模板进行检索
POST my_index_1007/_search/template
{
  "id": "cur_search_template",
  "params": {
    "cur_field":"itemid",
    "cur_value":1,
    "cur_size":50

  }
}
```

上述代码中先定义了一个名为 cur_search_template 的检索模板。该模板使用了 Mustache 模板引擎，并在模板中定义了 3 个参数，包括 cur_field、cur_value 和 cur_size。

一旦检索模板被定义并存储在服务器端，我们就可以发送一个特定的查询请求来使用这个模板进行检索。

这种方法的好处在于，用户可以动态地设定搜索字段和搜索参数，使得检索过程具有更高的灵活性和可配置性。实际上，通过使用检索模板，我们可以在服务端预定义复杂的查询结构，仅需在客户端传递不同的参数，即可实现对不同字段或不同条件的检索，从而实现检索逻辑与请求参数的有效分离。

3. 检索模板的特点

检索模板的一个显著特点是语法复杂。

以下是一份真实的检索模板的使用反馈。

"我需要按照要求写一个 search template。按理说，熟悉 search template 的 Mustache 模板语言即可轻松写出，但是我平常没用过 search template，勉强写出来之后，利用 PUT template 方式创建模板总是不成功。我猜想这可能是因为某个位置的字符没有转译而产生了非法 JSON 字符，或者某一层嵌套有问题。总之我浪费了很多时间，调试不成功，也没能找到语法错误。"

可以看出，检索模板的语法比较复杂，初次使用时很容易令人摸不到头脑。

10.4.2　检索模板实战问题及解决方案

在利用 Elasticsearch 检索模板场景中，使用 terms 进行批量查询的时候需将数组放入模板中，结果查询失败了。那么类似的将模板传入数组的操作该如何实现？

```
#### 创建索引
PUT my_index_1007
{
  "mappings": {
    "properties": {
      "clock": {
        "type": "date",
        "format": "epoch_second"
      },
      "itemid": {
        "type": "long"
      },
      "ns": {
        "type": "long"
      },
      "ttl": {
        "type": "long"
      },
      "value": {
        "type": "long"
      }
    }
  }
}

#### 批量插入数据
PUT my_index_1007/_bulk
{"index":{"_id":"1"}}
{"itemid":1,"ns":643214179,"clock":1597752311,"value":"1123","ttl":604800}
{"index":{"_id":"2"}}
{"itemid":2,"ns":643214179,"clock":1597752311,"value":"123555","ttl":604800}
```

```
{"index":{"_id":"3"}}
{"itemid":3,"ns":643214179,"clock":1597752311,"value":"1","ttl":604800}
{"index":{"_id":"4"}}
{"itemid":4,"ns":643214179,"clock":1597752311,"value":"134","ttl":604800}
{"index":{"_id":"5"}}
{"itemid":2,"ns":643214179,"clock":1597752311,"value":"123556","ttl":604800}
```

查询语句如下。

```
PUT _scripts/item_agg
{
  "script": {
    "lang": "mustache",
    "source": {
      "_source": [
        "value"
      ],
      "size": 0,
      "query": {
        "bool": {
          "filter": [
            {
              "terms": "{{#toJson}}statuses{{/toJson}}"
            },
            {
              "range": {
                "clock": {
                  "gte": "{{startTime}}",
                  "lte": "{{endTime}}"
                }
              }
            }
          ]
        }
      },
      "aggs": {
        "group_terms": {
          "terms": {
            "field": "itemid"
          },
          "aggs": {
            "avg_value": {
              "avg": {
                "field": "value"
              }
            },
            "max_value": {
              "max": {
                "field": "value"
              }
            }
```

```
            }
          }
        }
      }
    }
}
```

上述创建的检索模板 item_agg，会有报错。

```
POST my_index_1007/_search/template
{
  "id": "item_agg",
  "params": {
    "itemid":{
      "statuses":[1,2]
    },
    "startTime":1597752309,
    "endTime":1597752333

  }
}
```

报错如下。

```
{
  "error": {
    "root_cause": [
      {
        "type": "parsing_exception",
        "reason": "[terms] query malformed, no start_object after query name",
        "line": 1,
        "col": 67
      }
    ],
 ......
  },
  "status": 400
}
```

根据注释拆解为定义索引、插入数据、创建模板、构造参数检索 4 个子模块。

拆解一下代码，发现 script 部分无非分为检索部分和聚合部分。其中检索部分是定义检索模板的核心，此时无须关注聚合部分。

这个时候，可以写一个检索 DSL 验证仅使用检索和聚合语句是否可行，如下所示。

```
POST my_index_1007/_search
{
  "_source": [
    "value"
  ],
  "size": 0,
```

```
  "query": {
    "bool": {
      "filter": [
        {
          "terms": {
            "itemid": [
              1,
              2
            ]
          }
        },
        {
          "range": {
            "clock": {
              "gte": 1597752309000,
              "lte": 1597752333000
            }
          }
        }
      ]
    }
  },
  "aggs": {
    "group_terms": {
      "terms": {
        "field": "itemid"
      },
      "aggs": {
        "avg_value": {
          "avg": {
            "field": "value"
          }
        },
        "max_value": {
          "max": {
            "field": "value"
          }
        }
      }
    }
  }
}
```

注意：range 范围检索的时间戳必须精确到毫秒。

经验证，检索和聚合部分都不会报错，那多半就是检索模板部分出错了。

问题经过一步步拆解似乎变得清晰了，并且逐步得到解答。为了简化 DSL 并仅保留 terms 脚本部分，我们可以忽略 _source、size、aggs 以及 range 检索。接下来，我们将专注于如何正确地编写仅包含 terms 脚本的查询语句。以下是一个简化后的示例。

第一步：最小化 terms 检索模板。

```
GET _search/template
{
  "source": "{ \"query\": { \"terms\": {{#toJson}}statuses{{/toJson}} }}",
  "params": {
    "statuses" : {
        "itemid": [ 1, 2 ]
    }
  }
}
```

用现在正确的版本对比之前出错的，可以找到如下两处错误。

- 错误 1：source 里面的内容未加“\”。
- 错误 2：查询模板参数中 statuses 和 itemid 的位置错了。statuses 只是一个辅助参数，核心的参数其实是 itemid。

第二步：将第一步的内容转成 script 形式。

```
#### 创建检索模板
POST _scripts/test_script_01
{
  "script": {
    "lang": "mustache",
    "source": """{ "query": { "terms": {{#toJson}}statuses{{/toJson}} }}"""
  }
#### 基于检索模板执行检索
POST my_index_1007/_search/template
{
  "id": "test_script_01",
  "params": {
    "statuses": {
      "itemid": [
        1,
        2
      ]
    },
    "startTime": 1597752309000,
    "endTime": 1597752333000
  }
}
```

第三步：按照实际要求补全参数即可。建议逐个补全，先补全 statuses 部分，再补全 startTime 和 endTime 部分。

总结一下，该实战问题的答案如下所示。

```
GET _search/template
{
```

```
  "source": """{"_source":["value"],"size":0,"query":{"bool":{"filter":[{"terms
    ":{{#toJson}}statuses{{/toJson}}},{"range":{"clock":{"gte":{{startTime}},"l
    te":{{endTime}}}}}]}},"aggs":{"group_terms":{"terms":{"field":"itemid"},"ag
    gs":{"avg_value":{"avg":{"field":"value"}},"max_value":{"max":{"field":"val
    ue"}}}}}}""",
  "params": {
    "statuses": {
      "itemid": [
        1,
        2
      ]
    },
    "startTime": 1597752309000,
    "endTime": 1597752333000
  }
}
```

通过实战练习，我们明确了检索模板的应用方式。首先，我们需要了解最小化的检索模板如何构建；其次，我们要学会将检索模板的构建、使用和优化内容转化为脚本形式，以便在实际操作中使用；最后，我们需要按照实际需求逐步完善和丰富参数。整个过程不仅锻炼了我们解决问题的能力，还让我们对模板的应用有了更深入的理解。

10.5 深度解读 Elasticsearch 分页查询

常常使用的 Elasticsearch 分页查询方式有如下 3 种。

- ❑ from + size 查询
- ❑ search_after 查询
- ❑ scroll 查询

关于 Elasticsearch 分页查询的常见问题如下。

问题 1：若要一次性获取索引上的某个字段的所有值（100 万左右），除了把 max_result_window 调大以外，还有没有其他方法？

问题 2：关于 Elasticsearch 分页设置，若要每次将 20 条结果展示在前台，点击“下一页”则可以查询后面 20 条数据，那么应该怎么实现？

问题 3：from+size、scroll、search_after 查询方式的本质区别和应用场景分别是什么？

下面就对这 3 种方式的联系与区别、优缺点、适用场景等展开进行解读。

10.5.1 from + size 查询

1. from + size 查询简介

Elasticsearch 允许查询、分析和搜索大量数据。分页查询是其中一项重要功能，可以将数据分成多页，以避免一次性检索大量数据。

在 Elasticsearch 中，分页查询的实现主要通过两个参数—from 和 size—来实现。from 参数指定了从结果集中的第几条数据开始返回，而 size 参数指定了返回数据的数量。以 Kibana 自带的飞行样例数据集为例，若希望从结果集中的第 11 条数据开始返回 5 条数据，并期望返回数据基于飞行时间降序排序，则可以使用以下命令进行查询。

```
GET kibana_sample_data_flights/_search
{
  "from": 10,
  "size":5,
  "query": {
    "match": {
      "DestWeather": "Sunny"
    }
  },
  "sort": [
    {
      "FlightTimeHour": {
        "order": "desc"
      }
    }
  ]
}
```

总之，分页查询的核心是通过 from 和 size 两个参数定义结果页面显示数据的内容。

2. from + size 查询的优缺点及适用场景

from + size 分页查询的优缺点如下。

- from + size 查询优点：支持随机翻页。
- from + size 查询缺点：限于 max_result_window 设置，不能无限制翻页；存在深度翻页问题，越往后翻页越慢。

from + size 查询适用场景如下。

- 非常适合小型数据集或者从大数据集中返回 Top N（$N \leqslant 10000$）结果集的业务场景。
- 主流 PC 搜索引擎中支持随机跳转分页的业务场景，如图 10-9 所示。

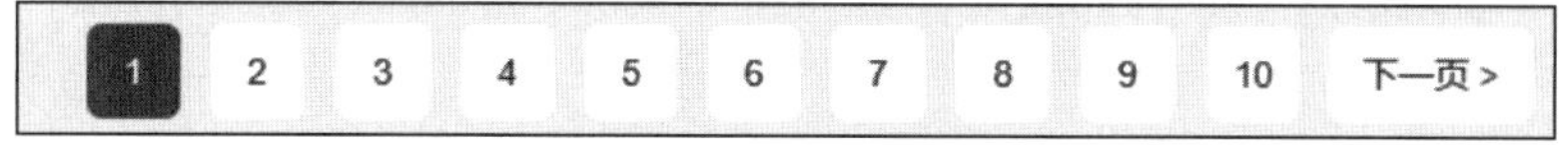

图 10-9　分页检索样例

3. 深度分页不推荐使用 from + size

Elasticsearch 会限制最大分页数，避免因大数据量的召回导致系统性能低下。Elasticsearch 的 max_result_window 默认值是 10000，意味着每页有 10 条数据，会最大翻页至 1000 页。主流搜索引擎实际都翻不了那么多页。例如，在百度中搜索“上海”，在搜索结果中翻到第 76 页，就无法再往下翻页了，提示信息如图 10-10 所示。

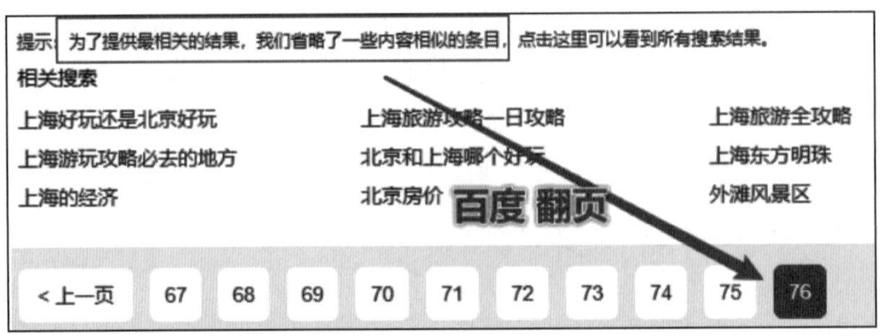

图 10-10 百度搜索引擎的最大分页数示例

看下面的分页查询示例，发现报错。

```
#### 搜索样例 1
GET kibana_sample_data_flights/_search
{
  "from": 0,
  "size":10001
}
#### 搜索样例 2
GET kibana_sample_data_flights/_search
{
  "from": 10001,
  "size":10
}
```

报错如下。

```
{
  "error" : {
    "root_cause" : [
      {
        "type" : "illegal_argument_exception",
        "reason" : "Result window is too large, from + size must be less than
          or equal to: [10000] but was [10001]. See the scroll api for a more
          efficient way to request large data sets. This limit can be set by
          changing the [index.max_result_window] index level setting."
      }
    ],
```

这是什么原因呢？分析可知，查询结果的窗口大小超过了最大窗口的限制，而 index.max_result_window 默认值为 10000。

对此，有两个可行的解决方案，如下所示。

- 方案一：对于大型数据集，我们可采用 scroll API 来召回数据。这个策略我们将在后续的内容中进行详细分析。
- 方案二：调大 index.max_result_window 默认值，代码如下所示。

```
#### 动态调整参数
PUT kibana_sample_data_flights/_settings
{
    "index.max_result_window":50000
}
```

官方建议避免使用 from+size 来过度分页或一次请求太多结果。

总结一下，不推荐使用 from + size 来深度分页的核心原因如下。

- 搜索请求通常会跨多个分片，每个分片必须将其请求的命中内容以及先前页面的命中内容加载到内存中。
- 对于分页较多的页面或大量结果，这样操作会显著增加内存和 CPU 使用率，导致性能下降，甚至导致节点故障。

举例说明如下。

```
#### 深度分页查询样例
GET kibana_sample_data_flights/_search
{
  "from": 10001,
  "size": 10
}
```

该样例的结果是有共 10 条数据加载到内存吗？不是的，其实是有共 10011 条数据加载到内存，只是经过后台处理后返回了 10 条符合条件的数据。这也就意味着，越往后翻页（即深度分页），需要加载的数据量越大，越耗费 CPU 和内存资源，响应就会越慢。

10.5.2 search_after 查询

1. search_after 查询简介

search_after 查询的基本工作原理是以前一页结果的排序值作为参照点，进而检索与这个参照点相邻的下一页的匹配数据。这种方法在处理大规模数据分页时更为高效且实用。

使用该查询的前置条件是要求后续的多个请求返回与第一次查询相同的排序结果序列。也就是说，在后续翻页的过程中，即便有新数据写入等操作，也不会对原有结果集构成影响。

那么，如何实现呢？

可以创建一个时间点—PIT（Point In Time）来保障在搜索过程中能保留特定事件点的索引状态。

PIT 是 Elasticsearch 7.10 版本之后才有的新特性，实际上是存储索引数据状态的轻量级视图。

如下示例能很好地解释 PIT 的内涵，其中 keep_alive 参数代表保持时间长度。

```
#### 创建 PIT
POST kibana_sample_data_logs/_pit?keep_alive=1m

#### 获取数据量 14074
POST kibana_sample_data_logs/_count

#### 新增一条数据
POST kibana_sample_data_logs/_doc/14075
{
  "test":"just testing"
}

#### 数据总量为 14075
POST kibana_sample_data_logs/_count

#### 查询 PIT，数据依然是 14074，说明统计的是之前时间点的视图
POST /_search
{
  "track_total_hits": true,
  "query": {
    "match_all": {}
  },
   "pit": {
    "id": "48myAwEXa2liYW5hX3NhbXBsZV9kYXRhX2xvZ3MWM2hGWXpxLXFSSGlfSmZIaXJWN0dx
      UQAWdG1TOWFMTF9UdTZHdVZDYmhoWUljZwAAAAAAAAEN3RZGOFJCMGVrZVNndTk3U1I0SG81V
      3R3AAEWM2hGWXpxLXFSSGlfSmZIaXJWN0dxUQAA"
  }
}
```

search_after 的后续查询都是基于 PIT 视图进行的，能有效保障数据的一致性。

search_after 查询过程可以简单概括为如下几个步骤。

1）创建 PIT 视图，这是必要的前置条件。

```
#### 创建 PIT
POST kibana_sample_data_logs/_pit?keep_alive=5m
```

返回结果如下。

```
{
  "id": "48myAwEXa2liYW5hX3NhbXBsZV9kYXRhX2xvZ3MWM2hGWXpxLXFSSGlfSmZIaXJWN0dxUQA
    WdG1TOWFMTF9UdTZHdVZDYmhoWUljZwAAAAAAAAEg5RZGOFJCMGVrZVNndTk3U1I0SG81V3R3AAE
    WM2hGWXpxLXFSSGlfSmZIaXJWN0dxUQAA"
}
```

keep_alive=5m 是一个类似于 scroll 的参数，表示滚动视图的保留时间是 5min，超过 5min Elasticsearch 会清除这个滚动视图并报错，如下所示。

```
"type" : "search_context_missing_exception",
"reason" : "No search context found for id [91600]"
```

2）创建基础查询语句，主要是设置分页的条件。

```
#### 创建基础查询
GET /_search
{
  "size":10,
  "query": {
    "match" : {
      "host" : "elastic"
    }
  },
  "pit": {
     "id": "48myAwEXa2liYW5hX3NhbXBsZV9kYXRhX2xvZ3MWM2hGWXpxLXFSSGlfSmZIaXJWN0dx
       UQAWdG1TOWFMTF9UdTZHdVZDYmhoWUljZwAAAAAAAAEg5RZGOFJCMGVrZVNndTk3U1I0SG81V
       3R3AAEWM2hGWXpxLXFSSGlfSmZIaXJWN0dxUQAA",
     "keep_alive": "1m"
  },
  "sort": [
    {"response.keyword": "asc"}
  ]
}
```

代码中设置了PIT，因此检索时候就不需要再指定索引。id是基于第一步返回的id值。排序sort指的是按照哪个关键字排序。

在每个返回文档的最后会有两个结果值，如下所示。

```
 "sort" : [
          "200",
          4
        ]
```

其中，200就是我们指定的排序方式，所以上述示例是基于{“response.keyword”:“asc”}升序排列的。而4代表什么呢？其实4代表隐含的排序值，是基于_shard_doc的升序排序方式。官方文档把这种隐含的字段叫作tiebreaker（决胜字段），tiebreaker等价于_shard_doc。tiebreaker代表了每个文档的唯一值，确保分页不会丢失或者分页结果数据出现重复（包括相同页重复和跨页重复）。

3）实现后续翻页。

```
#### 开始翻页
GET /_search
{
  "size": 10,
  "query": {
    "match" : {
      "host" : "elastic"
    }
  },
  "pit": {
```

```
      "id":"48myAwEXa2liYW5hX3NhbXBsZV9kYXRhX2xvZ3MWM2hGWXpxLXFSSGlfSmZIaXJWN0dx
        UQAWdGlTOWFMTF9UdTZHdVZDYmhoWUljZwAAAAAAAAEg5RZGOFJCMGVrZVNndTk3U1I0SG8
        1V3R3AAEWM2hGWXpxLXFSSGlfSmZIaXJWN0dxUQAA",
      "keep_alive": "1m"
    },
    "sort": [
      {"response.keyword": "asc"}
    ],
    "search_after": [
      "200",
      4
    ]
  }
```

后续翻页都需要借助 search_after 来指定前一页中最后一个文档的 sort 字段值，如下面代码所示。

```
    "search_after": [
      "200",
      4
    ]
```

显然，search_after 查询仅支持向后翻页。

2. search_after 查询的优缺点及适用场景

search_after 查询的优缺点如下。

- search_after 优点：不严格受制于 max_result_window，可以无限地往后翻页。此处的“不严格”是指单次请求值不能超过 max_result_window，但总翻页结果集可以超过。
- search_after 缺点：只支持向后翻页，不支持随机翻页。

search_after 不支持随机翻页，更适合在手机端应用的场景中使用，类似今日头条等产品的分页搜索。

10.5.3 scroll 查询

1. scroll 查询简介

相比于 from + size 不支持分页和 search_after 向后翻页的实现，scroll API 可从单个搜索请求中检索大量结果（甚至所有结果），这种方式与传统数据库中的游标（cursor）类似。

如果把 from + size 和 search_after 两种请求看作近实时的请求处理方式，那么 scroll 滚动遍历查询显然是非实时的。数据量大的时候，响应时间可能会比较长。

scroll 查询的核心执行步骤如下。

1）指定检索语句的同时设置 scroll 上下文保留时间。

实际上，scroll 已默认包含了 search_after 的 PIT 的视图或快照功能。

scroll 请求返回的结果反映了发出初始搜索请求时索引的状态，就像在那一个时刻做了快照，随后对文档的更改（写入、更新或删除）只会影响以后的搜索请求。

```
POST kibana_sample_data_logs/_search?scroll=3m
{
  "size": 100,
  "query": {
    "match": {
      "host": "elastic"
    }
  }
}
```

2）向后翻页，继续获取数据，直到没有要返回的结果为止。

```
POST _search/scroll
{
  "scroll" : "3m",
"scroll_id":"FGluY2x1ZGVfY29udGV4dF91dWlkDXF1ZXJ5QW5kRmV0Y2gBFkY4UkIwZWtlU2dlOTd
  TUjRIbzVXdHcAAAAAAAGmkBZ0bVM5YUxMX1R1Nkd1VkNiaGhZSWNn"
}
```

scroll_id 值是第一步中返回的结果值。

2. scroll 查询的优缺点及适用场景

scroll 查询的优缺点如下。

- scroll 查询优点：支持全量遍历，是检索大量文档的重要方法，但单次遍历的 size 值不能超过 max_result_window 的大小。
- scroll 查询缺点：响应是非实时的；保留上下文需要具有足够的堆内存空间；需要通过更多的网络请求才能获取所有结果。

scroll 查询的适用场景如下。

- 大量文档检索：当要检索的文档数量很大，甚至需要全量召回数据时，scroll 查询是一个很好的选择。
- 大量文档的数据处理：滚动 API 适合对大量文档进行数据处理，例如索引迁移或将数据导入其他技术栈。

注意：

1）现在不建议使用 scroll API 进行深度分页。

2）如果要分页检索并获得超过 10 000 条结果时，则推荐使用 PIT + search_after。

对上述查询方式进行简要总结，如下。

- from+ size ：随机跳转不同分页（类似主流搜索引擎），适用于 10 000 条结果数据之内的分页显示场景。
- search_after：仅支持向后翻页，适用于超过 10 000 条结果数据的分页场景。
- scroll：需要遍历全量数据的场景。

另外，调大 max_result_window 值"治标不治本"，不建议将该值调得过大。PIT 本质上是视图。

10.6 本章小结

Elasticsearch 检索是一个从大型数据集中快速检索相关文档的功能，为文本搜索和分析工作提供了灵活且可扩展的解决方案。搜索请求以查询 DSL 的形式指定查询条件，可以用 JSON 表示，搜索支持高亮、排序和分页操作。

执行搜索请求后，Elasticsearch 会返回匹配的文档及其相关度评分。相关度代表每个文档与查询条件的匹配程度，相关度的评分越高，搜索结果的位置越靠前。相关度评分是根据多种影响因素来综合计算的，包含文档中查询词的词频和逆文档频率以及索引中字段的重要性，而字段重要性可借助自定义评分来衡量。

此外，本章列举了许多高级搜索功能，详细介绍了检索选型指南、检索模板，以及深度分页的 3 种机制。

本章知识点总结如图 10-11 所示。

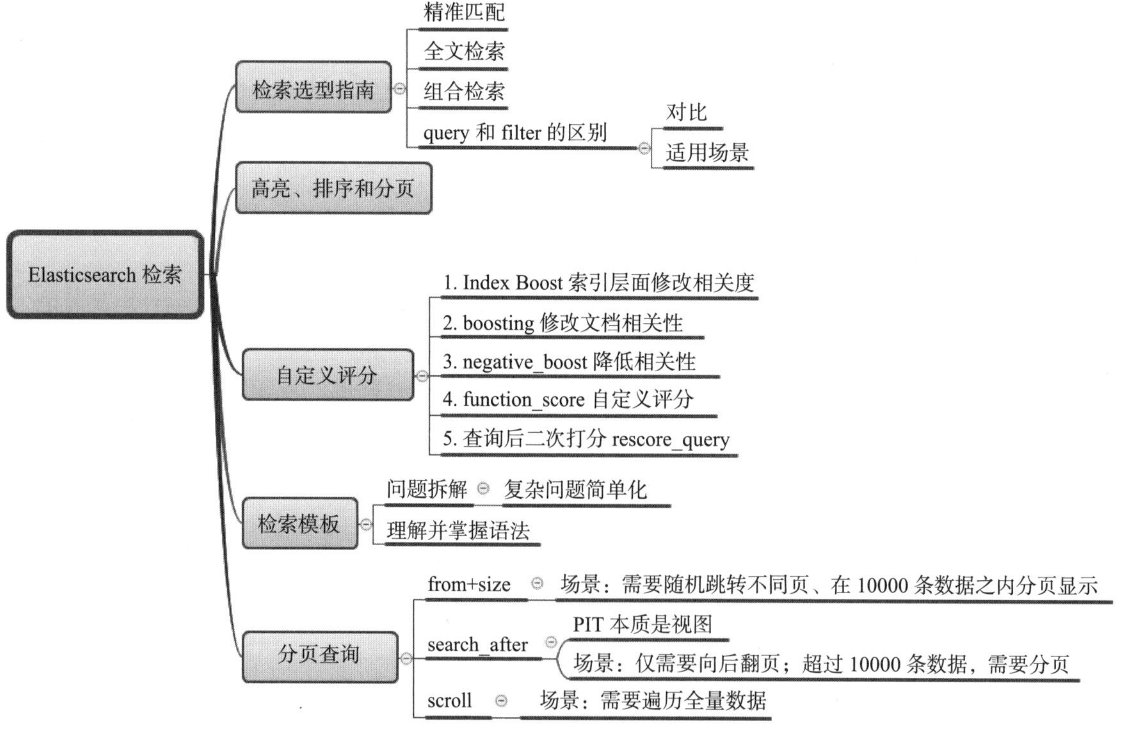

图 10-11 Elasticsearch 检索

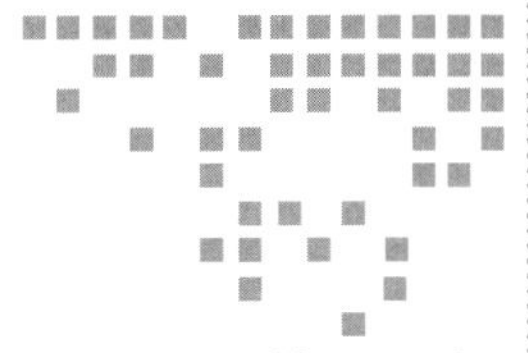

第 11 章 Chapter 11

Elasticsearch 聚合

在 Elasticsearch 中，聚合用于对搜索结果进行统计分析。聚合函数通常用于数据分析和数据挖掘，能帮助用户更好地理解数据、识别关键信息、洞察数据趋势。

本章将介绍 Elasticsearch 中的基本聚合类型，包括分桶聚合、指标聚合和管道子聚合。分桶聚合用于将数据分组；指标聚合用于计算数据的指标；而管道子聚合则用于对数据进行复杂的分析。此外，本章还将着重讲解聚合后分页查询、聚合去重的几种实现方式及其优缺点。

11.1 图解聚合

在一个周末，笔者正在陪孩子玩积木时，手机的震动打断了我们。原来是技术交流群里的同人们正在讨论 Elasticsearch 聚合的相关问题。我曾经就 Elasticsearch 聚合这个话题写过一些文章，但回头看来，它们都过于依赖官方文档，缺乏生动的解析和实例，不能深入人心。而此刻，眼前的一堆积木给了我新的启发。那么，就让我们借助这些积木，深入浅出地探讨 Elasticsearch 聚合吧！

11.1.1 数据源

如图 11-1 所示，不同数据就像这些形状各异的积木，它们可能来自不同的地方、有着不同的格式，并且大小不一、分散而无规则。我们需要做的就是按照一定的规则，对这些看似无序的数据进行

图 11-1 积木

整理、归类，并且从中提炼出我们需要的信息，这个过程就是数据聚合。这项工作的思路与我们玩积木一样。

11.1.2 聚合分类

为了理解聚合这个概念，我们先关注聚合的分类。

1. 分桶聚合

分桶聚合中的“桶”是指Bucket，本质上是一种数据聚合、汇聚的方式。分桶聚合也有不同类型，借助图11-1中色彩缤纷、看似混乱的积木，让我们一同揭开它的面纱。

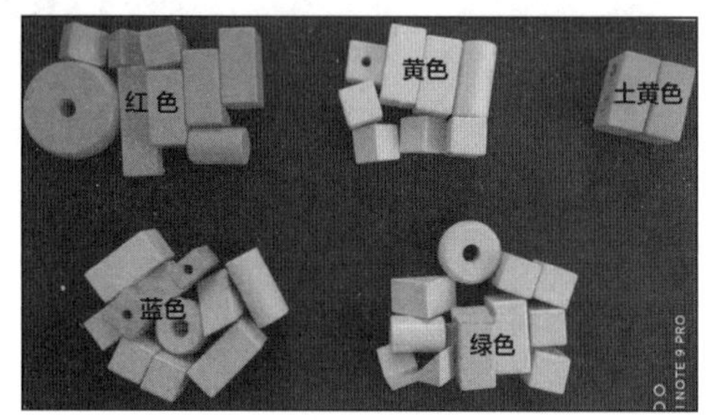

图 11-2 按照颜色划分

我们先对混乱的积木进行整理，形成有序的集合。首先可以考虑按照颜色对积木进行分类，如图11-2所示。

结果是积木被精心地分成5类，或者说5个“桶”。从左至右、从上到下，这些桶分别装着红色、黄色、土黄色、蓝色以及绿色的积木。

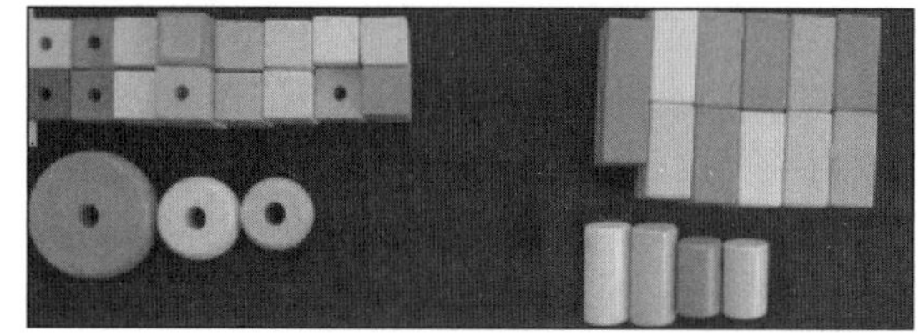

图 11-3 按照形状划分

然后基于形状对积木进行分类，如图11-3所示。此时我将所有的积木分为了4类，分别是正方形积木、长方形积木、圆形积木和圆柱形积木，也就形成了4个“桶”。

那么，我们应该如何理解聚合过程呢？

我们需要明确积木分类的目标——将颜色/形状相同的积木放在一起。这个过程类似于对数据进行聚合，提取出数据的某一特征，并将具有相同特征的数据归为一类。

在Elasticsearch中，有许多不同类型的聚合方式可供选择。例如按照某一字段值进行分组、按照某一字段范围进行分组或者按时间间隔进行分组等。那么，在Elasticsearch中，使用分桶聚合的方式，可以根据某一个字段值将数据划分成多个桶，每个桶内包含在相同取值范围内的数据记录。在官方文档中，Aggregations → Bucket aggregations → Terms的部分详细介绍了此方式。

让我们来尝试实现分桶聚合。在下面的示例中，我们将模拟对积木数据进行聚合的过程。

首先，我们需要创建一个索引以存储我们的积木数据。在这个索引中，我们定义了两个字段——color（颜色）和name（名称），都是keyword（关键字）类型。

```
#### 创建索引
PUT my_index_1101
{
  "mappings": {
    "properties": {
      "color": {
        "type": "keyword"
      },
      "name": {
        "type": "keyword"
      }
    }
  }
}
```

然后，我们将一些积木的数据导入这个索引中。每一块积木都有一个颜色和一个名称。例如，我们有 3 块红色的积木，它们的名称分别是 red_01、red_02 和 red_03；两块绿色的积木，名为 green_01 和 green_02；以及两块蓝色的积木，名为 blue_02 和 blue_03。

```
#### 批量导入数据
POST my_index_1101/_bulk
{"index":{"_id":1}}
{"color":"red","name":"red_01"}
{"index":{"_id":2}}
{"color":"red","name":"red_02"}
{"index":{"_id":3}}
{"color":"red","name":"red_03"}
{"index":{"_id":4}}
{"color":"green","name":"green_01"}
{"index":{"_id":5}}
{"color":"blue","name":"blue_02"}
{"index":{"_id":6}}
{"color":"green","name":"green_02"}
{"index":{"_id":7}}
{"color":"blue","name":"blue_03"}
```

最后，我们执行分桶聚合操作，对积木按照颜色进行分组。这个操作会返回每种颜色的积木有多少块。

```
#### 执行聚合操作
POST my_index_1101/_search
{
  "size": 0,
  "aggs": {
    "color_terms_agg": {
      "terms": {
        "field": "color"
      }
    }
```

```
  }
}
```

如下所示，key 表示基于颜色的分桶，doc_count 表示每个桶中的积木数量。从返回的数据中，我们可以看到积木已经被成功地分为 3 组：红色积木一组，共有 3 块；蓝色积木一组，共有 2 块；绿色积木一组，也有 2 块。这与我们手动对积木进行颜色分类的结果完全吻合，验证了我们的聚合操作是正确的。

```
{
  "key" : "red",
  "doc_count" : 3
},
{
  "key" : "blue",
  "doc_count" : 2
},
{
  "key" : "green",
  "doc_count" : 2
}
```

2. 指标聚合

下面观察图 11-4 和图 11-5 的积木上的数字，发现了什么？图 11-4 中积木上数字是混乱无序的，而图 11-5 中积木上的数字是图 11-4 中积木数字的最小值、平均值、最大值。

图 11-4 混乱的积木数字

将挑选积木的逻辑对应到 Elasticsearch，这个过程其实是发生了指标聚合。

什么是指标聚合呢？我们通过实例来一探究竟。

图 11-5 最小值、最大值、平均值

首先，创建一个索引，以存储我们的积木数据。此索引中，我们定义了两个字段——size（大小）和 name（名称）。其中，size 字段的类型是 integer（整数），这意味着我们可以在这个字段中存储数字数据；name 字段的类型是 keyword，我们可以在这个字段中存储文本数据，因此适合存储非全文搜索的信息。

```
#### 创建索引
PUT my_index_1102
{
  "mappings": {
    "properties": {
      "size": {
        "type": "integer"
```

```
        },
        "name": {
          "type": "keyword"
        }
      }
    }
  }
```

接下来，我们将一些具有特定大小和颜色标识的积木数据批量导入新创建的索引中。每块积木都有对应的大小（0~9）和颜色名称。例如，我们有两块红色积木，其中一块的大小为0、名称为red_0，另一块的大小为1、名称为red_；绿色积木共4块，分别是大小为2、名称为green_2，大小为4、名称为green_4，大小为8、名称为green_8，以及大小为9、名称为green_9；蓝色和黄色各两块，分别是blue_5、blue_7，以及yellow_3、yellow_6。命名上，它们的尺寸与名称中的数字相对应。

```
#### 批量导入积木数据
POST my_index_1102/_bulk
{"index":{"_id":0}}
{"size":0,"name":"red_0"}
{"index":{"_id":1}}
{"size":1,"name":"red_1"}
{"index":{"_id":2}}
{"size":2,"name":"green_2"}
{"index":{"_id":3}}
{"size":3,"name":"yellow_3"}
{"index":{"_id":4}}
{"size":4,"name":"green_4"}
{"index":{"_id":5}}
{"size":5,"name":"blue_5"}
{"index":{"_id":6}}
{"size":6,"name":"yellow_6"}
{"index":{"_id":7}}
{"size":7,"name":"blue_7"}
{"index":{"_id":8}}
{"size":8,"name":"green_8"}
{"index":{"_id":9}}
{"size":9,"name":"green_9"}
```

最后，我们对积木进行多维度指标聚合操作，求出积木大小的最大值、最小值和平均值。在这里，当请求中的size为0时，这表示我们只关心最终的聚合结果而不关心对应的匹配文档。每个聚合操作都有一个名字（例如max_agg、min_agg和avg_agg），这些名字将用于标识各自的聚合结果。

```
#### 执行指标聚合以统计最大值、最小值和平均值
POST my_index_1102/_search
{
  "size": 0,
```

```
  "aggs": {
    "max_agg": {
      "max": {
        "field": "size"
      }
    },
    "min_agg": {
      "min": {
        "field": "size"
      }
    },
    "avg_agg": {
      "avg": {
        "field": "size"
      }
    }
  }
}
```

指标聚合结果如下。

```
  "aggregations" : {
    "max_agg" : {------------------------------------------ 最大值
      "value" : 9.0
    },
    "avg_agg" : {------------------------------------------ 平均值
      "value" : 4.5
    },
    "min_agg" : {------------------------------------------ 最小值
      "value" : 0.0
    }
  }
```

在 Elasticsearch 中，我们可以使用指标聚合来计算数据的最大值、最小值、平均值等统计信息。然而，由于我们的数据是浮点数，计算结果可能会由于精度问题而与真实值产生一些偏差。

在这种情况下有没有一种方法可以一次统计多个指标维度的信息呢？这时，可能有些读者已经想到了一个答案：统计聚合。当我们需要同时获取多个指标维度的统计信息时，统计聚合便能发挥巨大的作用。它可以一次性计算出数据的最小值、最大值、平均值、和以及数量，从而大大提高工作效率。值得一提的是，统计聚合实际上是一种更高级的指标聚合方法，它综合了多种单一指标聚合的功能，使我们能够在单一查询中获取丰富的统计信息，从而实现更深度、更全面的数据分析。

接下来，我们就试着使用统计聚合来满足统计需求，代码如下。

```
#### 统计聚合
POST my_index_1102/_search
 {
```

```
  "size": 0,
  "aggs": {
    "size_stats": {
      "stats": {
        "field": "size"
      }
    }
  }
}
```

聚合结果如下，包含了数据的数量、最小值、最大值、平均值、点和等结果。

```
"size_stats" : {
    "count" : 10,
    "min" : 0.0,
    "max" : 9.0,
    "avg" : 4.5,
    "sum" : 45.0
  }
```

3. 管道子聚合

管道子聚合是一种特殊的聚合类型，对其他聚合的结果进行再次计算和分析，从而实现更复杂的数据统计和分析任务。

接下来积木构成变得更加复杂，如图 11-6 所示，增加了带孔积木、并且积木之间有颜色的区别，而且积木上带有不同的数字。

我们先将这些积木按照有孔与否进行分类，结果如图 11-7 所示。

图 11-6 复杂积木组合

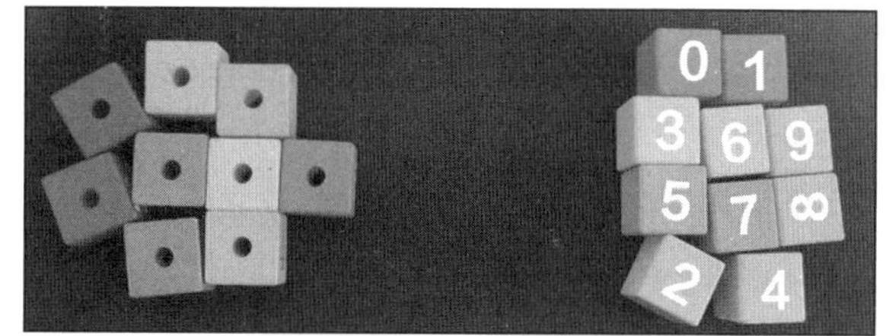

图 11-7 按照是否有孔分类

在图 11-7 的基础上，进一步按照颜色分类，结果如图 11-8 所示。

继续，在图 11-8 的基础上，对每一类积木按照数字大小排序，结果如图 11-9 所示。

在图 11-9 的积木中，分别从有孔和无孔的两类积木中获取其中数字最大的积木及其所在位置，结果如图 11-10 所示。

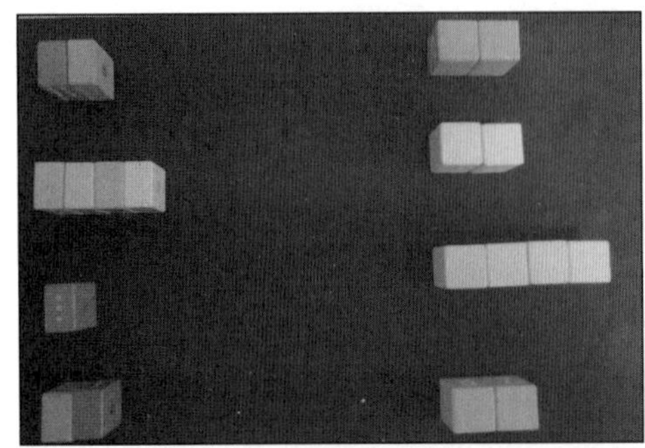

图 11-8 按照颜色分类

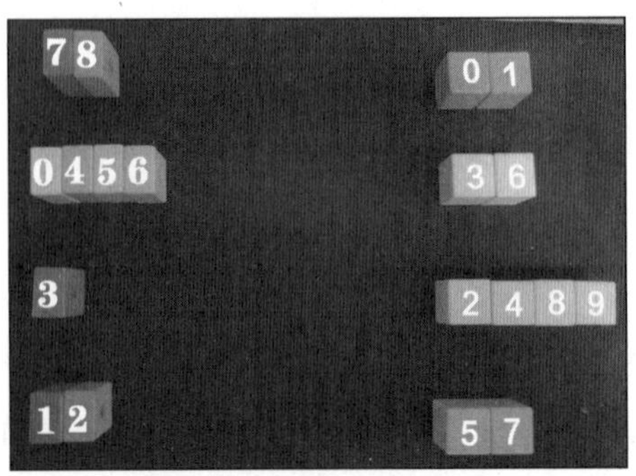

图 11-9 按照数字大小排序

图 11-10 获取有孔和无孔两类中数字最大的积木及其所在位置

可以看到，我们获得了红色带孔的积木，最大数字为 8；以及绿色不带孔的积木，最大数字为 9。

以该过程所呈现的积木组合为灵感，我们使用如下参数进行数据建模。

- has_hole：1，代表有孔；0，代表无孔。
- color：代表颜色。
- size：代表积木上数字。
- name：代表积木名称（以“颜色 + 数字”命名，以标识唯一积木）。

具体实现如下。

创建名为 my_index_1103 的新索引，该索引的数据结构定义在 mappings 部分中，包括 4 个属性：has_hole、color、size 和 name。其中，has_hole 和 color 属性的类型为 keyword，通常用于存储文本数据（如颜色名称或表示是否有孔的标识）。size 属性的类型为 integer，用于存储积木数字；name 属性的类型也是 keyword，用于存储积木名称。这样就定义了每个积木数据的结构，可以开始导入数据了。

```
#### 创建索引
PUT my_index_1103
{
  "mappings": {
    "properties": {
      "has_hole": {
        "type": "keyword"
      },
      "color": {
        "type": "keyword"
```

```
      },
      "size": {
        "type": "integer"
      },
      "name": {
        "type": "keyword"
      }
    }
  }
}
```

以下代码表示在my_index_1103索引下创建了多个文档，每个文档都有唯一的ID和相关属性，如size、name、has_hole和color。这些文档代表具有不同颜色和尺寸的对象，并且其中一些有孔而另一些没有。

```
#### 批量写入数据
POST my_index_1103/_bulk
{"index":{"_id":0}}
{"size":0,"name":"red_0","has_hole":0,"color":"red"}
{"index":{"_id":1}}
{"size":1,"name":"red_1","has_hole":0,"color":"red"}
{"index":{"_id":2}}
{"size":2,"name":"green_2","has_hole":0,"color":"green"}
{"index":{"_id":3}}
{"size":3,"name":"yellow_3","has_hole":0,"color":"yellow"}
{"index":{"_id":4}}
{"size":4,"name":"green_4","has_hole":0,"color":"green"}
{"index":{"_id":5}}
{"size":5,"name":"blue_5","has_hole":0,"color":"blue"}
{"index":{"_id":6}}
{"size":6,"name":"yellow_6","has_hole":0,"color":"yellow"}
{"index":{"_id":7}}
{"size":7,"name":"blue_7","has_hole":0,"color":"blue"}
{"index":{"_id":8}}
{"size":8,"name":"green_8","has_hole":0,"color":"green"}
{"index":{"_id":9}}
{"size":9,"name":"green_9","has_hole":0,"color":"green"}
{"index":{"_id":10}}
{"size":7,"name":"red_hole_7","has_hole":1,"color":"red"}
{"index":{"_id":11}}
{"size":8,"name":"red_hole_8","has_hole":1,"color":"red"}
{"index":{"_id":12}}
{"size":0,"name":"yellow_hole_0","has_hole":1,"color":"yellow"}
{"index":{"_id":13}}
{"size":4,"name":"yellow_hole_4","has_hole":1,"color":"yellow"}
{"index":{"_id":14}}
{"size":6,"name":"yellow_hole_6","has_hole":1,"color":"yellow"}
{"index":{"_id":15}}
{"size":5,"name":"yellow_hole_5","has_hole":1,"color":"yellow"}
{"index":{"_id":16}}
```

```
{"size":3,"name":"green_hole_3","has_hole":1,"color":"green"}
{"index":{"_id":17}}
{"size":1,"name":"blue_hole_1","has_hole":1,"color":"blue"}
{"index":{"_id":18}}
{"size":2,"name":"blue_hole_1","has_hole":1,"color":"blue"}
```

以下代码实现了积木分类的过程。首先按照是否有孔进行分类，然后按照颜色进行分类。这是一种聚合内嵌套聚合的方式，本质上属于分桶聚合。

```
#### 聚合内嵌套聚合
POST my_index_1103/_search
{
  "size": 0,
  "aggs": {
    "hole_terms_agg": {
      "terms": {
        "field": "has_hole"
      },
      "aggs": {
        "color_terms": {
          "terms": {
            "field": "color"
          }
        }
      }
    }
  }
}
```

嵌套聚合的结果如图 11-11 所示。

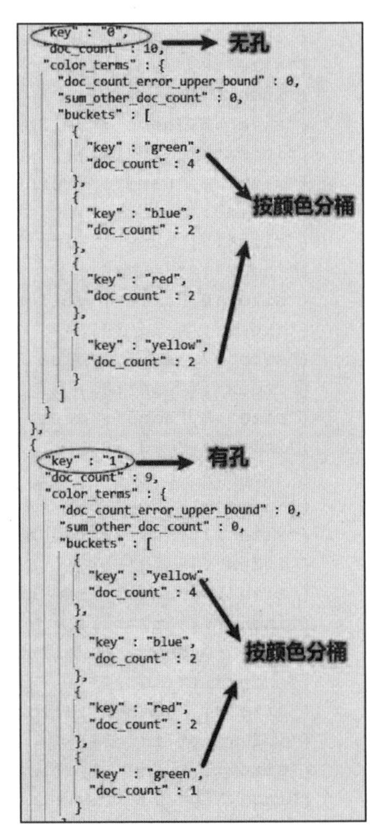

图 11-11 嵌套聚合结果

上述嵌套聚合实现了图 11-9、图 11-10 所示的过程（非严格匹配）。

- 最外层聚合：按照是否有孔进行聚合。
- 嵌套在内层的聚合：取最大值，分别取有孔、无孔两个桶里的最大值。

max_bucket 可以理解成子聚合或者管道子聚合，它进一步在聚合的基础上取出有孔、无孔两个桶中的最大值及返回该最大值所在的桶。

```
#### 管道子聚合
POST my_index_1103/_search
{
  "size": 0,
  "aggs": {
    "hole_terms_agg": {
      "terms": {
        "field": "has_hole"
```

```
        },
        "aggs": {
          "max_value_aggs": {
            "max": {
              "field": "size"
            }
          }
        }
      },
      "max_hole_color_aggs": {
        "max_bucket": {
          "buckets_path": "hole_terms_agg>max_value_aggs"
        }
      }
    }
  }
```

管道子聚合结果如下所示。

```
  ......
  "max_hole_color_aggs" : {
    "value" : 9.0,--------------------------------------------- 最大值
    "keys" : [
      "0"---------------------------------------------------- 最大值所在的桶（无孔桶）
    ]
  }
```

4. 常用聚合类型汇总

借助积木的案例，我们能更好地理解聚合。整体来看，Elasticsearch 聚合分类如表 11-1 所示，可分为指标聚合、分桶聚合和管道子聚合（基于聚合结果的子聚合）三大类，每一类又分为众多子类。限于篇幅，本节列举实战中最常用的聚合类型。

表 11-1　常用聚合类型汇总

聚合分类	子类名称	含义
指标聚合	Avg 平均值聚合	求平均值
	Sum 汇总聚合	求汇总之和
	Max 最大值聚合	求最大值
	Min 最小值聚合	求最小值
	Stats 统计聚合	求统计结果值
	Top hits 详情聚合	求各外层桶的详情
	Cardinality 去重聚合	去重
	Value count 记数聚合	计数
分桶聚合	Terms 分桶聚合	分组聚合结果
	Range 范围聚合	分区间聚合
	Histogram 直方图聚合	间隔聚合
	Date histogram 日期聚合	时间间隔聚合（月 / 天 / 时 / 分 / 秒）
	Date range 日期范围聚合	自定义日期范围聚合

（续）

聚合分类	子类名称	含义
分桶聚合	Composite 组合聚合	支持聚合后分页
	Filters 过滤聚合	满足给定过滤条件的聚合
管道子聚合	Bucket selector 选择子聚合	对聚合的结果执行进一步的筛选和运算
	Bucket script 脚本子聚合	在聚合的结果上执行脚本运算，以生成新的聚合结果
	Bucket sort 排序子聚合	使用聚合结果的任意字段进行排序，并返回一个排序后的桶列表
	Max bucket 最大值子聚合	获取外层聚合下度量的最大值的桶，并输出桶的值和键
	Min bucket 最小值子聚合	获取外层聚合下度量的最小值的桶，并输出桶的值和键
	Stats bucket 统计子聚合	获取外层聚合统计结果
	Sum bucket 求和子聚合	获取外层聚合求和结果

11.1.3 聚合应用场景

聚合可以用于多种应用场景，包含但不限于如下几种。

- 用户行为分析：通过聚合，可以对用户的搜索历史，点击率等进行分析。
- 电商分析：通过聚合，可以对商品的销售情况、客户的购买历史等进行分析。
- 日志分析：通过聚合，可以对服务器日志进行分析，以识别异常情况或性能问题。

11.2 聚合后分页的新实现：组合聚合

以呈现 2020 年东京奥运会这一热点新闻的新闻网站的设计需求为例，如图 11-12 所示，用户期望查看有关“苏炳添”的新闻，同时查看具有相同标题元素的文章列表。

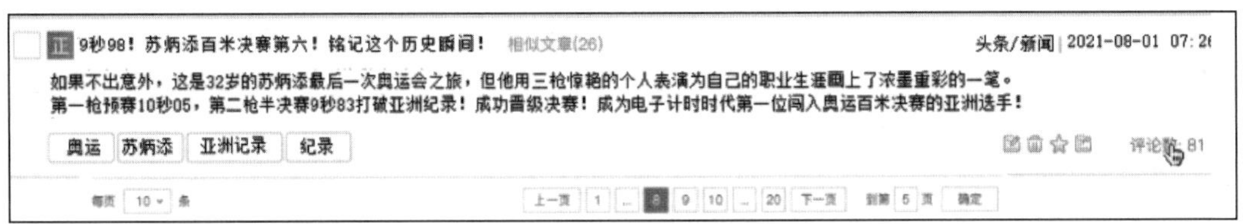

图 11-12 新闻截图

分析该需求，可提炼如下要点。

- 标题：“9 秒 98！苏炳添百米决赛第六！铭记这个历史瞬间！”属于新闻标题。
- 相似文章数：26，需要借助实时聚合的方式实现。
- 翻页：需支持向后翻页或随机翻页。

显然，传统的 from+size 分页检索不支持聚合后分页，不能满足该需求。

实际上，Elasticsearch 6.1 版本（于 2017 年 12 月 13 日发布）已经推出了组合聚合（Composite Aggregation）的方式，可以实现聚合后的分页查询。

11.2.1 认识组合聚合

1. 数据构造

如下代码创建了一个名为my_index_1104的Elasticsearch索引，并且定义了各字段的数据类型，包括产品的品牌、发布日期、名称、颜色和价格，以便进行精确或范围查询。

```
#### 数据建模
PUT my_index_1104
{
  "mappings": {
    "properties": {
      "brand": {
        "type": "keyword"
      },
      "pt": {
        "type": "date"
      },
      "name": {
        "type": "keyword"
      },
      "color": {
        "type": "keyword"
      },
      "price": {
        "type": "integer"
      }
    }
  }
}
```

其中各字段含义如下所示。

- name：表示产品名称。
- color：表示产品颜色。
- pt：表示产品发布日期。
- brand：表示产品品牌。
- price：表示产品价格。

批量写入数据如下。

```
PUT my_index_1104/_bulk
{"index":{"_id":1}}
{"brand":"brand_a","pt":"2021-01-01","name":"product_01","color":"red","pri
  ce":600}
{"index":{"_id":2}}
{"brand":"brand_b","pt":"2021-02-01","name":"product_02","color":"red","pri
  ce":200}
{"index":{"_id":3}}
{"brand":"brand_c","pt":"2021-03-01","name":"product_03","color":"green","pri
```

```
  ce":300}
{"index":{"_id":4}}
{"brand":"brand_c","pt":"2021-02-01","name":"product_04","color":"green","pri
  ce":450}
{"index":{"_id":5}}
{"brand":"brand_b","pt":"2021-04-01","name":"product_05","color":"blue","pri
  ce":180}
{"index":{"_id":6}}
{"brand":"brand_b","pt":"2021-02-01","name":"product_06","color":"yellow","pri
  ce":165}
{"index":{"_id":7}}
{"brand":"brand_b","pt":"2021-02-01","name":"product_07","color":"yellow","pri
  ce":190}
{"index":{"_id":8}}
{"brand":"brand_c","pt":"2021-04-01","name":"product_08","color":"blue","pri
  ce":500}
{"index":{"_id":9}}
{"brand":"brand_a","pt":"2021-01-01","name":"product_09","color":"blue","pri
  ce":1000}
```

2. 多桶聚合

Elasticsearch 支持多桶聚合，即 multi-terms 聚合。多桶聚合是分桶聚合聚合的扩展，而分桶聚合只能对单个关键字进行聚合。举例来说，多桶聚合可以按照品牌和颜色两个维度进行聚合，并得到如图 11-13 所示的结果。

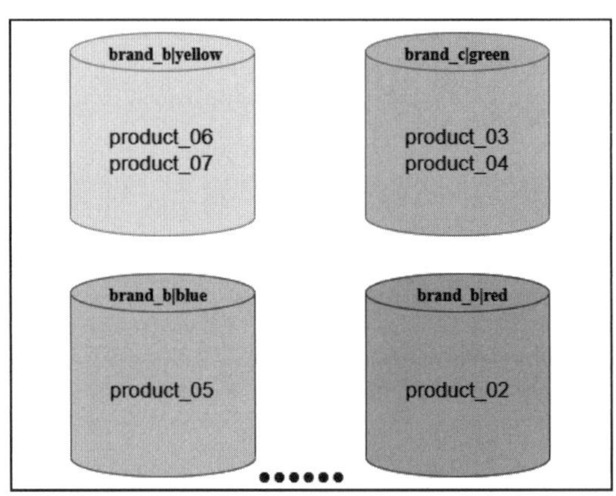

图 11-13 按品牌、颜色进行聚合

多桶聚合的实现示例如下。

```
#### 多桶聚合示例
POST my_index_1104/_search
{
  "size": 0,
  "aggs": {
    "brands_and_colors_aggs": {
```

```
        "multi_terms": {
          "terms": [
            {
              "field": "brand"
            },
            {
              "field": "color"
            }
          ]
        }
      }
    }
  }
```

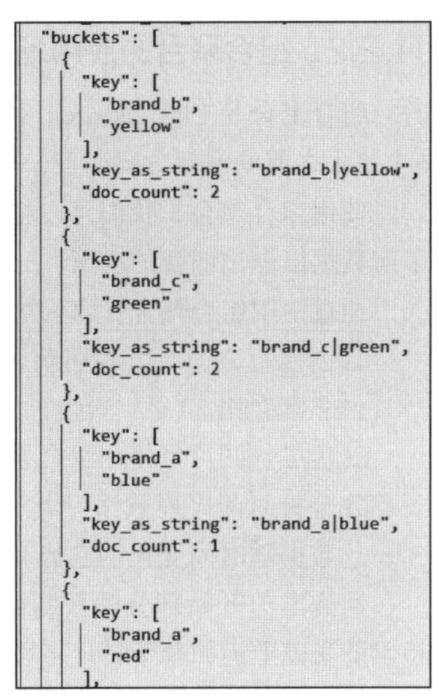

图 11-14　多桶聚合结果

多桶聚合返回结果如图 11-14 所示。

这时候，读者可能会有疑问：如果想按品牌和价格区间（直方图聚合）或日期区间（日期直方图聚合）进行聚合统计分析，该怎么做呢？显然，多桶聚合只支持多个分桶聚合操作，无法满足这种需求。因此，我们引入了组合聚合来解决这个问题。

3. 组合聚合

组合聚合属于“多级聚合”（Multi-level Aggregation），是一种用于执行复杂数据分析的方式。它在已有聚合方式的基础上提供了进一步聚合的能力，其结果形成了嵌套的聚合结构。例如，假设我们需要统计每个品牌中每种颜色的产品数量，可以先根据品牌字段进行分桶聚合，然后在每个品牌桶内部对颜色字段进行分桶聚合。这样就得到了一个多级聚合的结果。其中每个品牌桶包含多个颜色桶，而每个颜色桶则记录了相应品牌下某种颜色的产品数量。

但这种多级聚合的结果可能会比较复杂，因为涉及对大量桶的管理。这时组合聚合就能发挥作用了。组合聚合为我们提供了一种将多级聚合结果分解为更小、更便于管理的部分的方法，并提高了处理大量桶的效率。

组合聚合在 Elasticsearch 中是一种特殊类型的多桶聚合，它能够以复合的形式融合并执行多种类型的桶聚合。组合聚合的核心特点在于具有丰富的聚合操作选择，包括但不限于分桶（Terms）聚合、直方图（Histogram）聚合、日期直方图（Date histogram）聚合以及地理网格（Geotile Grid）聚合等。这种聚合方式可以在复杂的数据场景下为用户提供灵活的数据分析工具，从而有效地揭示数据之间的深层关系和复杂规律。

组合聚合具有强大的分页处理能力，可以针对所有层级结构的桶执行精确的分页操作。它提供了一种类似于滚动搜索（scroll search）的方式，使所有特定聚合桶可以进行流式传输，无论数量多少。在组合聚合过程中，每个桶都是基于从每个文档中提取或生成的值的组合而构建的，每个这样的组合被视作一个复合桶。这种设计有效地提高了数据的聚合效率和灵活性，使得对复杂数据集的处理变得轻松易行。

11.2.2 组合聚合的应用场景

组合聚合是 Elasticsearch 中用于执行数据复杂分析的强大工具。它相对于 Elasticsearch 6.1 版本之前的实现方式而言，可以被称为“新”实现。

使用组合聚合，我们可以根据多个字段（例如日期和位置）对数据进行分组，并更好地了解数据以做出明智的决策。

通过使用组合聚合，我们可以完成以下任务。

- 创建直方图：可利用组合聚合创建数据直方图，这对实现数据趋势和模式的可视化非常有用。
- 生成热图：可使用组合聚合生成热图，这对于显示数据密度并识别热点非常有帮助。
- 分析时间序列数据：可利用组合聚合来分析时间序列数据（如股票价格），以便识别数据随时间变化的趋势和模式。

回到本节开始部分的新闻网站设计案例，简单来说，通过组合聚合，我们希望在常规检索的基础上返回基于特定字段的聚合结果，并且可以分页查看检索和聚合结果。

下面我们通过例子来掌握组合聚合的应用方法。

11.2.3 组合聚合的核心功能

组合聚合相较于其他聚合的核心不同点如下。

- 组合聚合打破了传统的多桶聚合只能依赖单一类型的限制，它可以对多种类型的桶聚合进行组合。这种设计带来了前所未有的灵活性和广泛的适用性，无论在数据分析还是数据搜索中，组合聚合都能提供更为丰富和细致的结果。
- 支持聚合后分页。该聚合类型类似于 scroll 检索，仅支持向后翻页，不支持随机翻页。

组合聚合的语法参考如下。

```
#### 组合聚合示例如下
POST my_index_1104/_search
{
  "size": 0,
  "aggs": {
    "my_buckets": {
      "composite": {
        "size": 5,
        "sources": [
          {
            "brand_terms": {
              "terms": {
                "field": "brand",
```

```
            "order": "asc"
          }
        }
      },
      {
        "prices_histogram": {
          "histogram": {
            "field": "price",
            "interval": 50,
            "order": "asc"
          }
        }
      }
    ],
    "after": {
      "brand_terms": "brand_c",
      "prices_histogram": 500
    }
  }
 }
}
}
```

相关参数释义如下。

- sources：指定组合分桶里各个分桶的检索语句，可以是一个或多个。
- size：每次返回的结果数。
- after：用于翻页，每次检索都会生成一个 after_key 键值对组合，供下次检索使用。
- order：分桶内的排序方式。

上述代码中的复合桶是由表示品牌的 brand_terms 和表示价格的 prices_histogram 两部分构成的，它们的值分别为 brand_c 和 500。

11.2.4 利用组合聚合进行聚合后分页实战

在前面的分析基础上，我们更好地理解了组合聚合的应用方法。以图 11-13 对应的建模数据为例，进一步探讨如下。

设定时间间隔为一个月，并且根据品牌与名称这两个因素进行复合桶的聚合。然后，在每个复合桶内执行聚合操作，以统计各个复合桶的平均价格。

1）创建复合桶。

- 分桶 1：使用 data_histogram 按发布时间间隔（指定为 1 个月）进行聚合。
- 分桶 2：使用 terms 对品牌进行分桶聚合。

2）在复合桶之上统计各自平均价格。通过平均值聚合的方式在每个复合桶内求平均值。

```
#### 聚合后分页的整体实现
GET my_index_1104/_search
{
  "size": 0,
  "aggs": {
    "my_buckets": {
      "composite": {
        "size": 5,
        "sources": [
          {
            "date": {
              "date_histogram": {
                "field": "pt",
                "calendar_interval": "1m",
                "order": "desc",
                "time_zone": "Asia/Shanghai"
              }
            }
          },
          {
            "product": {
              "terms": {
                "field": "brand"
              }
            }
          }
        ]
      },
      "aggregations": {
        "the_avg": {
          "avg": {
            "field": "price"
          }
        }
      }
    }
  }
}
```

返回结果如图 11-15 所示。

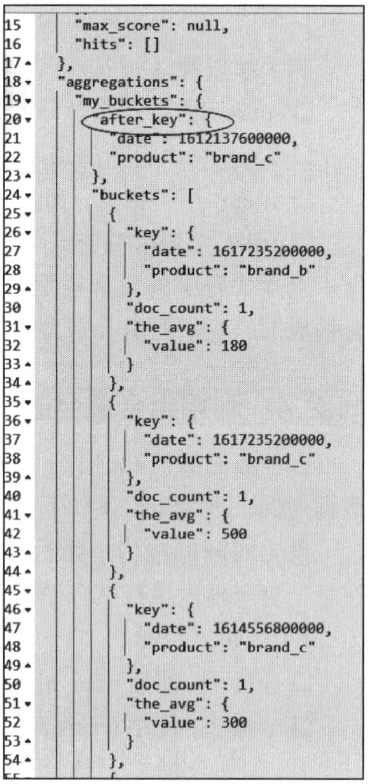

如何实现聚合后的分页效果呢？当执行下一页翻页时，只需将上一页返回的 after_key 值加入即可。在生产环境中，只需要将下面代码转换成 Java 或者 Python 语言，即可实现向后翻页。

```
#### 聚合后分页实现
POST my_index_1104/_search
{
  "size": 0,
```

```
  "max_score": null,
  "hits": []
},
"aggregations": {
  "my_buckets": {
    "after_key": {
      "date": 1612137600000,
      "product": "brand_c"
    },
    "buckets": [
      {
        "key": {
          "date": 1617235200000,
          "product": "brand_b"
        },
        "doc_count": 1,
        "the_avg": {
          "value": 180
        }
      },
      {
        "key": {
          "date": 1617235200000,
          "product": "brand_c"
        },
        "doc_count": 1,
        "the_avg": {
          "value": 500
        }
      },
      {
        "key": {
          "date": 1614556800000,
          "product": "brand_c"
        },
        "doc_count": 1,
        "the_avg": {
          "value": 300
        }
      },
```

图 11-15 聚合后分页的结果

```
  "aggs": {
    "my_buckets": {
      "composite": {
        "size": 5,
        "sources": [
          {
            "date": {
              "date_histogram": {
                "field": "pt",
                "calendar_interval": "1m",
                "order": "desc",
                "time_zone": "Asia/Shanghai"
              }
            }
          },
          {
            "product": {
              "terms": {
                "field": "brand"
              }
            }
          }
        ],
        "after": {
          "date": 1617235200000,
          "product": "brand_c"
        }
      },
      "aggregations": {
        "the_avg": {
          "avg": {
            "field": "price"
          }
        }
      }
    }
  }
}
```

注意：

组合聚合仅能实现向后翻页，不支持随机翻页。

组合聚合目前与管道子聚合（基于聚合结果的子聚合方式）不兼容，在大多数情况下结合使用也没有意义，会导致结果不准确。

11.3 通过子聚合求解环比问题

有一个聚合需求是这样的：在一个索引中有时间字段，要求计算本月和上月数据环比的上升比例。对此，你应该如何处理呢？

针对该需求进行简要分析。首先，环比是统计学术语，表示连续两个统计周期内的量的变化比。其次，考虑如何利用 Elasticsearch 进行计算。整体来看，Elasticsearch 更适合检索，并且可以处理脚本计算，但会存在性能问题。简单来说，除非遇到特殊情况，否则我们应该避免使用脚本。

而 Elasticsearch 能支持的计算主要有如下几种方式。

- 脚本检索（script query），参见 10.4 节。
- 脚本预处理（script pipeline），参见 8.6 节。
- 脚本聚合（script aggregation），会用到管道子聚合实现。

11.3.1 parent 子聚合和 sibling 子聚合详解

根据语法规则，Elasticsearch 子聚合核心可以分为两类：parent（父子）子聚合和 sibling（兄弟）子聚合，如图 11-16 所示。

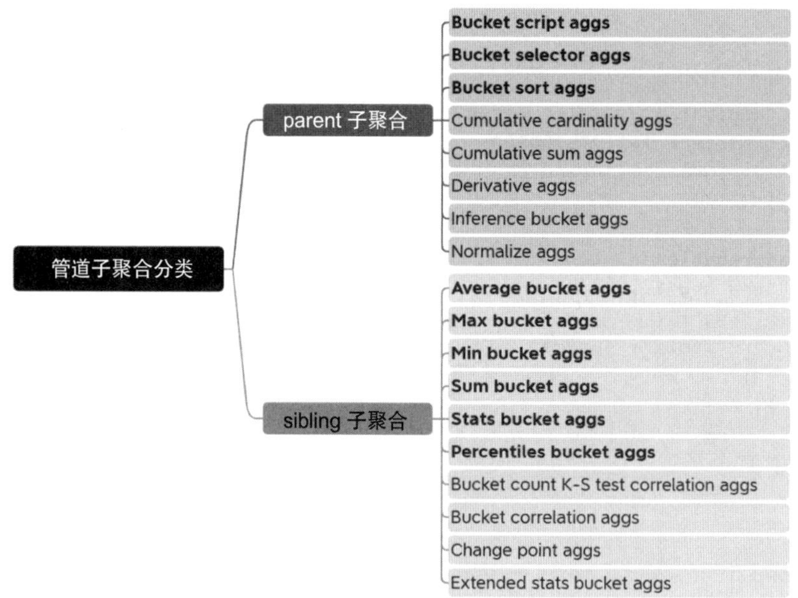

图 11-16 子聚合分类

为了更清楚地说明 parent 和 sibling 两种类型的区别，我们来看下面的实际例子。

1）创建索引且指定映射，如下。

```
PUT my_index_1105
{
  "mappings": {
    "properties": {
```

```
      "insert_date": {
        "type": "date"
      },
      "count": {
        "type": "integer"
      }
    }
  }
}
```

2）写入数据。

```
POST my_index_1105/_bulk
{"index":{"_id":1}}
{"insert_date":"2022-11-09T12:00:00Z","count":5}
{"index":{"_id":2}}
{"insert_date":"2022-11-08T12:00:00Z","count":150}
{"index":{"_id":3}}
{"insert_date":"2022-12-09T12:00:00Z","count":33}
{"index":{"_id":4}}
{"insert_date":"2022-12-08T12:00:00Z","count":44}
{"index":{"_id":5}}
{"insert_date":"2022-12-09T12:00:00Z","count":55}
{"index":{"_id":6}}
{"insert_date":"2022-12-08T12:00:00Z","count":66}
```

在上面例子中，若按照月份统计每个月的总销量（即count值之和），并获取月总销量最大的月份，如何实现呢？

对该问题进行拆解。

- ❑ 按照月份统计：使用分桶聚合的date_histogram按照时间走势直方图来实现。
- ❑ 每个月的总销量：在按照月份统计的基础上进行嵌套聚合，借助指标聚合的sum来实现。
- ❑ 获取月总销量最大的月份：使用管道子聚合的max_bucket来实现。

最终实现如下所示。

```
POST my_index_1105/_search
{
  "size": 0,
  "aggs": {
    "sales_per_month": {--------------------------------- 外层聚合：按照月份统计销量
      "date_histogram": {
        "field": "insert_date",
        "calendar_interval": "month"
      },
      "aggs": {
        "sales": {---------------------------------------- 内层聚合：月份内销量求和
          "sum": {
            "field": "count"
```

```
          }
        }
      }
    },
    "max_monthly_sales": {
      "max_bucket": {
        "buckets_path": "sales_per_month > sales"-------- 获取销量最大值所在的桶（月份）
      }
    }
  }
}
```

结果如下。

```
"buckets" : [
        {
          "key_as_string" : "2022-11-01T00:00:00.000Z",--------------11 月桶
          "key" : 1667260800000,
          "doc_count" : 2,
          "sales" : {
            "value" : 155.0
......
        {
          "key_as_string" : "2022-12-01T00:00:00.000Z",--------------12 月桶
          "key" : 1669852800000,
          "doc_count" : 4,
          "sales" : {
            "value" : 198.0
    ......
    },
    "max_monthly_sales" : {
      "value" : 198.0,
      "keys" : [
        "2022-12-01T00:00:00.000Z"---------------------------------- 期望结果
      ]
    }
```

这里用到了 max_bucket，它本质上就是 sibling 类型的子聚合。如图 11-17 所示，两者同级，可视为“兄弟”。

```
POST my_index_1105/_search
{
  "size": 0,
  "aggs": {
    "sales_per_month": {…},
    "max_monthly_sales": {…}
  }
}
```

两者同级

图 11-17 sibling 子聚合样例截图

而 parent 子聚合在求解环比上升比例时会用到，我们将在下面展开讲解。

11.3.2 环比问题拆解

回归环比计算问题本身，可以分两个维度对该问题进行拆解。

首先，从数据到结果：原始数据至少包含两个字段——日期和数据，但没有基于日期的汇总数据，因此需要使用聚合来汇总结果。

其次，从结果到数据：最终结果需要对临近两个月的数据进行汇总计算，而为了实现这一点，我们需要使用 bucket_script 子聚合。然而，bucket_script 子聚合需要被嵌套在内层，并进行两次聚合。

对该问题的求解过程可以转换为如下 3 个步骤。

- 步骤 1：创建索引。
- 步骤 2：导入数据（自己构造）。
- 步骤 3：聚合实现（最核心的步骤）。

可知聚合实现是解决问题的关键步骤。最外层聚合使用时间范围聚合筛选近两个月的数据。这是为后续使用 bucket_script 进行脚本子聚合做铺垫，对应图 11-18 中 range_aggs 聚合部分。内层聚合分别计算本月和上一个月的数据。它需要进一步拆解为两层聚合：第一层过滤当月和上一个月的时间范围，借助 filter aggs 实现；第二层利用指标 sum aggs 求和统计结果。这两个层级的聚合是并列关系，对应图 11-18 中 11month_count 和 12month_count。

最后，我们可以利用上述 11month_count 和 12month_count 的聚合结果，并基于 bucket_script 子聚合来获取环比结果值，对应图 11-18 中的 bucket_division 部分。

通过观察图 11-18，我们可以发现，与 11.3.2 节中 silbing 类型的子聚合相比，bucket_script 和外层聚合的“孩子”（11month_count、12month_count）处于同一层级，即它们都是 parent 子聚合。

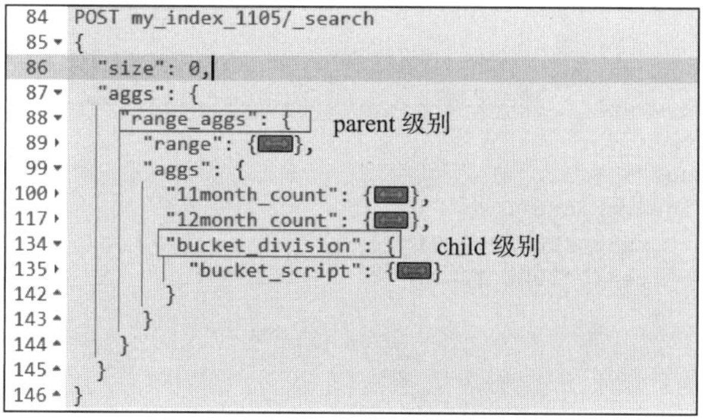

```
POST my_index_1105/_search
{
  "size": 0,
  "aggs": {
    "range_aggs": {          parent 级别
      "range": {…},
      "aggs": {
        "11month_count": {…},
        "12month_count": {…},
        "bucket_division": {     child 级别
          "bucket_script": {…}
        }
      }
    }
  }
}
```

图 11-18 parent 子聚合样例截图

11.3.3 环比问题求解实现

求解环比计算问题的代码实现如下所示。

```
#### 环比问题求解实现
POST my_index_1105/_search
{
  "size": 0,-------------------------------------------------- 不显示检索结果
  "aggs": {
    "range_aggs": {
      "range": {------------------------------------------------ 全量数据聚合
        "field": "insert_date",
        "format": "yyyy-MM-dd",
        "ranges": [
          {
            "from": "2022-11-01",
            "to": "2022-12-31"
          }
        ]
      },
      "aggs": {
        "11month_count": {--------------------------------------11 月数据聚合
          "filter": {
            "range": {
              "insert_date": {
                "gte": "2022-11-01",
                "lte": "2022-11-30"
              }
            }
          },
          "aggs": {
            "sum_aggs": {
              "sum": {
                "field": "count"
              }
            }
          }
        },
        "12month_count": {------------------------------------12 月数据聚合
          "filter": {
            "range": {
              "insert_date": {
                "gte": "2022-12-01",
                "lte": "2022-12-31"
              }
            }
          },
          "aggs": {
            "sum_aggs": {
              "sum": {
                "field": "count"
              }
            }
          }
        },
```

```
        "bucket_division": {---------------------------------- 求解环比上升比例
          "bucket_script": {
            "buckets_path": {
              "pre_month_count":"11month_count > sum_aggs",
              "cur_month_count":"12month_count > sum_aggs"
            },
            "script":"(params.cur_month_count-params.pre_month_count) / params.
              pre_month_count"
          }
        }
      }
    }
  }
}
```

求解结果如下。

```
   "12month_count" : {
          "doc_count" : 4,
          "sum_aggs" : {
            "value" : 198.0
          }
        },
        "11month_count" : {
          "doc_count" : 2,
          "sum_aggs" : {
            "value" : 155.0
          }
        },
        "bucket_division" : {---------------------------------------- 此为求解结果
          "value" : 0.27741935483870966
        }
      }
```

11.3.4 bucket 相关子聚合的常见问题

1）Bucket script、Bucket selector 和 Bucket sort 子聚合的定义是什么？

- Bucket script 子聚合：脚本子聚合，在聚合结果上执行脚本运算，生成新的聚合结果。
- Bucket selector 子聚合：选择子聚合，对聚合结果进行进一步筛选和运算。
- Bucket sort 子聚合：排序子聚合，用任意字段对聚合结果进行排序，并返回一个排序后的桶列表。

这 3 种都属于 parent 类型的子聚合。子聚合核心是二次对前置聚合结果进行处理，因此只有业务数据有再次处理需求时才考虑进行子级别的分组。

2）Bucket script、Bucket selector 和 Bucket sort 子聚合的应用场景有哪些？

- Bucket script 子聚合是一个子级别功能，允许我们在分组中执行脚本。例如，可以使用脚本计算每个桶的平均值、百分比、环比及标准差等。

- Bucket selector 子聚合是一个子级别功能，允许我们选择某些桶并对其进行下一级分组。例如，可以使用选择器来选择某些桶并统计它们的总和。
- Bucket sort 子聚合是一种排序功能，允许我们按指定顺序对桶进行排序。例如，可以按照每个桶中的项目数量进行排序以查看最常见项目。

在实际应用场景中，可根据需要选择使用上述子聚合中的一个或多个进行组合应用。例如，可以对某个字段的值进行分组，然后使用 Bucket sort 子聚合对分组后的桶进行排序，并在桶内使用 Bucket script 子聚合执行脚本，最后使用 Bucket selector 子聚合选择某些桶并对其进行聚合。这样，我们就可以对业务数据实现多层次的分析和统计。

利用聚合进行计算相当复杂，且不够灵活、可扩展性不强。在业务选型层面，如果非实时求解场景则真的不建议这么做。我们可以定期离线计算并统计结果，借助 Java 或 Python 等编程语言更顺畅地完成计算。

11.4 Elasticsearch 去重

11.4.1 去重需求分析

在实际应用中，经常会遇到这样的问题：Elasticsearch 是否具备类似于 MySQL 中 distinct 关键词所起到的去重功能呢？该功能包括两方面。一方面是统计去重后数量，类似如下所示的 MySQL 实现。

```
select distinct(count(1)) from my_table;
```

另一方面是获取去重结果，如下所示。

```
SELECT DISTINCT name,age FROM users;
```

上述去重需求对应于 Elasticsearch，可以被概括为如下两点。

- 对 Elasticsearch 的检索结果进行去重计数。
- 对 Elasticsearch 的检索结果进行去重后显示。

首先，要实现计数，需要结合 Elasticsearch 聚合功能和 cardinality。其次，在去重显示结果方面，有两种方式可供选择：第一种是使用 terms 聚合结合 top_hits 聚合实现；第二种是使用 collapse 聚合的折叠功能。

11.4.2 去重需求实现

（1）借助 cardinality 实现去重数目统计

在图 11-13 数据源的基础上先导入两条新数据。

```
#### 批量写入数据
PUT my_index_1106/_bulk
{"index":{"_id":10}}
{"brand":"brand_a","pt":"2021-01-01","name":"product_01","color":"red","pri
  ce":600}
{"index":{"_id":11}}
{"brand":"brand_b","pt":"2021-02-01","name":"product_02","color":"red","pri
  ce":200}
```

基于如上数据集针对 my_index_1106 索引进行去重。

```
POST my_index_1106/_search
{
  "size": 0,
  "aggs": {
    "brand_count": {
      "cardinality": {
        "field": "brand"
      }
    }
  }
}
```

去重统计后的结果如下所示（省略了部分非核心内容）。

```
{
  "took" : 479,
....  },
  "hits" : {
    "total" : {
      "value" : 8,
......  },
  "aggregations" : {
    "brand_count" : {
      "value" : 3
    }
  }
}
```

聚合结果中 brand_count 代表品牌分类的个数，其值为 3，代表数据集中共有 3 种品牌的数据。该结果和实际一致。

（2）返回去重内容

方式一：利用 top_hits 聚合间接实现去重。

```
####top_hits 子聚合
POST my_index_1106/_search
{
  "size": 0,
  "query": {
    "match_all": {}
```

```
  },
  "aggs": {
    "aggs_by_brand": {
      "terms": {
        "field": "brand",
        "size": 10
      },
      "aggs": {
        "pt_tops": {
          "top_hits": {
            "_source": {
              "includes": [
                "brand",
                "name",
                "color"
              ]
            },
            "sort": [
              {
                "pt": {
                  "order": "desc"
                }
              }
            ],
            "size": 1
          }
        }
      }
    }
  }
}
```

第一层聚合是按照 brand 字段进行分桶聚合。第二层聚合是对第一层分桶聚合后的结果基于 pt 字段排序并选取其中 TOP1 的结果，间接实现了去重操作。

方式二：通过 Collapse 折叠实现去重。

```
#### 通过折叠实现去重
POST my_index_1106/_search
{
  "query": {
    "match_all": {}
  },
  "collapse": {
    "field": "brand",
    "inner_hits": {
      "name": "by_color",
      "collapse": {
        "field": "color"
      },
      "size": 5
```

```
      }
    }
}
```

第一个折叠的字段是 brand，表示依照品牌进行分类，共输出 3 类结果数据。

第二个折叠的字段是 color，注意要放在 inner_hits 部分中。也就是说，在依照 brand 字段进行折叠的基础上，再在 brand 桶内部基于 color 字段进行折叠。

最后结果如表 11-2 所示。

表 11-2 折叠后结果

序号	brand 折叠后	color 折叠后
1	brand_a	red（product_01） blue（product_09）
2	brand_b	red（product_02） blue（product_05） yellow（product_06）
3	brand_c	green（product_03） blue（product_08）

综上，利用 collapse 折叠聚合的方式间接实现了数据去重处理。

综合来看，利用 collapse 去重和利用 top_hits 去重有以下区别。

- collapse 去重：可以将多个相同的文档缩成一个文档，并仅保留一个代表文档。collapse 的去重是在聚合之前进行的，因此它可以有效地减少数据量，提高查询性能。在 Elasticsearch 中，collapse 功能扮演着合并及简化查询结果的角色。它可以将具有相同字段值的多个文档折叠成一个具有代表性的文档。请注意，虽然 collapse 操作在一定程度上类似于去重，但 collapse 实际上是对查询结果进行的优化处理，而非聚合操作的一部分。
- top_hits 去重：一种子聚合方式，可以在聚合结果中查找最高分的文档。在某些情况下，可以使用 top_hits 来对文档进行去重，因为它只会返回每个聚合组中分数最高的文档。但是，top_hits 的去重是在聚合之后进行的，因此可能不会有效地减小数据量。

总之，在想要尽早减少数据量并提高查询性能时，请使用 collapse 去重方式；如果需要在聚合结果中查找最高分的文档，则应使用 top_hits 方式。

需要注意的是，collapse 折叠仅适用于 Elasticsearch 5.3 及以上版本，并且聚合和折叠操作仅针对 keyword 类型有效，对 text 类型无法直接使用聚合和折叠操作。

11.5 本章小结

Elasticsearch 聚合是一个非常强大且灵活的功能，可以帮助我们从大量数据中提取有价值的信息，并且可以满足各种数据分析需求。本章借助积木以图解形式带领大家更好地理解和使用 Elasticsearch 聚合，有助于我们在实践中获得更加准确和有效的数据分析结果。

本章知识点总结如图 11-19 所示。

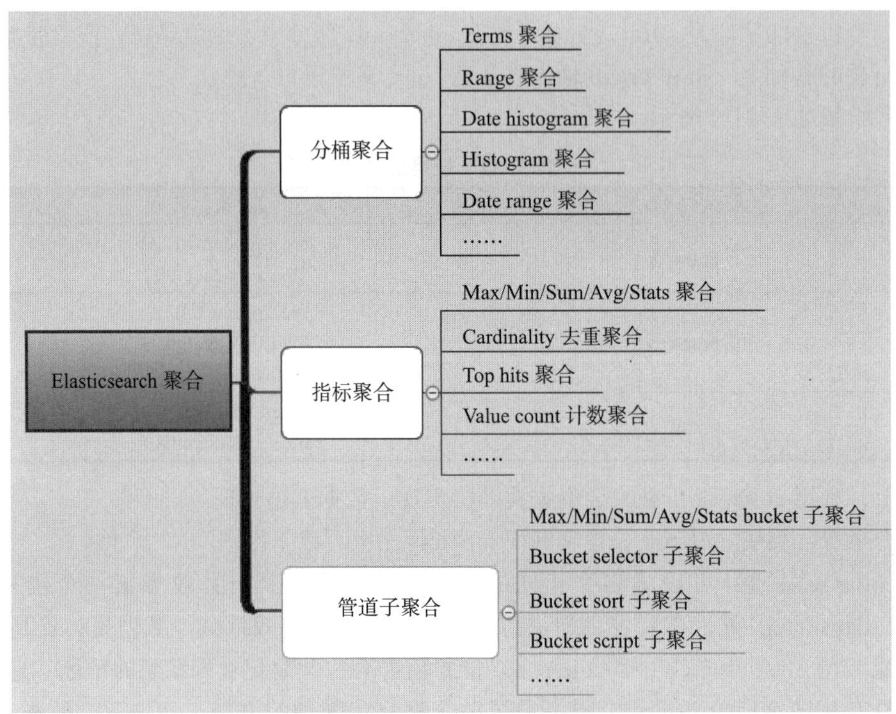

图 11-19 Elasticsearch 聚合

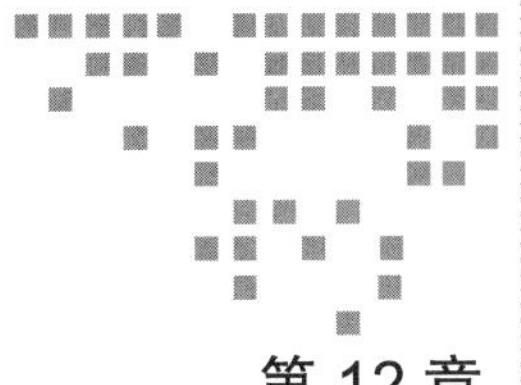

第 12 章 Chapter 12

Elasticsearch 集群

随着数据量的增长，Elasticsearch 单节点往往会出现性能瓶颈。当纵向扩展受制于硬件资源限制、不支持热更新时，多节点分布式横向扩展集群变得更加重要。本章将以冷热集群架构为基础，介绍索引生命周期管理、跨机房跨机架集群架构、集群索引快照与恢复、快照生命周期管理以及跨集群检索。

当在集群硬件资源有限的情况下，特别是固态磁盘（SSD）更为紧缺的业务场景中，如何最大化集群性能？如何将用户最关心的热数据分布到对应 SSD 节点上，并将用户不太关注的冷数据分散到普通磁盘对应节点上呢？

本章讨论和实践内容主要围绕冷热数据分离展开。我们会探讨以下问题。

- 什么是冷热集群架构，Elasticsearch 支持这种架构吗？
- Elasticsearch 集群如何设置冷热节点？
- Elasticsearch 集群如何根据数据冷热度将其写入不同的节点？
- 当数据不“热”时，如何将其迁移到冷节点呢？

通过分析以上问题，我们可以更好地理解相关概念并进行深入探究。

12.1 冷热集群架构

12.1.1 认识冷热集群架构

关于冷热集群架构，官方实际上使用的是“热暖架构”（Hot-Warm Architecture）这一术语。简单来说，热节点存储用户最为关注的数据，而温或冷节点则用于存放用户不太重要或优先级较低的数据。图 12-1 展示了冷热集群架构。

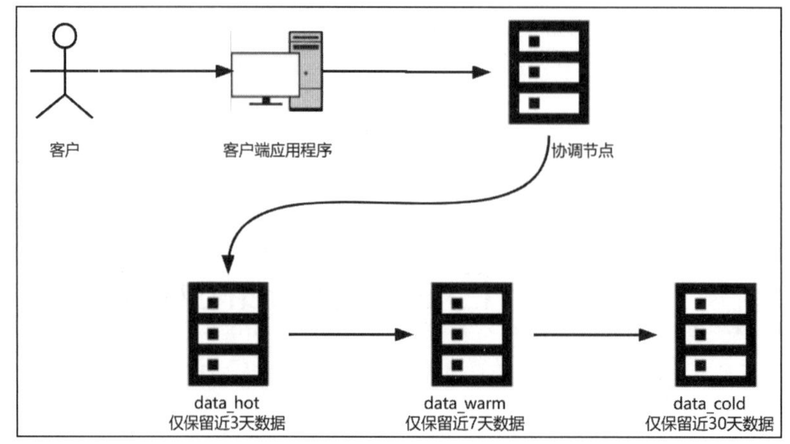

图 12-1 冷热集群架构示意图

冷热集群架构功能强大，将 Elasticsearch 部署物理上分为热、温和冷数据节点。

- 热数据节点处理新输入的数据，采用 SSD 存储，以确保快速写入和高效检索。
- 冷数据节点存储密度较大，一般采用普通磁盘存储，主要存储历史数据或访问频率低的数据。
- 温数据节点介于热和冷之间。

这种架构结合了 3 种类型的节点，一方面确保了快速写入和检索，另一方面是在节省成本的前提下实现了冷数据的长时间保存。

冷热集群架构利用了 Elasticsearch 的分片分配策略，其核心原理如下。

1）在 7.9 版本之前，Elasticsearch 支持规划节点类型；而在 7.9 及以后版本中，则支持划分节点角色。数据节点角色包括 data_hot、data_warm、data_cold 等，这是划分冷热节点的前提。

2）Elasticsearch 支持在索引层面将数据路由到指定节点，从而保证将数据分别写入冷、热节点。

12.1.2 冷热集群架构的应用场景

某客户的线上业务场景如下：系统每天增加 6TB 日志数据，高峰时段的写入和查询频率都很高，导致 Elasticsearch 集群压力大，经常出现查询缓慢的问题。

在这种情况下，Elasticsearch 集群的索引写入和查询速度主要取决于磁盘 IO 速度。为了提高查询效率，在冷热数据分离方面使用了 SSD 存储热数据。但如果全部使用 SSD 则成本过高，且存放冷数据会浪费资源。因此，混合使用普通硬盘和 SSD 可以充分利用资源并显著提升性能。

另一个客户的线上业务场景如下：目前采用冷热集群架构，其中热节点使用 SSD，并具有良好的索引和搜索性能，将数据保存 4 天后推送到温节点中，并使用 HDD 进行存储。

改善架构后，集群性能有极大提升。

总之，在成本有限的情况下，让客户专注于实时数据和历史数据之间的硬件隔离可以最大化解决客户反映的检索响应慢的问题。

12.1.3 冷热集群架构的优势

单独使用冷热集群架构的意义不大，但与后面会讲到的索引生命周期管理结合使用则能够解决具有实时数据流的大数据业务场景中的数据迁移、数据滚动等问题，并发挥重要作用。

Elasticsearch 集群采用冷热集群架构会具有以下优势。

1）有效降低存储成本：将不常用的数据存储在冷节点上，可以减小热节点上索引大小并降低存储成本。这可有效降低硬件成本并提高索引查询效率。

2）更好地管理数据：将不同类型的数据分配到不同类型的节点上，可以更好地管理数据。这为索引生命周期管理提供了保障。

3）提高查询性能：将热节点用于处理最常访问的数据，而将冷节点用于存储不常用的数据，可以缩短查询响应时间并提高查询性能。

4）优化集群性能：将不同类型的任务分配给不同类型的节点，可以避免资源争夺现象，从而提高整个集群系统性能。

5）更好的可扩展性：使用冷热集群架构，在需要适应数据量增长或其他需求变化时，运维人员可以更容易地扩展集群、添加或删除节点。

综上所述，Elasticsearch 的冷热集群架构可以提高查询性能、降低存储成本、优化集群性能、更好地管理数据和提高可扩展性。这些优势使其成为处理 PB 级时序大数据的理想选择。

12.1.4 冷热集群架构实战

（1）搭建集群

首先搭建一个具有 3 个节点的集群，划分冷、温、热节点角色。在节点层面设置节点类型，分别如下所示。

- 热节点

```
node.roles: [ data_hot, data_content, master ]
```

- 温节点

```
node.roles: [ data_warm, data_content, master, ingest ]
```

- 冷节点

```
node.roles: [ data_cold, data_content, master, ingest ]
```

三节点冷热集群架构启动后，在 Kibana Dev Tools 使用如下命令查看节点。

```
GET _cat/nodes?v
```

可得到如图 12-2 所示的信息。其中 node.role 为简写的返回的节点角色。具体来说，c 代表 cold，即冷数据节点；h 代表 hot，即热数据节点；i 代表 ingest，即数据预处理节点；m 代表 master，即主节点；w 代表 warm，即温数据节点；s 代表 content，即数据内容节点。

ip	heap.percent	ram.percent	cpu	load_1m	load_5m	load_15m	node.role	master	name
172.21.0.14	38	95	8	0.42	1.67	1.16	cims	-	node-3
172.21.0.14	66	95	8	0.42	1.67	1.16	hms	-	VM-0-14-centos
172.21.0.14	35	95	8	0.42	1.67	1.16	imsw	*	node-2

图 12-2 查看节点信息

（2）写入操作

方案一：在索引层面指定节点角色写入数据。

```
#### 热节点路由设置
PUT logs_2025-01-01
{
  "settings": {
    "index.routing.allocation.include._tier_preference": "data_hot",
    "number_of_replicas": 0
  }
}
#### 冷节点路由设置，索引名称仅作为举例用
PUT logs_2025-11-01
{
  "settings": {
     "index.routing.allocation.include._tier_preference": "data_cold",
    "number_of_replicas": 0
  }
}
```

方案二：通过模板指定节点角色写入数据。

```
#### 通过模板指定节点角色
PUT _index_template/logs_2025-06-template
{
  "index_patterns": "logs_2025-06-*",
  "template": {
    "settings": {
      "index.number_of_replicas": "0",
      "index.routing.allocation.include._tier_preference": "data_warm"
    }
  }
}
```

（3）集群效果概览

集群效果图如图 12-3 所示。

（4）冷热数据迁移

冷热数据迁移可以借助索引生命周期管理实现。这部分内容将在 12.2 节展开讲解。

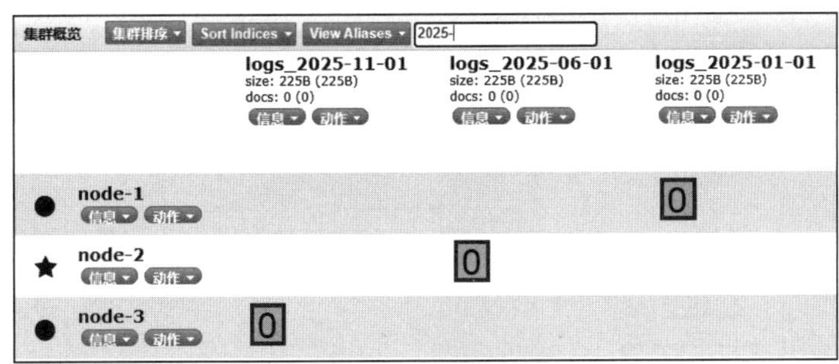

图 12-3 集群效果图

12.2 索引生命周期管理

12.2.1 认识索引生命周期

在大规模系统中，特别是以日志、指标和实时时间序列为基础的系统中，集群索引的发展和变化遵循其固有规律。理论上来说，一旦创建了索引，它就可能永久存在。然而，在创建后，如果让索引无限制地扩张下去，则会演变成一个数据量庞大且过度膨胀的实体。这种情况可能导致一系列问题，例如，随着时间推移，时序数据和业务数据量逐步增加。

实际上，索引并非无限制存在的，举例如下。

- 集群单个分片的最大文档数上限约为 20 亿条（即 $2^{32}-1$）。
- 根据官方的最佳实践建议，应将索引分片大小控制在 30GB~50GB 之间。
- 如果索引数据量过大，则可能出现健康问题，并导致整个集群核心业务停摆。
- 大型索引恢复所需时间远远超过小型索引。
- 大型索引检索单位速度较慢，并影响写入和更新操作。
- 在某些业务场景中用户更关注最近 3 天或 7 天的业务数据；而大型索引会将所有历史数据汇聚在一起，不利于查询特定需求的数据。

因此，我们必须重视对索引的管理。我们需要设定限制，以便索引能分阶段、目标明确、规律性地发展。我们将索引的发展全过程称为索引生命周期。

理论上索引可以永远存在，但在实际操作中，过大的索引可能会对系统性能产生负面影响。我们可以手动删除这些索引，将其置于类似于“死亡”的状态。

12.2.2 索引生命周期管理的历史演变

ILM（索引生命周期管理）是 Elasticsearch 6.6（公测版）首次引入的功能，并于 6.7 版本正式推出。它是 Elasticsearch 的一部分，主要用于帮助用户管理索引。在没有 ILM 之前，索引生命周期的管理基于 Rollover 和 Curator 工具实现。Kibana 8.X 版本提供了一个配置界面来进行索引生命周期管理，如图 12-4 所示。

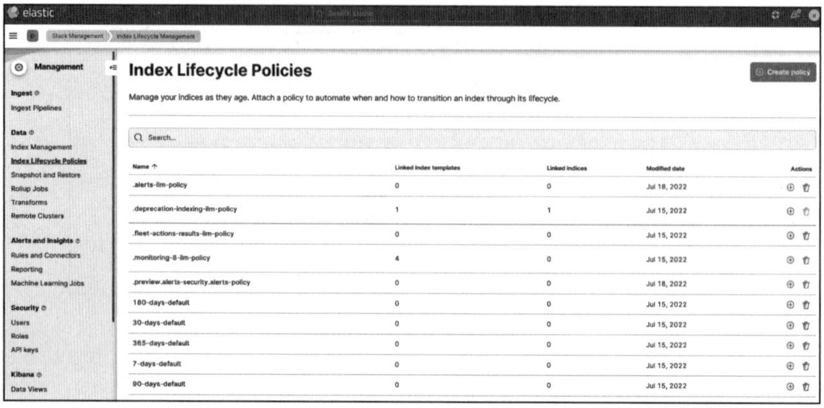

图 12-4 Kibana 8.X 版本中索引生命周期管理的配置界面

12.2.3 索引生命周期管理的基础知识

在 3 个节点的集群中，节点角色的设置分别如下。

- 节点 node-1：主节点 + 数据节点 + 热节点。
- 节点 node-2：主节点 + 数据节点 + 温节点。
- 节点 node-3：主节点 + 数据节点 + 冷节点。

为了演示如何应用 ILM，首先需要配置冷热架构，在上文中已经讲解了配置细节。如果磁盘数量不足，则待删除的冷数据在处理时具有最高优先级；如果硬件资源相对受限，则应将 SSD 作为热节点的首选配置。检索优先级最高的是热节点数据，因此检索热节点数据比检索全量数据的响应速度更快。

1. Rollover：滚动索引

自从 Elasticsearch 5.X 版本推出 Rollover API 以来，该 API 解决了使用日期作为索引名称的索引所具有的大小不均衡的问题。对于日志类数据而言，Rollover 非常有用。通常情况下，我们按天对索引进行分割（如果数据量更大，则可以进一步拆分）。在没有 Rollover 之前，我们需要在程序中设置一个自动生成索引的模板。

以下讲解如何实践 Rollover 操作。

1）创建符合正则表达式规范（即中间是“-”字符并且后面是数字字符）的索引，并批量导入数据。否则会出现以下报错。

```
{
  "error" : {
    "root_cause" : [
      {
        "type" : "illegal_argument_exception",
        "reason" : "index name [my-index.000001] does not match pattern '^.*-
          \\d+$'"
```

```
      }
    ],
    "type" : "illegal_argument_exception",
    "reason" : "index name [my-index.000001] does not match pattern '^.*-\\d+$'"
  },
  "status" : 400
}
```

创建索引和导入数据操作如下。

```
#### 创建基于日期的索引
PUT my-index-20250709-000001
{
  "aliases": {
    "my-alias": {
      "is_write_index": true
    }
  }
}

#### 批量导入数据
PUT my-alias/_bulk
{"index":{"_id":1}}
{"title":"testing 01"}
{"index":{"_id":2}}
{"title":"testing 02"}
{"index":{"_id":3}}
{"title":"testing 03"}
{"index":{"_id":4}}
{"title":"testing 04"}
{"index":{"_id":5}}
{"title":"testing 05"}
```

2）基于滚动的 3 个条件实现索引的滚动。

- 滚动条件 1：数据写入时间超过 7 天。
- 滚动条件 2：最大文档数超过 5 条。
- 滚动条件 3：最大的主分片数大于 50gb（这里的 gb 代表 Gigabytes，可理解为 GB）。

注意：当 3 个条件是“或”的关系时，只要满足其中一个，索引就会滚动。

在 Elasticsearch 8.X 版本中，可以设置的滚动条件如表 12-1 所示。

表 12-1 滚动条件参数及释义

滚动条件参数	释义	单位
max_age	在索引层面，指从索引创建开始所经过的时间	可选，包括 d、h、min、s、ms、μs、ns

（续）

滚动条件参数	释义	单位
max_docs	在索引层面，指最大文档数（不含副本分片中的文档）	个
max_size	在索引层面，指索引中所有分片的总存储空间（不含副本）	可选，包括 B、KB、MB、GB、TB、PB
max_primary_shard_size	在分片层面，指索引中最大主分片的存储空间	可选，包括 B、KB、MB、GB、TB、PB
max_primary_shard_docs	在分片层面，指索引中最大主分片的文档数	个

查看索引中所有主分片（pri.store.size）的总存储空间，命令如下。

```
GET /_cat/indices?v&s=pri.store.size:desc
```

查看分片大小，且按照分片大小由大到小进行排序，命令行如下。其中 p 代表主分片，r 代表副本分片。

```
GET /_cat/shards?v=true&s=store:desc
```

滚动索引操作如下。

```
# rollover 滚动索引
POST my-alias/_rollover
{
  "conditions": {
    "max_age": "7d",
    "max_docs": 5,
    "max_primary_shard_size": "50gb"
  }
}
GET my-alias/_count
# 在满足滚动条件的前提下滚动索引
PUT my-alias/_bulk
{"index":{"_id":6}}
{"title":"testing 06"}
# 检索数据，验证滚动是否生效
GET my-alias/_search
```

执行结果如下所示。我们可以清晰看到，插入第 6 条数据会触发 max_docs:5 的条件，原来的索引 my-index-20250709-000001 会继续保留，而新写入的第 6 条数据滚动到了新索引 my-index-20250709-000002 中。滚动索引操作的效果如图 12-5 所示。

```
{
  "took" : 16,
  "_shards" : {
    "total" : 2,
    "successful" : 2,
  },
```

```
  "hits" : {
    "total" : {
      "value" : 6,
      "relation" : "eq"
    },
    "max_score" : 1.0,
    "hits" : [
     ..... 省略了中间部分 ......
      {
        "_index" : "my-index-20250709-000002",
        "_id" : "6",
        "_score" : 1.0,
        "_source" : {
          "title" : "testing 06"
        }
      }
    ]
  }
}
```

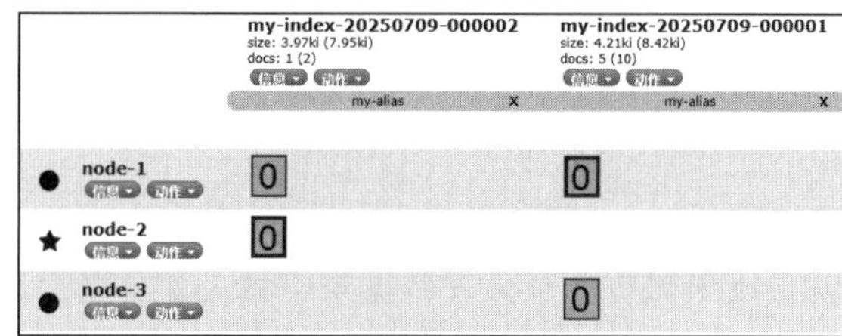

图 12-5　滚动索引操作的效果

2. Shrink：压缩索引

如下代码所示，压缩索引本质上是在满足索引只读等 3 个条件的前提下减少索引的主分片数。

```
#### 步骤 1：设置待压缩的索引，将分片设置为 5 个
DELETE kibana_sample_data_logs_ext
PUT kibana_sample_data_logs_ext
{
  "settings": {
    "number_of_shards":5
  }
}
#### 以 Kibana 自带的数据构建用于演示的索引数据
POST _reindex
{
  "source":{
    "index":"kibana_sample_data_logs"
  },
  "dest":{
    "index":"kibana_sample_data_logs_ext"
```

```
  }
}
# 步骤 2: 满足压缩索引的 3 个必要条件
PUT kibana_sample_data_logs_ext/_settings
{
  "settings": {
    "index.number_of_replicas": 0,
    "index.routing.allocation.include._tier_preference": "data_hot",
    "index.blocks.write": true
  }
}
# 步骤 3: 实施压缩
POST kibana_sample_data_logs_ext/_shrink/kibana_sample_data_logs_shrink
{
  "settings": {
    "index.number_of_replicas": 0,
    "index.number_of_shards": 1,
    "index.codec": "best_compression"
  },
  "aliases": {
    "kibana_sample_data_logs_alias": {}
  }
}
```

Shrink 操作分步骤拆解如图 12-6 所示。执行 Shrink 操作前，必须将原始索引的副本数量设置为 0，并通过分片分配策略将 5 个分片数据集中到一个节点上。此外，还需将该索引设置为只读状态。

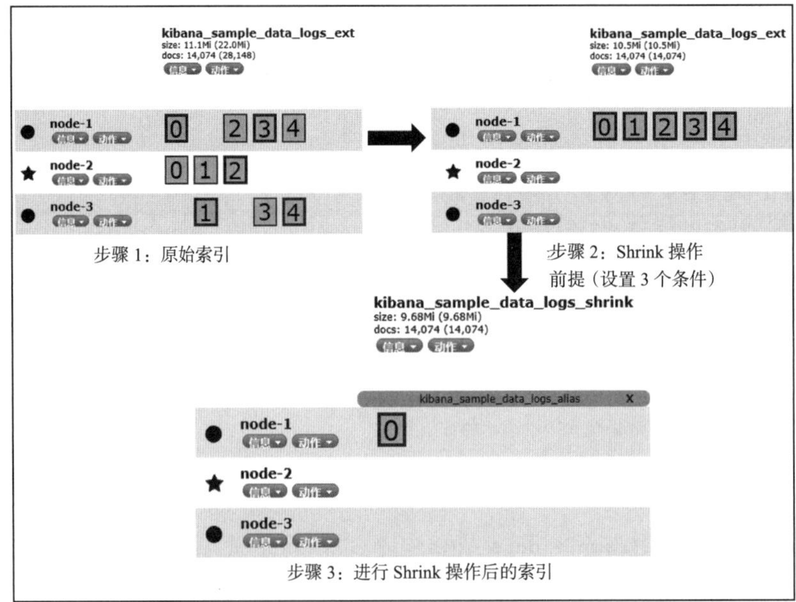

图 12-6 Shrink 操作的效果

强调一下压缩索引的 3 个必要条件，如表 12-2 所示。

表 12-2　压缩索引的必要条件

条件	参数设置
副本数为 0	"index.number_of_replicas": 0
将分片数据都集中到一个独立的节点	"index.routing.allocation.include._tier_preference": "data_hot"
索引数据只读	"index.blocks.write": true

综合上述分析，我们可以得出以下结论。

- 通过使用冷热集群架构，不同节点在集群中扮演明确的角色。将冷热数据进行物理隔离，并使 SSD 专门服务于热数据（建议），能够大幅提高检索效率。
- 使用 Rollover 操作，可以根据文档个数、时间和占用磁盘容量等指标对索引进行滚动升级，实现了索引的动态变化，有效地规避了单一索引过载的风险。
- 使用 Shrink 操作，在物理层面对索引进行压缩并释放磁盘空间，提高了集群的可用性。

12.2.4　索引生命周期管理的核心概念

1. 索引生命周期管理

如图 12-7 所示，横向代表索引的各个生命周期阶段，包括热（Hot）阶段、温（Warm）阶段、冷（Cold）阶段、归档（Frozen）阶段、删除（Delete）阶段；纵向则代表动作，包括各操作或功能点，每个生命周期阶段所支持的操作是不同的，policy 则是指各阶段及其对应操作的综合策略。

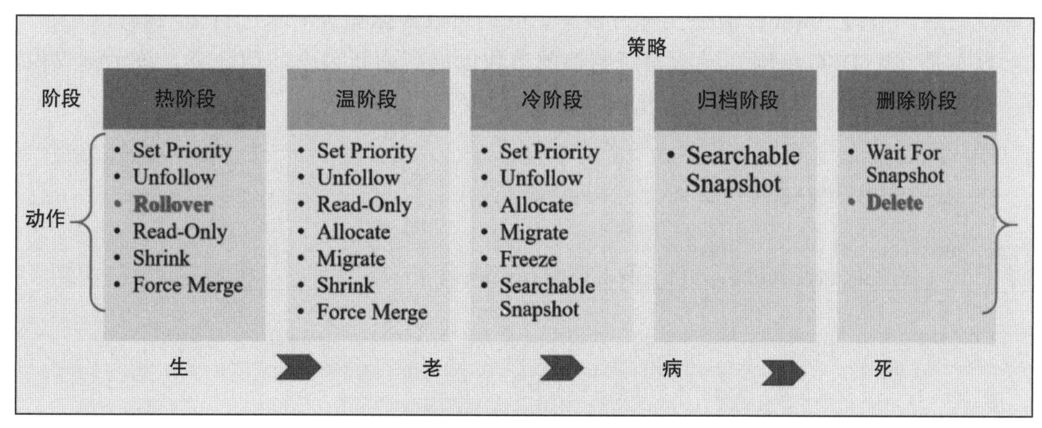

图 12-7　ILM 核心概念

注意：仅在热阶段可以设置 Rollover 滚动索引。

1）热阶段：例如将 max_age 设置为 3 天、将最大文档数设置为 5、将最大 size 值设置

为 50gb，并执行滚动索引操作，以及设置优先级为 100（值越大，优先级越高）等。

2）温阶段：例如实现段合并、将 max_num_segments 设置为 1、将副本数设置为 0、将数据迁移到温节点，以及将优先级设置为 50 等。

3）冷阶段：该阶段的核心作用是将数据从温节点迁移到冷节点，可以通过分片分配策略、Freeze 冷冻索引和可搜索快照等方式来完成。

4）归档阶段：在该阶段可以进行搜索快照等相关设置。

5）删除阶段：该阶段的核心作用是删除索引。

2. 触发条件

热阶段的触发是通过设置滚动条件来实现，而其余阶段的触发则由索引创建后经过的时间（即 min_age）决定。

通过上述几个阶段的设置，我们可以实现“在实际业务中保留热节点数据 3 天、温节点数据 7 天和冷节点数据 30 天”等类似功能。

除了 Rollover 和 Shrink 操作之外，配合 Force merge（段合并）、Delete（索引数据删除）等操作，就能够完成整个索引生命周期的更替。

但是单个操作指令非常麻烦，有没有更快捷的方法呢？当然有。我们可以借助 ILM 来实现上述全部效果。具体包括两种方法：第一种方法是通过 DSL 实现；第二种方法则是利用 Kibana 图形化界面进行操作。下面将结合示例对这两种方法进行解释。

12.2.5 索引生命周期管理实战：DSL 命令行

参数 indices.lifecycle.poll_interval 用于设置检查当前索引是否符合策略的刷新周期。刷新周期的默认值为 10min，但在实际开发中，我们可以根据业务需求进行适当调整。

以下是一个 DSL 示例，展示如何调整此参数以提高刷新频率。请注意，该示例仅供演示，在实际操作中应根据具体业务情况确定适当的刷新频率。

```
# 步骤 1：演示刷新
PUT _cluster/settings
{
  "persistent": {
    "indices.lifecycle.poll_interval": "1s"
  }
}

# 步骤 2：出于测试需要，缩短每个阶段的生存时间
PUT _ilm/policy/my_custom_policy_filter
{
  "policy": {
    "phases": {
      "hot": {
        "actions": {
          "rollover": {
```

```
            "max_age": "3d",
            "max_docs": 5,
            "max_size": "50gb"
          },
          "set_priority": {
            "priority": 100
          }
        }
      },
      "warm": {
        "min_age": "15s",
        "actions": {
          "forcemerge": {
            "max_num_segments": 1
          },
          "set_priority": {
            "priority": 50
          }
        }
      },
      "cold": {
        "min_age": "30s",
        "actions": {
          "freeze": {}
        }
      },
      "delete": {
        "min_age": "45s",
        "actions": {
          "delete": {}
        }
      }
    }
  }
}

# 步骤 3：创建模板，关联配置的 ilm_policy
PUT _index_template/timeseries_template
{
  "index_patterns": ["timeseries-*"],
  "template": {
    "settings": {
      "number_of_shards": 1,
      "number_of_replicas": 0,
      "index.lifecycle.name": "my_custom_policy_filter",
      "index.lifecycle.rollover_alias": "timeseries",
      "index.routing.allocation.include._tier_preference": "data_hot"
    }
  }
}
```

```
# 步骤 4: 创建起始索引，便于滚动
PUT timeseries-000001
{
  "aliases": {
    "timeseries": {
      "is_write_index": true
    }
  }
}

# 步骤 5: 插入数据
PUT timeseries/_bulk
{"index":{"_id":1}}
{"title":"testing 01"}
{"index":{"_id":2}}
{"title":"testing 02"}
{"index":{"_id":3}}
{"title":"testing 03"}
{"index":{"_id":4}}
{"title":"testing 04"}

# 步骤 6: 临界值
PUT timeseries/_bulk
{"index":{"_id":5}}
{"title":"testing 05"}

# 步骤 7: 下一条索引数据写入
PUT timeseries/_bulk
{"index":{"_id":6}}
{"title":"testing 06"}
```

核心步骤总结如下。

1）创建生命周期 policy。

2）创建索引模板，在模板中关联 policy 和别名。

3）创建符合模板的起始索引，并插入数据。

4）索引基于配置的 ILM 滚动。

5）验证结果是否达到预期。

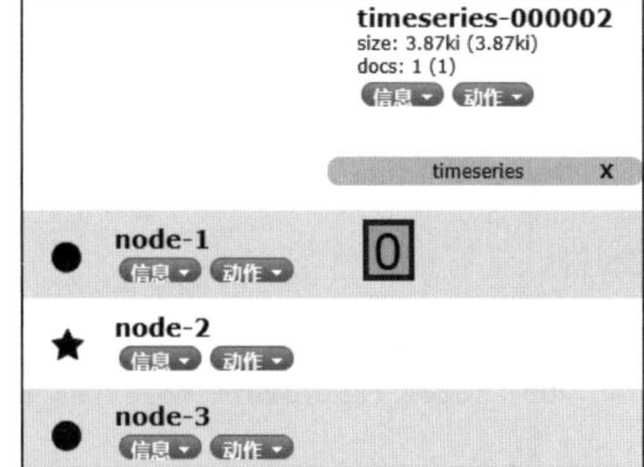

图 12-8 DSL 实现结果

结果如图 12-8 所示，timeseries-000001 数据流已经被删除，只剩下滚动后的 timeseries-000002 数据流。

12.2.6 索引生命周期管理实战：Kibana 图形化界面

1）配置 policy。点击 Kibana 左侧菜单栏，然后点击 Management，找到 Data，再点击 Index Lifecycle Policies，可在右上角见到 Edit policy 的按钮，如图 12-9 所示。

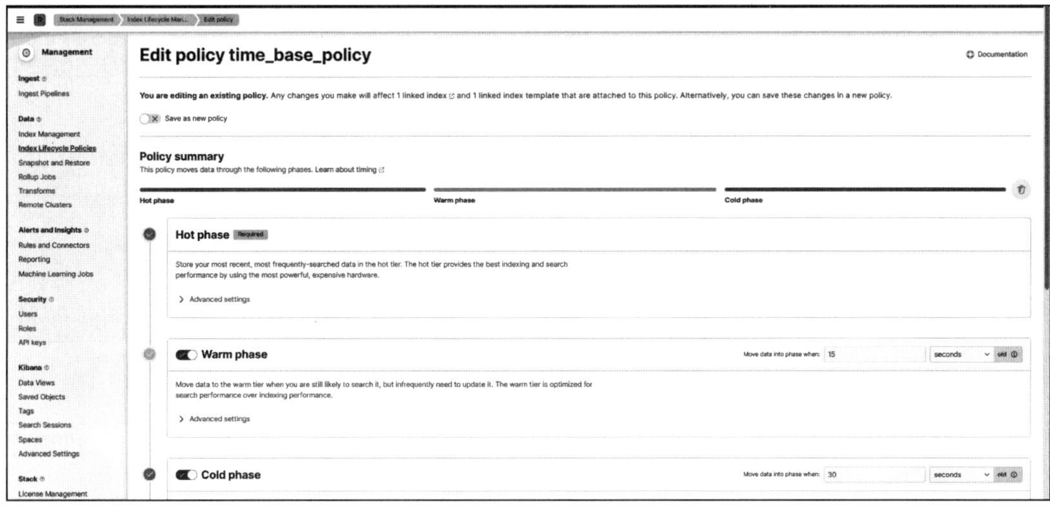

图 12-9　配置 policy

2）在 Kibana 图形化界面创建模板，如图 12-10 所示。

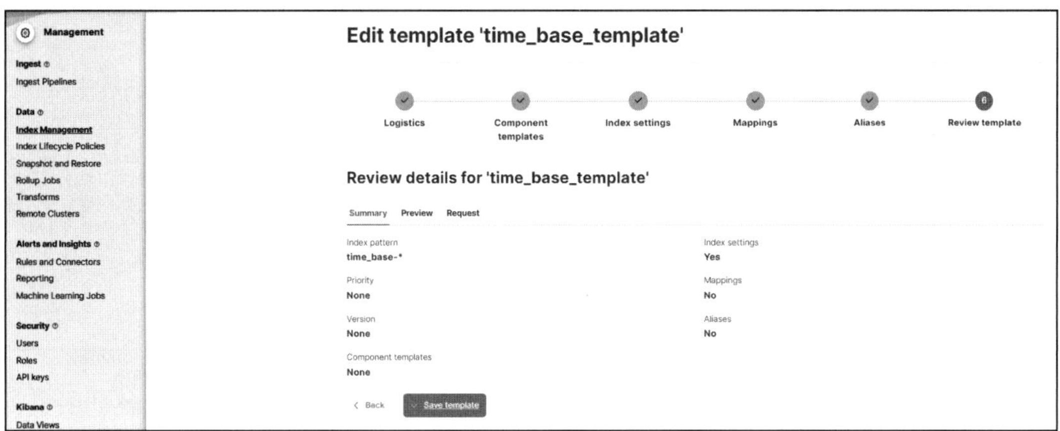

图 12-10　在 Kibana 图形化界面创建模板

3）将 policy 关联模板。如图 12-11、图 12-12 所示。

4）创建关联索引、写入数据之后就可以实现索引滚动。这部分操作和 12.2.5 节所讲的操作过程基本一致，不再赘述。

```
PUT time_base-000001
{
  "aliases": {
    "time_base_alias": {
      "is_write_index": true
    }
  }
```

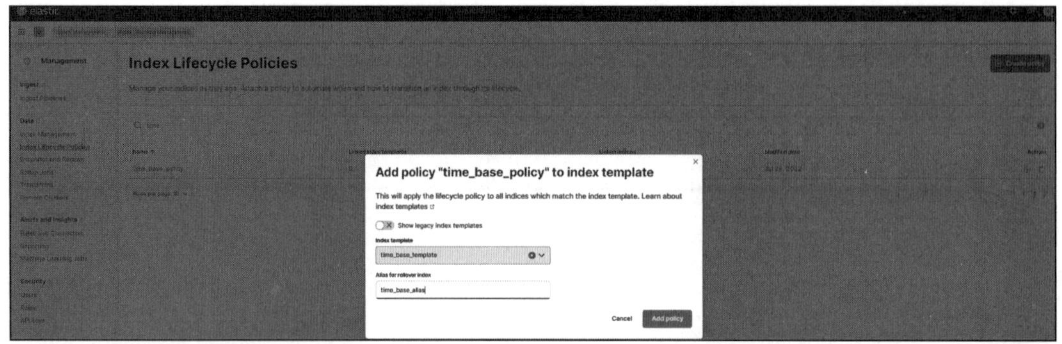

图 12-11 policy 关联模板配置

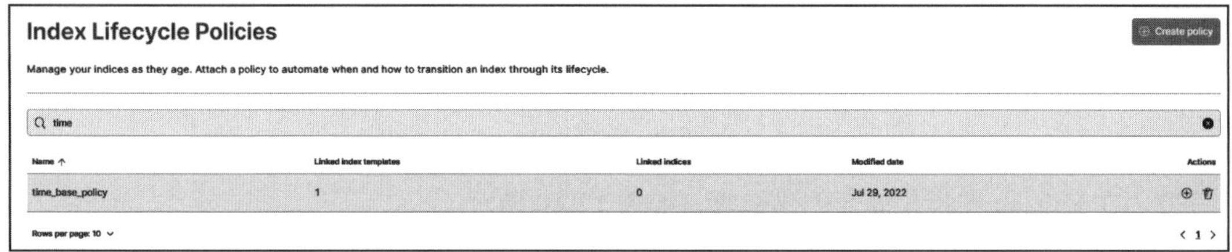

图 12-12 policy 关联模板的结果

```
}


# 插入数据
PUT time_base_alias/_bulk
{"index":{"_id":1}}
{"title":"testing 01"}
{"index":{"_id":2}}
{"title":"testing 02"}
{"index":{"_id":3}}
{"title":"testing 03"}
{"index":{"_id":4}}
{"title":"testing 04"}

# 临界值
PUT time_base_alias/_bulk
{"index":{"_id":5}}
{"title":"testing 05"}

# 下一条索引数据写入
PUT time_base_alias/_bulk
{"index":{"_id":6}}
{"title":"testing 06"}
```

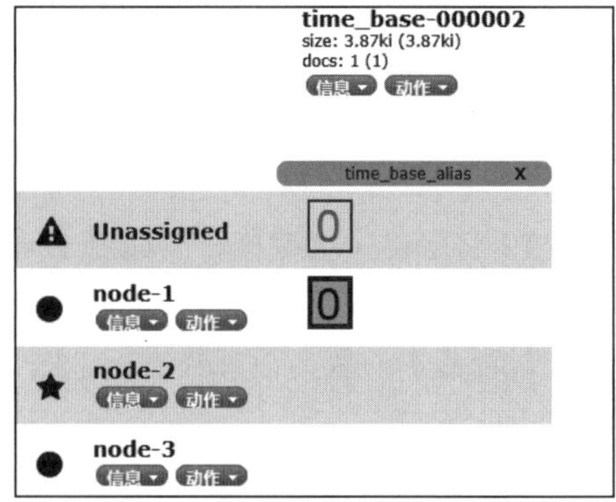

图 12-13 Kibana 图形化界面实现结果

5）最终效果如图 12-13 所示，time_base-000001 已被删除，所以只剩下 time_base-000002 索引。

让我们回顾一下本节的内容。要进行索引生命周期管理，首先需要加强对核心概念的认知。这些概念包括索引生命周期的不同阶段，以及在每个阶段所需执行的操作。此外还需要整合各种 policy 来实现横向和纵向的管理。配置完 policy 并关联好模板后，索引生命周期管理的核心工作就已经完成了 80%，剩下的 20% 则是对各个阶段所需执行的操作进行调整和优化。

实战表明，在索引生命周期管理的实现上，Kibana 图形化界面与 DSL 一样可控，两种办法均便于问题排查。

12.3 跨机房、跨机架部署

12.3.1 跨机房、跨机架部署要求

在高可用场景下，一些企业希望将主副本分配到不同机房或同一机房的不同机架上，以避免单个机架断电导致数据无法访问。

实施 Elasticsearch 的跨机房或跨机架部署时，必须综合考虑以下 4 个关键因素，以确保数据的可用性、可靠性和安全性。

- 网络连通性：确保各个机房之间的网络连接快速且稳定。为了降低数据传输过程中的延迟和丢包，可以选择专线或 VPN 等连接方式。
- 数据同步：在 Elasticsearch 的分布式环境中，需要保证不同机房节点之间的数据同步以确保数据一致性。可以利用 Elasticsearch 内置的集群复制功能或第三方同步工具进行操作。
- 负载均衡：合理地将请求分配给各节点，防止单一节点负载过重导致性能降低或宕机。可以使用 Elasticsearch 内置的负载均衡功能或第三方工具实现。
- 安全性：采取安全措施来防止非法窃取或篡改数据，并进行加密和访问控制。可以使用 Elasticsearch 内置的安全功能或第三方安全工具实现。

如图 12-14 所示，针对不同机房和机架环境，Elasticsearch 部署时需要调整集群及分片层面的分片分配策略。

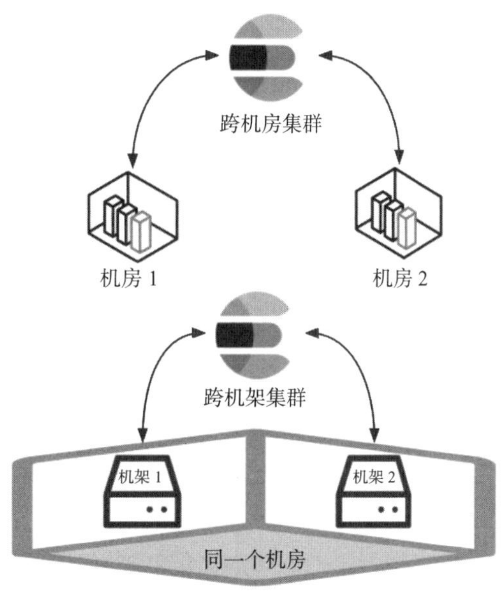

图 12-14 跨机房、跨机架的架构示意图

12.3.2 跨机房、跨机架部署实战

在跨机房、跨机架部署时，代码中 rack_id 可以理解为机房属性或者机架属性，我们可以利用 rack_id 区分不同的机房或者机架。在实战业务环境中，按需设置就可以。

1）设置节点属性。节点 1 的设置如下。

```
node.attr.rack_id: rack_01
```

节点 2 的设置如下。

```
node.attr.rack_id: rack_02
```

2）设置集群层面的分片分配策略，代码如下。其中 persistent 参数代表永久设置，transient 参数代表临时设置，"cluster.routing.allocation.awareness.attributes": "rack_id" 表示指定分片分配感知基于 rack_id，"cluster.routing.allocation.awareness.force.rack_id.values": "rack_01,rack_02" 强调将主、副本分片分配到不同的 rack_id 机器上。

```
PUT _cluster/settings
{
  "persistent": {
    "cluster.routing.allocation.awareness.attributes": "rack_id",
    "cluster.routing.allocation.awareness.force.rack_id.values": "rack_01,
      rack_02"
  }
}
```

3）验证分片是否达到预期，代码如下。按照刚才的部署，两个节点中一个是 rack_01，另一个是 rack_02，可以实现分片的分配。

```
PUT test_001
{
  "settings": {
    "number_of_shards": 5,
    "number_of_replicas": 1
  }
}
```

4）通过如下所示的命令查看分配结果，结果如图 12-15 所示。

```
GET _cat/shards/test_001?v&s=shard:asc
```

index	shard	prirep	state	docs	store	ip	node
test_001	0	p	STARTED	0	225b	172.21.0.14	node-1
test_001	0	r	STARTED	0	225b	172.21.0.14	node-2
test_001	1	r	STARTED	0	225b	172.21.0.14	node-1
test_001	1	p	STARTED	0	225b	172.21.0.14	node-2
test_001	2	p	STARTED	0	225b	172.21.0.14	node-1
test_001	2	r	STARTED	0	225b	172.21.0.14	node-2
test_001	3	r	STARTED	0	225b	172.21.0.14	node-1
test_001	3	p	STARTED	0	225b	172.21.0.14	node-2
test_001	4	p	STARTED	0	225b	172.21.0.14	node-1
test_001	4	r	STARTED	0	225b	172.21.0.14	node-2

图 12-15 命令行查看分片分配

利用 head 插件查看分片分配结果，如图 12-16 所示。可知，最终相同分片编号的主、副本分片被分配到了不同的节点上。

若将上述示例中的节点 2 设置如下，那么创建索引后，分片将如何分配呢？

```
node.attr.rack_id: rack_01
```

如下代码创建了一个包含 5 个主分片及对应的 5 个副本分片的索引 test_002。

```
PUT test_002
{
  "settings": {
    "number_of_shards": 5,
    "number_of_replicas": 1
  }
}
```

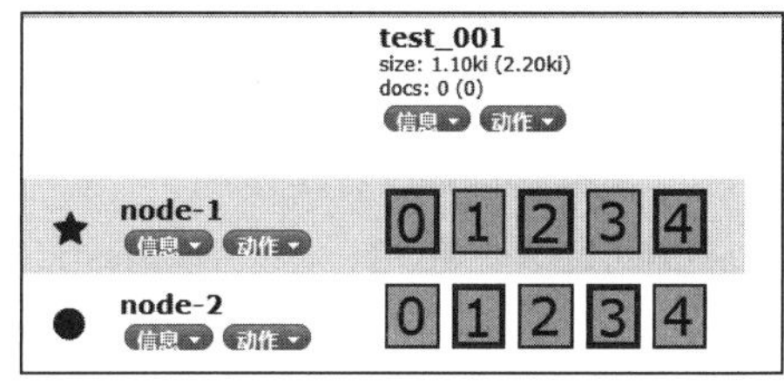

图 12-16　利用 head 插件查看分片分配

首先，通过如下命令查看结果，如图 12-17 所示。

```
GET _cat/shards/test_002?v&s=shard:asc
```

index	shard	prirep	state	docs	store	ip	node
test_002	0	p	STARTED	0	225b	172.21.0.14	node-2
test_002	0	r	UNASSIGNED				
test_002	1	p	STARTED	0	225b	172.21.0.14	node-2
test_002	1	r	UNASSIGNED				
test_002	2	p	STARTED	0	225b	172.21.0.14	node-2
test_002	2	r	UNASSIGNED				
test_002	3	p	STARTED	0	225b	172.21.0.14	node-2
test_002	3	r	UNASSIGNED				
test_002	4	p	STARTED	0	225b	172.21.0.14	node-2
test_002	4	r	UNASSIGNED				

图 12-17　命令行查看分片分配

然后，利用 head 插件查看分片分配结果，如图 12-18 所示。

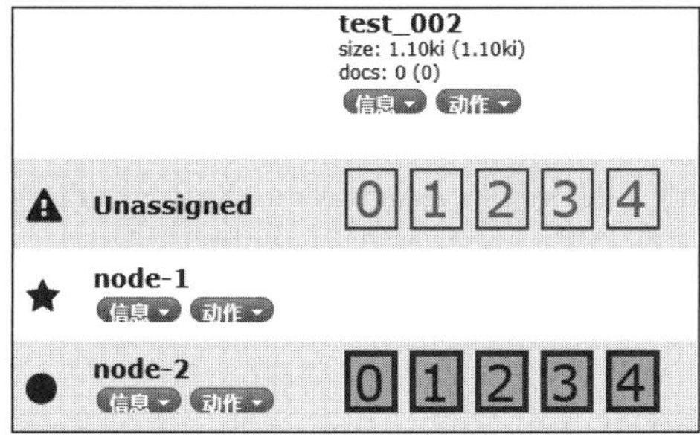

图 12-18　利用 head 插件查看分片分配

可知，相同分片编号的主分片被分配到了 rack_01 节点，并且由于没有 rack_02 节点，副本分片无法分配。

12.4 集群 / 索引的备份与恢复

下面来分析 3 个实战业务问题。

- 问题 1：当将 Elasticsearch 集群 data 目录中存储的数据从一台机器直接移动到另一台新机器后，该数据是否可以直接使用？
- 问题 2：如果 data 目录是外部路径，在 Elasticsearch 从低版本升级到高版本时，data 目录是否可以直接使用？
- 问题 3：在将一个旧的 Elasticsearch 集群（400G 以上）迁移到新的 Elasticsearch 集群时，你会选择直接将旧 Elasticsearch 集群下 data 目录中 indices 文件拷贝到新 Elasticsearch 集群下吗？这种做法可行吗？

如果遇到上述问题，你会如何解决呢？

经过了解得知，上述问题涉及的关键知识点包括集群备份、索引数据备份、数据迁移和数据恢复。其中，数据备份与恢复还需要考虑 Elasticsearch 映射和设置的基础信息备份、全量 / 增量数据备份以及数据恢复等因素。

12.4.1 常见的索引 / 集群的备份与恢复方案

常见的索引 / 集群的备份与恢复方案如下。

方案一：使用 Elasticsearch 的快照和恢复功能进行备份和恢复。该方案适用于集群整体备份与迁移，包括全量、增量备份和恢复。

方案二：通过 reindex 操作在集群内或跨集群同步数据。该方案适用于相同集群但不同索引层面的迁移，或者跨集群的索引迁移。缺点是跨集群迁移时需要在 elasticsearch.yml 中添加目标集群 IP 白名单。

方案三：使用 elasticdump 来迁移映射和数据。该方案适用于仅对索引层面进行数据或映射的迁移，支持 analyzer/mapping/data 等操作。相较于 reindex 跨集群操作，elasticdump 无须配置白名单。

此时，提出一个问题：直接拷贝文件能实现集群备份吗？

其实，备份和还原集群时，如果通过拷贝文件的方式进行操作，可能会导致操作失败以及文件损坏或丢失等问题。即使看似备份成功，实际上也可能会丢失一些数据。因此我们强调：使用快照和恢复功能是备份集群唯一可靠的方法。

注意：

备份 Elasticsearch 集群时，不能仅通过获取所有节点的数据目录副本来实现。因为在运行时，Elasticsearch 可能会对其数据目录内容进行更改，复制数据目录无法实现捕获一致快照的预期效果。

12.4.2 Elasticsearch 快照和恢复功能

Elasticsearch 的快照和恢复功能是一种备份及恢复索引数据的方法，可保护数据免于意外丢失或受到系统故障的影响。该功能可以将整个集群及特定索引备份到本地磁盘或远程存储库，并在需要时将其恢复到先前指定的状态。

1. 快照注意事项

1）快照是从正在运行的 Elasticsearch 集群中获取备份的有效方法。

2）可以创建单个索引或整个集群的快照，支持本地文件存储以及使用远程第三方存储库（如 S3、HDFS、Azure、Google Cloud Storage 等）。

3）快照是增量创建的。这意味着当创建索引快照时，Elasticsearch 会避免复制任何已存储数据来将其作为同一索引的快照的一部分。

4）如果启用了 Elasticsearch 安全功能，则必须在备份数据时对快照 API 的调用进行授权。

5）在升级之前备份数据时，如果快照中包含与该升级版本不兼容的索引，则可能导致升级后将无法恢复该快照。例如，无法将 8.3.0 版本中创建的索引恢复到 8.0.0 版本的集群中。

6）要确保在恢复所需集群时有足够的存储容量。

2. 快照执行步骤

1）配置快照存储路径及注册快照存储库。在 Elasticsearch 中添加如下配置。

```
path.repo: ["/www/elasticsearch/elasticsearch-8.3.0/backup"]
```

注册快照存储库（即设置存储路径），如下所示。

```
PUT /_snapshot/my_backup
{
  "type": "fs",
  "settings": {
    "location": "/www/elasticsearch/elasticsearch-8.3.0/backup"
  }
}
```

创造前置模拟条件，构造几条数据。实际业务场景中，自己选择业务数据索引即可。

```
PUT hamlet_01
POST hamlet_01/_doc/1
{
  "title":"just testing"
}

PUT hamlet_02
POST hamlet_02/_doc/1
{
```

```
  "title":"just testing"
}
```

2）拍摄快照。为了更好地保护和恢复数据，我们可以采用全量备份的方法，即创建集群的快照。这种操作类似于“拍照”，按下快门就捕获了整个集群这一瞬间的状态。这种全景式的数据备份方式能够确保我们在需要时可以完整地恢复集群的状态。

```
PUT /_snapshot/my_backup/snapshot_cluster?wait_for_completion=true
```

执行返回结果的核心内容包括快照索引信息、快照执行起始时间、持续时间、成功或失败分片数等。虽然这种操作不会报错，但在实际应用中并不推荐。如果需要手动执行，则建议按需进行快照和恢复，而非全量备份。

另一种方式是按需备份，并拍摄索引快照，代码如下。

```
PUT /_snapshot/my_backup/snapshot_hamlet_index?wait_for_completion=true
{
  "indices": "hamlet_*",
  "ignore_unavailable": true,
  "include_global_state": false,
  "metadata": {
    "taken_by": "mingyi",
    "taken_because": "backup before upgrading"
  }
}
```

还有一种方式是增量备份。假设 Elasticsearch 有实时数据持续写入，则将在不同时间点生成不同的快照。

这 3 种方式非串行执行，可以按需选择执行。

3）恢复索引快照。为了保护集群安全，Elasticsearch 8.X 版本不再默认选择批量删除索引。如果需要进行该操作，可以使用以下命令行开启批量操作功能。

```
#### 默认值为 true，设置为 false 后，将支持 "*" 模糊操作
PUT /_cluster/settings
{
  "transient": {
    "action.destructive_requires_name" : false
  }
}
```

为验证效果，我们先执行删除索引操作。

```
DELETE hamlet_*
```

然后执行恢复操作。

```
POST /_snapshot/my_backup/snapshot_hamlet_index/_restore
```

执行成功后返回结果如下。

```
{
  "accepted" : true
}
```

利用 head 插件查看返回结果，如图 12-19 所示，说明索引数据恢复成功。

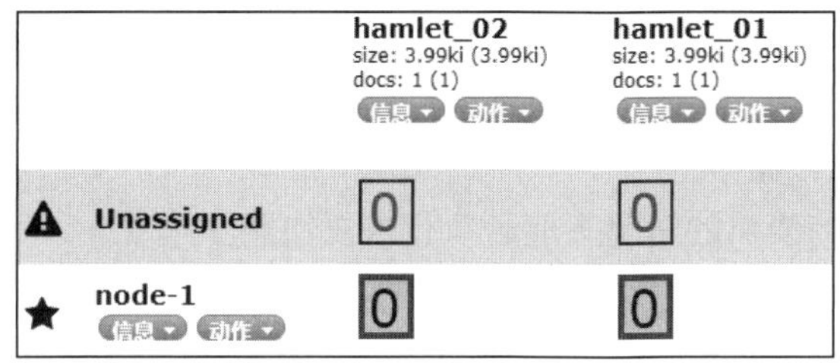

图 12-19　利用 head 插件查看数据已恢复

3. 快照常见操作

- 查看所有快照存储库。

```
GET /_snapshot/_all
```

- 查看快照状态。

```
GET /_snapshot/my_backup/snapshot_hamlet_index/_status
```

- 删除快照。

```
DELETE /_snapshot/my_backup/snapshot_hamlet_index
```

4. 快照和恢复功能的应用场景

Elasticsearch 集群快照和恢复是一种常用的备份及恢复集群数据的方法，它具有以下应用场景。

1）数据备份：使用集群快照可以将 Elasticsearch 索引和数据备份到远程存储位置，例如 Amazon S3、Google Cloud Storage、阿里云、腾讯云等。这有助于在数据丢失或硬件故障时恢复数据，从而保障业务连续性。

2）集群迁移：在将 Elasticsearch 集群从一个环境迁移到另一个环境时，利用集群快照和恢复功能可以快速、可靠地迁移整个集群的数据。

3）复制生产数据：通过在生产环境和测试环境之间定期复制 Elasticsearch 数据，开发人员可以在测试环境中使用生产数据进行测试和开发，从而更好地模拟真实环境。

4）数据恢复：如果 Elasticsearch 索引或数据损坏或丢失，则可以使用集群快照和恢复功能将数据还原回来。

5）高可用性：集群快照和恢复功能有助于提高 Elasticsearch 集群的可用性，让我们快速恢复丢失的数据、缩短停机时间。

总的来说，Elasticsearch 集群快照和恢复是一个非常重要的功能，能够帮助我们备份和恢复集群或索引数据、迁移整个集群或部分索引数据、提高集群可用性。

5. 常见问题

1）多节点集群要如何配置才能实现快照？

答：第一，建立共享文件系统，如 NFS 共享，确定每一个节点都挂载到指定路径，才能创建快照存储库。第二，在所有的主节点、数据节点都要配置相同的 path.repo，并确保所有节点都可以访问该存储库。

2）存在相同名称的索引的情况下能否执行恢复快照？

答：会报错如下。

```
{
  "error": {
    "root_cause": [
      {
        "type": "snapshot_restore_exception",
        "reason": "[my_backup:snapshot_cluster/_THlX1vMQvGmwxcRCmhnlA] cannot
          restore index [.kibana_task_manager] because an open index with same
          name already exists in the cluster. Either close or delete the existing
          index or restore the index under a different name by providing a
          rename pattern and replacement name"
      }
    ],
  }
}
```

解决方案是关闭原索引、删除原索引或进行 reindex 操作并改名。

12.4.3 elasticdump 迁移

1. elasticdump 介绍

elasticdump 是一个命令行工具，用于将 Elasticsearch 索引数据导出为 JSON 文件，或将 JSON 文件导入 Elasticsearch 中。它是一个开源工具，使用 JavaScript 编写，可在 Windows、mac OS 和 Linux 系统上运行。该开源工具地址：https://github.com/taskrabbit/elasticsearch-dump。

elasticdump 使用简单，只需在命令行中输入相应的命令和参数即可完成操作，其作用类似于 MySQLdump 功能。不过严格来讲，elasticdump 专注于 Elasticsearch 的导入 / 导出数据的操作。

使用 elasticdump，可以实现以下操作。

1）导出 Elasticsearch 索引数据。它可以将一个或多个索引的数据导出到 JSON 文件中，这对于备份或迁移索引非常有用。

2）导入 JSON 数据到 Elasticsearch。它可以将 JSON 文件中的数据导入 Elasticsearch 中，这对于将数据从其他数据源导入 Elasticsearch 中非常有用。

3）转储 Elasticsearch 索引数据。它可以将 Elasticsearch 索引数据转储到 stdout，这对于检查索引数据非常有用。

4）从 Elasticsearch 复制索引数据。它可以将一个索引的数据复制到另一个索引中，这对于测试或索引迁移非常有用。

2.elasticdump 迁移实战

elasticdump 迁移实战环境如下。

- 192.168.1.1:9200 为单节点源集群。
- 192.168.3.2:9200 为单节点目的集群。

elasticdump 迁移 Setting 和 Mapping 的实现代码如下所示。

```
elasticdump \
  --input=http://192.168.1.1:9200/my_index \
  --output=http://192.168.3.2:9200/my_index \
  --type=analyzer
elasticdump \
  --input=http://192.168.1.1:9200/my_index \
  --output=http://192.168.3.2:9200/my_index \
  --type=settings
elasticdump \
  --input=http://192.168.1.1:9200/my_index \
  --output=http://192.168.3.2:9200/my_index \
  --type=mapping
```

elasticdump 迁移数据的实现代码如下所示。

```
elasticdump \
  --input=http://192.168.1.1:9200/my_index \
  --output=http://192.168.3.2:9200/my_index \
  --type=data
```

总结一下：本节介绍了集群 / 索引备份和恢复的 3 种方案，其中详细讲解了 Elasticsearch 集群快照和恢复功能及开源工具 elasticdump，并且简要提及了 reindex 功能。

即便能通过手动操作实现集群和快照备份，但是对于增量快照频繁的场景，仍需要结合脚本或者定时任务处理。那么，有没有类似 ILM 中定时任务的自动实现的方式呢？下一节我们详细探究。

12.5　快照生命周期管理

SLM（Snapshot Lifecycle Management，快照生命周期管理）是 Elasticsearch 7.6 版本引入的新功能。SLM 是一种自动化机制，它可以周期性地检查快照、自动创建快照、删除过期快照，以确保快照数据的可靠性和及时性。SLM 可以帮助我们管理快照，减少手动干预的需要，从而提高数据备份和恢复的效率。

12.5.1 认识快照生命周期

Elasticsearch 保证集群高可用的方式包含但不限于如下 3 种。

1）副本分片：主分片失效后，副本分片会被提升为主分片。

2）跨集群复制主从同步（CCR）：指索引数据从一个 Elasticsearch 集群复制到另一个 Elasticsearch 集群。对于主集群的索引数据的任何修改都会直接复制同步到从索引集群。这是 Elasticsearch 收费功能。

3）快照：在给定时刻对整个集群或者单个索引进行备份，以便在之后出现故障时可以基于之前的快照进行快速恢复。快照生命周期管理是最简单的定期备份方法。关于如何创建和恢复快照，请参考 12.4.2 节。

然而，在实际业务中，手动创建、控制、删除历史快照并不方便且容易出错。因此，在 Elasticsearch 7.6 以上版本中已经实现了自动化管理功能——SLM。该功能可以按预设计划自动拍摄快照，并根据用户定义的保留规则来删除旧的快照。

我们来比较一下 SLM 和 ILM 这两个概念。ILM 主要解决的是基于冷热集群架构的时序索引在全生命周期内的管理，包括创建、维护、删除等。而 SLM 则主要负责定时备份和清理快照。相对于之前需要手动执行的方式，SLM 的自动化执行可以提高开发和运维人员工作效率，并且无须人工干预。

12.5.2 快照生命周期管理实现

以下示例基于 Elasticsearch 8.X 版本。为了实现更好的理解，我们将重点放在关键步骤上，并暂时不涉及权限设置。但是，在实际的系统部署和操作中，权限管理是至关重要的一环。正确的权限设置可以确保数据安全性和完整性，防止未经授权的访问和操作。因此，在执行这些步骤时，需要充分考虑与权限管理相关的因素，包括用户身份验证、角色授权以及操作权限细分等。只有确保严格遵守权限管理规定，才能确保整个系统稳定性和安全性。

（1）配置快照存储路径及注册快照存储库

在 Elasticsearch 中添加如下配置。

```
path.repo: ["/www/elasticsearch_0801/backup_0801"]
```

注册快照存储库，同时设置存储路径。

```
PUT _snapshot/mytx_backup
{
  "type": "fs",
  "settings": {
```

```
    "location": "/www/elasticsearch_0801/backup_0801"
  }
}
```

（2）配置定时快照任务

这是新版本才有的功能，我们来详细解释一下。实现代码中 "schedule": "0 0/15 * * * ?" 用于设置定时任务，类似 Linux 的 crontab 命令。

```
PUT _slm/policy/test-snapshots
{
  "schedule": "0 0/15 * * * ?",
  "name": "<test-snap-{now/d}>",
  "repository": "mytx_backup",
  "config": {
    "indices": "*",
    "include_global_state": true
  },
  "retention": {
    "expire_after": "30d",
    "min_count": 5,
    "max_count": 50
  }
}
```

定时任务的不同参数的含义如图 12-20 所示，分别对应秒、分钟、小时、天、月、星期、年，其中“年”是可选的。

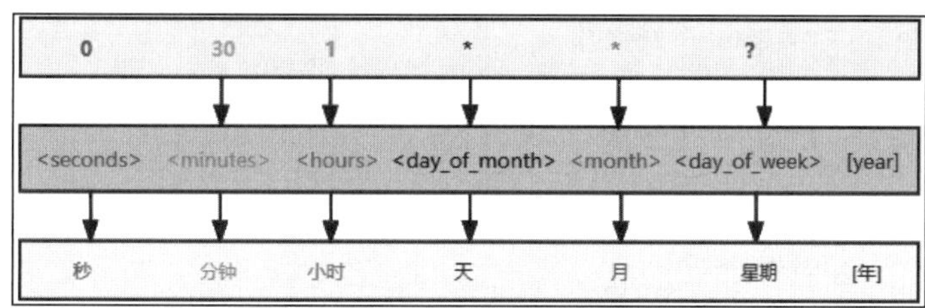

图 12-20 定时任务含义

命令中的 0/15 即代表每 15min 创建一次快照。并且，15min 是最短的时间间隔，再短会报如下错误。

```
{
  "error" : {
    "root_cause" : [
      {
        "type" : "illegal_argument_exception",
        "reason" : "invalid schedule [0 0/1 * * * ?]: schedule would be too
          frequent, executing more than every [15m]"
      }
    ],
```

```
    }
  ......
  "status" : 400
}
```

从磁盘的角度考虑，时间间隔越短、备份周期越多，重复备份的数据就会增加。这可能会导致磁盘无法承受。

在命令中，“?”代表我们不关心具体星期几，使用“?”来表示任何星期。"name": "<test-snap-{now/d}>" 是指快照的名称。"repository": "mytx_backup" 是指第一步中创建的快照存储库。"config": {"indices":"*","include_global_state":true} 表示如果设置为 true（默认值），则创建的快照将包括集群状态和特征状态。

那么什么是特征状态呢？可以使用如下命令进行演示。

```
GET _features
```

该命令返回数据如图 12-21 所示。

```
{
  "features" : [
    {
      "name" : "kibana",
      "description" : "Manages Kibana configuration and reports"
    },
    {
      "name" : "security",
      "description" : "Manages configuration for Security features, such as users and roles"
    },
    {
      "name" : "logstash_management",
      "description" : "Enables Logstash Central Management pipeline storage"
    },
    {
      "name" : "geoip",
      "description" : "Manages data related to GeoIP database downloader"
    },
    {
      "name" : "async_search",
      "description" : "Manages results of async searches"
    },
    {
      "name" : "fleet",
      "description" : "Manages configuration for Fleet"
    },
    {
      "name" : "enrich",
      "description" : "Manages data related to Enrich policies"
    },
    {
      "name" : "searchable_snapshots",
      "description" : "Manages caches and configuration for searchable snapshots"
    },
    {
```

图 12-21 特征状态的返回结果

"retention": { "expire_after": "30d", "min_count": 5, "max_count": 50} 用于配置可选的保留规则，具体表示“将快照保留 30 天，快照数量至少 5 个但最多不超过 50 个”。

(3) 执行 policy

执行如下命令。

```
POST _slm/policy/test-snapshots/_execute
```

返回结果如下。

```
{
  "snapshot_name" : "test-snap-2022.05.04-2vsflay-syotenwvgbh0kw"
}
```

执行完毕后，每 15min 会创建一个快照。最终在设定的快照存储路径下有如图 12-22 所示的结果。

```
5月     5 01:15 meta-OzkFu5A5Rc-mBt8AYT8O6A.dat
5月     4 15:15 meta-PmkArMotQLygHp2UxMr8tA.dat
5月     4 19:45 meta-pQCvWHXvRxaTvhDGFTO45A.dat
5月     5 05:45 meta-qJD2GVhYQiGCYcUjXfOhbA.dat
5月     5 06:30 meta--r6XJSx2Srm5YOO2xkshkA.dat
5月     5 00:45 meta-rCvQhO2yQw6lCzc4btA_Xg.dat
5月     4 16:30 meta-SdJbMxz6QOqT10-sHLXTew.dat
5月     5 00:15 meta-shnYx7xxTxmzuGyU-U3kSA.dat
5月     5 02:45 meta-SntFgqsyS9WdOr5X2TYsGA.dat
5月     5 01:30 meta-t2h-z5unS5Kce4BSqeJGyw.dat
5月     4 20:45 meta-tC_4bEZoRf-k6bOiZsKMwQ.dat
5月     4 16:45 meta-tcGqdsuXSEmhk2P7iaR-AA.dat
5月     4 14:21 meta-ThSIHj8sS0imTEjmsXvnYw.dat
5月     4 18:30 meta-UEyP7vW_SQWcE4rMyDziow.dat
5月     5 03:45 meta-ufx2_2YvTxO1dbf3crqoLA.dat
5月     4 20:15 meta-UuVgexwcR1C6IoHtrxAYHA.dat
5月     5 05:15 meta-VE4WpkcYSb-ZjTIZb_CWlw.dat
5月     4 21:45 meta-VezRw2CQTZ6eH2hkAhuCkg.dat
5月     4 17:15 meta-vjYoOA8ESXO9cf6_HK8X3A.dat
5月     4 22:15 meta-VlKHza29QraYHlfgRLr1Ww.dat
5月     4 23:30 meta-vSmYYz6nSR-IrcTqEiet3w.dat
5月     4 22:30 meta-vubWRA8BT9-QFCIKMg-3eA.dat
5月     4 16:00 meta-wZvjj6HuQreJGRAvr5V8Ig.dat
5月     4 14:45 meta-zsmf_in8T36JrYUelYrF5w.dat
5月     5 04:15 meta-zWP2jmg2Q5ahILXOXjEGOA.dat
5月     5 06:00 snap-00EcZeusSq2iqqfgTpGqOA.dat
5月     4 19:15 snap-0tzHpRRwRD6RRGcXNxxbIQ.dat
5月     4 17:45 snap-2avgk1MjTP-ZMVwmzwR-TQ.dat
5月     4 19:30 snap-3_YdcBl-SJuGf_4ur0fWpQ.dat
5月     5 02:15 snap-4HW0xQNVTLildhRoWot_Yw.dat
5月     4 21:15 snap-4LN3T_3FT_ejP6aqDnbkRQ.dat
5月     4 14:30 snap-6EWxzGRNSQmbkcfWP3-gsg.dat
5月     5 03:15 snap-6SvwFESJQhC_sR__Dwo-mg.dat
5月     5 00:30 snap-BPgirXPISGOkg0na1i463A.dat
5月     4 15:00 snap-bR_XmmGJRlqO2MebqX-L7A.dat
5月     4 20:30 snap-cF0gzPaRQWO5pW6Np5pUsQ.dat
5月     4 17:30 snap-czMK8JjtTLae_f2ris3BJg.dat
5月     4 23:45 snap-DhRRBxKvT2CDyWruhGiACw.dat
5月     4 22:45 snap-dU6eB7Z2QW-g3jOh1t2xKw.dat
5月     5 02:00 snap-e9yQ2t8PRFiwq4z7WMtxMA.dat
5月     4 23:00 snap-ep-rAizdRMe7MpodUg2-tw.dat
5月     4 21:00 snap-G5y6VrhnRFC_aePnwmcANw.dat
5月     5 01:45 snap-g8FZwGDpS4u6ToLp0SC3MA.dat
5月     5 06:15 snap-gDDiEJgtS4KQDwhpUVYS1Q.dat
5月     4 19:00 snap-giX9QcSrR9KLF8JYQ9qtEA.dat
5月     4 16:15 snap-_Gr8futiReeARSz8LsBObw.dat
5月     4 15:45 snap-HbMuodctSFuQoREudcJKpA.dat
5月     5 04:30 snap-IOOQOdM3RfuZke5hu-siKA.dat
5月     4 18:15 snap-J27zoMlBT82XcqDgxFWD8w.dat
5月     5 00:00 snap-JJLSkK6VQ4qVzvbrVn65ZA.dat
5月     5 01:00 snap-Jq0dtAxeQDeGu2LWCLABBA.dat
5月     5 05:00 snap-JUl7GoSCSpGSGONKWn2ieQ.dat
5月     4 23:15 snap-jW3W-pCsRTmGt4SZ1VGGBA.dat
5月     4 20:00 snap-jZGekj9zQTGTCIXqXAu8_w.dat
5月     5 02:30 snap-K659qiOqTOW1EKmm_Q6VtA.dat
5月     5 04:00 snap-k9O_2bwQQGic3pv8e8csbg.dat
```

图 12-22 快照存储路径下截图

（4）扩展：快照保留规则

快照的保留规则有两种设置方式：定时执行和手动立即执行。其中，定时执行的命令如下。

```
PUT _cluster/settings
{
  "persistent" : {
    "slm.retention_schedule" : "0 30 1 * * ?"
  }
}
```

手动立即执行的命令如下。

```
POST _slm/_execute_retention
```

12.5.3 恢复快照

1）查看特定快照存储库下的所有快照，命令如下。返回结果如图 12-23 所示。

```
GET _snapshot/mytx_backup/*?verbose=false
```

```
{
  "snapshots" : [
    {
      "snapshot" : "test-snap-2022.05.04--2tqh2sbqpk_gkvzb1iwuw",
      "uuid" : "OiMZWE54QzOqSvZk_RRM1A",
      "repository" : "mytx_backup",
      "indices" : [
        ".apm-agent-configuration",
        ".apm-custom-link",
        ".ds-.logs-deprecation.elasticsearch-default-2022.05.01-000001",
        ".ds-.slm-history-5-2022.05.04-000001",
        ".ds-ilm-history-5-2022.05.01-000001",
        ".geoip_databases",
        ".kibana-event-log-8.1.3-000001",
        ".kibana_8.1.3_001",
        ".kibana_security_session_1",
        ".kibana_task_manager_8.1.3_001",
        ".security-7",
        ".tasks"
      ],
      "data_streams" : [ ],
      "state" : "SUCCESS"
    },
    {
      "snapshot" : "test-snap-2022.05.04-13d-_6dore-kc1x0-fdaiq",
      "uuid" : "oGsl1KOESQKL0YFQtJgnaA",
      "repository" : "mytx_backup",
      "indices" : [
        ".apm-agent-configuration",
        ".apm-custom-link",
        ".ds-.logs-deprecation.elasticsearch-default-2022.05.01-000001",
        ".ds-.slm-history-5-2022.05.04-000001",
        ".ds-ilm-history-5-2022.05.01-000001",
        ".geoip_databases",
        ".kibana-event-log-8.1.3-000001",
        ".kibana_8.1.3_001",
        ".kibana_security_session_1",
        ".kibana_task_manager_8.1.3_001",
```

图 12-23 查看特定快照存储库下的所有快照

或者在 Kibana 可视化界面进行选择，如图 12-24 所示。

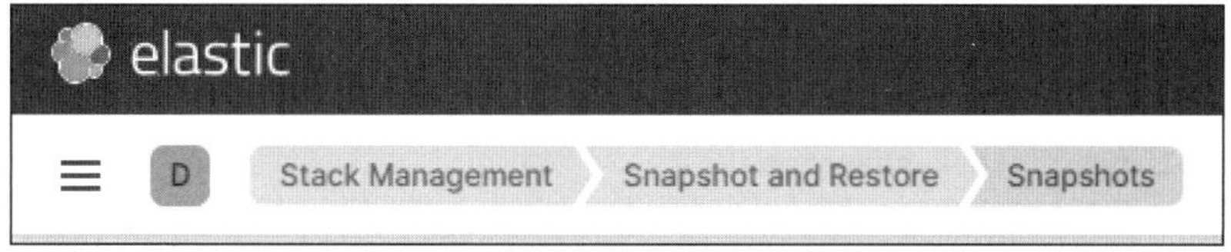

图 12-24 通过 Kibana 选择快照恢复

2）恢复快照。选择要恢复的快照后，执行恢复命令即可。操作命令行如下所示。

```
DELETE .kibana-event-log-8.1.3-000001
POST _snapshot/mytx_backup/test-snap-2022.05.04-13d-_6dore-kclx0-fdaiq/_restore
{
  "indices": ".kibana-event-log-8.1.3-000001"
}
```

恢复成功后返回结果如下。

```
{
  "accepted" : true
}
```

注意：原恢复索引若存在是不可以恢复的，需要提前删除后再恢复。

12.5.4 快照生命周期管理的常见命令

1）监视任何当前正在运行的快照。

```
GET _snapshot/mytx_backup/_current
```

2）返回任何当前正在运行的快照的每个细节。

```
GET _snapshot/_status
```

3）查看全量 SLM policy 执行的历史。

```
GET _slm/stats
```

召回结果如下。

```
{
  "retention_runs" : 0,
  "retention_failed" : 0,
  "retention_timed_out" : 0,
  "retention_deletion_time" : "0s",
  "retention_deletion_time_millis" : 0,
  "total_snapshots_taken" : 67,
```

```
  "total_snapshots_failed" : 0,
  "total_snapshots_deleted" : 0,
  "total_snapshot_deletion_failures" : 0,
  "policy_stats" : [
    {
      "policy" : "test-snapshots",
      "snapshots_taken" : 67,
      "snapshots_failed" : 0,
      "snapshots_deleted" : 0,
      "snapshot_deletion_failures" : 0
    }
  ]
}
```

上述结果数据中的 "snapshots_taken" : 67 表示已经执行了 67 次快照操作。最近一次快照操作的时间距离当前时间大约有 67 个 15min 的快照操作时间间隔。这个时间间隔表明我们的备份策略正在按预定计划有效执行。

4）查看特定 SLM policy 执行的历史。

```
GET _slm/policy/test-snapshots
```

返回结果如下。

```
{
  "test-snapshots" : {
    "version" : 1,
    "modified_date_millis" : 1651645270018,
    "policy" : {
      "name" : "<test-snap-{now/d}>",
      "schedule" : "0 0/15 * * * ?",
      "repository" : "mytx_backup",
      "config" : {
        "indices" : "*",
        "include_global_state" : true
      },
      "retention" : {
        "expire_after" : "30d",
        "min_count" : 5,
        "max_count" : 50
      }
    },
    "last_success" : {
      "snapshot_name" : "test-snap-2022.05.05-l4eldgoorfkkik8khlmuiq",
      "start_time" : 1651733999879,
      "time" : 1651734000637
    },
    "next_execution_millis" : 1651734900000,
    "stats" : {
      "policy" : "test-snapshots",
      "snapshots_taken" : 100,
```

```
      "snapshots_failed" : 0,
      "snapshots_deleted" : 49,
      "snapshot_deletion_failures" : 0
    }
  }
}
```

其中，核心参数释义如下所示。

- last_success 表示本次上一次执行成功的快照的名称。
- start_time 表示本次快照执行时间，即 2022-05-05 14:29:59。
- next_execution_millis 表示下一次快照执行时间，即 2022-05-05 14:45:00。
- snapshots_taken 和 snapshots_deleted 之间的差值基本上与在保留规则中设定的 50 个快照一致。这意味着系统的备份和删除操作符合预期，确保了数据备份的持久性和可用性。

5）删除快照，命令如下。

```
DELETE _snapshot/mytx_backup/test-snap-2022.05.05-uhbwjyj8qwwhdxqvcgejbq
```

执行成功会返回如下结果。

```
{
  "acknowledged" : true
}
```

12.5.5 通过 Kibana 图形化界面进行快照生命周期管理

点击 Kibana 左侧菜单栏，再点击 Management，然后找到 Data，接着点击 Snapshot and Restore，即可使用 Kibana 的快照管理功能，如图 12-25 ～图 12-28 所示。

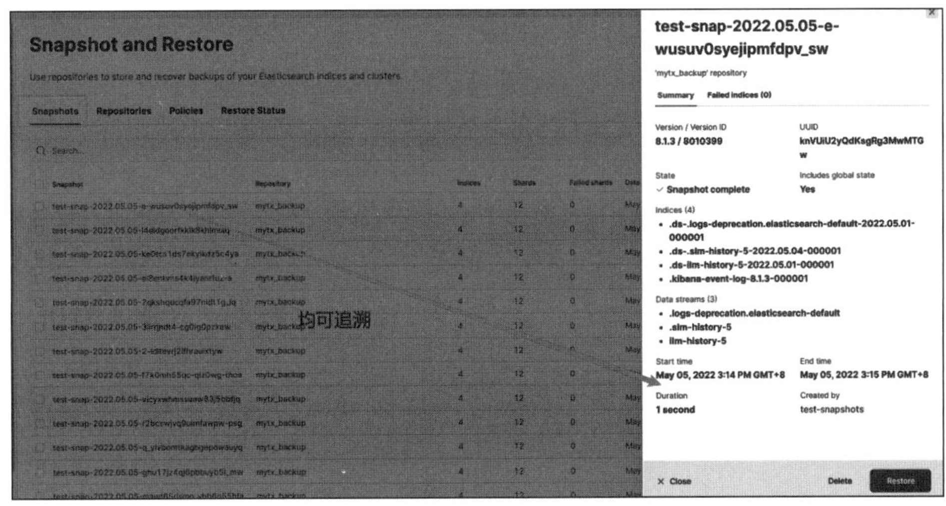

图 12-25　Kibana 的快照设置

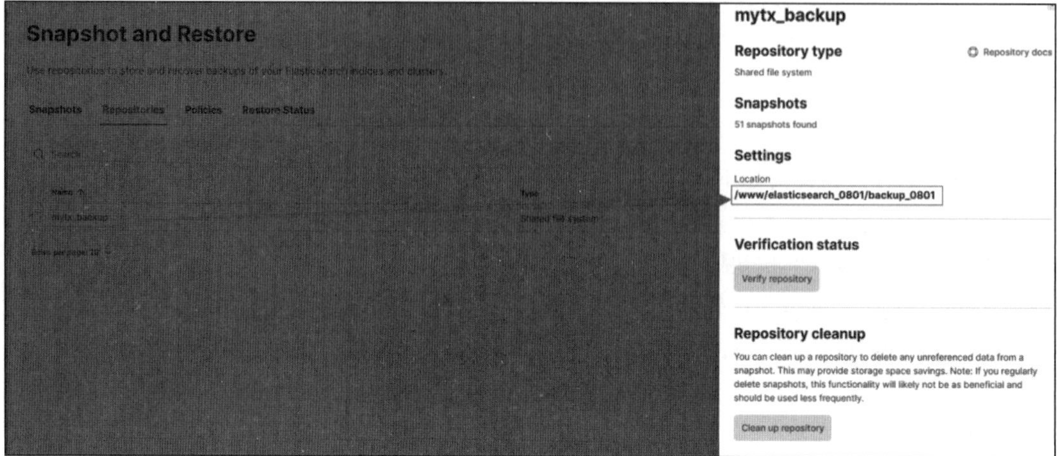

图 12-26 Kibana 的存储库设置

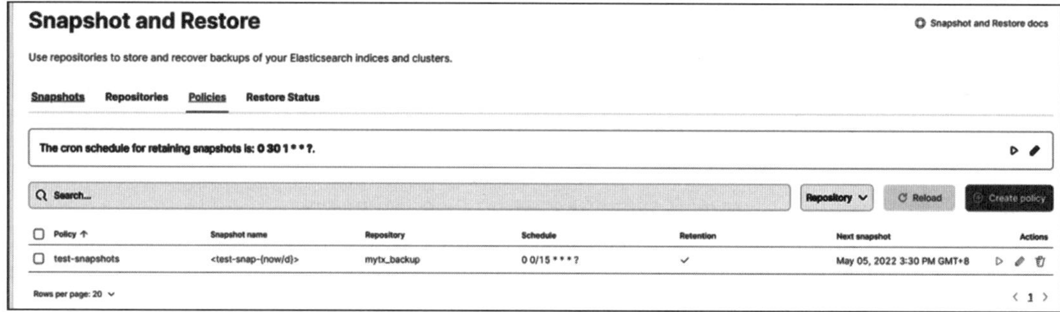

图 12-27 Kibana 的 policy 设置

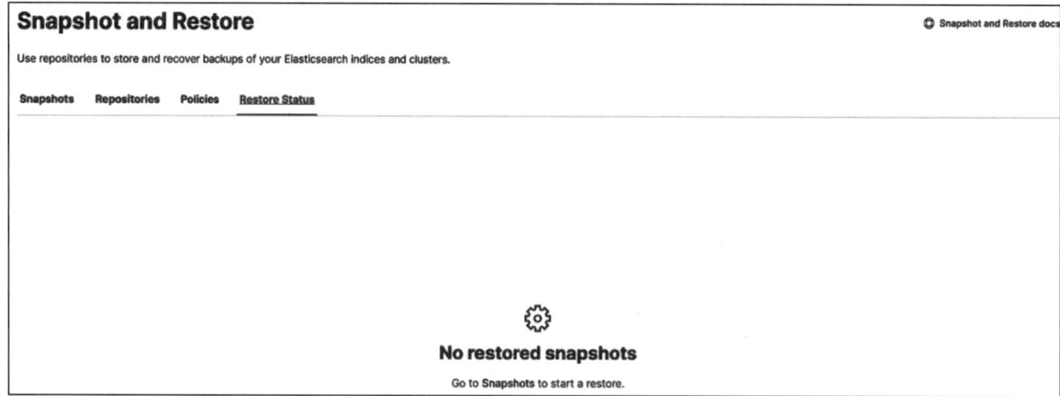

图 12-28 Kibana 的 Restore 设置

12.6 跨集群检索

12.6.1 跨集群检索定义

在实际的应用场景中，可能会有多个 Elasticsearch 集群分别运行在不同的物理机器上，这些集群可能是独立的，也可能是互相关联的。跨集群检索就是在多个 Elasticsearch 集群之间进行搜索和分析的过程，它可以帮助我们实现以下几个目的。

1）扩展搜索和分析能力：将多个 Elasticsearch 集群组合起来，可以扩展搜索和分析能力，提高数据处理效率。

2）数据备份和灾难恢复：将数据存储在多个 Elasticsearch 集群中可以提高数据的可用性，并且在某个集群出现故障的情况下，可以通过跨集群检索从其他集群中恢复数据。

3）分布式搜索和分析：在多个 Elasticsearch 集群之间进行搜索和分析，可以实现分布式计算，提高搜索和分析的效率和性能。

跨集群检索通常适用于需要处理大量数据或需要进行高级搜索和分析的场景，如日志分析、数据挖掘、商业智能等。

跨集群搜索使我们可以针对一个或多个远程集群发起搜索请求。例如，可以使用跨集群搜索来筛选和分析存储在不同数据中心的集群中的日志数据。

远程集群的配置使我们建立起与远程集群的单向连接，适用于跨集群复制和跨集群搜索。

12.6.2 跨集群检索实战

有这样一个真实的跨集群检索的场景：有南北两个中心机房，以北中心机房为主，部署了一个集群名为 nouth 的 Elasticsearch 集群，现在要在南中心机房部署一个新的名为 south 的集群，实现跨集群搜索。

对此，要如何处理？

1）搭建集群。至少搭建两个集群，集群名称必须是不一样的。为了方便模拟，我们可以在单机（虚拟机或者云服务器）上搭建两个单节点的虚拟集群，将每个节点的堆内存设置为 4GB，练习就够用了。

2）设置远程集群。对此，可以在 Kibana 进行动态设置。在 Elasticsearch 认证考试的时候，如果设置两个或者 3 个集群，那么就会有两个或者 3 个 Kibana 地址以供访问。

在每个集群对应的 Kibana Dev Tools 中配置如下信息。

```
PUT _cluster/settings
{
  "persistent": {
    "cluster": {
      "remote": {
        "cluster_one": {
```

```
          "seeds": [
            "172.21.0.14:9300"
          ]
        },
        "cluster_two": {
          "seeds": [
            "172.21.0.14:9302"
          ]
        }
      }
    }
  }
}
```

上述配置的重点是实现了远程集群，包括当前集群 cluster_one 以及联合进行远程访问的集群 cluter_two。

3）在集群中插入数据。分别在两个集群中插入数据，在代码中用 01、02 进行区分，正好对应集群 cluster_one、cluster_two。

首先在集群 1，即 cluster_one 中插入数据，如下所示。

```
PUT twitter/_doc/1
{
  "user":"kimchy"
}
PUT twitter/_doc/2
{
  "user":"kimchy 01"
}
```

然后在集群 2，即 cluster_two 中插入数据。

```
PUT twitter/_doc/1
{
  "user":"kimchy 02"
}
```

注意： 如果有 3 个集群，则 3 个集群都要配置。

4）添加一步验证操作。验证在两个集群 cluster_one、cluster_two 中插入的数据有没有错误。利用如下代码进行检索即可。

```
GET twitter/_search
{
  "query": {
    "match": {
      "user": "kimchy"
    }
  }
}
```

5）跨集群检索。在两个集群执行跨集群检索的语句如下。

```
GET cluster_one:twitter,cluster_two:twitter/_search
{
  "query": {
    "match": {
      "user": "kimchy"
    }
  }
}
```

其中 cluster_one:twitter,cluster_two:twitter 是“集群名称 : 索引名称”。

6）验证结果。为确保配置的正确性和跨集群检索的可行性，必须确认返回结果。这是验证设置是否正确以及跨集群检索是否成功的关键步骤。

```
{
……省略非关键结果数据……
  "_clusters" : {
    "total" : 2,
    "successful" : 2,
    "skipped" : 0
  },
  "hits" : {
    "total" : {
      "value" : 3,------------------------------------------- 总数据量一致则代表成功
      "relation" : "eq"
    },
    "max_score" : 0.2876821,
    "hits" : [
      {
        "_index" : "cluster_two:twitter",
        "_type" : "_doc",
        "_id" : "2",
        "_score" : 0.2876821,
        "_source" : {
          "user" : "kimchy 02"
        }
      },
     ……省略数据部分
      }
    ]
  }
}
```

在返回的数据中，我们可以看到两个集群的数据。对应集群 2，我们有 cluster_two:twitter 的结果集，其中包含 'user':'kimchy 02'。对于集群 1，我们有 cluster_one:twitter 的结果集，其中包含 'user':'kimchy 01' 和 'user':'kimchy'。返回数据表明跨集群检索成功地获取了两个集群的数据。

注意：

1）远程集群是通过集群动态配置参数实现的，不需要修改配置文件。

2）使用 Kibana 进行动态配置更高效。

12.6.3 跨集群检索优势

掌握核心配置之后，实现跨集群复制并不难。不过跨集群复制涉及付费功能，本节并不会对此进行细致展开，只演示了两个集群的场景案例。如果有更多集群，也要进行相应配置。

跨集群检索可在多个 Elasticsearch 集群之间实现检索操作，具有如下几个好处。

1）增强了分布式扩展能力：跨集群检索可以使 Elasticsearch 集群横向扩展多个物理位置，可以帮助组织解决数据存储和查询的可扩展性问题，有利于实现更好的性能和更高的可靠性。

2）增强了高可用性：如果一个 Elasticsearch 集群出现问题，则可以使用另一个集群来继续处理查询请求，可以降低系统故障风险。

3）实现了数据隔离：将数据隔离到多个 Elasticsearch 集群中，从而提高数据安全性和保密性。

4）更好的负载均衡：将查询请求在多个 Elasticsearch 集群之间进行均衡分配，可以更好地分散负载，提高系统的性能和可伸缩性。

5）更强的灵活性：查询请求可以在多个 Elasticsearch 集群之间实现，甚至可以跨越多个数据中心，有利于更好地满足不同的业务场景需求，以及灵活地组织和处理数据。

12.7 本章小结

在 Elasticsearch 中，集群是一个或多个节点的组合，它们共同协作完成数据存储、搜索和分析任务。Elasticsearch 集群是高可靠性、高可扩展性、高性能的分布式搜索及分析引擎的基石。集群规模大小可以从单个节点到数千个节点不等，具体取决于业务场景。集群的强大之处在于它可以为用户提供跨所有节点的索引和搜索功能。

Elasticsearch 冷热集群架构是一种用于优化大型数据集群性能的架构。它将不同的索引分配到不同类型的节点上，从而提高查询性能、降低存储成本和优化集群性能。冷热集群架构是索引生命周期管理的前提。ILM 是一个功能强大的工具，可以帮助我们自动化实现索引的生命周期管理，提高性能、降低存储成本、更好地保护和管理数据。

Elasticsearch 集群快照和恢复功能能够帮助我们备份及恢复集群或索引数据、迁移整个集群或部分索引数据、提高可用性。SLM 则对普通快照和恢复功能进行了扩展。作为一个强大的工具，SLM 主要用于管理 Elasticsearch 数据备份和快照。SLM 可以自动备份

Elasticsearch 数据，轻松地恢复数据、管理快照存储和防止数据丢失。

Elasticsearch 跨集群检索是一种将查询请求分发到多个 Elasticsearch 集群的机制，可以将多个集群组合成一个逻辑集群，从而实现水平扩展和负载均衡。

本章核心知识点总结如图 12-29 所示。

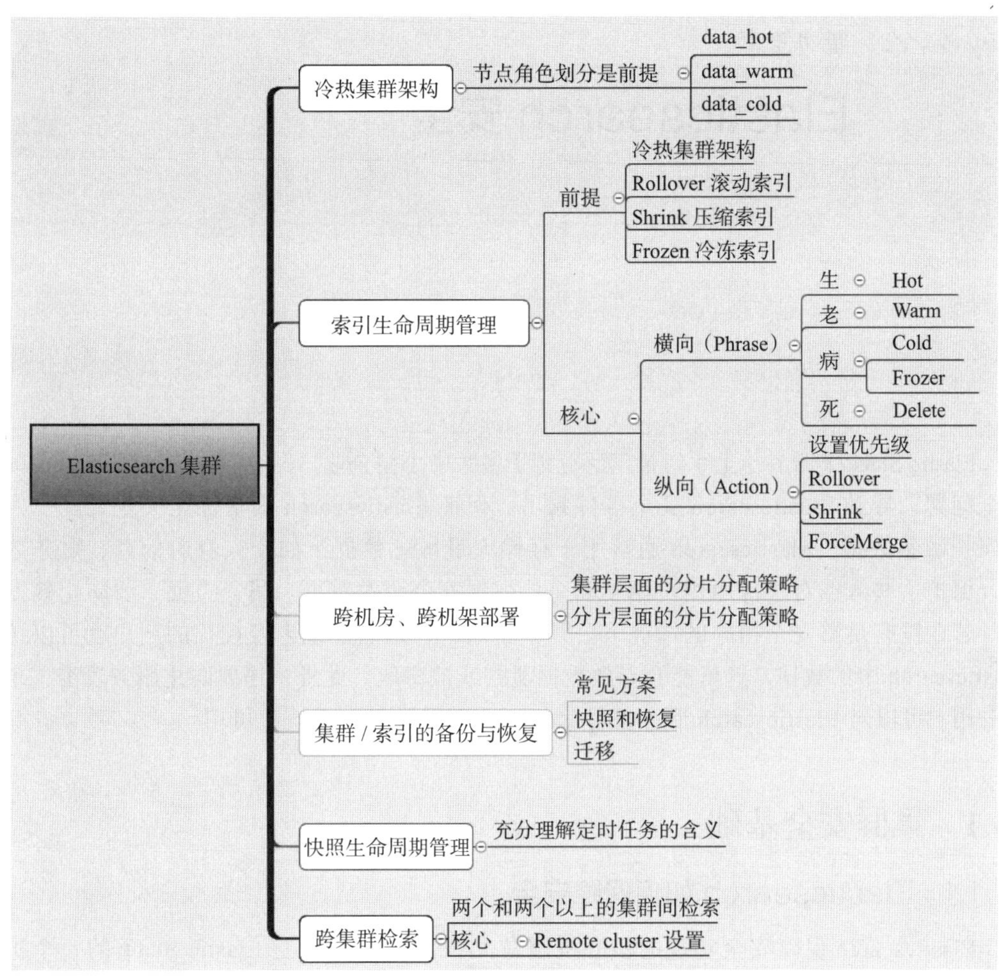

图 12-29　Elasticsearch 集群

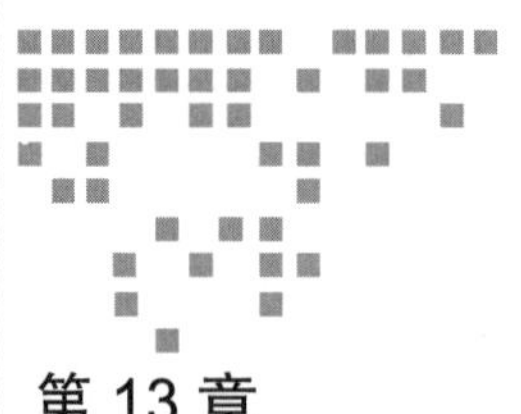

Chapter 13 第 13 章

Elasticsearch 安全

Elastic Stack 非常易于上手，被广泛应用于各大中小型企业。但企业往往忽视 Elasticsearch 安全问题，导致 Elasticsearch 安全事件频出。保证 Elasticsearch 安全性至关重要。一方面要保护敏感数据。Elasticsearch 通常用于存储大量敏感数据，如个人身份信息、财务数据等，保护这些数据对于保障用户隐私和企业数据安全至关重要。另一方面，要防止数据泄露。若在没有足够安全措施的情况下公开暴露端口，则黑客或未经授权的用户就可以访问 Elasticsearch 中的数据，这可能会导致数据泄露或被窃取。此外，还要防止服务攻击，未授权的用户可以对 Elasticsearch 服务进行 DoS 攻击，导致整个系统不可用。

13.1 集群安全基础

13.1.1 Elasticsearch 如何保障安全

Elasticsearch 保障安全实现的核心机制是 X-Pack。X-Pack 是 Elastic Stack 的一个扩展功能，提供安全性、警报、监视、报告、机器学习和许多其他功能。

X-Pack 早期是一个插件，需要单独安装，在 Elasticsearch 6.3 版本以后实现了集成，就不需要单独安装了。

1. X-Pack 基础安全功能免费之前的安全工作场景

早期版本的 Elasticsearch 中的安全功能需要付费使用。从 6.8 版本（尤其是 7.1 及以上版本）开始，Elasticsearch 的基础级别安全功能永久免费。

在 X-Pack 免费之前，安全工作通常有以下几种场景。

❑ 场景一：全部“裸奔”，此时 6.X 及之前版本的 Elasticsearch 集群可能占据了非常高的比例。这些集群在内网部署，不对外提供服务；或者 Elasticsearch 作为业务基础支撑，在公网上只开放业务服务端口而不是 9200 等常用端口。然而这样做可能会导致问题：若公司或团队内部开放 9200、5601 端口，那么利用 head 插件和 Kibana 都能连接到该集群，极易导致线上索引或数据被误删。

- 场景二：加入简单防护措施，一般使用 Nginx 身份认证配合防火墙策略进行控制。
- 场景三：整合第三方安全认证方案，例如 SearchGuard、ReadonlyREST 等。
- 场景四：购买付费的 Elasticsearch X-Pack 黄金版、白金版或企业版服务。这通常适用于金融、证券等大型公司，这些公司对安全、预警和机器学习等付费功能有迫切需求。

2. Elasticsearch 的安全机制

了解网络安全的读者都知道，通过 Nmap 等端口扫描工具可以快速扫描出开放的外网端口。如果将具有 9200 端口或其他端口的 Elasticsearch 集群暴露在公网上，这些端口一旦被扫描到，对应的集群和数据就会受到灾难性影响，如图 13-1 所示。如果你所在公司使用低于 7.1 版本的 Elasticsearch 且未设置安全策略，并将其开放到公网进行访问，则应考虑升级至 7.1 版本以上。

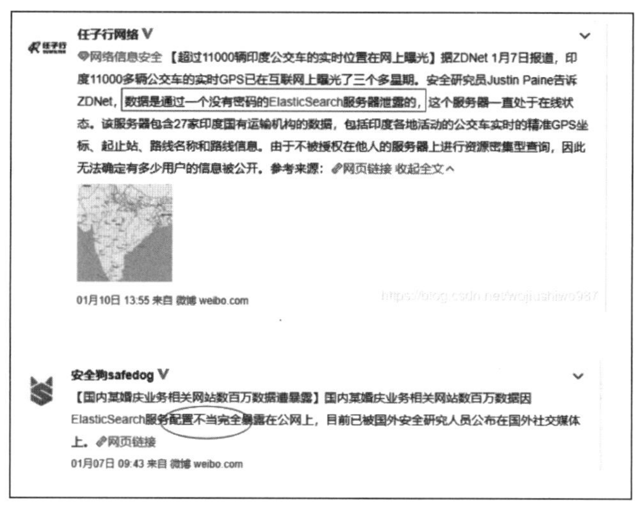

图 13-1 Elasticsearch 安全事件频发

在 Elasticsearch 8.X 版本之后，安全功能不再是可选项，而是必须项。Elasticsearch 8.X 的安全机制分类如下。

1）认证和授权：Elasticsearch 支持基于用户名和密码的认证及授权机制，可以在用户登录时验证其身份，然后根据其角色和权限来控制其访问。

2）传输加密：Elasticsearch 可以使用 TLS（传输层安全）协议来加密网络传输，确保数据在传输过程中的安全性。

3）数据加密：Elasticsearch 支持字段级别的加密（付费功能），可以保护敏感数据在存储时的安全性。

4）安全插件：Elasticsearch 提供了一些安全插件（付费功能），如 Shield，可以增强安全性。Shield 插件可以提供用户认证和授权、安全审计、日志记录等功能。

在企业级开发实战环境中，为了保证安全性，建议至少要确保认证和授权、传输加密这两个方面的配置。值得高兴的是，在 8.X 版本中已经默认部署基础安全功能，因此我们无须进行其他操作即可确保集群的基本安全性。

13.1.2 Elasticsearch X-Pack 安全配置

对于 Elasticsearch 8.X 之前的版本，当拥有安全免费许可证时，安全功能默认是被禁用的。要启用安全功能，则需要设置 xpack.security.enabled。

在 elasticsearch.yml 配置文件中新增如下命令。

```
xpack.security.enabled: true
xpack.security.transport.ssl.enabled: true
```

需要注意 xpack.security.transport.ssl.enabled 的设置。对此，可能会发生如下报错。

```
[1]: Transport SSL must be enabled if security is enabled on a [basic] license.
Please set [xpack.security.transport.ssl.enabled] to [true] or disable security
  by setting [xpack.security.enabled] to [false]
```

Elasticsearch 8.X 启动时会自动配置安全策略。这样做有两方面作用：一方面，确保节点之间通信的安全性，具体来说就是保证节点间通过 9300 端口进行 SSL 加密通信；另一方面，确保外部访问的安全性，即通过 9200 端口进行 HTTPS 加密通信，以确保浏览器访问集群及 Kibana 连接 Elasticsearch 集群的安全性。

13.1.3 设置或重置账号和密码

命令行工具 elasticsearch-reset-password 用于设置密码，其核心参数如下。

- --auto：随机设置用户名和密码。
- --interactive：交互式设置用户名和密码。

```
 ./elasticsearch-8.1.0/bin/elasticsearch-reset-password -h
warning: ignoring JAVA_HOME=/www/elasticsearch_0713/elasticsearch-7.13.0/jdk;
  using bundled JDK
Resets the password of users in the native realm and built-in users.

Option (* = required)  Description
---------------------  -----------
-E <KeyValuePair>      Configure a setting
-a, --auto
-b, --batch
-f, --force            Use this option to force execution of the command
                         against a cluster that is currently unhealthy.
```

```
-h, --help               Show help
-i, --interactive
-s, --silent             Show minimal output
* -u, --username         The username of the user whose password will be reset
--url                    the URL where the elasticsearch node listens for
                           connections.
-v, --verbose            Show verbose output
```

根据业务需要，可以随机选择或者自定义密码。为“elastic”账号自定义密码设置命令如下。

```
[root@VM-0-14-centos singo_node]# ./elasticsearch-8.1.0/bin/elasticsearch-reset-
  password -i -u elastic
This tool will reset the password of the [elastic] user.
You will be prompted to enter the password.
Please confirm that you would like to continue [y/N]y
Enter password for [elastic]:
Re-enter password for [elastic]:
Password for the [elastic] user successfully reset.
```

这里提供一个建议：如果使用 Elasticsearch8.X 版本，则尽可能不要关闭默认安全机制；如果使用 Elasticsearch 早期版本，则尽可能升级到最新的 8.X 版本，若不方便升级，那么至少要加上账号密码，确保集群不会公开暴露到公网环境。

13.2 定义基于角色的访问控制

Elasticsearch 通过内置的安全功能支持基于角色的访问控制（Role-Based Access Control，RBAC），可以控制用户或应用程序对集群、索引、文档等资源的访问权限。

以下是在 Elasticsearch 中实现 RBAC 的基本步骤。

1）配置用户认证：启动内置的用户认证机制，设定用户账号及其对应的密码，同时指定用户的角色。

2）定义角色：创建不同的角色并为其分配对各类资源的访问权限。一个角色可以继承其他角色的权限。

3）角色分配：将所创建的角色赋予特定的用户或用户组。

4）配置访问控制列表：设定访问控制列表（Access Control List，ACL），以限制特定用户或用户组的权限，或者授权其访问某些特定资源。

5）权限测试：利用 Elasticsearch 提供的 API 或命令行工具，检测用户的权限设置是否满足预期。

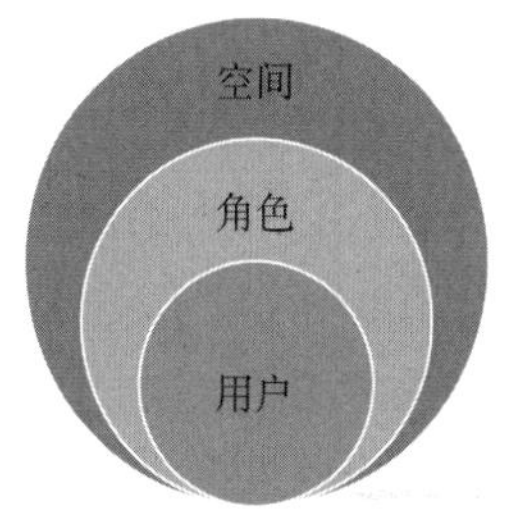

图 13-2 空间、角色、用户的关系

这种权限控制方式不仅可用于管理用户对集群 API 和索引的访问权限，还可通过 Kibana Spaces 的安全功能实现在 Kibana 中的多租户操作。如图 13-2 所示，在权限控制方面，可以将其划分为 3 个维度：空间、角色、用户。

注意：Elasticsearch 提供了不同的许可证版本，其中 RBAC 功能只在商业版中可用，开源版 Elasticsearch 的字段级别功能使用受限。

Kibana 设置访问控制策略如图 13-3 所示。

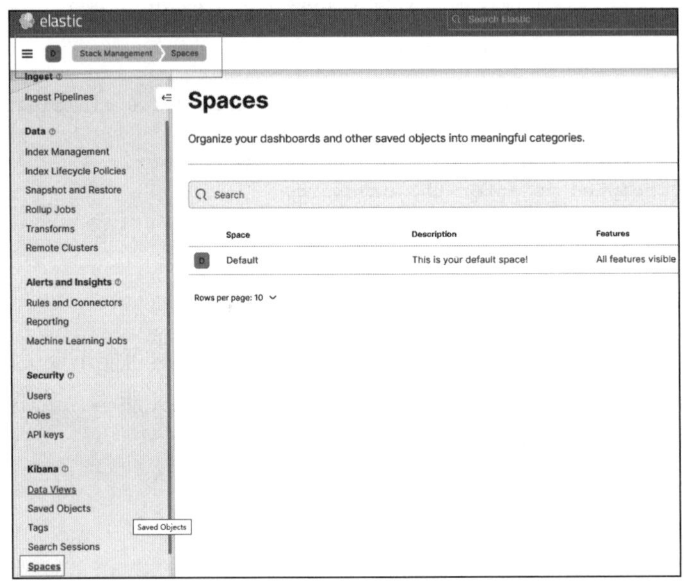

图 13-3 Kibana Spaces 配置截图

1. 空间维度

Space 是 Elastic search6.5 版本引入的新特性，便于企业分组管理。比如分为开发、测试、运维、产品等不同的视角，如图 13-4 所示。

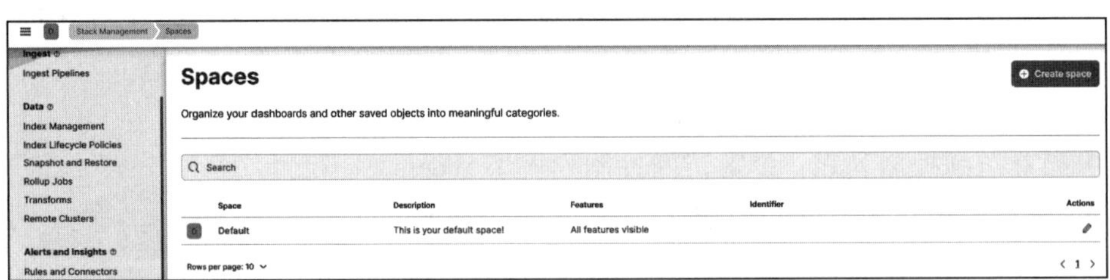

图 13-4 Kibana 空间视角

2. 角色维度

基于角色维度设置 Elasticsearch 数据的权限并控制对 Kibana 空间的访问，如图 13-5 所示。

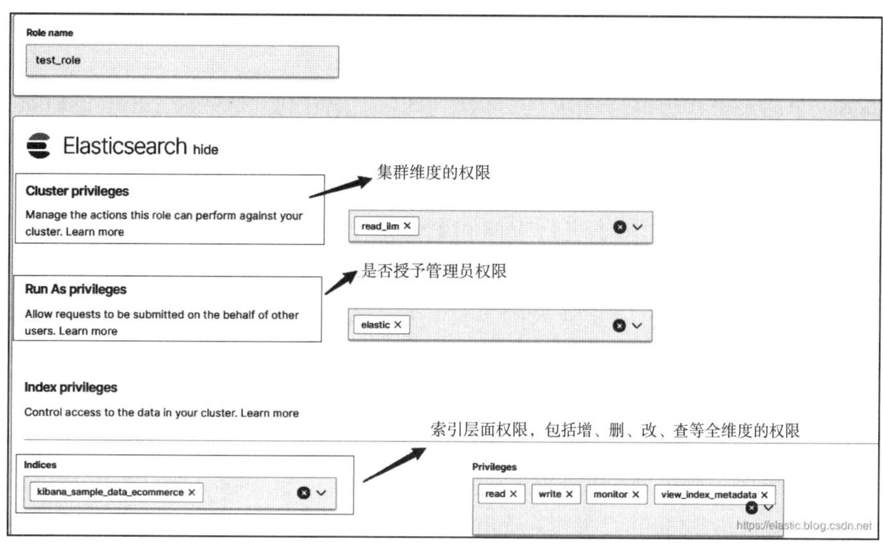

图 13-5　Kibana 角色视角

3. 用户维度

一个角色下可以有多个用户，但一个用户唯一对应一个角色，如图 13-6 所示。

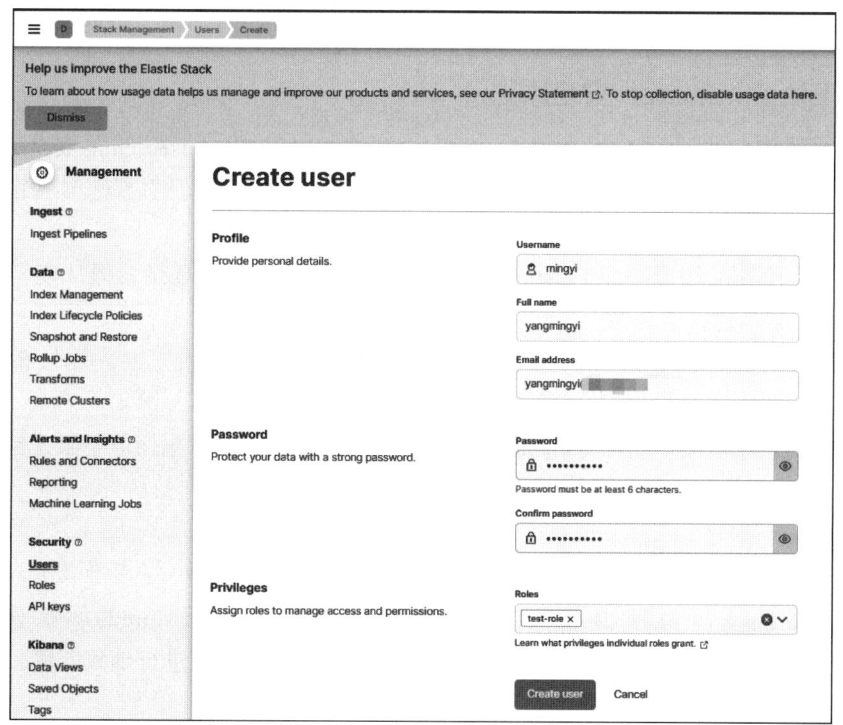

图 13-6　Kibana 用户视角

13.3 如何安全使用 Elasticsearch 脚本

Elasticsearch 脚本的使用虽然具有一定的便利性，但也存在一些弊端，主要包括以下几点。

1）性能问题：使用脚本进行查询和聚合操作通常比原生操作更慢。脚本需要在每个文档上运行，这会增加查询和聚合操作的负载。

2）可维护性问题：使用脚本进行查询和聚合操作通常比使用原生操作更难维护。因为脚本通常不会在文档结构发生变化时自动更新，这可能会导致脚本出现错误。

3）扩展性问题：脚本可以是强大的工具，但不是可扩展的。一方面，脚本语法复杂。另一方面，当需要在大规模数据集上运行复杂的查询和聚合语句时，使用脚本可能会变得非常困难。

4）安全问题：利用脚本可以访问文档中的所有字段和索引上下文中的所有元数据。因此，如果脚本被滥用，则可能会导致安全问题。

虽然 Elasticsearch 脚本可以提供一些方便和灵活性，但在使用时需要权衡其优点和缺点，谨慎地应用。

为了避免上述问题，建议采用“空间换时间”的方式进行前置预处理，必要时对脚本进行限制并对用户进行身份验证和授权。

那么问题来了：集群管理人员或者研发团队管理者，能否在整个集群中禁用脚本呢？

实际上这是可以实现的，但是在操作层面需要参考如下内容。

13.3.1 Elasticsearch 安全原则

“小心驶得万年船。”在实践过程中，我们需要注意以下 Elasticsearch 的安全原则。

- 启用安全设置并使用 X-Pack 提供的免费基本安全功能，包括登录账号和密码设置以及 SSL 层面的安全配置。
- 避免使用 root 账号登录 Elasticsearch。虽然可能可以成功登录，但从安全风险管理角度非常不建议这样做。
- 不要公开集群的公网 IP。应尽可能保持 Elasticsearch 的独立性，并且在防火墙和 VPN 保护下进行使用。
- 实施 RBAC 策略。利用 Kibana 可以方便地配置这些策略，包括但不限于空间、角色和用户的维度。

13.3.2 脚本类型细分

Elasticsearch 支持两种脚本类型：内联（inline）和存储（stored）。默认情况下，Elasticsearch 会配置运行这两种类型的脚本。下面将对这两种类型进行细致解读。

1. stored 类型脚本

stored 类型的脚本是先定义好脚本，将其存储起来，后续既可以使用，也可以不使用。

使用的时候只要通过指定 ID 调用就可以。

举例来看。定义脚本实现成绩求和，代码如下。

```
POST _scripts/sum_score_script
{
  "script": {
    "lang": "painless",
    "source": "ctx._source.total_score=ctx._source.math_score + ctx._source.
      english_score"
  }
}
```

下面进行批量全量更新操作，更新时使用刚才定义的脚本 ID。该操作就是利用 stored 类型脚本实现的。

```
POST my_test_scores/_update_by_query
{
  "script": {
    "id": "sum_score_script"
  },
  "query": {
    "match_all": {}
  }
}
```

检索验证脚本是否生效。

```
GET my_test_scores/_search
```

2. inline 类型脚本

对比于 stored 类型，inline 类型脚本就是在使用时直接指定脚本，而不提前创建脚本。示例代码如下。

```
POST my_test_scores/_update_by_query
{
  "script": {
    "lang": "painless",
    "source": "ctx._source.total_score=ctx._source.math_score + ctx._source.
      english_score"
  },
  "query": {
    "match_all": {}
  }
}
```

检索验证脚本是否生效。

```
GET my_test_scores/_search
```

那么，知道了这两种类型脚本的区别之后，我们应该如何对其进行限制呢？

13.3.3 脚本分级限制

以下是脚本分级限制的配置过程。需要注意的是：script.allowed_types 是在集群配置层面的 elasticsearch.yml 中设置的，它不支持动态更新。

1）默认配置，不做任何限制。如果想要保留现状，那么就不对脚本做任何使用上的限制，也就无须更改任何配置。

```
script.allowed_types: both
```

2）进行部分限制。要限制运行的脚本类型，则需将 script.allowed_types 相应设置为 inline 或 stored 类型。

```
script.allowed_types: inline
```

如果设置为仅支持 inline 类型，那么创建 stored 类型脚本时就会报错，如图 13-7 所示。

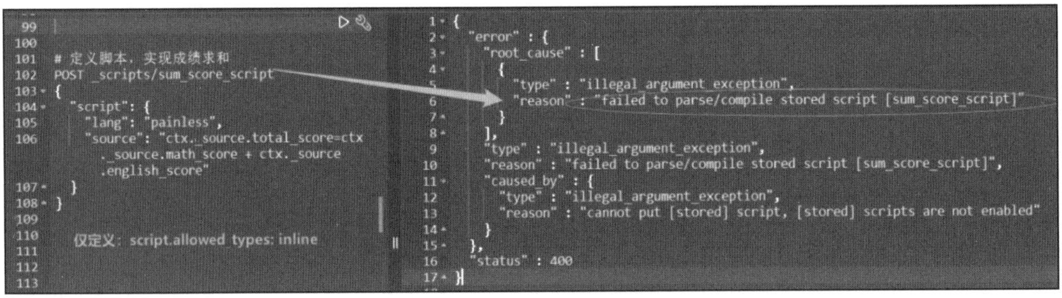

图 13-7 仅支持 inline 类型时创建 stored 类型脚本会报错

如果设置时仅支持 stored 类型，那么集群启动时就会报错，如图 13-8 所示。

图 13-8 仅支持 stored 类型时集群启动会报错

如果使用 Kibana，就要将 script.allowed_types 设置为 both 或 inline。因为 Kibana 某些功能依赖于 inline 类型脚本，如果 Elasticsearch 不允许该类型脚本，则这些功能无法按预期运行。

3）完全禁止。若要阻止任何脚本运行，则需将 script.allowed_types 设置为 none。

```
script.allowed_types: none
```

13.3.4 控制脚本的可用范围

脚本的使用范围如表 13-1 所示。

表 13-1 脚本使用范围列表

范围列表	含义
scoring	计算评分
update	更新
ingest processor	管道预处理
reindex	索引迁移
sort	排序
metric aggregation map	指标聚合
……	……

默认情况下，脚本在使用范围上是没有任何限制的。如果该脚本在全部范围内都不允许使用，则可以进行如下配置。

```
script.allowed_contexts: none
```

如果仅允许脚本在部分范围内使用，比如只允许在计算评分、更新时使用，则可以进行如下配置。

```
script.allowed_contexts: score, update
```

通过如上几项设置就可以实现脚本的受控使用。在实战中需要结合当前业务需求和未来扩展需求进行谨慎选型。

13.4 本章小结

由于 Elasticsearch 涉及存储和处理大量的敏感数据，保障其安全性非常重要。本章介绍了 Elasticsearch 安全的相关基础概念、安全组件 X-Pack 的作用，讲解了实战环境下如何通过 Kibana 或者命令行进行安全设置。

在实际工作中，企业级应用开发环境的安全要求分为如下 3 个等级。

（1）企业级应用开发环境的最低安全要求

启用 Elasticsearch 有许多安全相关的配置选项，例如启用身份验证、设置密码等，这些选项可以通过 Elasticsearch 的配置文件进行配置，以保证安全性。

（2）企业级应用开发环境的基础安全要求

使用 HTTPS 和 TLS 对 Elasticsearch 数据加密，以保护数据传输的安全，确保数据在传输过程中不被窃听和篡改。

（3）企业级应用环境开发环境的高阶安全要求

- 通过角色和用户实现访问控制。角色可以授予用户不同的权限，例如读取、写入、管理等，我们需要确保只有授权用户才能访问 Elasticsearch 的数据和功能。此外，做好日志监控可以帮助我们检测潜在的安全问题，例如登录失败、访问拒绝、未经授权的访问等，这样可以及早发现并解决安全问题。

- 做好版本管理。Elasticsearch 的版本更新通常包含对安全漏洞的修复，因此及时更新 Elasticsearch 版本可以保障安全性。
- 安装安全插件。Elasticsearch 有许多第三方插件可以增强安全性，例如 Shield、Search Guard 等。这些插件可以提供额外的安全控制和功能。

值得注意的是，对于最低和基础的安全要求，Elasticsearch 8.X 已经通过原生功能满足了。

本章知识点总结如图 13-9 所示。

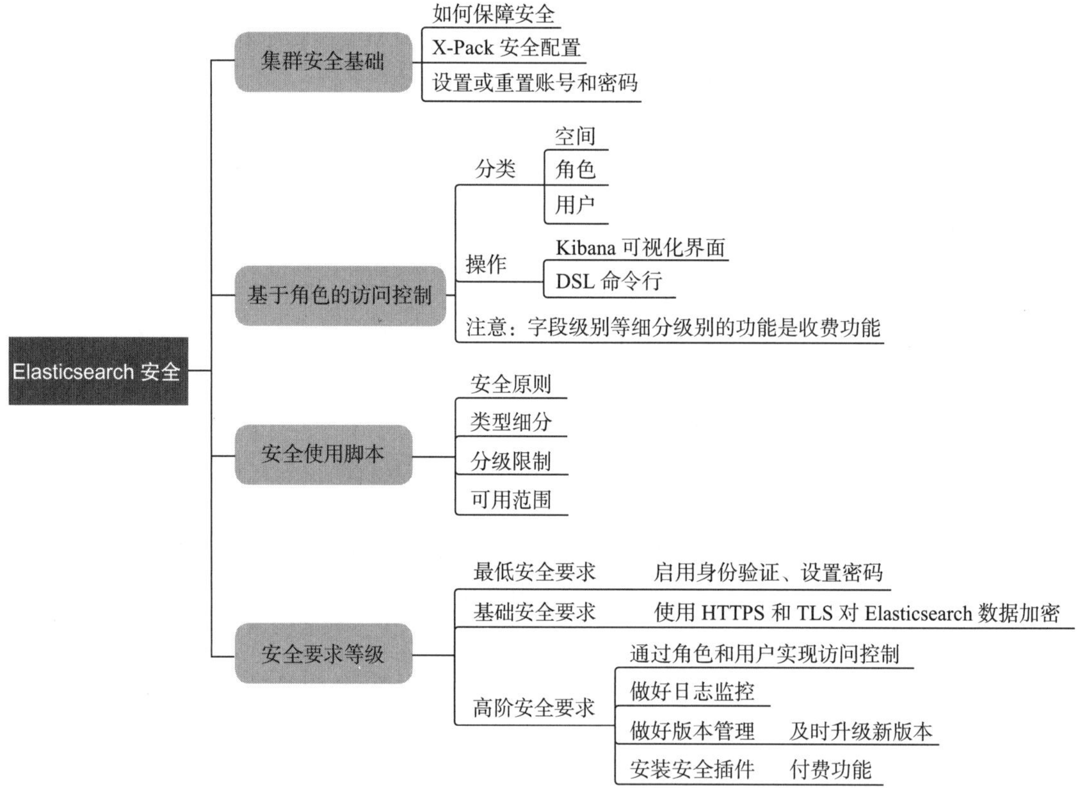

图 13-9 Elasticsearch 安全

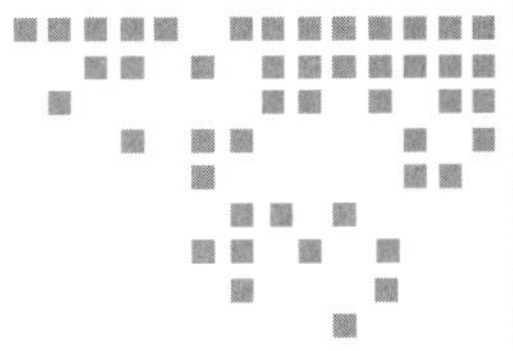

第 14 章 Chapter 14

Elasticsearch 运维

Elasticsearch 具有通用性、可扩展性和实用性的特点。合理的集群架构能支撑起数据存储及并发响应需求。相反，不合理的集群基础架构和错误配置可能导致集群性能下降、无法响应甚至崩溃。因此 Elasticsearch 运维是保证集群稳定和高效运行的关键。运维人员需要全面考虑各方面的问题，以确保 Elasticsearch 可以满足业务需求并提供高质量的搜索和分析服务。

14.1 Elasticsearch 集群监控的维度及指标

实时做好集群监控，可以有效处理并发请求。核心监控指标可以辅助我们了解 Elasticsearch 集群的性能、可用性和稳定性，以便及时发现和解决潜在的问题。

本节我们将从 5 个不同的维度来看待集群，并从这些维度中提炼出监控的关键指标，探讨通过观察这些指标可以避免哪些潜在问题。

14.1.1 5 个重要监控维度

1. 集群健康维度：分片和节点

集群、索引、分片、副本的定义不再赘述。分片数量对集群性能的影响至关重要。分片数量设置过多或过少都会引发一些问题。若分片数量过多，则批量写入或查询请求被分割为过多的子写入或查询请求，将导致该索引的写入或查询拒绝率上升。对于数据量较大的索引，若分片数量过少，则会无法充分利用节点资源，造成机器资源利用率不高或不均衡，影响写入或查询的效率。

通过 GET _cluster/health 监视集群时，可以查询集群的状态、节点数和活动分片数的信息。

```
GET _cluster/health
```

返回结果如下。

```
{
  "cluster_name" : "elasticsearch",
  "status" : "yellow",
  "timed_out" : false,
  "number_of_nodes" : 1,
  "number_of_data_nodes" : 1,
  "active_primary_shards" : 367,
  "active_shards" : 367,
  "relocating_shards" : 0,
  "initializing_shards" : 0,
  "unassigned_shards" : 319,
  "delayed_unassigned_shards" : 0,
  "number_of_pending_tasks" : 0,
  "number_of_in_flight_fetch" : 0,
  "task_max_waiting_in_queue_millis" : 0,
  "active_shards_percent_as_number" : 53.498542274052475
}
```

利用 head 插件查看集群健康值的效果如图 14-1 所示。

图 14-1 利用 head 插件查看集群健康值

集群运行的重要指标如下。

- Status：集群的状态，其中“红色”是指部分主分片未分配成功，“黄色”是指部分副本分片未分配成功，“绿色”是指所有分片均分配成功。
- Nodes：节点，包括集群中的节点总数。
- active_primary_shards：集群中活动主分片的数量。
- relocating_shards：重定位分片数，指由于节点丢失而移动的分片计数。
- Initializing Shards：初始化分片数，指由于添加索引而初始化的分片计数。
- unassigned_shards：未分配的分片数。

对此提供两个建议，如下。

- 建议 1：集群节点数达到一定规模后，建议采用独立主节点角色。主节点通过监视集群管理活动（例如跟踪集群中的所有节点、索引和分片）来提高集群的稳定性。主节点还监视集群的运行状况，以确保数据节点不会过载，并使集群具有容错能力。

- 建议 2：针对集群规模大的场景，建议至少设置 3 个主节点。这样可确保在发生故障期间，可以在集群中选举新的主节点。

可通过查看主节点的 CPU、内存利用率和 JVM 内存使用百分比来确定主节点实例的配置。图 14-2 是利用 Cerebro 工具查看监控指标。

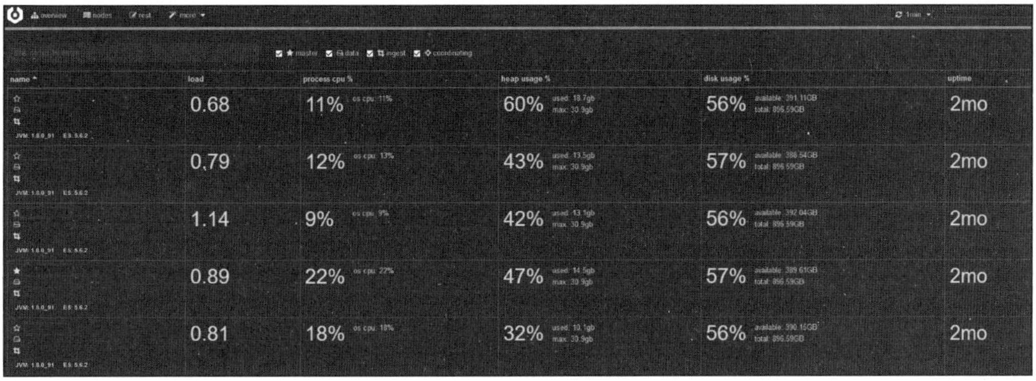

图 14-2　利用 Cerebro 工具查看监控指标

一般来说，主节点专注于维护集群状态，因此通常不需要过高的 CPU 和内存资源。这样，一个具备适度 CPU 和内存资源的计算机，便足以承担主节点的任务。

与主节点相比，数据节点是文档落地存储的载体，同时数据节点还接收并处理客户端请求，执行搜索和聚合有关的所有数据操作。数据节点往往需要具有较高 CPU、内存资源的服务器。文档增、删、改、查以及搜索操作会占用大量 CPU 和 IO，因此监视数据节点利用率指标很重要。从 CPU、内存的角度来看，应确保数据节点平衡且不会过载。

2. 搜索性能维度：请求率和延迟

可以通过测算系统处理请求的速率和对每个请求的响应时间来衡量集群的有效性。

当集群收到请求时，可能需要跨多个节点访问多个分片中的数据。系统处理和返回请求的速率、当前正在进行的请求数以及请求的持续时间等核心指标是衡量集群健康的重要因素。

请求过程本身分为两个阶段。第一个是查询阶段：集群将请求分发到索引中的每个分片（主分片或副本分片）。第二个是获取阶段：查询结果被收集，处理并返回给用户。

通过 GET index_a/_stats 查看对应目标索引状态，如下所示（限于篇幅，只提供部分返回内容）。

```
"search" : {
  "open_contexts" : 0,
  "query_total" : 10,
  "query_time_in_millis" : 0,
  "query_current" : 0,
  "fetch_total" : 1,
  "fetch_time_in_millis" : 0,
```

```
  "fetch_current" : 0,
  "scroll_total" : 5,
  "scroll_time_in_millis" : 15850,
  "scroll_current" : 0,
  "suggest_total" : 0,
  "suggest_time_in_millis" : 0,
  "suggest_current" : 0
}
```

其中，关于检索性能的重要指标如下。

- query_current：集群当前正在处理的查询操作的计数。
- fetch_current：集群中正在进行的取回操作的计数。
- query_total：集群处理的所有查询的总数。
- query_time_in_millis：所有查询消耗的总时间（以 ms 为单位）。
- fetch_total：集群处理的所有取回操作的总数。
- fetch_time_in_millis：所有取回操作消耗的总时间（以 ms 为单位）。

3. 索引性能维度：刷新和合并时间

对于文档的增、删、改操作，集群需要不断更新其索引，并在所有节点上进行刷新。这些过程由集群管理，作为用户，我们除了配置刷新频率的参数之外，对此过程的控制有限。

增、删、改的批处理操作会形成新的段并刷新到磁盘，并且每个段都消耗资源，因此将较小的段合并为更大的段对性能非常重要。这也是由集群本身管理的。

监视文档的索引速率和合并时间有助于在影响集群性能之前就识别相关的异常和问题。将这些指标与每个节点的运行状况结合起来考虑，可以为系统内潜在问题提供重要线索，并为性能优化提供参考。

可以通过 GET /_nodes/stats 获取索引性能指标，并在节点、索引或分片级别进行汇总。

```
"merges" : {
        "current" : 0,
        "current_docs" : 0,
        "current_size_in_bytes" : 0,
        "total" : 245,
        "total_time_in_millis" : 58332,
        "total_docs" : 1351279,
        "total_size_in_bytes" : 640703378,
        "total_stopped_time_in_millis" : 0,
        "total_throttled_time_in_millis" : 0,
        "total_auto_throttle_in_bytes" : 2663383040
      },
      "refresh" : {
        "total" : 2955,
        "total_time_in_millis" : 244217,
        "listeners" : 0
      },
      "flush" : {
        "total" : 127,
```

```
        "periodic" : 0,
        "total_time_in_millis" : 13137
      }
```

索引性能维度的重要指标如下。

- ❑ refresh.total：总刷新计数。
- ❑ refresh.total_time_in_millis：刷新总时间，指花在刷新操作上的所有时间（以 ms 为单位）。
- ❑ merges.current_docs：当前的合并文档数。
- ❑ merges.total_docs：合并的总文档数。
- ❑ merges.total_stopped_time_in_millis：合并操作所消耗的总时间（以 ms 为单位）。

Elasticsearch 中的文档是无法修改且不可变的。Elasticsearch 在执行删除或更新文档的操作时会先将文档标记为已删除（逻辑删除），不会立即将其从 Elasticsearch 中物理删除。已进行逻辑删除的文档在搜索操作期间不可见，但是它们会继续占用磁盘空间。当继续索引更多数据时，这些文档才会在后台被清理。

如果磁盘空间成为瓶颈，但没有达到磁盘警戒水位线，则可以强制执行段合并操作，如下所示。结果会将小段合并为大段，并清理已删除的文档。

```
POST my_index/_forcemerge
```

如果通过 reindex 操作对文档重新建立索引并更新至新索引中，则可以执行删除旧索引操作，以对文档进行物理删除。如果索引会定期更新，则待删除的文档数量会很多。因此，最好在磁盘空间出现瓶颈问题前制定适当的策略来清理被逻辑删除的文档。

4. 节点运行状况维度：内存、磁盘和 CPU 指标

每个节点的运行都需要使用系统内存、磁盘和 CPU 资源，以便管理数据并响应请求。Elasticsearch 是一个严重依赖内存实现性能的系统，因此需要密切关注内存使用情况。每个节点的运行状况和性能紧密相关，从整体上查看系统运行状况非常重要。监视节点的 CPU 使用情况并查找峰值有助于识别节点中的低效进程或潜在问题。CPU 性能与垃圾收集过程密切相关。

Elasticsearch 需要处理大量数据，因此磁盘空间管理非常重要。要避免磁盘空间耗尽导致集群崩溃，同时磁盘高读写可能导致系统性能问题。此外，访问磁盘是一个“低效”的过程。总之，应尽可能减少磁盘 IO。

通过如下命令行可以实现节点级别的度量指标。

```
GET /_cat/nodes?v&h=id,disk.total,disk.used,disk.avail,disk.used_percent,ram.
  current,ram.percent,ram.max,cpu
id    disk.total disk.used disk.avail disk.used_percent ram.current ram.percent
  ram.max cpu
Hk9w    931.3gb   472.5gb    458.8gb              50.73       6.1gb          78
  7.8gb  14
```

节点运行的重要指标如下。

- disk.total：存储容量。
- disk.used：存储空间使用量。
- disk.avail：可用存储空间总量。
- disk.used_percent：已使用的存储空间的百分比。
- ram.current：当前内存使用量。
- ram.percent：当前内存使用百分比。
- ram.max：内存总量。
- cpu：CPU 使用百分比。

Elasticsearch 集群节点的磁盘空间不足也会影响集群性能。一旦可用存储空间低于特定阈值，集群将阻止写入操作，进而影响将数据写入集群。不少读者可能遇到过如下错误。

```
ElasticsearchStatusException[Elasticsearch exception [type=cluster_block_
  exception, reason=blocked by: [FORBIDDEN/12/index read-only / allow
```

这表示磁盘快满了，是集群层面的保护机制提示。

Elasticsearch 提供了一个磁盘警戒水位线机制来帮助管理磁盘空间。磁盘警戒水位线是一个阈值，当磁盘使用量超过该阈值时，Elasticsearch 将触发警报并执行相应的操作。

首先是低警戒水位线，对应报错为 cluster.routing.allocation.disk.watermark.low。低警戒水位线默认为磁盘容量的 85%。Elasticsearch 不会将新的分片分配给磁盘使用率超过 85% 的节点。它也可以设置为绝对大小值（如 500MB）。此设置不会影响新创建索引的主分片的分配，特别是之前从未分配过的分片。

然后是高警戒水位线，对应报错为 cluster.routing.allocation.disk.watermark.high。高警戒水位线默认为磁盘容量的 90%。Elasticsearch 尝试对磁盘使用率超过 90% 的节点重新分配分片（将当前节点的数据转移到其他节点）。此设置会影响所有分片的分配，无论先前是否分配。

最后是洪泛警戒水位线，对应报错为 cluster.routing.allocation.disk.watermark.flood_stage。洪泛警戒水位线默认为磁盘容量的 95%。Elasticsearch 对每个索引强制执行只读索引块（index.blocks.read_only_allow_delete）。这是防止节点耗尽磁盘空间的最后手段。只读模式待磁盘空间充裕后，需要人工解除。

因此，监视集群中的可用存储空间至关重要。

5. JVM 运行状况维度：GC 和堆内存使用率

作为基于 Java 的应用程序，Elasticsearch 在 JVM 运行。JVM 通过堆分配管理内存，并通过垃圾收集器（GC）进行垃圾回收处理。

如果应用程序的需求超过堆的容量，则应用程序开始强制使用磁盘上的交换空间。虽然这可以防止系统崩溃，但它可能会对集群的性能造成严重影响。监视可用堆空间以确保系统具有足够的容量对于集群的健康至关重要。

我们希望GC在不过载的情况下定期运行。理想情况下，GC性能曲线应类似均衡波浪线，尖峰和异常变化都可能成为更深层次问题的指标。

可以通过GET /_nodes/stats命令检索JVM度量标准。


```
"jvm" : {
      "timestamp" : 1557588707194,
      "uptime_in_millis" : 22970151,
      "mem" : {
        "heap_used_in_bytes" : 843509048,
        "heap_used_percent" : 40,
        "heap_committed_in_bytes" : 2077753344,
        "heap_max_in_bytes" : 2077753344,
        "non_heap_used_in_bytes" : 156752056,
        "non_heap_committed_in_bytes" : 167890944,
        "pools" : {
          "young" : {
            "used_in_bytes" : 415298464,
            "max_in_bytes" : 558432256,
            "peak_used_in_bytes" : 558432256,
            "peak_max_in_bytes" : 558432256
          },
          "survivor" : {
            "used_in_bytes" : 12178632,
            "max_in_bytes" : 69730304,
            "peak_used_in_bytes" : 69730304,
            "peak_max_in_bytes" : 69730304
          },
          "old" : {
            "used_in_bytes" : 416031952,
            "max_in_bytes" : 1449590784,
            "peak_used_in_bytes" : 416031952,
            "peak_max_in_bytes" : 1449590784
          }
        }
      },
      "threads" : {
        "count" : 116,
        "peak_count" : 119
      },
      "gc" : {
        "collectors" : {
          "young" : {
            "collection_count" : 260,
            "collection_time_in_millis" : 3463
          },
          "old" : {
            "collection_count" : 2,
            "collection_time_in_millis" : 125
          }
        }
      }
```

JVM 运行的重要指标如下。

- mem：内存使用情况。
- threads：当前使用的线程数和最大线程数。
- gc ：垃圾收集相关指标，包含收集新生代对象的 JVM GC 的数量和垃圾收集所花费的总时间。

14.1.2 10 个核心监控指标

经过上面的分析，我们整理出 10 个核心监控指标，如表 14-1 所示。

表 14-1 10 个核心监控指标

监控维度	监控指标	中文释义
集群健康	Nodes and Shards	节点和分片
检索性能	Request Latency	请求延时
	Request Rate	请求速率
写入性能	Refresh Times	刷新时间
	Merge Times	合并时间
节点健康维度	Memory Usage	内存使用率
	Disk I/O	磁盘 IO
	CPU	CPU 使用率
JVM 维度	Heap Usage and Garbage Collection	堆内存使用率及垃圾回收
	JVM Pool Size	新生代、老年代内存使用情况

若没有有效的监控，集群某节点离线可能不会被发现，集群故障可能会响应不及时。相反，有了监控，这一切将会被提前发现，能有效节约公司运维成本。

14.2 集群故障排查及修复指南

由于各种原因，Elasticsearch 集群在运行的过程中经常会出现健康问题。比较直观的是 Kibana 监控、head 插件监控显示集群健康状态非绿色（即为红色或者黄色）的情况，如图 14-3 所示。

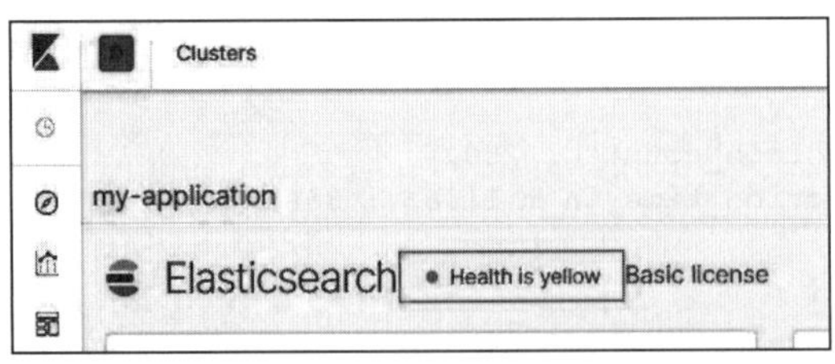

图 14-3 Kibana 监控可视化

遇到这种情况不要慌，本节会提供基础集群故障的排查及修复指南。

14.2.1 集群健康状态的解读

Elasticsearch 集群的运行状态可以被标识为绿色、黄色或红色，每一种颜色都代表了集群和分片的不同健康状况。

在分片级别上，绿色状态意味着集群处于健康状况，所有的主分片和副本分片都已成功分配到节点上。黄色状态表示所有主分片都已经被分配，但存在一个或多个副本分片未分配。这可能是因为集群中的某个节点发生了故障，直到该节点被修复，某些数据可能会暂时无法访问。红色状态则表示存在一个或多个主分片未被分配，这意味着某些数据目前无法访问。在集群启动期间，主分片被分配时可能会暂时出现这种状态。

不过要注意的是，集群的运行状态遵循一种“最短板”的逻辑：索引级别的状态由最糟糕的分片状态决定，而集群状态则由最糟糕的索引状态决定。换句话说，当集群状态变为红色时，实际上是集群中的某个索引出了问题，更确切地说是该索引上的某个分片出了问题。

当集群处于黄色状态时，尽管有副本分片未被分配，但索引仍然可以正常工作，数据可以被索引和搜索，只是这种状态下的效率和可靠性可能达不到最佳。例如，副本分片可能丢失、损坏或者存在其他问题，集群可能正在进行副本分片的迁移或重建，等。此时，我们需要手动或自动处理这些可能出问题的副本分片，以使集群恢复到绿色状态。

当集群处于红色状态时，表示有一个或多个索引缺少主分片，这意味着无法进行索引、搜索或提供数据。这种健康状态是基于每个分片的。例如，假设集群中有 50 个分片，如果有一个主分片出问题，那么其所在的索引状态就会变为红色，导致整个集群状态也变为红色。在这种情况下，我们需要手动查找和修复这些未分配的主分片。如果不能修复，数据可能会丢失，我们可能需要从快照或原始数据中重新创建索引。

14.2.2 如何定位红色或黄色的索引

如何定位红色或黄色的索引呢？

（1）确定我们所能知道的主要问题

例如节点宕机、磁盘空间（磁盘使用逼近或超过警戒水位线，磁盘使用率达到 85%、90% 甚至 95%）等问题，这些问题很可能会造成集群状态的变化。这些外部表现明显的问题便于我们追溯问题，形成针对性的解决方案。

面对这种场景，我们有时只需要耐心等待，因为系统通常会通过移动数据来自我修复。

- 举例 1：重新启动则会经历集群由红色变为黄色，再由黄色变为绿色的过程。
- 举例 2：一个节点的主分片出了问题，系统会将副本分片升级为主分片，然后重新创建新副本，但这需要几分钟到更长的时间，具体取决于分片数量、大小、集群负载、磁盘速度等。

但是，除非明确系统正在修复，否则不能仅指望系统自身修复这一招。有时确实是主分片或者副本分片出了问题，这也解释了我们为什么要了解历史记录。日志和慢日志都有能辅助排查历史记录。

对于集群运维人员，当集群出故障之后，他们能看到或者监控到集群健康状态的变化，还能看到日志，大致可以知道这是由哪些业务层面的操作导致的。但是建议运维人员结合判定结果与开发人员进行业务层面的确认和推敲，再定位问题所在。

（2）确定哪些索引有问题，多少索引有问题

通过 _cat API 的返回结果，我们可以知道这一点。

```
GET _cat/indices?v&health=red
GET _cat/indices?v&health=yellow
GET _cat/indices?v&health=green
```

其中黄色索引如图 14-4 所示。

health	status	index	uuid	pri	rep	docs.count	docs.deleted	store.size	pri.store.size
yellow	open	index_template	_lceyHuxQTijXVpk4P3Mig	1	1	2	0	12kb	12kb
yellow	open	my_index_003	7EwANessTPy9k_OI63GVqQ	1	1	6	0	3.2kb	3.2kb
yellow	open	my_index_002	kdjgwZ8CTZmEK6C--q9YEQ	1	1	4	0	7.7kb	7.7kb
yellow	open	news-000001	SWjzZCzvRImH4r7XcS6acg	1	1	1	0	8.5kb	8.5kb
yellow	open	blog_index	RpG_rW3DSMyBsuo52v25sw	1	1	1	0	2.6kb	2.6kb
yellow	open	test_002	WY6hpRVKRReyUoD39F3EfA	1	1	3	0	3.5kb	3.5kb
yellow	open	my-index-000001	F_EfxXz5Q2KpgQ7_je0fuA	1	1	1	0	2.8kb	2.8kb
yellow	open	my_index	J2a1YBCKSKe3wu0XmewPOw	1	1	1	0	7.1kb	7.1kb
yellow	open	my_index_001	fqJK-PScRwuFNvOev8dziw	1	1	4	0	3.2kb	3.2kb
yellow	open	test_001	w9jTe-mCRRORrpSo57DVDg	1	1	2	0	3.5kb	3.5kb

图 14-4 黄色索引

我们还需要更深入地研究每个索引。

（3）查看有问题的分片及其原因

这与索引列表有关，但是索引列表只会告诉我们哪些索引存在问题，我们还需要根据索引列表形成问题列表。

为此我们应该使用 _cat API。该 API 用于查询集群中的所有分片信息，包括节点名称、索引名、分片编号、是否为主分片、分片状态、存储方式、分片大小、未分配原因和详细信息，并按照存储方式和索引名称进行排序。

```
GET /_cat/shards?v&h=n,index,shard,prirep,state,sto,sc,unassigned.
  reason,unassigned.details&s=sto,index
```

上述 API 各个细分参数的含义如下。

- v：显示表头。
- h：指定要在结果中显示的列。在这个例子中，它被设置为 n（节点名称）、index（索引名）、shard（分片编号）、prirep（是否为主分片）、state（分片状态）、sto（存储方式）、sc（分片大小）、unassigned.reason（未分配原因）和 unassigned.details（未分配详细信息）。
- s：指定对结果进行排序的列。在这个例子中，它被设置为 sto（存储方式）和 index（索引名称）。

执行结果如图 14-5 所示。

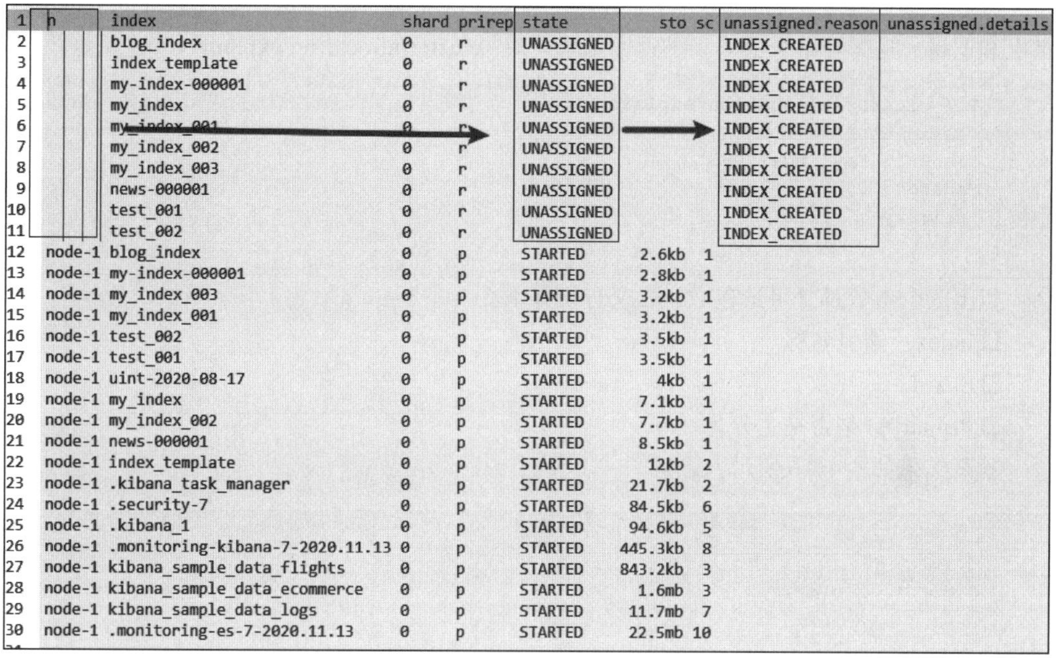

```
n      index                            shard prirep state       sto     sc unassigned.reason unassigned.details
       blog_index                       0     r      UNASSIGNED             INDEX_CREATED
       index_template                   0     r      UNASSIGNED             INDEX_CREATED
       my-index-000001                  0     r      UNASSIGNED             INDEX_CREATED
       my_index                         0     r      UNASSIGNED             INDEX_CREATED
       my_index_001                     0     r      UNASSIGNED             INDEX_CREATED
       my_index_002                     0     r      UNASSIGNED             INDEX_CREATED
       my_index_003                     0     r      UNASSIGNED             INDEX_CREATED
       news-000001                      0     r      UNASSIGNED             INDEX_CREATED
       test_001                         0     r      UNASSIGNED             INDEX_CREATED
       test_002                         0     r      UNASSIGNED             INDEX_CREATED
node-1 blog_index                       0     p      STARTED       2.6kb  1
node-1 my-index-000001                  0     p      STARTED       2.8kb  1
node-1 my_index_003                     0     p      STARTED       3.2kb  1
node-1 my_index_001                     0     p      STARTED       3.2kb  1
node-1 test_002                         0     p      STARTED       3.5kb  1
node-1 test_001                         0     p      STARTED       3.5kb  1
node-1 uint-2020-08-17                  0     p      STARTED         4kb  1
node-1 my_index                         0     p      STARTED       7.1kb  1
node-1 my_index_002                     0     p      STARTED       7.7kb  1
node-1 news-000001                      0     p      STARTED       8.5kb  1
node-1 index_template                   0     p      STARTED        12kb  2
node-1 .kibana_task_manager             0     p      STARTED      21.7kb  2
node-1 .security-7                      0     p      STARTED      84.5kb  6
node-1 .kibana_1                        0     p      STARTED      94.6kb  5
node-1 .monitoring-kibana-7-2020.11.13  0     p      STARTED     445.3kb  8
node-1 kibana_sample_data_flights       0     p      STARTED     843.2kb  3
node-1 kibana_sample_data_ecommerce     0     p      STARTED       1.6mb  3
node-1 kibana_sample_data_logs          0     p      STARTED      11.7mb  7
node-1 .monitoring-es-7-2020.11.13      0     p      STARTED      22.5mb 10
```

图 14-5　查看分片执行结果

其中，unassigned.reason 字段表示未分配分片的原因，返回值如表 14-2 所示。

表 14-2　未分配分片的原因及释义

未分配分片的原因	释义
ALLOCATION_FAILED	由于分片分配失败而未分配
CLUSTER_RECOVERED	由于集群恢复而未分配
DANGLING_INDEX_IMPORTED	由于导入了悬空索引而未分配
EXISTING_INDEX_RESTORED	由于恢复为已关闭的索引而未分配
INDEX_CREATED	由于 API 创建索引而未分配
INDEX_REOPENED	由于打开已关闭索引而未分配
NEW_INDEX_RESTORED	由于恢复到新索引而未分配
NODE_LEFT	由于托管的节点离开集群而未分配
REALLOCATED_REPLICA	确定了更好的副本位置，并导致现有副本分配被取消
REINITIALIZED	当分片从开始移动回初始化，导致未分配
REPLICA_ADDED	由于显式添加副本而未分配
REROUTE_CANCELLED	由于显式取消重新路由命令而未分配

虽然未分配原因已经很详细了，但是有时候我们需要更多细节，特别是当我们有节点路由或遇到其他更复杂的问题时。

(4)进一步定位未分配的原因

我们继续探究集群为什么不分配分片。为此，让集群进一步返回给定分片的当前分配情况和逻辑。这需要结合上一步的返回结果，对 _cluster/allocation/explain API 进行修改。

```
GET /_cluster/allocation/explain
{
  "index": "my_index_003",
  "shard": 0,
  "primary": false
}
```

以上 3 个参数都是可选参数，含义分别如下。

- index：索引名称。
- Shard：分片数。
- Primary：是否是主分片。

执行结果如图 14-6 所示。

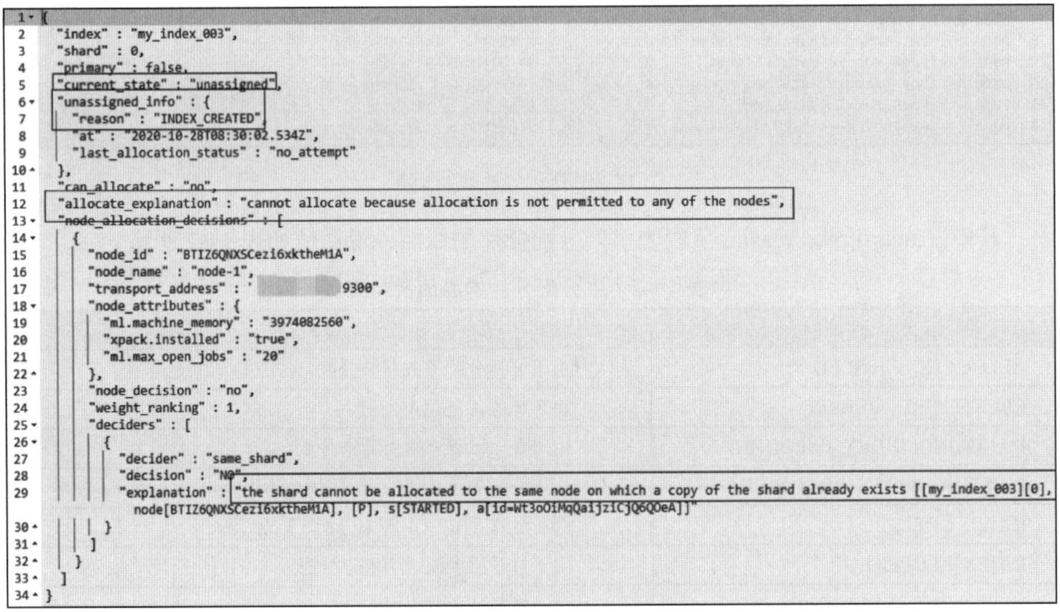

```
{
  "index" : "my_index_003",
  "shard" : 0,
  "primary" : false,
  "current_state" : "unassigned",
  "unassigned_info" : {
    "reason" : "INDEX_CREATED",
    "at" : "2020-10-28T08:30:02.534Z",
    "last_allocation_status" : "no_attempt"
  },
  "can_allocate" : "no",
  "allocate_explanation" : "cannot allocate because allocation is not permitted to any of the nodes",
  "node_allocation_decisions" : [
    {
      "node_id" : "BTIZ6QNXSCezi6xktheM1A",
      "node_name" : "node-1",
      "transport_address" : "          9300",
      "node_attributes" : {
        "ml.machine_memory" : "3974082560",
        "xpack.installed" : "true",
        "ml.max_open_jobs" : "20"
      },
      "node_decision" : "no",
      "weight_ranking" : 1,
      "deciders" : [
        {
          "decider" : "same_shard",
          "decision" : "NO",
          "explanation" : "the shard cannot be allocated to the same node on which a copy of the shard already exists [[my_index_003][0],
            node[BTIZ6QNXSCezi6xktheM1A], [P], s[STARTED], a[id=Wt3oOiMqQaijziCjQ6QOeA]]"
        }
      ]
    }
  ]
}
```

图 14-6 explain API 执行后截图

返回的结果一目了然。explanation 处指出分片不能被分配到相同的节点。这是因为该节点上已经有对应的主分片了。current_state 字段表示数据分片在 Elasticsearch 集群中的当前状态。unassigned 是其中一种状态，表示该分片当前未被分配到任何节点。除此之外，还有以下可能的状态。

- initializing：分片正在初始化，但尚未开始提供服务。
- started：分片已经成功初始化并且正在提供服务。

- relocating：分片正在从一个节点迁移到另一个节点。

根据之前讲过的基础认知内容——主分片和副本分片要分配到不同的集群节点上，这个问题的根源也逐步明朗：在单节点集群上为新建的索引 my_index_003 设置了副本分片，导致副本分片无法分配，所以分片状态呈现黄色。

（5）对症下药，解决问题

修补方法分为几类。

1）等待 Elasticsearch 集群自行修复。这种方式适用于临时状况、集群启动阶段。操作方法是节点重启。

2）将副本设置为 0，即删除所有副本。针对场景是既无法修复副本，也无法手动移动或分配副本的情况。在这种情况下，只要拥有主分片（健康状态为黄色，而不是红色），就可以始终使用以下命令将副本数设置为 0，等待给定响应时间，再将其设置为 1 或任意一个业务场景需要的值。

```
PUT my_index_003/_settings
{
  "index": {
    "number_of_replicas": 0
  }
}
```

3）借助 reroute API 手动分配分片。举例如下，该代码共做了移动分片（move）和分配副本（allocate_replica）两个操作。

```
POST /_cluster/reroute
{
  "commands": [
    {
      "move": {
        "index": "test", "shard": 0,
        "from_node": "node1", "to_node": "node2"
      }
    },
    {
      "allocate_replica": {
        "index": "test", "shard": 1,
        "node": "node3"
      }
    }
  ]
}
```

4）检查路由、分配规则。许多高可用或复杂的系统使用路由或分配规则来控制分片分配，随着情况的变化，可能会出现无法分配的分片。这个时候，可以使用 explain API 帮助排查问题。

实战中排查方法不限于上面所讲内容。集群健康状态的维护是一项大工程，实际业务实战中遇到的问题远比上述复杂，但我们要具备化繁为简的能力，一步步拆解问题，把大问题变成小问题。只要解决了一个个小问题，大问题也就迎刃而解。

14.3 运维及故障诊断的常用命令

在 Elasticsearch 的实际运维过程中，我们可能会遇到以下常见问题。

1）Elasticsearch 集群中读写操作频繁，我们注意到这些操作之间会有一定的影响，如何在这些操作互相不影响性能的情况下进行控制？

2）在 Elasticsearch 版本升级后，我们发现部分分片不可用，但无法确定导致这种情况的具体原因。

3）运维人员在问题排查方面并没有形成系统化的思路，当集群状态呈现为黄色和红色时，只能提供临时的、点对点的解决方案，并且导致积累的知识呈片段化。

我们需要针对这些问题寻求有效的解决策略，以提高我们的运维效率和系统的稳定性。下面提供实战中运维及故障诊断的常用命令。

（1）集群节点下线

适用场景：保证集群颜色绿色的前提下，使某个节点优雅下线。

```
PUT /_cluster/settings
{
  "transient": {
     "cluster.routing.allocation.exclude._ip": "122.5.3.55"
   }
}
```

（2）强制刷新

适用场景：刷新索引可以确保当前仅存储在事务日志中的所有数据也永久存储在 Lucene 索引中。

```
POST /_flush
```

（3）更改并发分片的数量以平衡集群

适用场景：控制在集群范围内有多少并发分片，以达到重新平衡，默认值为 2。

```
PUT /_cluster/settings
{
   "transient": {
     "cluster.routing.allocation.cluster_concurrent_rebalance": 2
   }
 }
```

（4）更改每个节点同时恢复的分片数量

适用场景：如果节点已从集群断开连接，则其所有分片都将变为未分配状态。经过一定的延迟后，分片将被分配到其他位置。每个节点要恢复的并发分片数由该设置确定。

```
PUT /_cluster/settings
{
  "transient": {
     "cluster.routing.allocation.node_concurrent_recoveries": 6
   }
}
```

（5）调整恢复速度

适用场景：为了避免集群过载，Elasticsearch 限制了恢复速度。可以谨慎更改该设置，以使其恢复更快。但要注意，如果此值调得太高，则正在进行的恢复过程可能会消耗过多的带宽和其他资源，使集群不稳定。

```
PUT /_cluster/settings
{
  "transient": {
  "indices.recovery.max_bytes_per_sec": "80mb"
  }
}
```

（6）清除节点上的缓存

适用场景：如果节点达到较高的堆内存值，则可以在节点级别上调用如下 API 以使 Elasticsearch 清理缓存。这会降低性能，但可以摆脱内存不足引发的 OOM 的困扰。

```
POST /_cache/clear
```

（7）调整断路器

适用场景：为了避免 Elasticsearch OOM，可以调整断路器上的设置。这将限制搜索所占用的内存，并舍弃所有估计消耗内存会超出阈值的搜索请求。

注意：这是一个精确度要求非常高的设置，建议做仔细校准。

```
PUT /_cluster/settings
{
  "persistent": {
    "indices.breaker.total.limit": "40%"
  }
}
```

（8）集群迁移

适用场景：集群数据迁移、索引数据迁移等。

方案一：针对索引部分或者全部数据执行 reindex 指令。

```
POST _reindex
{
  "source": {
    "index": "my-index-000001"
  },
  "dest": {
    "index": "my-new-index-000001"
  }
}
```

方案二：借助第三方工具（如 elasticdump 和 elasticsearch-migration）迁移索引或者集群，本质上是一种“scroll + bulk”方案的实现。

（9）集群数据备份和恢复

适用场景：对于高可用业务场景，定期增量、全量数据备份，以备不时之需。

```
PUT /_snapshot/my_backup/snapshot_hamlet_index?wait_for_completion=true
  {
    "indices": "hamlet_*",
    "ignore_unavailable": true,
    "include_global_state": false,
    "metadata": {
      "taken_by": "mingyi",
      "taken_because": "backup before upgrading"
  }
 }

 POST /_snapshot/my_backup/snapshot_hamlet_index/_restore
```

14.4 Elasticsearch 监控指标可视化

Elasticsearch 监控系统就像我们的车载监控，平时可能用不到，一旦用到就能起到大作用。提前安排好监控，有助于我们以可视化的方式直观地看到集群的各项监控指标，真正防患于未然。

之前介绍过监控的免费组件，包含但不限于 head 插件、Cerebro、ElasticHQ 等，本节我们介绍原生、强大的 Kibana 可视化监控。

14.4.1 Elasticsearch 监控的前置条件

- 前置条件 1：完成了 Elasticsearch 单节点或者多节点集群部署。
- 前置条件 2：完成了与 Elasticsearch 相同版本的 Kibana 部署。
- 前置条件 3：至少配置了 X-Pack 最小化安装包，需要通过账户名和密码才可以登录集群。
- 前置条件 4：Elasticsearch 7.X、8.X 版本安装和配置了 Metricbeat。

由于 Metricbeat 在默认情况下是没有安装和开启的，Kibana 可视化监控会进行如图 14-7 所示的提示。

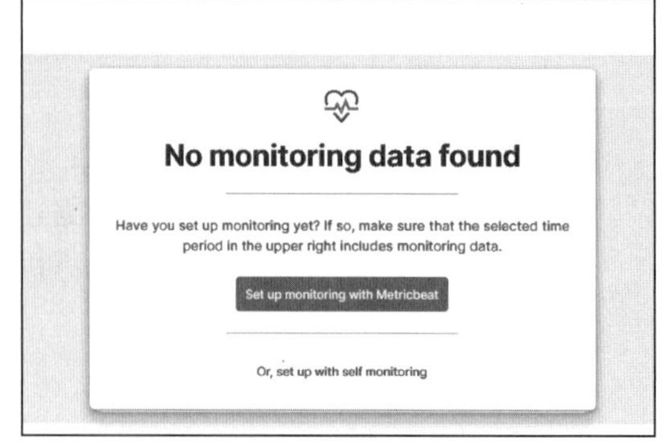

图 14-7 Kibana 显示未监测到数据

点击“Set up monitoring with Metricbeat”后，如图 14-8 所示。

点击“Set up monitoring for new node”，会弹出“Monitor Elasticsearch node with

Metricbeat”的提示框，如图 14-9 所示。

Elasticsearch nodes

Overview Nodes Indices

Last 15 minutes 10 s Refresh

Elasticsearch node detected

The following nodes are not monitored. Click 'Monitor with Metricbeat' below to start monitoring.

Filter Nodes...

Name	Alerts	Status	Shards	CPU Usage	Load Average	JVM Heap	Disk Free Space
VM-0-14-centos 172.21.0.14:9300 Monitor with Metricbeat		Offline	N/A	N/A	N/A	N/A	N/A

Rows per page: 20

Set up monitoring for new node

图 14-8　阴影区域为红色则代表不可用

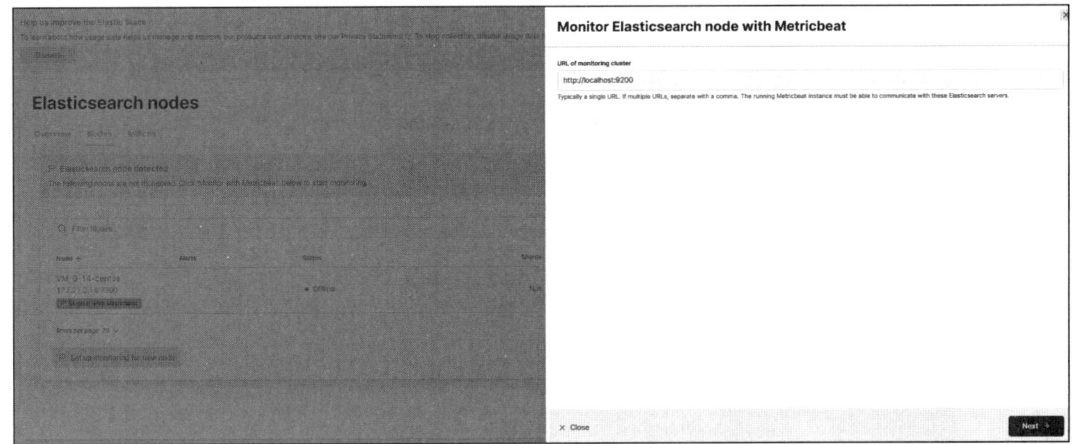

图 14-9　弹窗提示

再点击“Next”，进行更详细的配置，如图 14-10 所示。

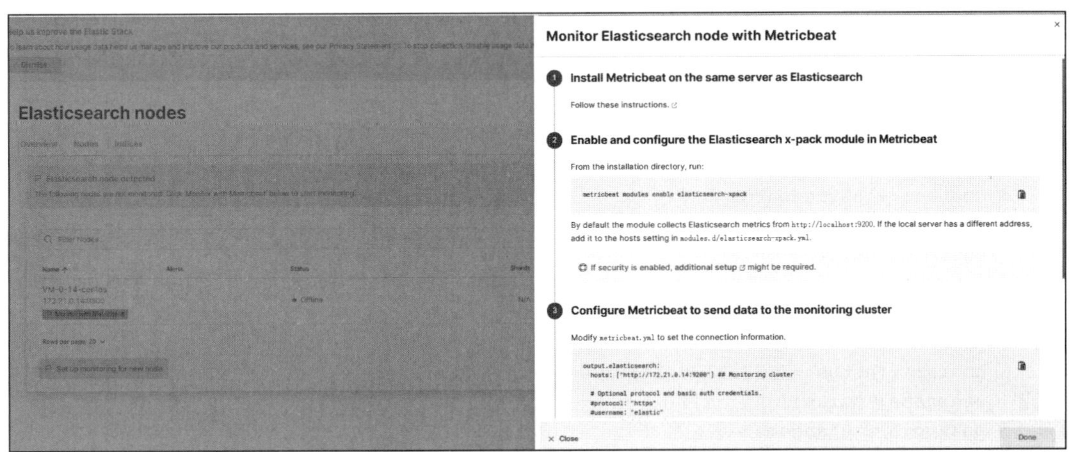

图 14-10　详细配置

14.4.2 Metricbeat 安装及 Kibana 可视化

1）下载并安装 Metricbeat。注意 Metricbeat 的版本要和 Elasticsearch、Kibana 版本一致。建议做好最小化或者基础安全配置，也就是说，至少设置上用户名和密码。

2）配置并启动 X-Pack 插件 module。

启动 X-Pack 插件。

```
metricbeat modules enable elasticsearch-xpack
```

启动后的变化如图 14-11 所示，可见 disable 后缀已自动取消。

```
drwxr-xr-x 2 root root 4096 2月   7 13:15 .
drwxr-xr-x 7 root root 4096 2月   7 13:41 ..
-rw-r--r-- 1 root root  355 5月  20 2021 activemq.yml.disabled
-rw-r--r-- 1 root root  209 5月  20 2021 aerospike.yml.disabled
-rw-r--r-- 1 root root  249 2月   7 09:54 apache.yml.disabled
-rw-r--r-- 1 root root  271 5月  20 2021 appsearch.yml.disabled
-rw-r--r-- 1 root root  183 5月  20 2021 awsfargate.yml.disabled
-rw-r--r-- 1 root root  995 5月  20 2021 aws.yml.disabled
-rw-r--r-- 1 root root 3219 5月  20 2021 azure.yml.disabled
-rw-r--r-- 1 root root  234 5月  20 2021 beat-xpack.yml.disabled
-rw-r--r-- 1 root root  208 5月  20 2021 beat.yml.disabled
-rw-r--r-- 1 root root  484 5月  20 2021 ceph-mgr.yml.disabled
-rw-r--r-- 1 root root  424 5月  20 2021 ceph.yml.disabled
-rw-r--r-- 1 root root  383 5月  20 2021 cloudfoundry.yml.disabled
-rw-r--r-- 1 root root  361 5月  20 2021 cockroachdb.yml.disabled
-rw-r--r-- 1 root root  209 5月  20 2021 consul.yml.disabled
-rw-r--r-- 1 root root  195 5月  20 2021 coredns.yml.disabled
-rw-r--r-- 1 root root  275 5月  20 2021 couchbase.yml.disabled
-rw-r--r-- 1 root root  196 5月  20 2021 couchdb.yml.disabled
-rw-r--r-- 1 root root  638 5月  20 2021 docker.yml.disabled
-rw-r--r-- 1 root root  308 5月  20 2021 dropwizard.yml.disabled
-rw-r--r-- 1 root root  269 2月   7 13:14 elasticsearch-xpack.yml
-rw-r--r-- 1 root root  283 5月  20 2021 elasticsearch.yml.disabled
-rw-r--r-- 1 root root  209 5月  20 2021 envoyproxy.yml.disabled
-rw-r--r-- 1 root root  273 5月  20 2021 etcd.yml.disabled
-rw-r--r-- 1 root root 1321 5月  20 2021 gcp.yml.disabled
-rw-r--r-- 1 root root  295 5月  20 2021 golang.yml.disabled
-rw-r--r-- 1 root root  458 5月  20 2021 graphite.yml.disabled
-rw-r--r-- 1 root root  217 5月  20 2021 haproxy.yml.disabled
-rw-r--r-- 1 root root  653 5月  20 2021 http.yml.disabled
-rw-r--r-- 1 root root  335 5月  20 2021 ibmmq.yml.disabled
```


图 14-11 启动前后变化图

启动后，elasticsearch-xpack.yml 的后缀 disable 会自行取消，变得可以配置。待修改配置路径为 metricbeat-8.1.0-linux-x86_64/modules.d，配置文件名称为 elasticsearch-xpack.yml。

修改内容参考如下。

```
# Module: elasticsearch
# Docs: https://www.elastic.co/guide/en/beats/metricbeat/master/metricbeat-
 module-elasticsearch.html
- module: elasticsearch
  xpack.enabled: true
  period: 10s
  hosts: ["https://172.21.0.14:9200"]
  username: "elastic"
  password: "changeme"
  ssl.enabled: true
```

```
ssl.certificate_authorities: ["/www/singo_node/elasticsearch-8.1.0/config/
  certs/http_ca.crt"]
```

SSL 部分的配置参见 3.2、3.3 节。

上述密码是通过 elasticsearch-reset-password 设置的。密码设置命令行（此为 Elasticsearch 启用后的操作）如下。

```
./elasticsearch-reset-password --username elastic -i
```

3）建立 Metricbeat 与 Elasticsearch 集群的连接。需要配置 Elasticsearch、Kibana 等，修改 metricbeat.yml，并且设置连接信息。

```
# ---------------------------- Elasticsearch Output ----------------------------
output.elasticsearch:
  # Array of hosts to connect to.
  hosts: ["172.21.0.14:9200"]

  # Protocol - either `http` (default) or `https`.
  protocol: "https"

  # Authentication credentials - either API key or username/password.
  username: "elastic"
  password: "changeme"

  ssl.verification_mode: none


# =================================== Kibana ===================================

# Starting with Beats version 6.0.0, the dashboards are loaded via the Kibana
 API.
# This requires a Kibana endpoint configuration.
setup.kibana:

  # Kibana Host
  # Scheme and port can be left out and will be set to the default (http and
   5601)
  # In case you specify and additional path, the scheme is required: http://
   localhost:5601/path
  # IPv6 addresses should always be defined as: https://[2001:db8::1]:5601
  host: "http://172.21.0.14:5601"
  username: "elastic"
  password: "changeme"
```

4）将相关监控模块设置为按需启动。其实第二步的 X-Pack 设置操作也可以放到这一步来进行。除了 Elasticsearch，我们还可以监控 MySQL、Redis 等众多组件，包含但不限于如图 14-12 所示的组件。如果不需要开启其他组件的监控，这一步可以忽略掉。

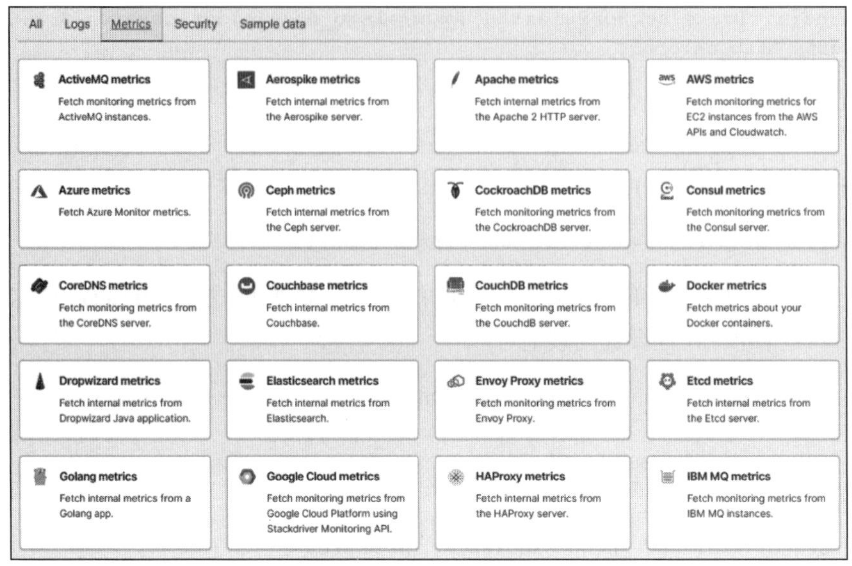

图 14-12 可监控的组件

MySQL 启动举例如下。

```
./metricbeat modules enable mysql
```

5）加载索引模板以供 Kibana 可视化使用。加载推荐的索引模板并写入 Elasticsearch，部署仪表盘示例，以实现 Kibana 的数据可视化，命令行如下。

```
./metricbeat setup -e
```

其中 -e 表示日志直接以命令行输出。Metricbeat 启动后如图 14-13 所示。

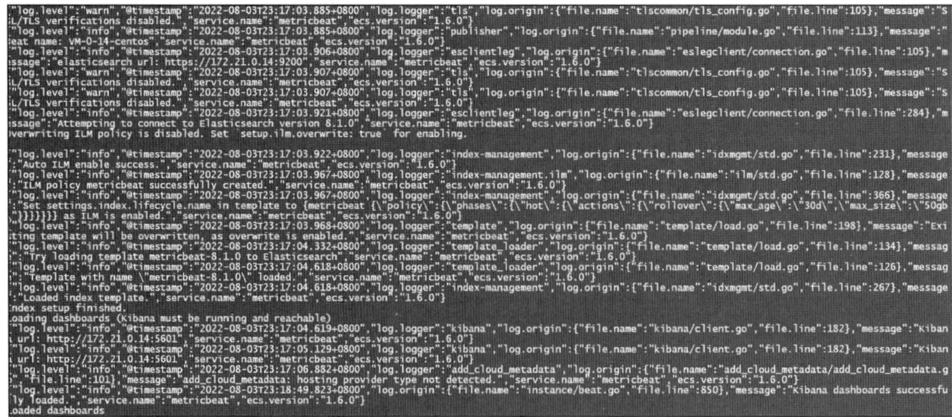

图 14-13 Metricbeat 启动后

执行成功后会显示“Kibana dashboards successfully loaded.”。

Kibana 或者 Elasticsearch 配置出错都可能导致此步骤不成功。常见的错误包含但不限于：端口配置错误；用户名或者密码错误，比如实际上 Elasticsearch 的管理员账户是 elastic，但配置成了 root 账户。

6）启动 Metricbeat。通过如下命令启动。

```
./metricbeat -e
```

若需要后台启动，则推荐使用下面命令。

```
nohup ./metricbeat & > /dev/null 2>&1
```

7）Kibana 监控指标可视化。此时 Metricbeat 相关命令全部执行完毕，可以将 Elasticsearch 集群的多项监控指标数据通过 Kibana 直观展示出来。

首先总览集群可视化视图，如图 14-14、图 14-15 所示。

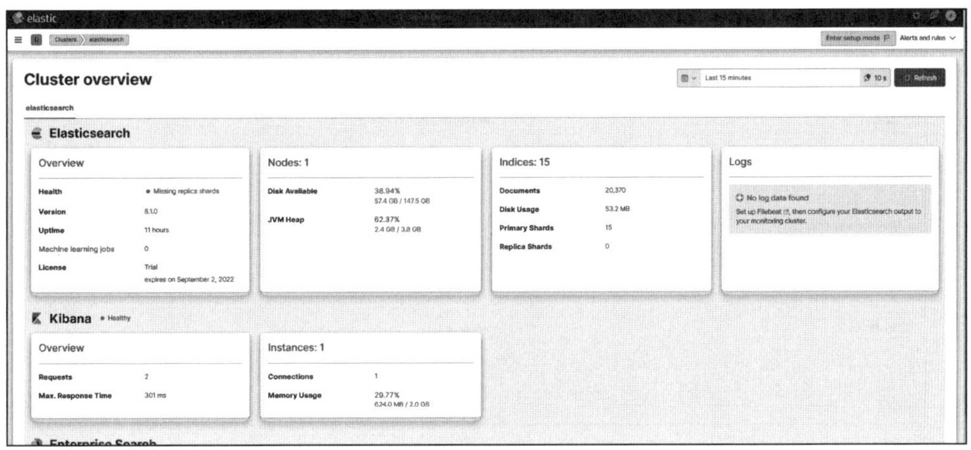

图 14-14　集群总览图（1）

图 14-15　集群总览图（2）

然后查看节点可视化视图，如图 14-16 所示。

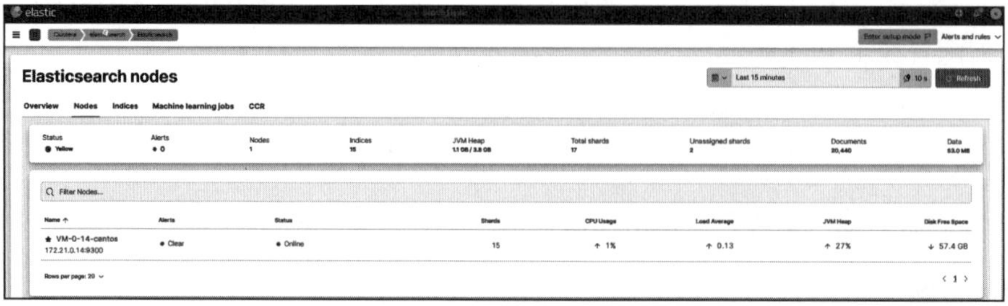

图 14-16 节点可视化视图

点击 VM-0-14-centos 主机名，还有更详细的指标可视化呈现，如图 14-17、图 14-18 所示。

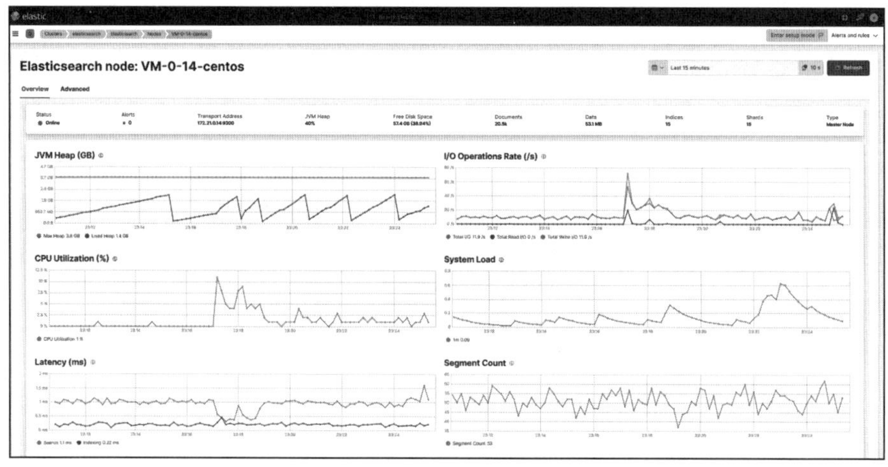

图 14-17 节点高级视图（1）

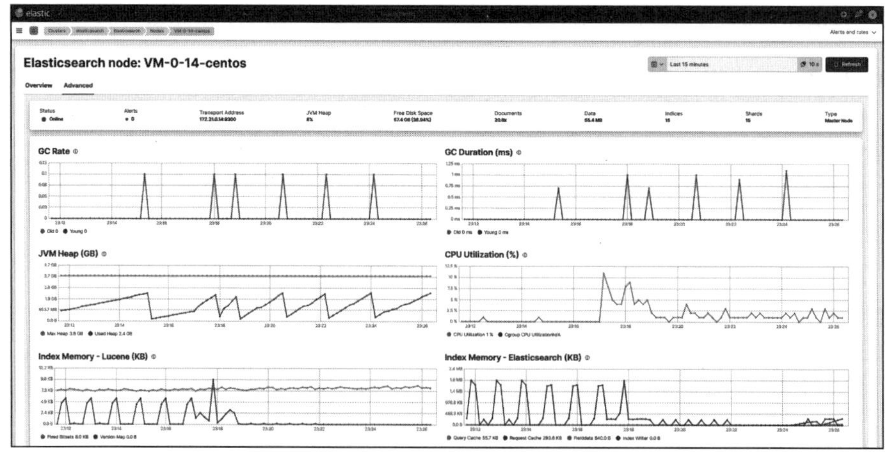

图 14-18 节点高级视图（2）

继续查看索引可视化视图，如图 14-19 所示。

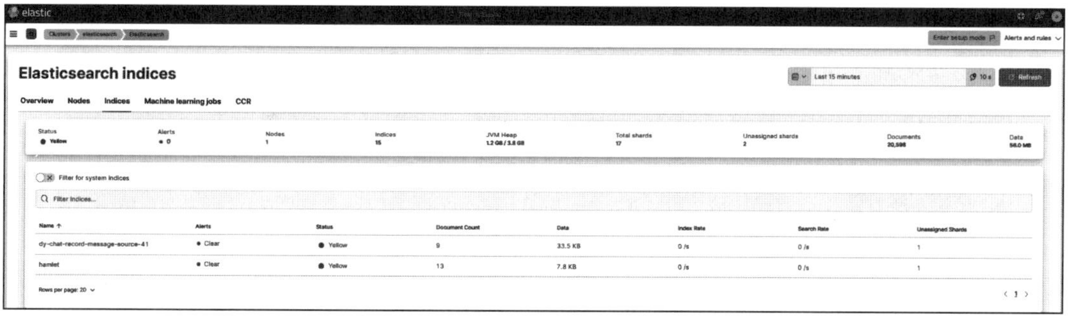

图 14-19 索引可视化视图

这些可视化视图能有效方便用户进行后续的开发和运维工作。

14.5 Elasticsearch 日志

实战中，笔者经常遇到这样的求助：如何配置 Elasticsearch 才能把请求日志全部打印出来？不管调用接口，还是使用 Kibana 查询数据，Elasticsearch 能打印 DSL 的请求日志吗？

对于这个问题，我们将在本节详细探讨。

14.5.1 Elasticsearch 日志基础知识

1）Elasticsearch 日志的作用是什么？答：如图 14-20 所示，一句话概括日志作用就是进行集群状态监测和故障诊断。

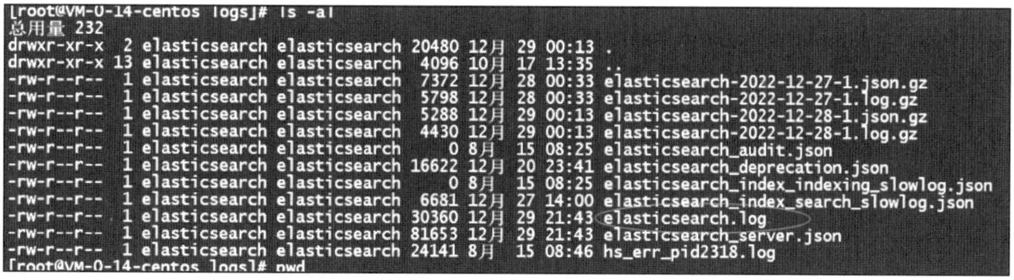

```
[root@VM-0-14-centos logs]# ls -al
总用量 232
drwxr-xr-x  2 elasticsearch elasticsearch 20480 12月 29 00:13 .
drwxr-xr-x 13 elasticsearch elasticsearch  4096 10月 17 13:35 ..
-rw-r--r--  1 elasticsearch elasticsearch  7372 12月 28 00:33 elasticsearch-2022-12-27-1.json.gz
-rw-r--r--  1 elasticsearch elasticsearch  5798 12月 28 00:33 elasticsearch-2022-12-27-1.log.gz
-rw-r--r--  1 elasticsearch elasticsearch  5288 12月 29 00:13 elasticsearch-2022-12-28-1.json.gz
-rw-r--r--  1 elasticsearch elasticsearch  4430 12月 29 00:13 elasticsearch-2022-12-28-1.log.gz
-rw-r--r--  1 elasticsearch elasticsearch     0 8月  15 08:25 elasticsearch_audit.json
-rw-r--r--  1 elasticsearch elasticsearch 16622 12月 20 23:41 elasticsearch_deprecation.json
-rw-r--r--  1 elasticsearch elasticsearch     0 8月  15 08:25 elasticsearch_index_indexing_slowlog.json
-rw-r--r--  1 elasticsearch elasticsearch  6681 12月 27 14:00 elasticsearch_index_search_slowlog.json
-rw-r--r--  1 elasticsearch elasticsearch 30360 12月 29 21:43 elasticsearch.log
-rw-r--r--  1 elasticsearch elasticsearch 81653 12月 29 21:43 elasticsearch_server.json
-rw-r--r--  1 elasticsearch elasticsearch 24141 8月  15 08:46 hs_err_pid2318.log
[root@VM-0-14-centos logs]# pwd
```

图 14-20 日志截图

2）Elasticsearch 日志的默认路径是什么？答：Elasticsearch 日志默认路径为 $ES_HOME/logs。如果通过命令行启动 Elasticsearch，则日志的输出信息也是命令行。

3）Elasticsearch 日志基于什么组件实现的？答：Elasticsearch 日志基于 Log4j 2 组件实现，该组件的官方地址为 https://logging.apache.org/log4j/2.x/。

4）Elasticsearch 日志的配置文件是什么？答：如图 14-21 所示，Elasticsearch 日志对应

的配置文件为 log4j2.properties，与 elasticsearch.yml 文件路径相同。

```
[root@VM-0-14-centos config]# ls -al
总用量 68
drwxr-xr-x  5 elasticsearch elasticsearch  4096 12月 27 13:56 .
drwxr-xr-x 13 elasticsearch elasticsearch  4096 10月 17 13:35 ..
drwxr-x---  2 elasticsearch elasticsearch  4096 8月  15 08:45 analysis-ik
drwxr-x---  2 elasticsearch elasticsearch  4096 8月  15 08:25 certs
-rw-rw----  1 elasticsearch elasticsearch   439 8月  15 08:25 elasticsearch.keystore
-rw-rw----  1 elasticsearch elasticsearch  1042 3月   3 2022 elasticsearch-plugins.example.yml
-rw-rw----  1 elasticsearch elasticsearch  4211 12月 14 13:35 elasticsearch.yml
-rw-rw----  1 elasticsearch elasticsearch  2986 8月  15 08:47 jvm.options
drwxr-x---  2 elasticsearch elasticsearch  4096 3月   3 2022 jvm.options.d
-rw-rw----  1 elasticsearch elasticsearch 16644 3月   3 2022 log4j2.properties
-rw-rw----  1 elasticsearch elasticsearch   473 3月   3 2022 role_mapping.yml
-rw-rw----  1 elasticsearch elasticsearch   197 3月   3 2022 roles.yml
-rw-rw----  1 elasticsearch elasticsearch     0 11月 29 23:25 users
-rw-rw----  1 elasticsearch elasticsearch     0 11月 29 23:25 users_roles
```

图 14-21 文件存储位置

5）Elasticsearch 日志的配置内容主要是什么？答：Elasticsearch 日志的配置内容主要包括命名规范、日志随日期滚动策略（日志大小等条件设置）等。

6）Elasticsearch 日志的级别如何划分？答：Elasticsearch 日志的级别由低到高分别为 TRACE → DEBUG → INFO → WARN → ERROR → FATAL，如图 14-22 所示。并且日志级别越低（系统设置），打印输出的场景越多；日志级别较高（比如 FATAL）时，则只在特定的致命场景下才会打印输出，一般不会打印。

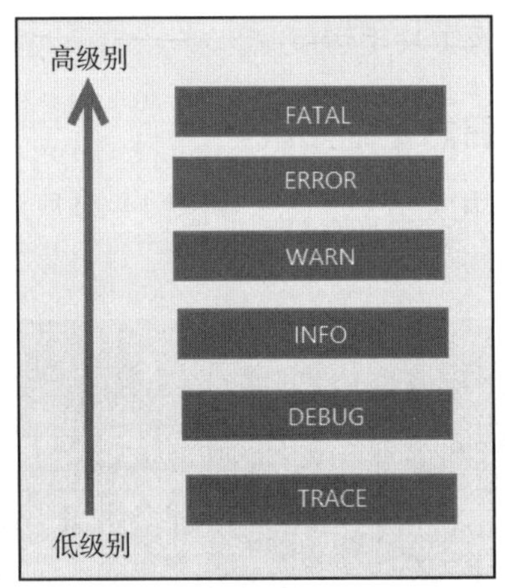

图 14-22 Elasticsearch 日志级别

7）Elasticsearch 默认的日志类型调整方式是什么（前提是支持动态更新）？答：有如下 3 种方式。

- 方式一：支持动态更新，无须重启。

```
PUT /_cluster/settings
{
  "persistent": {
    "logger.org.elasticsearch.discovery": "DEBUG"
```

```
  }
}
```

❑ 方式二：elasticsearch.yml 配置（静态配置方式，重启后生效）。

```
logger.org.elasticsearch.discovery: DEBUG
```

❑ 方式三：log4j2.properties 配置（静态配置方式，重启后生效）

```
logger.discovery.name = org.elasticsearch.discovery
logger.discovery.level = debug
```

14.5.2 最低级别日志能否输出检索语句

问题来了：若将 Elasticsearch 日志改成最低的 TRACE 级别，能输出请求日志吗？

我们一起试试看。如图 14-23 所示，将日志改成最低的 TRACE 级别，发现没有检索日志。

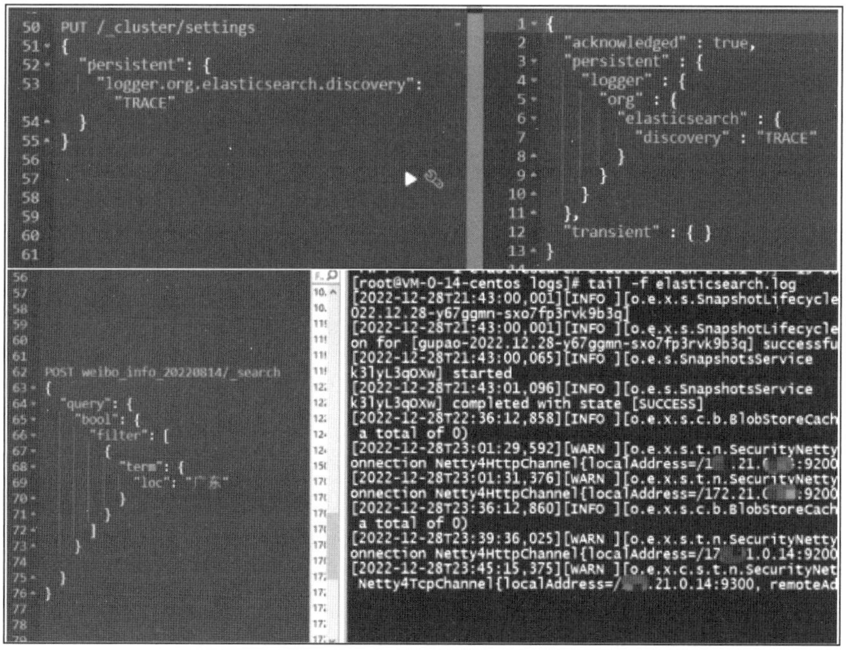

图 14-23 TRACE 级别日志中没有检索日志

那应该如何输出请求日志呢？对此，我们只能另寻他路。除了基础日志，我们还有 slowlog，即慢日志。

14.5.3 Elasticsearch slowlog 的常见问题

1）Elasticsearch slowlog 的作用是什么？顾名思义，slowlog 是指慢日志，又可以分为慢检索日志和慢写入日志，可显示检索请求实现流程中 query 阶段和 fetch 阶段的日志。Elasticsearch 检索请求的实现流程如图 14-24 所示。

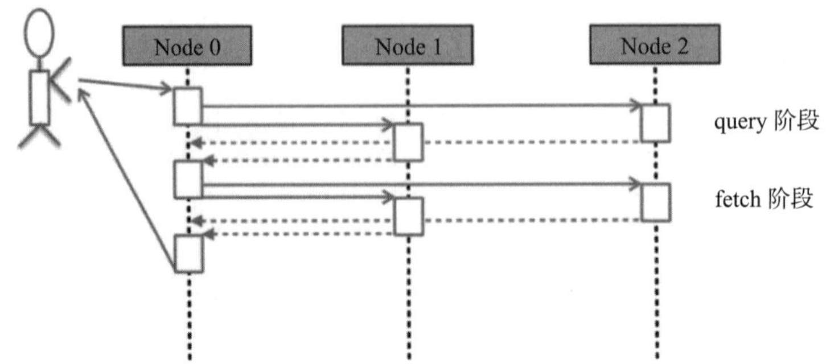

图 14-24 检索请求实现流程示意图

其中，query 阶段的核心步骤如下。

- 客户端发送请求到协调节点。
- 协调节点转发请求到索引的每个主或副本分片。
- 分片本地查询完成后，将结果添加到本地的优先队列。
- 每个分片将本地结果返回给协调节点，协调节点合并完成后，形成全局排序列表。

fetch 阶段的核心步骤如下。

- 协调节点接收到客户端请求后，将 GET 请求（query 阶段形成的全局排序列表结果数据）转发给相关节点。
- 接收到请求的节点向协调节点返回结果数据。
- 待全部结果数据都返回后，协调节点将结果返回给客户端。

2）Elasticsearch slowlog 中设置内容的含义是什么？以 query 阶段举例（以实测为准），slowlog 设置内容含义如下所示。

- query 请求耗时超过 500ms，打印 TRACE 日志。
- query 请求耗时超过 2s，打印 DEBUG 日志。
- query 请求耗时超过 5s，打印 INFO 日志。
- query 请求耗时超过 10s，打印 WARN 日志。

```
index.search.slowlog.threshold.query.warn: 10s
index.search.slowlog.threshold.query.info: 5s
index.search.slowlog.threshold.query.debug: 2s
index.search.slowlog.threshold.query.trace: 500ms
```

fetch 阶段的设置如下，原理与 query 阶段相同。

```
index.search.slowlog.threshold.fetch.warn: 1s
index.search.slowlog.threshold.fetch.info: 800ms
```

```
index.search.slowlog.threshold.fetch.debug: 500ms
index.search.slowlog.threshold.fetch.trace: 200ms
```

索引写入日志设置如下。

```
index.indexing.slowlog.threshold.index.warn: 10s
index.indexing.slowlog.threshold.index.info: 5s
index.indexing.slowlog.threshold.index.debug: 2s
index.indexing.slowlog.threshold.index.trace: 500ms
index.indexing.slowlog.source: 1000
```

3）slowlog 中 source:1000 的含义是什么？代码如下。

```
"index.indexing.slowlog.source": "1000"
```

答：记录 slowlog 中 _source 字段的前 1000 个字符。

4）slowlog 日志显示不全、被截取了怎么办？

- 默认值：记录 slowlog 中 _source 的前 1000 个字符。
- 设置为 true：记录整个源请求。
- 设置为 false 或 0：不记录源请求。
- 特别说明：原始 _source 被重新格式化，以确保它适用于单个日志行。

5）如何设置 Elasticsearch slowlog？答：如下代码用于动态更新 Elasticsearch 索引（my-index-000001）的慢检索日志阈值设置，包括 query 和 fetch 阶段的警告、信息、调试和跟踪级别的时间阈值。

```
PUT /my-index-000001/_settings
{
  "index.search.slowlog.threshold.query.warn": "10s",
  "index.search.slowlog.threshold.query.info": "5s",
  "index.search.slowlog.threshold.query.debug": "2s",
  "index.search.slowlog.threshold.query.trace": "500ms",
  "index.search.slowlog.threshold.fetch.warn": "1s",
  "index.search.slowlog.threshold.fetch.info": "800ms",
  "index.search.slowlog.threshold.fetch.debug": "500ms",
  "index.search.slowlog.threshold.fetch.trace": "200ms"
}
```

6）slowlog 既然可以基于阈值打印输出请求日志，那么它的阈值势必可以设置很低，若最低设置为 0，那么必然能打印出全部日志吗？

我们通过代码来验证这个说法。如下是基于 packets-2022-12-14 的 index、fetch、query 的 debug 设置。

```
PUT packets-2022-12-14/_settings
{
  "index.indexing.slowlog.threshold.index.debug": "0s",
```

```
    "index.search.slowlog.threshold.fetch.debug": "0s",
    "index.search.slowlog.threshold.query.debug": "0s"
}
```

设置完成后，在 Kibana 控制台随意加一个 query 请求。日志存储在 elasticsearch_index_search_slowlog.json 文件下，如图 14-25 所示。

```
[root@VM-0-14-centos logs]# ls -al
总用量 232
drwxr-xr-x  2 elasticsearch elasticsearch 20480 12月 29 00:13 .
drwxr-xr-x 13 elasticsearch elasticsearch  4096 10月 17 13:35 ..
-rw-r--r--  1 elasticsearch elasticsearch  7372 12月 28 00:33 elasticsearch-2022-12-27-1.json.gz
-rw-r--r--  1 elasticsearch elasticsearch  5798 12月 28 00:33 elasticsearch-2022-12-27-1.log.gz
-rw-r--r--  1 elasticsearch elasticsearch  5288 12月 29 00:13 elasticsearch-2022-12-28-1.json.gz
-rw-r--r--  1 elasticsearch elasticsearch  4430 12月 29 00:13 elasticsearch-2022-12-28-1.log.gz
-rw-r--r--  1 elasticsearch elasticsearch     0 8月  15 08:25 elasticsearch_audit.json
-rw-r--r--  1 elasticsearch elasticsearch 16622 12月 20 23:41 elasticsearch_deprecation.json
-rw-r--r--  1 elasticsearch elasticsearch     0 8月  15 08:25 elasticsearch_index_indexing_slowlog.json
-rw-r--r--  1 elasticsearch elasticsearch  6681 12月 27 14:00 elasticsearch_index_search_slowlog.json
-rw-r--r--  1 elasticsearch elasticsearch 30360 12月 29 21:43 elasticsearch.log
-rw-r--r--  1 elasticsearch elasticsearch 81653 12月 29 21:43 elasticsearch_server.json
-rw-r--r--  1 elasticsearch elasticsearch 24141 8月  15 08:46 hs_err_pid2318.log
```

图 14-25 JSON 文件存储位置示意

如图 14-26 所示，任意请求 DSL 都将被打印出来。

图 14-26 打印出任意的请求

至此，本节的问题得以解决。

总的来说，Elasticsearch 日志在排查集群故障方面具有重要作用，而 slowlog 则能够协助我们解决诊断写入和查询层面的慢写入和慢查询问题。对于较大规模的集群，我们可以将这些日志独立采集并使用 Kibana 进行可视化展示，从而使故障排查过程更加方便、高效和直观。

14.6 本章小结

Elasticsearch 运维能确保集群的稳定性和高可用性，提高集群的性能和响应速度，保护集群和存储数据的安全性。Elasticsearch 运维工作包罗万象，本章只是抛砖引玉，期待各位读者能够深入实践。好的集群运维需要结合可视化工具，包括 Kibana、Cerebro、Elastic HQ、Prometheus、Grafana 以及阿里云 Eyou 等，能极大提高效率。

本章知识点总结如图 14-27 所示。

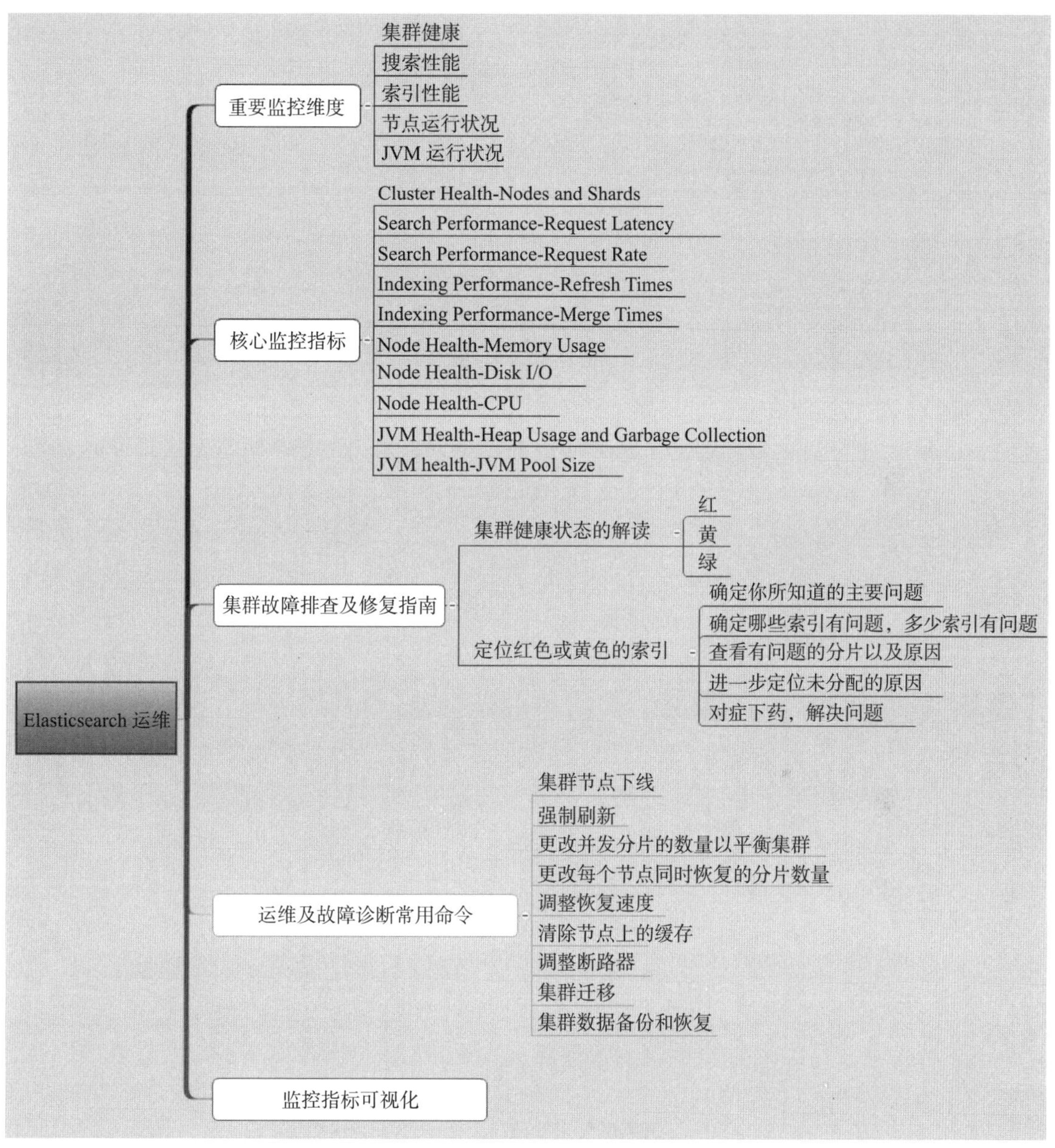

图 14-27 Elasticsearch 运维

第三部分 Part 3

Elasticsearch 进阶指南

经过第一部分、第二部分的学习，我们已经掌握了Elastic Stack的重要概念，能够建立单节点或多节点的集群环境，掌握了Elasticsearch的核心技术。至此，我们已经能够游刃有余地处理大部分基础问题了。

而第三部分是进阶知识，包括Elasticsearch各关键操作的原理、性能优化方案以及实战“避坑”指南。首先讲解文档版本冲突及并发控制策略，以及更新/删除、写入、段合并、检索等操作的实现；然后提供通用、写入、检索3个维度的性能优化建议；最后对实战问题及解决技巧进行解读，涉及分片、线程池和队列、热点线程、集群规模、客户端选型、缓存、数据建模、性能测试等话题，为企业级实战保驾护航。

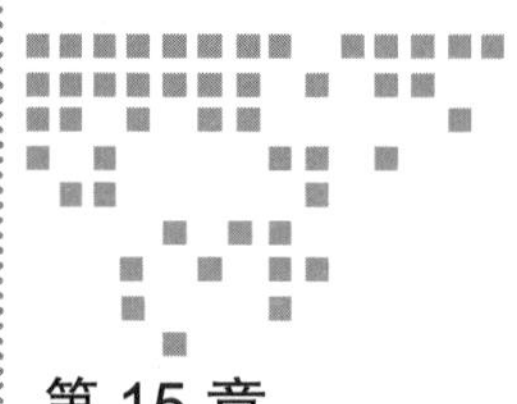

Chapter 15 第 15 章

Elasticsearch 核心工作原理

学习 Elasticsearch 的基础原理对于从事相关领域工作的技术人员非常重要。了解 Elasticsearch 的基础原理可以帮助我们更快地构建搜索引擎、日志分析系统等应用。了解 Elasticsearch 的基础原理，可以更好地挖掘问题表象背后的深层次原因，并帮助我们找到解决方案，还可以让我们更好地使用和优化 Elasticsearch，提高工作效率，进而提升用户满意度。

15.1 Elasticsearch 文档版本的应用原理

15.1.1 文档版本控制机制的产生背景

Elasticsearch 使用文档版本来控制文档的并发更新，并用于解决冲突。它使用内部版本和外部版本来保证数据的一致性、可靠性。

试想一下，如果没有文档版本，当遇到并发访问时应该怎么办？

我们知道 Elasticsearch 从写入到检索的时间间隔是由刷新频率 refresh_interval 设定的，该值可以更新，但默认最快是 1s。基于该前置条件，我们来看一个示例。

如图 15-1 所示，假设有一个评价 T 恤设计的网站。网站很简单，仅列出了不同 T 恤的设计样式，允许用户投票。

如果用户是顺序投票的，该网站没有并发请求，直接发起更新没有问题。但是，在 999 次累计投票后，碰巧小明和小红两位同时（并发）发起投票请求。这时候，如果没有版本控制，将导致最终结果不是预期的 1001 次投票，而是 1000 次投票。

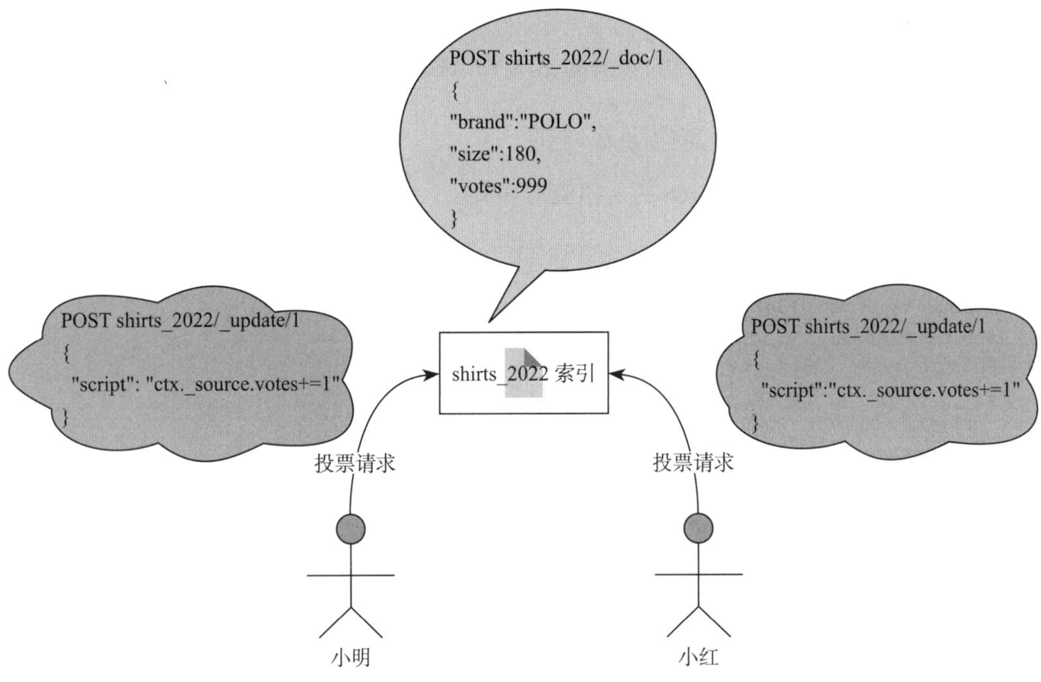

图 15-1　文档更新场景示意图

所以，为了处理上述场景以及更复杂的并发场景，Elasticsearch 急需一个内置的文档版本控制系统。这就是该机制的产生背景。

15.1.2　Elasticsearch 文档版本定义

执行如下命令。

```
GET my_index_1501/_doc/1
```

召回结果如下。

```
  "_index" : "my_index_1501",
  "_id" : "1",
  "_version" : 1,
  "_seq_no" : 0,
  "_primary_term" : 1,
  "found" : true,
  "_source" : {
    ……省略……
    }
  }
}
```

这里的 _version 代表文档的版本。当我们在 Elasticsearch 中创建一个新文档时，它会为该文档分配一个 _version:1。当我们后续对该文档进行任何操作（如更新、索引或删除）

时，_version 都会增加 1。

简单来说，Elasticsearch 使用 _version 来鉴别文档是否已更改。

15.1.3 Elasticsearch 文档版本冲突

来直观地看一下 Elasticsearch 的文档版本冲突。

1. 创建场景的版本冲突

```
DELETE my_index_1501
# 执行创建并写入
PUT my_index_1501/_create/1
{
  "@timestamp": "2099-11-15T13:12:00",
  "message": "GET /search HTTP/1.1 200 1070000",
  "user": {
    "id": "kimchy"
  }
}

# 再次执行会报版本冲突错误
# 报错信息: [1]: version conflict, document already exists (current version [1])
PUT my_index_1501/_create/1
{
  "@timestamp": "2099-11-15T13:12:00",
  "message": "GET /search HTTP/1.1 200 1070000",
  "user": {
    "id": "kimchy"
  }
}
```

create 场景版本冲突报错如下。

```
"type" : "version_conflict_engine_exception",
  "reason" : "[1]: version conflict, document already exists (current version [1])",
  "index_uuid" : "GZCijojfTw-69Ct60C8DFg",
  "shard" : "0",
  "index" : "my_index_1501"
```

2. 批量更新场景的版本冲突

模拟脚本 1：循环写入数据脚本 index.sh。

脚本用途：在一个无限循环中，每次生成一个 10 位的随机字母和数字组合的字符串，然后用这个字符串更新 Elasticsearch 中 test 索引的 3 个文档（ID 分别为 1、2、3），这 3 个文档的 foo 字段被更新为这个随机字符串。

```
#!/bin/sh
while true; do
  s=$(tr -dc A-Za-z0-9 < /dev/urandom | head -c 10)
```

```
  curl -u elastic:changeme -s -X POST '172.21.0.14:29200/test/_bulk' -H 'Content-
    Type: application/x-ndjson' -d \
  '{ "index": { "_index": "test", "_id": "1" }}
  { "name": "update", "foo": "'$s'" }
  { "index": { "_index": "test", "_id": "2" }}
  { "name": "update", "foo": "'$s'" }
  { "index": { "_index": "test", "_id": "3" }}
  { "name": "update", "foo": "'$s'" }
'
  echo ''
done
```

模拟脚本 2：以下是一个基础的更新脚本 update.sh，它使用 Elasticsearch 的 update_by_query API 执行批量更新。

脚本含义：在持续的循环中运行，每次生成一个由 10 个随机字母和数字组成的唯一字符串。然后，然后利用 Elasticsearch 的 update_by_query API，寻找索引 test 中所有 name 字段值为 update 的文档，并将它们的 foo 字段更新为新生成的随机字符串。每轮操作之后，脚本都会进行 1s 的暂停，以优化系统性能并确保数据的有效更新。

```
#!/bin/sh
while true; do
    s=$(tr -dc A-Za-z0-9 < /dev/urandom | head -c 10)
    curl -u elastic:changeme -s -X POST '172.21.0.14:29200/test/_update_by_
      query' -H 'Content-Type: application/json' -d \
   '{
    "query": {
        "match": {
            "name": {
                "query": "update"
            }
        }
    },
    "script": {
        "lang": "painless",
        "source": "ctx._source[""foo""] = ""$s"""
    }
  }'
    echo ''
    sleep 1
done
```

写入脚本 index.sh 比更新脚本 update.sh（执行一次，休眠 1s）执行要快，所以更新操作获取的版本较写入操作的最新版本要低，会导致版本冲突，如图 15-2 所示。

3. 批量删除场景的版本冲突

写入脚本 index.sh 不变，同场景 2。

删除脚本 delete.sh 如下。

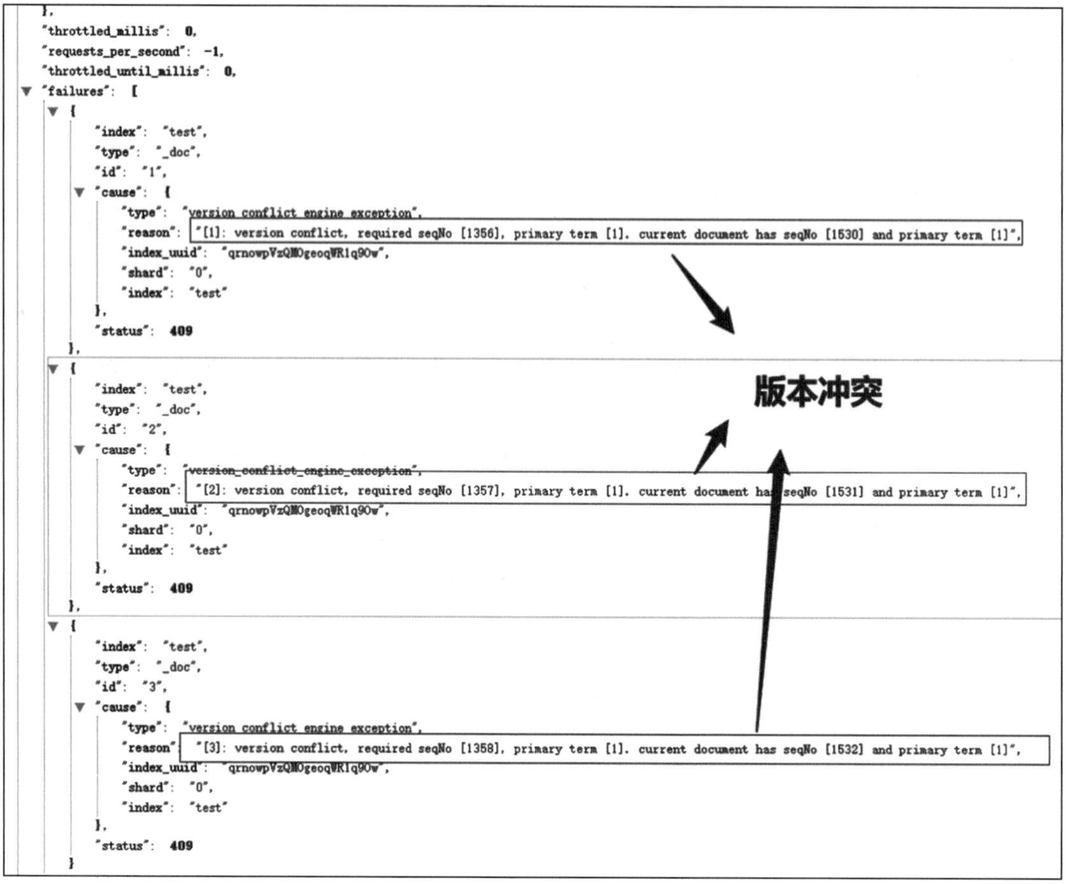

```
},
"throttled_millis": 0,
"requests_per_second": -1,
"throttled_until_millis": 0,
"failures": [
  {
    "index": "test",
    "type": "_doc",
    "id": "1",
    "cause": {
      "type": "version_conflict_engine_exception",
      "reason": "[1]: version conflict, required seqNo [1356], primary term [1]. current document has seqNo [1530] and primary term [1]",
      "index_uuid": "qrnowpVzQMOgeoqWR1q90w",
      "shard": "0",
      "index": "test"
    },
    "status": 409
  },
  {
    "index": "test",
    "type": "_doc",
    "id": "2",
    "cause": {
      "type": "version_conflict_engine_exception",
      "reason": "[2]: version conflict, required seqNo [1357], primary term [1]. current document has seqNo [1531] and primary term [1]",
      "index_uuid": "qrnowpVzQMOgeoqWR1q90w",
      "shard": "0",
      "index": "test"
    },
    "status": 409
  },
  {
    "index": "test",
    "type": "_doc",
    "id": "3",
    "cause": {
      "type": "version_conflict_engine_exception",
      "reason": "[3]: version conflict, required seqNo [1358], primary term [1]. current document has seqNo [1532] and primary term [1]",
      "index_uuid": "qrnowpVzQMOgeoqWR1q90w",
      "shard": "0",
      "index": "test"
    },
    "status": 409
  }
```

版本冲突

图 15-2 批量更新场景的版本冲突

```
#!/bin/sh
while true; do
    s=$(tr -dc A-Za-z0-9 < /dev/urandom | head -c 10)
    curl -u elastic:changeme -s -X POST '172.21.0.14:29200/test/_delete_by_
      query' -H 'Content-Type: application/json' -d \
   '{
    "query": {
        "match": {
            "name": {
                "query": "update"
            }
        }
    }
  }'
    echo "
    sleep 1
done
```

与更新场景的冲突原因一致，写入脚本 index.sh 比删除脚本 delete.sh（执行一次则休眠 1s）的执行速度要快，所以删除获取的版本较写入的最新版本要低，会导致版本冲突报错。

综上，3 种场景都发生了冲突。

用一句话来说，Elasticsearch 文档冲突的本质——老版本覆盖掉了新版本。

15.1.4 常见的并发控制策略

在处理 Elasticsearch 文档的并发更新时，需要意识到并发控制的重要性。因为在不进行适当控制的情况下，较旧的版本可能会意外地覆盖较新的版本，从而引发文档冲突。并发控制的主要目的在于防止两个或多个用户同时编辑同一记录而导致最终结果和预期不一致。常见的并发控制策略包括悲观锁、乐观锁。

1. 悲观锁

悲观锁又名悲观并发控制（Pessimistic Concurrency Control，PCC），是一种并发控制的方法。

- 悲观锁本质：在修改数据之前先锁定，再修改。
- 悲观锁优点：采用先锁定后修改的保守策略，为数据处理的安全提供了保证。
- 悲观锁缺点：加锁会有额外的开销，还会增加产生死锁的概率。
- 悲观锁应用场景：比较适合写入操作比较频繁的场景。

2. 乐观锁

乐观锁又名乐观并发控制（Optimistic Concurrency Control，OCC），也是一种并发控制的方法。

- 乐观锁本质：假设多用户并发的事务在处理时不会彼此互相影响，各事务能够在不产生锁的情况下处理各自影响的那部分数据。在提交数据更新之前，每个事务会先检查在该事务读取数据后，有没有其他事务又修改了该数据。如果其他事务有更新的话，正在提交的事务会进行回滚。
- 乐观锁优点："胆子足够大，足够乐观"，直到进行提交操作的时候才去锁定，不会产生任何锁和死锁。
- 乐观锁缺点：并发写入时会有问题，需要有冲突避免策略补救。
- 乐观锁应用场景：乐观锁在一些特定的应用场景中表现得尤其出色，特别是在数据竞争较少、冲突发生的概率较小的环境中。另外，乐观锁特别适合用于读取操作比较频繁的场景。在这种情况下读操作远多于写操作，乐观锁能够确保在读取数据时不会由于等待锁的释放而产生阻塞，从而使得读取操作能够顺畅进行。

不同于悲观锁在任何时候都预设会有冲突并采取预防措施的方式，乐观锁的乐观并发控制策略能够在大多数情况下提供比悲观锁更高的吞吐量。这得益于它缩短了锁定资源的时间，从而使得更多的操作有机会并发执行，提高了整体的系统性能。

这里要强调的是，Elasticsearch 采用乐观锁的机制来处理并发问题。Elasticsearch 乐观锁实质上没有给数据加锁，而是基于文档版本实现的，每次更新或删除数据的时候都需要对比版本号。

15.1.5 如何解决或避免 Elasticsearch 文档版本冲突

1. 利用 external 对版本号进行外部控制

Elasticsearch 提供了多种版本控制策略，其中之一便是利用 external 来对版本号进行外部控制。这种机制允许在 Elasticsearch 外部（如数据库）维护版本号的值，以实现对索引操作的精细控制。要启用此功能，需要将 version_type 设置为 external。

在 external 模式下，Elasticsearch 相当于将版本控制的责任委托给了外部数据库或其他第三方库，它们负责生成和管理文档的版本号。这种方式可以看作一种放权操作，它让数据源对其数据在 Elasticsearch 中的版本有更多的控制权。

当使用 external 版本类型时，Elasticsearch 在处理索引请求时会对比传入文档的版本号和已存储文档的版本号。如果传入的版本号大于已存储的，就表明这是一个新版本的文档，Elasticsearch 则会执行索引操作并更新文档的版本号。然而，如果传入的版本号小于或等于已有版本号，这就意味着可能存在并发修改的问题，Elasticsearch 会认为发生了版本冲突，索引操作将被拒绝。

利用 external 控制版本号的优势在于，它能确保 Elasticsearch 中的数据始终是最新的，因为任何过期的修改都会因版本冲突而被拒绝。此外，借助 external 版本控制，可以更有效地解决并发修改带来的版本冲突问题，从而保证数据的一致性和完整性。

下面进行实战演练。在没有开启 external 模式的情况下执行如下命令。

```
PUT my_index_1501/_doc/1?version=2
{
  "user": {
    "id": "elkbee"
  }
}
```

报错如下。

```
{
  "error" : {
    "root_cause" : [
      {
       ……省略……
      }
    ],
    "type" : "action_request_validation_exception",
    "reason" : "Validation Failed: 1: internal versioning can not be used for
      optimistic concurrency control. Please use `if_seq_no` and `if_primary_
      term` instead;"
  },
```

```
  "status" : 400
}
```

这表明内部版本控制不能使用乐观锁，也就是说，不能直接使用 version，而需要使用 if_seq_no 和 if_primary_term（后文会专门解读两者用法）。

如果开启了 external 模式，则执行如下命令。

```
PUT my_index_1501/_doc/1?version=2&version_type=external
{
  "user": {
    "id": "elkbee"
  }
}
```

执行结果如下。

```
{
  "_index" : "my_index_1501",
  "_id" : "1",
  "_version" : 2,
  "result" : "updated",
  "_shards" : {
    "total" : 2,
    "successful" : 1,
    "failed" : 0
  },
  "_seq_no" : 1,
  "_primary_term" : 1
}
```

与不用 external 相比，使用 external 后可以基于 version 进行文档更新操作。external_gt 和 external_gte 在 Elasticsearch 中被用于控制版本冲突。简单来说，利用这种方式，只有当给定的版本号大于（gt）或大于等于（gte）当前版本号时，才会执行更新或索引操作。external_gt 和 external_gte 的用法见官方文档，本节不展开，原理同 external。

2. 利用 if_seq_no 和 if_primary_term 作为唯一标识来避免版本冲突

Elasticsearch 提供了一种更精细的版本控制机制——通过 if_seq_no 和 if_primary_term 参数来对文档的版本进行唯一标识，从而避免并发操作引起的冲突。

在执行索引写入操作时，Elasticsearch 会检查传入的 if_seq_no 和 if_primary_term 是否与最后一次修改文档的序列号（seq no）和主要项（primary term）匹配。这两个参数共同提供了一种强大的控制机制，确保只有当所提供的版本信息与文档的最新状态一致时，才会执行写入操作。

如果 if_seq_no 和 if_primary_term 的值与当前文档状态不匹配，Elasticsearch 会认为发生了版本冲突。在这种情况下，系统会返回一条"VersionConflictException"的报错信息，同时伴随一个 409 的 HTTP 状态码，表明请求的操作由于版本冲突而未能成功执行。

这种以 if_seq_no 和 if_primary_term 为基础的版本控制策略，为 Elasticsearch 提供了强大的并发控制能力。它能够有效地避免并发操作导致的数据一致性问题，确保每一次的写入操作都是基于文档的最新状态进行的，从而保证数据的完整性和一致性。

1）写入数据。

```
PUT my_index_1502/_doc/1567
{
  "product" : "r2d2",
  "details" : "A resourceful astromech droid"
}
# 查看 if_seq_no 和 if_primary_term
GET my_index_1502/_doc/1567
```

返回结果如下。

```
{
  "_index" : "my_index_1502",
  "_id" : "1567",
  "_version" : 1,
  "_seq_no" : 0,
  "_primary_term" : 1,
  "found" : true,
  "_source" : {
  ……省略……
  }
}
```

2）在获得 if_seq_no 和 if_primary_term 的前提下进行更新。

```
# 模拟数据打标签的过程
PUT my_index_1502/_doc/1567?if_seq_no=0&if_primary_term=1
{
  "product": "r2d2",
  "details": "A resourceful astromech droid",
  "tags": [
    "droid"
  ]
}


# 再获取数据
GET my_index_1502/_doc/1567
```

这一步骤的更新数据操作是在上一步骤中已获取写入文档的 if_seq_no=0 和 if_primary_term=1 的基础上完成的，这样能有效避免冲突。

3. 批量更新和批量删除中通过 proceed 忽略冲突

我们在 15.1.3 节中批量更新场景下的实现代码的基础上添加 conflicts=proceed，其中 conflicts 默认表示终止，而 proceed 表示继续。conflicts=proceed 实际上是告诉进程忽略冲突并继续更新其他文档。

```
POST test/_update_by_query?conflicts=proceed
{
  "query": {
    "match": {
      "name": "update"
    }
  },
  "script": {
    "source": "ctx._source['foo'] = '123ss'",
    "lang": "painless"
  }
}
```

如图 15-3 所示，经过该操作，代码运行不会报 409 错误了，但依然会有版本冲突。不过，在某些企业级场景下，该操作是有效的。

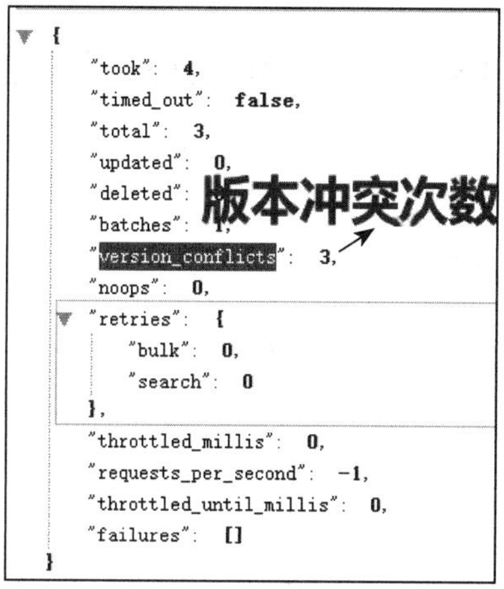

同理，delete_by_query 参数的执行过程及返回结果均与 update_by_query 的一致，实现脚本如下所示。

```
{
  "took": 4,
  "timed_out": false,
  "total": 3,
  "updated": 0,
  "deleted": 0,
  "batches": 1,
  "version_conflicts": 3,
  "noops": 0,
  "retries": {
    "bulk": 0,
    "search": 0
  },
  "throttled_millis": 0,
  "requests_per_second": -1,
  "throttled_until_millis": 0,
  "failures": []
}
```

版本冲突次数

图 15-3　版本冲突报错

```
#!/bin/sh
while true; do
    s=$(tr -dc A-Za-z0-9 < /dev/urandom | head -c 10)
    curl -u elastic:changeme -s -X POST '172.21.0.14:29200/test/_delete_by_
      query?conflicts=proceed' -H 'Content-Type: application/json' -d \
  '{
    "query": {
        "match": {
            "name": {
                "query": "update"
            }
        }
    }
  }'
    echo "
    sleep 1
done
```

相较于通过 update_by_query API 批量更新文档，这里使用了 delete_by_query API 来批量删除文档。如果我们在处理单个文档更新时遇到版本冲突，可以通过设置 retry_on_conflict 参数来指定重试次数，这样可以增加更新操作成功的概率。

在本节中，我们深入探讨了并发更新和并发删除可能引发的版本冲突问题。我们注意到，除了并发处理和数据一致性的挑战外，频繁的文档更新也可能对性能产生负面影响。特别是在更新尚未写入段的文档时，可能触发刷新操作，这将导致写入效率的降低，尤其是在刷新频率较低的情况下。本节中，我们构建了模拟脚本，将实际问题抽象化，以便更直观地理解版本冲突的产生机制。我们定义了文档版本的概念，并阐述了其产生的背景条件。接着，我们深入解析了乐观锁和悲观锁这两种主要的冲突解决机制，并针对这些机制提出并验证了多种解决文档版本冲突的策略。这些研究为我们在面对版本冲突问题时提供了有效的应对方案，增强了我们处理并发更新和删除操作问题的能力。

15.2 Elasticsearch 文档更新 / 删除的原理

实战中可能会遇到如下两个问题。

问题 1：如图 15-4 所示，利用 Elasticsearch head 插件查看索引文档数分别是 3429 和 5921，为什么该显示结果不一致？

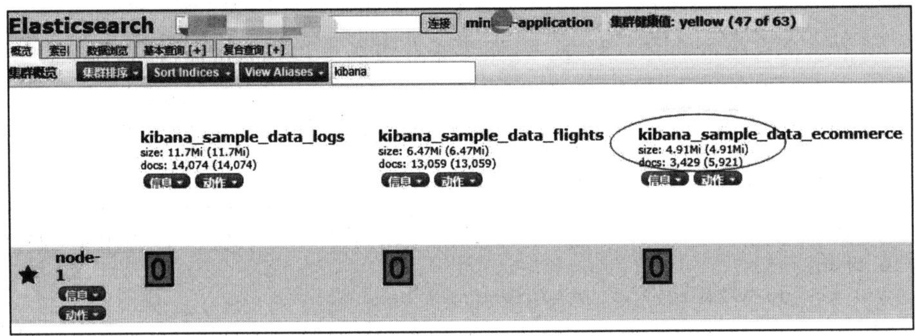

图 15-4 利用 Elasticsearch head 插件查看索引文档数

问题 2：数据库读数据并批量写入 Elasticsearch，自定义 ID 是使用数据库的主键值实现的。通过 Cerebro 发现大量文档的状态变成 deleted，即“已删除”状态，而数据库中的主键值是没有重复的。这是什么原因造成的？

```
{
  "_shards":{
    "total":10,
    "successful":10,
    "failed":0
  },
  "_all":{
    "primaries":{
      "docs":{
        "count":1336958,
        "deleted":80673
      },
      "store":{
        "size":"4gb",
        "size_in bytes":4331818316
      },
      "indexing":{
```

```
          "index total":1950000,
          ......
        }
      }
    }
  }
```

以上两个问题都涉及文档的删除、更新操作。下面我们先说透这两个概念，再拆解并分析问题。

15.2.1 更新 / 删除操作时文档版本号的变化

如前文所述，当一个文档被更新时，Elasticsearch 会创建一个新版本，并将其存储在主分片中，同时 Elasticsearch 会维护一个版本历史记录，以便在必要时回滚到旧版本。这时候我们通常会产生疑问：如果对已有数据执行更新或者删除操作，那么版本号将如何变化？

我们通过下面的示例来一探究竟。

```
#### 执行一次
PUT my_index_1503/_doc/1
{
  "counter" : 2,
  "tags" : ["blue"]
}

# "_version" : 1,
GET my_index_1503/_doc/1

#### "count" : 1, "deleted" : 0
GET my_index_1503/_stats

#### 再执行一次（更新操作）
####  "_version" : 2（版本号 + 1），
PUT my_index_1503/_doc/1
{
  "counter" : 3,
  "tags" : ["blue","green"]
}
```

再次写入文档相当于对原有文档执行全更新操作，_version 由 1 变成 2。

```
{
  "_index" : "my_index_1503",
  "_id" : "1",
  "_version" : 2,
  "result" : "updated",
  ……省略……
}
```

此时，通过 _stats API 发现 deleted 显示为 1（执行后要稍等片刻，有个变化过程）。

```
#### "count" : 1, "deleted" : 1
GET my_index_1503/_stats
```

执行结果如下。

```
{
  "_shards" : {
    "total" : 2,
    "successful" : 1,
    "failed" : 0
  },
  "_all" : {
    "primaries" : {
      "docs" : {
        "count" : 1,
        "deleted" : 1
      }
```

如下执行 delete 操作后，查看结果，发现 _version 的版本号加 1。

```
DELETE my_index_1503/_doc/1
```

此时，我们通过 _stats API 发现 deleted 显示为 3（执行后要稍等片刻）。

```
{
  "_shards" : {
    "total" : 2,
    "successful" : 1,
    "failed" : 0
  },
  "_all" : {
    "primaries" : {
      "docs" : {
        "count" : 0,
        "deleted" : 3
      }
```

由此，初步得出如下结论。

- 更新、删除操作实际是在原来文档的版本号基础上加 1，且每执行一次，版本号进行一次加 1 操作。
- 原来老版本的文档被标记为“已删除”状态。这就能解释本节开头问题 2 的疑问，即为何只重复写入也会有文档标记为“已删除”状态。

15.2.2 文档删除、索引删除和文档更新的本质

1. 文档删除的本质

文档删除本质上是逻辑删除而非物理删除。

在执行文档删除操作后，待删除文档不会立即将文档从磁盘中删除，而是将文档标记

为“已删除”状态（版本号 _version 加 1，result 标记为 deleted）。所以很多人对此有疑问：为什么删除文档后磁盘空间没有释放？

随着索引的数据越来越多，Elasticsearch 将会在后台清理这些标记为“已删除”的文档。但如果想要从磁盘上删除这些文档，则需要借助段合并来实现，具体实践参考如下代码。

```
POST my_index_1503/_forcemerge?only_expunge_deletes
```

段合并的参数 only_expunge_deletes 表示只清除已标记为“已删除”的文档。

```
#### 删除后，显示 "count":0, "deleted":0
GET my_index_1503/_stats
```

这里可以扩展出一个问题：既然文档越删越多，若想批量或者全量删除历史冷数据，有没有更快的方式呢？有的，我们可以借助索引删除操作来删除该索引下的全部数据。

2. 索引删除的本质

不同于文档删除，索引删除意味着删除其分片、映射和数据。并且，相比于文档删除，索引删除会更直接、快速、暴力。删除索引后，与索引有关的所有数据将从直接从磁盘中删除。

索引删除本质上是物理删除。

索引删除包含两个步骤：更新集群；将分片从磁盘删除。

这里要特别强调的是，如果没有索引快照备份或者其他数据备份存在，那么已删除的索引是不可恢复的。这一点经常会被问到。

索引删除的操作如下。

```
DELETE my_index_1503
```

3. 文档更新的本质

在 Lucene 中，插入或更新文档的成本相等。在 Lucene 和 Elasticsearch 中，更新意味着替换。

更新文档本质上是“delete + add”操作。具体来说，表面上是更新，实际上是 Elasticsearch 将旧文档标记为“已删除”，并增加一个全新的文档。

同文档删除一样，文档更新后旧文档不能被访问，但旧文档不会立即被物理删除，除非手动或者定时执行了段合并操作。

15.2.3 文档更新 / 删除的常见问题

1）为什么文档数不一致？

我们先来复现一下问题场景。直接用“kibana_电商”（Kibana 自带）这部分样例数据作为基础数据。

首先，明确原始文档数都是 4675，如图 15-5 所示。

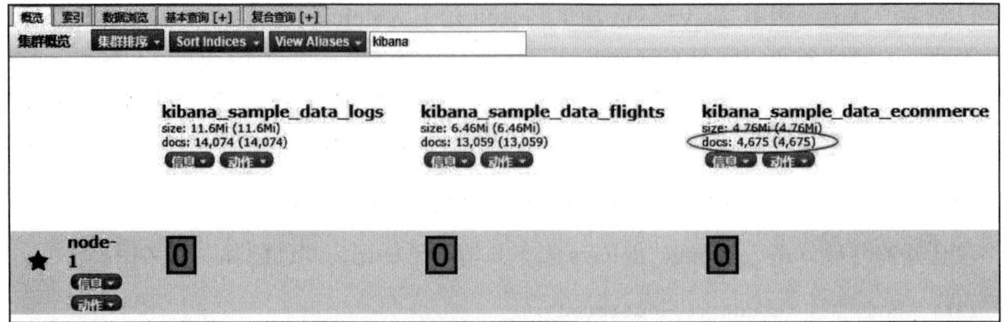

图 15-5 利用 head 插件显示文档数

然后，执行批量删除操作，删除 order_id > 584670 的数据。

```
POST kibana_sample_data_ecommerce/_delete_by_query
{
  "query":{
    "range":{
      "order_id":{
        "gt": 584670
      }
    }
  }
}
```

返回结果如下，也就是说共删除了 1246 条记录。

```
{
  "took" : 100,
  "timed_out" : false,
  "total" : 1246,
  "deleted" : 1246,
  "batches" : 2,
  ......
}
```

接着，查看可视化结果，如图 15-6 所示。

图 15-6 删除后的可视化结果

分析两个 docs 值的变化。

- 4675−1246 = 3429，初步判断该值代表精确的文档数值。
- 4675+1246 = 5921，初步判断该值代表“原有文档数 + 已删除文档数”。

利用 _stats 进行统计如下。

```
GET kibana_sample_data_ecommerce/_stats
```

返回结果如下。

```
"_all" : {
  "primaries" : {
    "docs" : {
      "count" : 3429,
      "deleted" : 2492
    }
```

在返回的结果中，count 值是指该索引中当前有效的文档数量，而 deleted 值则表示被标记为“已删除”的文档数量。当我们将这两个值相加时，就得到了索引中所有文档的总数。

关于 deleted 值为 1246 的两倍，这可能是因为每个待删除的文档都有一个与其相关的版本增量，因此这个数字是原有待删除文档数量的两倍。当删除操作执行后，这些待删除的文档会被标记为“已删除”，并且其版本号会增加 1。

在实际的测试验证过程中，我们发现 deleted 值会发生变化。该值起初可能是 2492，然后变为 1246，最后变为 0。这种变化表明，随着时间的推移，Elasticsearch 会逐步清理已被删除的文档。不过，我们也可以使用 force_merge 命令来强制进行段合并，以清理已被删除的文档。

2）为什么大量文档的状态是“已删除”？

初步猜测这是因为在同步数据时写入了相同 ID 的文档数据，也就是说，同一条数据写入了两次或多次，这样在 Elasticsearch 里面会做覆盖处理（本质是更新）。而如前所述，更新的本质是将原有文档标记为“已删除”，再插入一条文档。

对此，可以尝试手动执行 force_merge 操作，这样“已删除”文档就没有了。或者等待一段时间，待段合并时，“已删除”文档就没有了。

15.3　Elasticsearch 写入的原理

关于 Elasticsearch 写入流程，经常被问到的问题如下。

1）为什么 Elasticsearch 是近实时，而不是准实时？

2）为什么文档的 CRUD 操作是实时的？

3）为什么 Elasticsearch 能保证数据不丢失？

4）refresh、flush 操作的作用是什么？什么时候适合使用？

5）为什么 Elasticsearch 存储是让数据保存在磁盘上，而不是在内存上？

本节将会给出以上问题的答案。

15.3.1 Elasticsearch 写入的核心概念

本节将详细介绍与写入相关的核心概念。而相关的索引、分片、副本、倒排索引的概念参见前文。

1. 分段

分段是 Elasticsearch 中的一个重要概念，其核心目的是更高效地执行搜索和更新操作。在 Elasticsearch 中，段是由一些倒排索引和一些元数据组成的。元数据包括与该段相关的信息，例如段的大小、创建日期和所包含的文档数量。分段是将索引分成多个小段的过程，每个分段包含一部分索引数据。查看索引中分段信息的方法如下。

```
GET my_index_1503/_segments
```

索引、分片、分段的关系如图 15-7 所示。

2. 事务日志文件

为了防止 Elasticsearch 集群宕机造成数据丢失，为了保证可靠存储，一个文档被索引之后，Elasticsearch 就会将其添加到内存缓冲区，并且同时写入事务日志文件（translog）中。

translog 的作用是保证数据的可靠性和一致性。当 Elasticsearch 节点出现故障或崩溃时，translog 可以用来恢复数据。在节点重新启动后，Elasticsearch 会重新读取 translog 中的所有操作并将其应用到 Lucene 索引中，从而使数据保持一致。

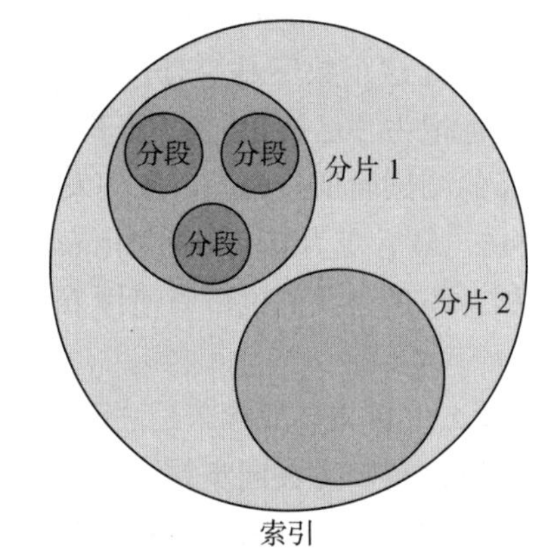

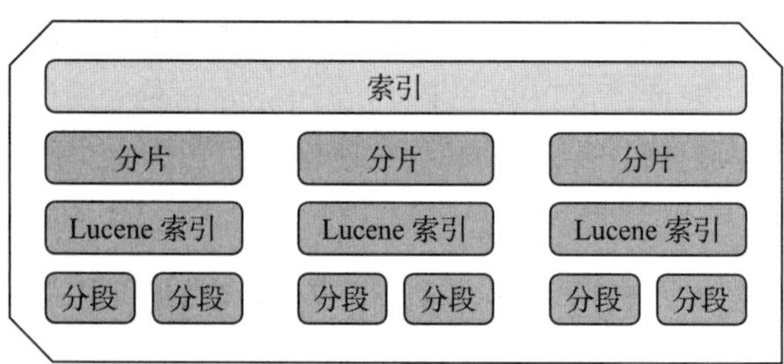

Elasticsearch 文档存储结构

图 15-7 索引、分片、分段的关系

3. 倒排索引是不可变的

已写入磁盘的倒排索引永远不会改变。使用倒排索引的好处是无须锁定，不用担心多进程操作更改数据导致数据不一致问题。使用倒排索引的坏处是更新了词典词库后，老的索引不能生效，如果要使其可搜索，则必须重建整个索引或者借助 reindex 操作迁移索引。这也是经常被问到的一点。

4. 段是不可变的

Elasticsearch 中的段是不可变的，即段一旦被创建，就不能被修改。与之相反，任何对索引的更改都会生成新的段。这种设计有助于提高性能和可靠性，因为它允许 Elasticsearch 轻松地并发读取和搜索段，而不必考虑正在进行的并发写操作。

15.3.2　Elasticsearch 写入的实现流程

单个文档写入操作对应 Index 请求，批量写入操作对应 Bulk 请求。Index 和 Bulk 这两类请求是相同的处理逻辑，会将请求统一封装到 BulkRequest 中。写入原理图如图 15-8 所示。

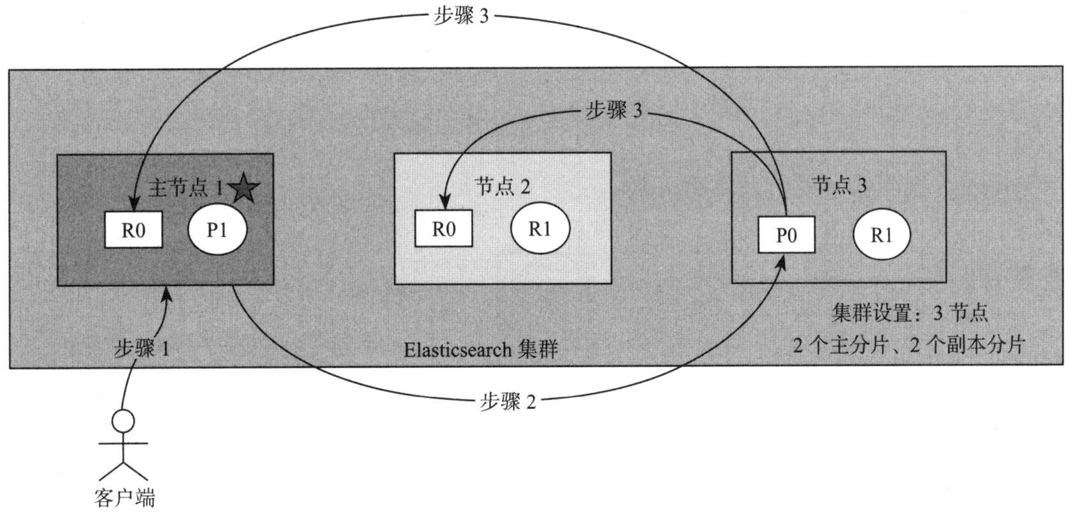

图 15-8　写入过程拆解

写入过程拆解如下。

1）客户端向主节点 1 发送写数据请求。此时主节点 1 充当协调节点的角色。

2）主节点 1 使用文档的 ID 确定文档属于分片 0。请求会被转发到节点 3，因为分片 0 的主分片目前被分配在节点 3 上。使用路由算法来通过文档的 ID 确定文档所属分片。

路由算法计算公式如下。

shard = hash(routing) % number_of_primary_shards

其中，routing 表示文档 ID，number_of_primary_shards 表示主分片个数，shard 表示文档 ID 所属分片号。

3）节点 3 在主分片上面执行写入操作。如果写入成功了，它将请求并行转发到主节点 1 和节点 2 的副本分片上。一旦所有的副本分片都报告成功，节点 3 将向协调节点报告写入成功，则协调节点会向客户端报告写入成功。

写入过程的注意点如下。

- 写操作必须在主分片执行成功后，才能复制相关的副本分片。

- 主分片写入失败，则整个请求会被认为是写失败的。
- 如果有部分副本写失败（前提是主分片写入成功），则整个请求会被认为是写成功的。
- 如果设置了副本，则数据会先写入主分片，主分片再同步到副本分片，同步操作会加重磁盘IO负担，间接影响写入性能。

15.3.3 Elasticsearch refresh 和 flush 操作

1. refresh 操作

将文档插入 Elasticsearch 时，文档会被写入内存缓冲区中，然后通过 refresh（刷新）操作定期从该缓冲区刷新到内存段中。刷新频率由 refresh_interval 参数控制，默认 1s 刷新一次，所以说 Elasticsearch 是近实时的搜索引擎，而不是准实时。也就是说，新插入的文档在刷新到段（内存中）之前是不能被搜索到的，如图 15-9 所示。

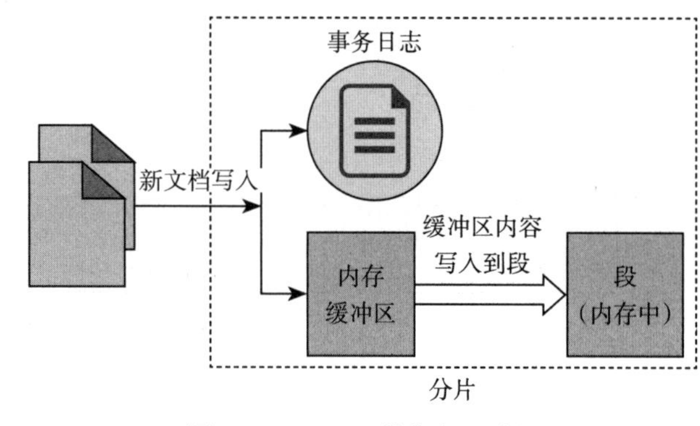

图 15-9 refresh 操作实现过程

refresh 操作在本质上是将写入数据由内存缓冲区写入内存段中，以保证搜索可见。

下面我们来看个例子，以加深对 refresh_interval 参数的理解。

```
PUT my_index_1504/_doc/1
{
  "title":"just testing"
}

# 默认 1s 的刷新频率，秒级可见（用户无感知）
GET test_0001/_search
```

进行如下设置后，写入 60s 后才可见。

```
DELETE my_index_1504
# 设置了 60s 的刷新频率
PUT my_index_1504
{
  "settings": {
    "index":{
      "refresh_interval":"60s"
    }
  }
}

PUT my_index_1504/_doc/1
{
  "title":"just testing"
}
```

```
# 60s 后才可以被搜索到
GET my_index_1504/_search
```

关于是否需要实时刷新，判断如下。

- 如果新插入的数据需要近实时的搜索功能，则需要频繁刷新。
- 如果对最新数据的检索响应没有实时性要求，则应增长刷新间隔，以提高数据写入的效率。

2. flush 操作

新创建的文档会先进入内存缓冲区，与此同时会将操作记录在事务日志之中。当发生刷新时事务日志中的操作记录并不会被清除，而是在数据从文件系统缓存写入磁盘之后才会清空。从文件系统缓存写入磁盘的过程就是 flush（该操作也翻译为“刷新”，为了避免和 refresh 混淆，这里保留了 flush 操作的写法，可理解为“持久化并清空事务日志”）。

flush 操作的实现如下。

```
POST /my-index-000001/_flush
```

总结一下，当新的文档写入后，写入索引缓冲区（index buffer）的同时会写入事务日志。refresh 操作使得写入文档搜索可见；flush 操作将文件系统缓存（filesystem cache）写入磁盘，以达到持久化的目的。

15.4 Elasticsearch 段合并的原理

目前需要将只读索引进行段合并，该过程中有几个问题。

1）在 Elasticsearch 中，段是否最好合并为一个，即 max_num_segments=1？

2）合并时，若 POST /my_index/_forcemerge?max_num_segments=1，则是否会消耗所有的机器资源，导致服务暂时不可用?

3）在 Elasticsearch 6.7 及以上版本中，是否有需要特别注意和调整的 index.merge 相关参数?

上述问题涉及段合并的基础概念和原理，本节将对此梳理一下。

15.4.1 段的基础知识

我们需要在更新几点对段的基础认知，如下所示。

- 一个集群包含一个或多个节点。
- 一个节点包含一个或多个索引。
- 每个索引又由一个或多个分片组成。
- 每个分片都是一个 Lucene 索引实例，能够对 Elasticsearch 集群中的数据进行索引并处理相关查询。
- 每个分片包含多个段，每一个段都是一个倒排索引，查询时会把所有的段查询结果汇总，并将其作为最终的分片查询结果返回。

- 在 Lucene 中，为了实现高索引速度（高写入速度）使用了分段存储，将一批写入数据保存在一个段中，其中每个段是磁盘中的单个文件。

15.4.2 什么是段合并

自动刷新流程每秒会创建一个新的段（由动态配置参数 refresh_interval 决定），导致短时间内段数量暴增。

而段数目太多会带来众多问题，包含但不限于如下几点。

- 资源消耗：每一个段都会消耗文件句柄、内存和 CPU 运行周期。
- 搜索变慢：每个搜索请求都必须轮流检查每个段，所以段越多，搜索也就越慢。

Elasticsearch 通过在后台进行段合并来解决上述问题。小段被合并到大段，这些大段再被合并到更大的段。

段合并的时候会将那些旧的已删除文档从文件系统中清除。被删除的文档（或被更新文档的旧版本）不会被拷贝到新的大段中。当进行索引的时候，刷新操作会创建新的段并将段打开（即状态为 opened）以供搜索使用。合并进程中首先会选择一部分大小相似的段，然后在后台将它们合并到更大的段中，且这个过程并不会导致索引和搜索中断。

15.4.3 为什么要进行段合并

Elasticsearch 是一个近实时搜索引擎，文档的写入和删除是实时进行的，这意味着索引中的段数量会随着时间的推移而增加，这会导致一些问题。比如搜索效率下降，搜索时需要对多个段进行查询并将结果合并，当段数量增多时，搜索效率会变得越来越低；占用空间过多，每个段都需要占用磁盘空间，当段数量增多时，索引占用的磁盘空间也会越来越大。

为了解决这些问题，Elasticsearch 需要定期对索引中的段进行合并。具体来说，段合并有以下作用。

- 提高搜索效率：合并后的大段可以减少查询时需要扫描的段的数量，从而提高搜索效率。
- 释放空间：合并后的段可以减少占用的磁盘空间，从而释放空间，减少硬盘的 IO 开销，该过程的细节如 15.2 节所述。
- 优化索引结构：段合并后可以优化索引结构，减少冗余数据，从而进一步提高搜索效率。

需要注意的是，段合并操作会占用系统资源，因此 Elasticsearch 通常会在低峰期进行段合并。

15.4.4 段合并的潜在问题

虽然段合并操作可以提高搜索效率、释放空间并优化索引结构，但是它也可能带来以下问题。

- 资源消耗率高：段合并操作需要占用系统资源，例如CPU、内存、磁盘资源等，如果在高负载时进行段合并，可能会影响系统的性能。
- 磁盘碎片增多：段合并操作可能导致磁盘碎片，因为合并后的段可能不是连续的，而是由多个不连续的片段组成的，这会导致磁盘读写速度变慢，影响系统性能。
- 写入或检索延迟大：如果进行段合并操作时需要合并的段数量过多，可能会导致合并操作的时间较长，从而延迟写入操作和搜索操作。
- 极端情况下索引不可用：如果段合并操作失败或被中断，则可能会导致索引不可用，需要进行恢复操作。

为了避免以上问题，建议在低负载时进行段合并操作、定期监控索引的状态，及时进行维护和优化操作，以保证Elasticsearch的性能和稳定性。

15.4.5　段合并问题的优化建议

（1）针对段合并资源消耗的建议

段合并会消耗磁盘IO和影响检索性能，整体来看段合并非常耗费资源，建议在非业务密集时间段实施段合并操作。

（2）段合并参数推荐

1）降低段生成的频率：默认情况下，refresh_interval设为1s。如果对数据的实时性要求并不严格，建议将此参数设置为30s或更长。这能有效降低段生成的频率，从而减少段合并的需求。

2）根据CPU核心数量调整index.merge.scheduler.max_thread_count参数：Elasticsearch会根据CPU核心数量自动设定此参数。在某些情况下，手动调整此参数可以更好地利用系统资源，优化合并性能。在调整此参数时，需要考虑到CPU的其他负载情况，以防止因合并操作占用过多资源而影响其他服务的性能。

15.5　Elasticsearch检索的原理

Elasticsearch是分布式搜索引擎，整个检索过程可以拆解为如下几个核心步骤，如图15-10所示。

1）客户端发起请求。

2）在主节点或协调节点中，需要验证查询主体（query body）。

Elasticsearch从客户端获取搜索请求并将其解析为结构化表示形式。此步骤涉及分析查询语法，提取相关术语和运算符，并将查询转换为Elasticsearch可以处理的格式。

3）选择要在查询中使用的索引，根据路由机制选择待检索的分片（主分片或者副本分片）。

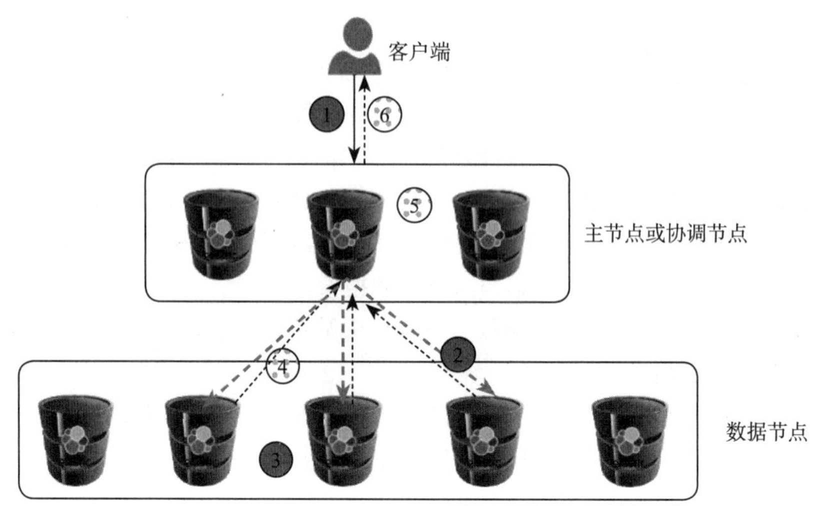

图 15-10 检索原理示意图

当发出搜索请求时，Elasticsearch 使用路由值来确定要搜索的分片。通过只搜索相关的分片，Elasticsearch 可以显著提高搜索性能并减少需要处理的数据量。路由机制是搜索引擎设计的一个重要方面，有助于确保 Elasticsearch 在分布式环境中快速、高效地搜索和分析数据。

一个搜索请求必须询问待请求索引中的所有分片（主分片 + 副本分片），并与其中的某个分片进行匹配。也就是说，假设一个索引中有 5 个主分片，每个分片一个副本分片，则一共 10 个分片（5 主分片 +5 副本分片），一次搜索请求会由 5 个分片来完成（这 5 个分片可能是主分片，也可能是副本分片）。也就是说，一次搜索请求只会命中所有分片中的一个。

上述机制会用到自适应副本选择（adaptive replica selection）策略。它是一个用于负载平衡的策略，可以适应不同的请求类型和当前系统状态的变化，并选择最佳的副本分片来响应请求。

举例来说，对于需要更多资源的请求，自适应副本选择策略可以选择资源更充足的副本分片，而对于需要更快响应的请求，它可以选择负载更轻的副本分片。

4）在数据节点中执行查询操作，以收集精准匹配结果或者满足条件的结果。

5）接收第四步的结果，在协调节点做结果整合，并计算相关性评分。

检索到匹配文档后，Elasticsearch 会计算每个文档的相关度评分。相关度分数反映了文档与搜索请求的匹配程度。

6）将结果返回给用户。

Elasticsearch 会根据相关度分数对结果进行排序，并将排名靠前的结果返回给用户。返回的结果数量可以由用户指定，结果可以分页展示以便进行导航。

15.6 本章小结

本章主要介绍了 Elasticsearch 文档版本更新的原理，详细阐述了文档版本冲突的根源，以及文档更新、删除以及索引删除的本质；并且提供了 Elasticsearch 写入原理图解；说明了 refresh 和 flush 操作，以及段合并的原理；提供了检索原理图解。这些都为我们理解 Elasticsearch 服务以及在实战中排查问题提供更清晰、更全面的理论支撑。

本章知识点总结如图 15-11 所示。

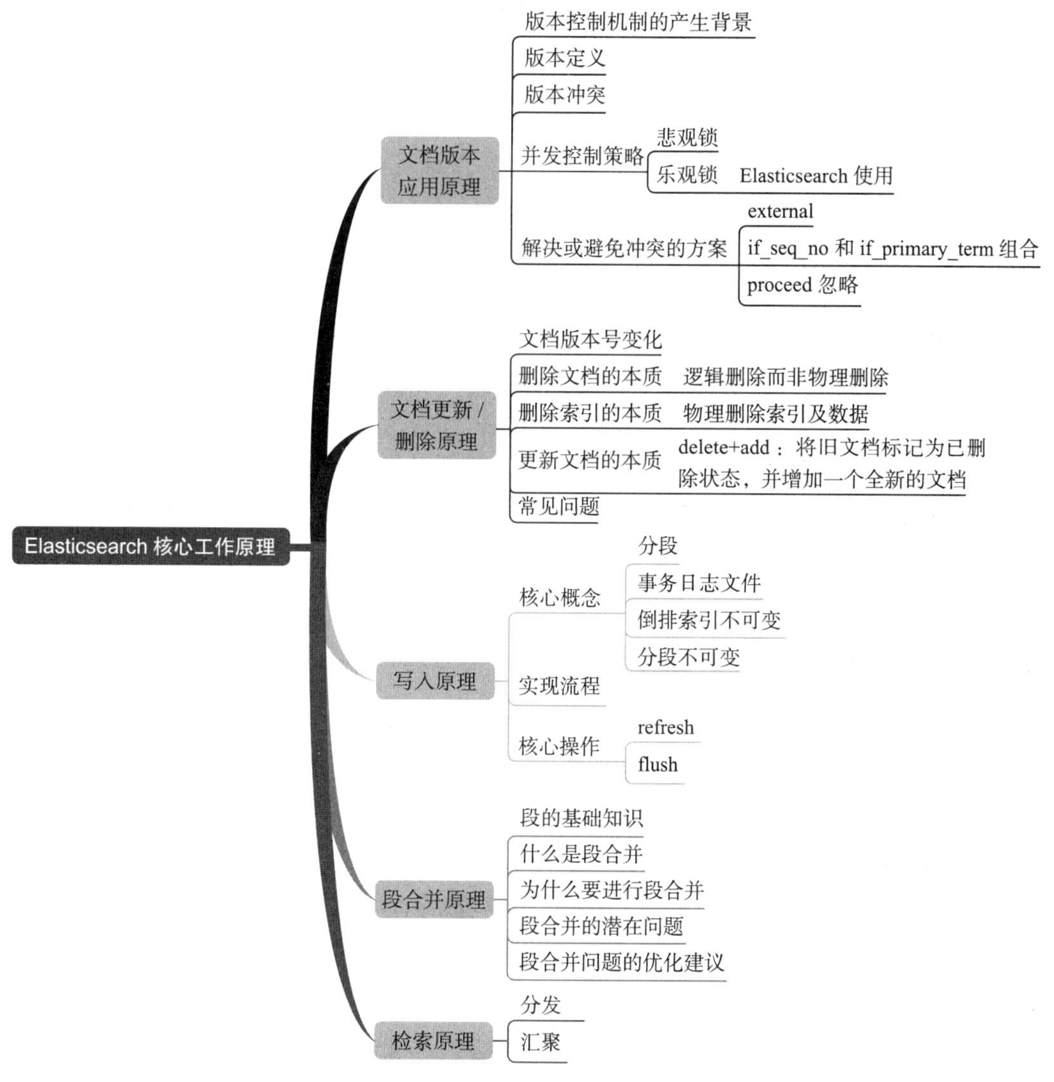

图 15-11 Elasticsearch 核心工作原理

Chapter 16 第16章

Elasticsearch 性能优化

性能优化是Elasticsearch使用中经常面临的一个重要挑战，尤其在项目或产品开发的中后期，随着数据集增长、检索复杂度提高、索引和搜索请求的并发性要求提高，Elasticsearch性能可能会受到影响。因此，对Elasticsearch进行性能优化显得越发重要。

本章将介绍一些常用的性能优化技巧和策略，为大家在实战环境中进行Elasticsearch集群性能优化提供参考，具体将从通用优化、写入优化、检索优化这3个方面展开，讨论如何最大限度地优化集群性能。

16.1 Elasticsearch 性能指标

了解和监控性能指标可以帮助用户及时识别Elasticsearch集群中的性能瓶颈和故障，并进行调整和优化，从而提高Elasticsearch的性能和稳定性。

Elasticsearch的性能指标可以分为以下几类。

1. 硬件性能指标

Elasticsearch硬件性能指标包括CPU使用率、内存使用率、磁盘IO读写速度、网络带宽等。这些指标直接影响Elasticsearch的性能表现，如CPU使用率和内存使用率过高可能导致Elasticsearch响应变慢，磁盘IO读写速度过慢可能导致索引和搜索响应变慢。

2. Elasticsearch 内部指标

Elasticsearch内部指标包括响应时间、吞吐量、并发数、负载等。这些指标反映Elasticsearch集群的运行状况和性能表现。

- 响应时间：指从客户端发出请求到Elasticsearch返回结果所需的时间。响应时间是衡量 Elasticsearch 性能的重要指标之一，其影响因素通常包括网络延迟、硬件延迟和 Elasticsearch 内部延迟等。

- 吞吐量：指在一段时间内 Elasticsearch 处理的请求数量。吞吐量通常用于衡量 Elasticsearch 在特定时间段内的性能，包括搜索和索引数据的速度等。
- 并发数：指同时连接到 Elasticsearch 的客户端数量。并发数对 Elasticsearch 性能有着直接的影响，因为它会影响 Elasticsearch 的负载和响应时间等指标。
- 负载：指 Elasticsearch 系统中正在处理的请求数量，包括正在进行的搜索、索引、聚合和删除数据等操作。负载是衡量 Elasticsearch 性能的重要指标之一，因为它可以影响 Elasticsearch 的响应时间和吞吐量等指标。

3. 网络指标

网络指标包括网络延迟、带宽、吞吐量等。这些指标反映 Elasticsearch 集群节点之间的网络性能和通信状况，如网络延迟过高可能导致 Elasticsearch 节点之间的通信出现问题。

16.2 Elasticsearch 通用的性能优化建议

要使 Elasticsearch 能够更快速、更有效地工作，通用的性能优化建议包括以下几个方面。

1. 版本选型：考虑当下，兼顾未来

关于版本选型，如下几点要谨慎考虑。

1）功能要求：不同版本的 Elasticsearch 支持的功能可能有所不同，例如插件、搜索算法、聚合方式等功能，因此在选择版本时需要考虑自己的需求能否得到满足。比如 X_Pack 功能在 7.1 版本之后才免费，ILM 功能在 6.7 版本才开始推出。

2）稳定性和性能：不同版本的 Elasticsearch 在稳定性和性能方面的表现可能有所不同，例如某些版本可能存在一些已知的问题或性能瓶颈，在选择版本时需要进行权衡。

3）兼容性：选择 Elasticsearch 版本时需要考虑与其他组件（例如 Logstash、Kibana 等）的兼容性，以确保整个 Elastic Stack（Elasticsearch+Logstash+Kibana+Beats）的正常运行。

4）安全性：Elasticsearch 的安全功能是在 5.X 版本之后才引入的，因此如果需要使用安全功能，则需要选择 5.X 及以上版本。在 8.X 版本中安全功能已经成为必选项，从这点看优先推荐 8.X 版本。

需要注意的是，对于生产环境来说，建议选择稳定性和性能都相对较好的版本，并且需要定期更新版本以获得更好的安全性和性能。

2. 确保集群健康状态

要使 Elasticsearch 高效地工作，首要任务是保持集群健康，包括确保每个节点都在线、节点之间的通信正常、集群状态为绿色等。这可以通过 Elasticsearch 的定期轮询健康检查

机制来完成。

3. 硬件资源匹配到位

硬件也是影响 Elasticsearch 性能的关键因素。以下是一些硬件优化的建议。

（1）内存

Elasticsearch 是一个内存密集型的应用程序，足够的内存可以提高性能和响应速度。Elasticsearch 的性能很大程度上依赖于系统内存的大小和使用方式。

其一，Elasticsearch 使用缓存来加速搜索操作。缓存是存储在内存中的数据结构，可以减少对硬盘的读取次数。内存越大，可以存储的缓存也就越多，从而可以提高搜索性能。

其二，Elasticsearch 使用倒排索引来加速搜索操作。倒排索引和字段数据也需要存储在内存中，以加快搜索和聚合操作。

其三，Java 程序的内存管理是通过 GC 来实现的。内存越大，垃圾回收的效率也就越高，从而可以缩短系统的停顿时间。

我们需要给 Elasticsearch 分配足够的内存以提高搜索性能、减少停顿时间和提高系统的稳定性，同时根据具体的应用场景和数据规模来合理配置内存大小。

（2）SSD

选择 Elasticsearch 磁盘时建议必要时使用 SSD。相对于传统的 HDD，SSD 具有更快的读写速度、更高的稳定性和更低的能耗。这些优点使得 SSD 在 Elasticsearch 大规模数据存储和处理领域的需要高效写入的场景中具有明显的优势，可以极大地提高搜索性能和响应速度。如果 SSD 资源紧张，则建议结合业务场景设置冷热集群架构，将 SSD 优先分配给热节点。

并且，尽量不用 NFS 或 SMB 协议，因为容易出现如下 3 个方面的问题。

- 性能问题：对于 Elasticsearch 来说，数据的读写速度非常关键。而 NFS 和 SMB 协议都是基于网络的，它们的性能往往比本地文件系统差。也就是说，使用 NFS 或 SMB 可能会导致搜索性能下降。
- 可靠性问题：NFS 和 SMB 协议不够稳定，当网络连接出现故障时，可能会导致数据损坏或丢失。这对 Elasticsearch 来说是不可接受的，因为它需要保证数据的完整性和可靠性。
- 一致性问题：NFS 和 SMB 协议并不支持文件系统同步机制。而 Elasticsearch 集群在多个节点上同时运行时需要保证索引文件的同步，否则可能导致数据不一致，进而影响搜索结果的准确性。

此外，要警惕磁盘的 3 个警戒水位线，如表 16-1 所示。

表 16-1 磁盘的警戒水位线

属性名	属性值	含义
cluster.routing.allocation.disk.watermark.low	85%	低警戒水位线
cluster.routing.allocation.disk.watermark.high	90%	高警戒水位线
cluster.routing.allocation.disk.watermark.flood_stage	95%	洪泛警戒水位线

磁盘的警戒水位线图示如图 16-1 所示。

（3）CPU

Elasticsearch 是一个高并发的应用，它能够充分利用多核 CPU 的优势。因此，在选购 CPU 时，应尽量选择多核的 CPU。并且，在并发写入或查询量变大之后会出现 CPU 满了的情况，所以优化建议是根据 CPU 核数合理调节线程池和队列的大小。

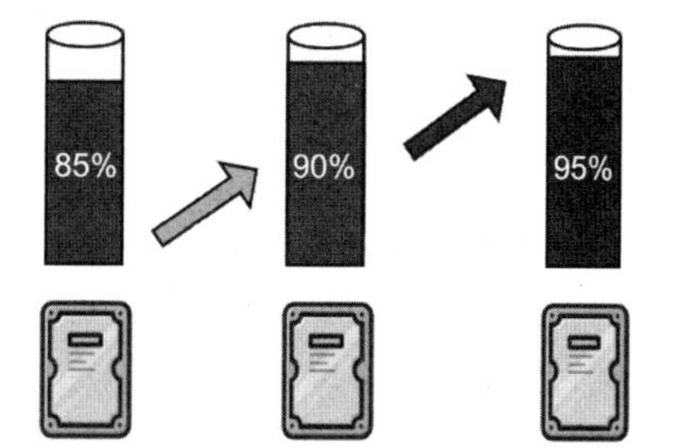

图 16-1　磁盘的警戒水位线图示

4. 合理进行集群配置

在大规模、大业务量的环境中推荐进行多节点集群配置，目的是提高集群的可靠性和性能。通常建议至少使用 3 个节点，以便在节点失效时具有容错能力。同时，应根据需要增加节点数以满足负载需求。

在生产环境中，需要根据集群负载和性能表现不断调整集群配置来优化性能。以下是一些集群调整的建议。

1）各节点尽量不要和其他业务功能共用一台机器。除非内存非常非常大，否则不建议 Elasticsearch 节点与其他应用程序（如 Redis、MySQL）共用一台服务器。

2）若集群节点数小于或者等于 3 个，则建议采用默认节点角色；若集群节点数多于 3 个，则建议根据业务场景需要逐步独立出主节点角色、数据节点角色和协调节点角色。

3）调整分片和副本数。根据数据大小、负载情况和可用硬件资源，调整索引分片数（只支持在新建索引或模板时指定）和副本数（支持动态更新），以提高查询和搜索性能。

4）调整索引刷新频率。索引的刷新会增加 IO 负载、降低性能，可以调整刷新频率，以平衡索引性能和数据更新实时性。

5）合理使用缓存。Elasticsearch 提供了多种缓存类型，如 fielddata 缓存、filter 缓存等。需要根据查询类型、索引结构和负载情况合理使用缓存，以提高查询性能。

5. 集群安全为第一要务

Elasticsearch 集群在部署时一定要注意安全性，切记不要将 Elasticsearch 集群直接暴露在公网上。此外，对如下几个方面也要特别注意。

1）防火墙：在部署 Elasticsearch 集群时，需要通过防火墙限制网络访问权限（云服务器部署更要注意），仅允许有限的 IP 地址和端口号进行访问。

2）认证授权：使用 Elasticsearch 内置的安全功能（推荐 8.X 版本），可以实现对集群的认证授权管理，例如通过用户名和密码进行身份认证、定义用户角色和权限等。

3）TLS/SSL 加密：使用 TLS/SSL 加密协议可以保护 Elasticsearch 集群的通信安全（8.X 版本已自带该功能），防止数据被窃听和篡改。

4）安全补丁更新：定期更新 Elasticsearch 和相关插件的安全补丁，确保集群的安全性和可靠性。

总之，在部署 Elasticsearch 集群时，避免直接将集群暴露在公网上，加强网络访问限制和身份认证，使用加密协议保护通信安全，及时更新安全补丁，开启操作审计功能，确保集群的稳定性和安全性。

6. 务必提前做好集群监控

对于 Elasticsearch 集群来说，监控是非常重要的一环，可以帮助用户及时发现和解决集群运行中的问题，保障集群的稳定性和可用性。

优先推荐使用 Kibana Monitoring 可视化工具进行监控，环境部署需要将 Metricbeat、Elasticsearch、Kibana 的安装部署一并完成。具体实现如图 16-2 所示。

Elasticsearch 集群监控建议如下。

1）监控硬件资源：监控 CPU、内存、磁盘和网络等硬件资源的使用情况，可以使用系统自带的监控工具，例如 top、iostat、vmstat 等。

2）监控 Elasticsearch 集群状态：使用 Elasticsearch 内置的监控 API 可以监控集群状态、节点状态、索引状态等，例如使用 _cluster/stats、_nodes/stats、_cat 等 API 进行监控。

3）监控日志：监控 Elasticsearch 的日志，以便及时发现错误信息和异常情况，例如使用 Logstash 和 Kibana 进行集中化日志管理及监控。

4）监控性能指标：监控 Elasticsearch 的性能指标，例如搜索请求响应时间、索引写入速度、查询速度等，可以使用开源工具 Metricbeat 和 Kibana Monitoring 功能进行监控，如图 16-3 所示。

5）监控异常情况：设置警报机制，及时发现集群异常情况和故障，例如使用开源工具 Zabbix 和 Nagios 进行告警监控。

总之，在部署 Elasticsearch 集群时务必提前做好监控，包括监控硬件资源、Elasticsearch 集群状态、日志、性能指标和异常情况等，及时发现和解决问题，保障集群的稳定性和可用性。

7. 用 Elasticsearch 处理匹配场景下的合理需求

让 Elasticsearch 做擅长的事情，即利用 Elasticsearch 的特点和优势，将它用在最适合的场景和应用中，以达到最佳的性能和效果。具体来说，Elasticsearch 常见的应用场景如下。

1）文本搜索和聚合：利用 Elasticsearch 的文本搜索和聚合功能来实现复杂的文本搜索和聚合查询，例如在日志数据中搜索某个关键字、统计某个字段的数量等。

2）倒排索引：利用 Elasticsearch 的倒排索引特性来实现对文本数据的快速索引和查询，例如对商品名称、描述等文本数据进行搜索和匹配。

3）分布式架构：利用 Elasticsearch 的分布式架构来实现数据的分片和复制，以提高数据的可用性和可靠性。

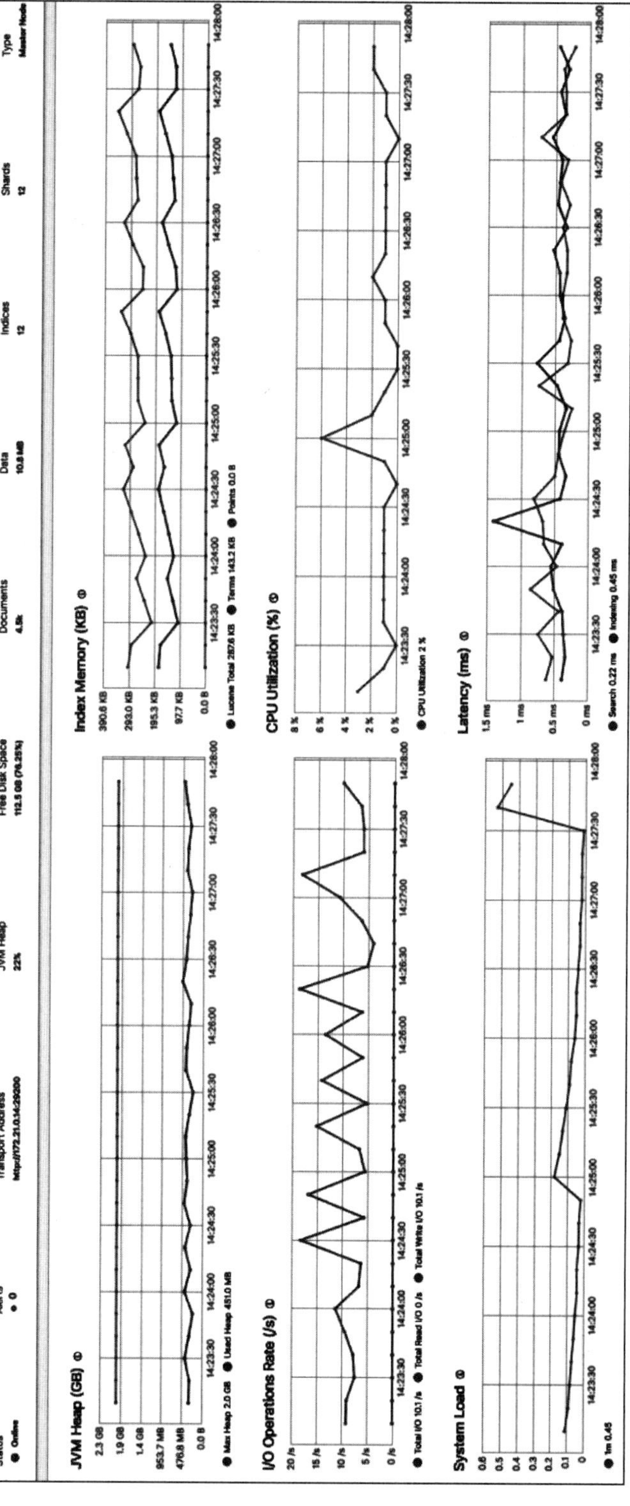

图 16-2 Kibana Monitoring 可视化监控工具

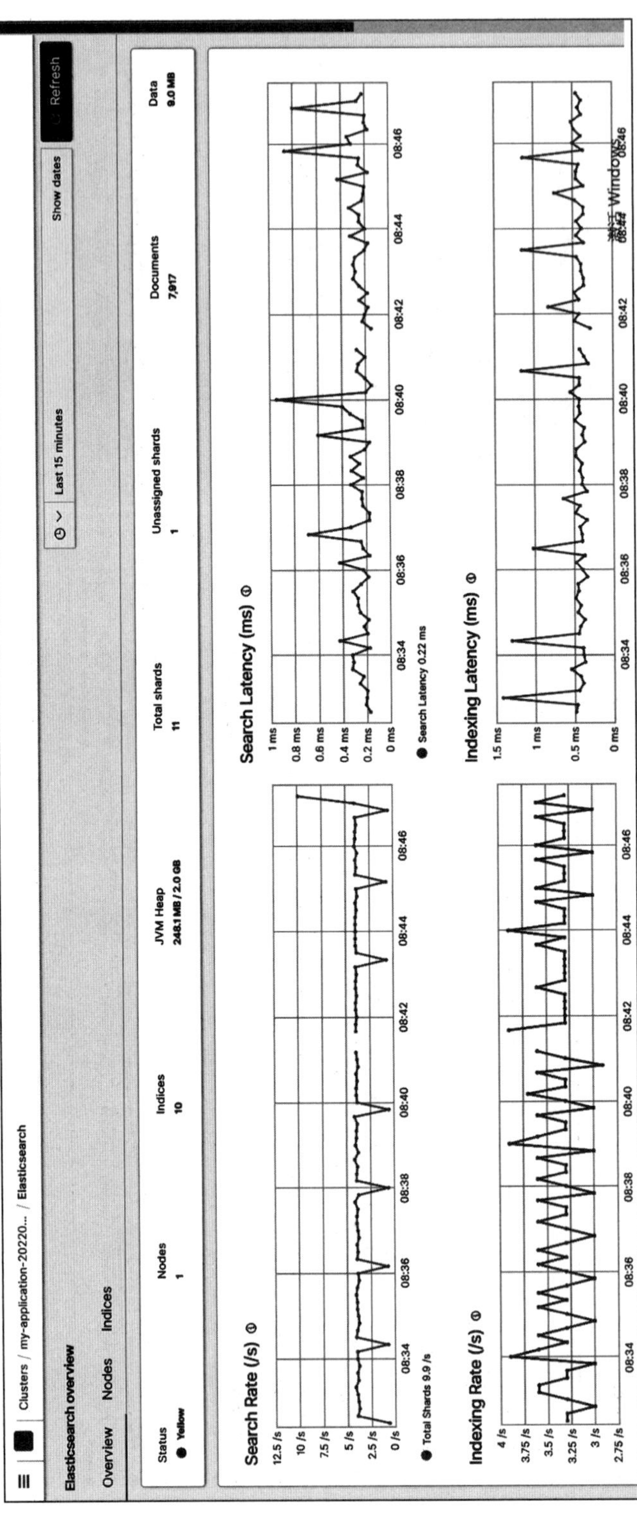

图 16-3 写入速度、检索速度的监控可视化

4）写入前预处理：在业务层面，用户往往想以最快速度看到自己想要的结果，而对字段处理、格式化、标准化等一系列操作并不关注。为了让 Elasticsearch 进行更高效的检索，建议充分进行预处理，将字段抽取、倾向性分析、分类 / 聚类、相关度判定等工作放在写入 Elasticsearch 之前的 ETL 阶段进行，而 ETL 工作可以借助 ingest 预处理或者 Logstash filter 处理来实现。

总之，用 Elasticsearch 处理匹配场景下的合理需求，能够更好地发挥它的优势和特点，提高应用性能和效率，为用户提供更好的搜索和分析体验。

16.3　Elasticsearch 写入优化

笔者曾收到读者的如下提问。

1）我需要利用 Spark Streaming 每分钟插入按天索引的 150 万条数据，一般情况下可以索引 7 个分片、1 个副本，但是偶尔会出现延迟很高的情况。例如，正常情况下 1min 能插入 150 万条数据，但可能突然需要花费 5 分钟才能插入成功，并且之后又恢复正常了。对此，我尝试将副本设置成 0，并把批量插入参数从 5000 更改成 20 000，且我的节点是 12 个 16GB 的，但是没有改善，请问我应该如何查看是否存在异常？

2）对于使用多个分词器导致数据写入速度变慢的情况，是否有优化的方法呢？

3）在使用日志收集链路 Kafka-Logstash-Elasticsearch 进行压力测试时发现 Logstash 的输出速度为 70MB/s，而 Elasticsearch 索引写入只完成了不到一半，其中的性能损失可能是什么原因导致的呢？应该如何调优呢？

以上 3 个问题各有各的特点，但基本都是在从不同的数据源向 Elasticsearch 写入数据的过程中遇到的。类似问题还有很多，我们可以简单将其归为 Elasticsearch 写入优化问题。

16.3.1　写入优化建议

Elasticsearch 写入问题涉及写入流程、写入原理及优化策略。本小节从这几个角度出发，提供如下几点优化建议。

1. 写入时先将副本分片数置为 0，完成写入后再将其复原

设置命令如下所示。

```
PUT test-0001
{
  "settings": {
    "number_of_replicas": 0
  }
}
```

2. 优先使用系统自动生成 ID 的方式

文档 ID 的生成有两种方式：系统自动生成 ID 和外部控制自增 ID。不过，如果使用外

部控制自增 ID，Elasticsearch 会先尝试读取原来文档的版本号，以判断是否需要更新。也就是说，使用外部控制自增 ID 比系统自动生成 ID 要多进行一次读取磁盘操作。所以，非特殊场景推荐使用系统自动生成 ID 的方式。

3. 合理调整刷新频率

调整方法如下。

方法 1：写入前将 refresh_interval 设置为 -1，写入后将刷新频率设置为业务实际需要的时间（比如 30s），命令如下。

```
PUT test-008
{
  "settings":{
    "refresh_interval":-1
  }
}
```

方法 2：直接将刷新频率设置为业务实际需要的时间（比如 30s），命令如下。

```
PUT test-008
{
  "settings":{
    "refresh_interval":"30s"
  }
}
```

4. 合理调整堆内存中的索引缓冲区大小

堆内存中，索引缓冲区用于存储新索引的文档。填满后，缓冲区中的文档将最终写入磁盘上的某个段。index_buffer_size 的默认值为堆内存的 10%，如下所示。

```
indices.memory.index_buffer_size: 10%
```

例如，给 JVM 提供 31GB 的内存，它将为索引缓冲区提供 3.1 GB 的内存，一般情况下足以容纳大量数据的写入操作。

如果数据量着实非常大，则建议调大该默认值，比如调整为堆内存的 20%。但是必须在集群中的每个数据节点上进行配置。缓冲区越大，意味着能缓存的数据量越大，相同时间内，写入磁盘的频次低、磁盘 IO 小，间接提升了写入性能。

5. 给堆外的内存留够空间

这其实算不上写入优化建议，而是通用的常规配置。官方建议内存分配时设置堆内存为机器内存大小的一半但不要超过 32 GB。一般设置建议如下。

- 如果内存大小≥ 64 GB，则堆内存设置为 31 GB。
- 如果内存大小 < 64 GB，则堆内存设置为内存大小的一半。

堆内存之外的内存留给 Lucene 使用。

6. 批量写入而非单个文档写入

批量写入自然会比单个写入性能要好，因为批量写入意味着相同时间产生的段会大，段的总个数自然会少。但批量值的设置一般需要慎重，不能盲目地将其设置得太大。

一般建议进行递增步长测试，直到资源使用上限。例如，第一次将批量值设置为100，第二次为200，第三次为400……

批量值设置完成，但集群尚有富余资源、资源利用没有饱和，怎么办？此时就应该采用多线程，通过并发提升写入性能。

7. 多线程并发写入

在Logstash同步数据到Elasticsearch，并基于Spark、Kafka、Flink批量写入Elasticsearch时，经常会出现“Bulk Rejections”的报错。

当批量请求到达集群中的某个节点时，整个请求将被放入批量队列中，并由批量线程池中的线程进行处理。批量线程池处理来自队列的请求，并将文档转发到副本分片。子请求完成后，将响应发送到协调节点。

Elasticsearch设置有限大小的请求队列是为了防止集群过载，提高稳定性和可靠性。

如果没有任何限制，客户端可以很容易地通过恶意攻击行为使整个集群宕机。

8. 合理设置线程池和队列大小

核心建议是结合CPU核数和esrally工具的测试结果，谨慎调整写线程池和队列大小。

为什么要谨慎呢？根据官方说法，在批量写入拒绝的场景下，增加队列的大小不太可能改善集群的索引性能或吞吐量。相反，这只会使集群在内存中有更多数据排队，很可能导致批量请求需要更长的时间才能完成。

队列中的批量请求越多，将消耗越多宝贵的堆空间。如果堆上的压力太大，则可能导致许多其他性能问题，甚至导致集群不稳定。

9. 设置合理的映射

实战业务场景中不推荐使用默认的动态映射，一定要手动设置映射。

举例1：若默认字符串类型是text和keyword的组合类型，就不见得适用于所有业务场景，要结合自己业务场景进行设置，正文文本内容一般不需要设置keyword类型（因为不需要排序和聚合操作）。

举例2：在互联网公司采集数据并存储的场景中，正文文本内容需要进行全文检索，但HTML样式的文本一般会留给前端展示用，不需要索引。因此，映射设置时要果断将index设置为false。

10. 合理使用分词器

分词器决定分词的粒度，对于中文常用的IK分词，可细分为粗粒度分词ik_smart和细粒度分词ik_max_word。

从存储角度来看，基于ik_max_word分词的索引会比基于ik_smart分词的索引占据空间大。而更细粒度的自定义分词 Ngram 会占用大量资源，并且可能减慢索引速度并显著增加索引大小。

所以，要结合检索指标（召回率和精准率）以及写入场景进行选型。

11. 必要时使用 SSD

虽然 SSD 成本高，但很好用，尤其是针对写入密集型场景。在其他优化点都考虑到的情况下，这可能是“最后一根救命稻草”。

12. 合理设置集群节点角色

这一点经常被问及。集群规模小的时候，一般节点会混合多种角色，如“主节点 + 数据节点”或“数据节点 + 协调节点”混合部署。但集群规模大、硬件资源相对丰富后，强烈建议使用独立的主节点和协调节点。让各个角色的节点各尽其责，对写入、检索性能都会有帮助。

13. 推荐使用官方客户端的 API

推荐使用 Elasticsearch 官方 API，因为官方在连接池和保持连接状态方面进行了优化。具体来说，推荐使用官方提供的 8.X 版本的 Java Rest API。

16.3.2 写入过程监控

Kibana 监控功能对于理解 Elasticsearch 集群的性能和状态至关重要。它提供了很多指标，包括索引率（index rate）和查询速率（search rate），如图 16-4 所示。

索引率	查询速率 ↓
33.91 /s	313.35 /s
429.48 /s	313.35 /s
428.18 /s	313.35 /s
0 /s	313.35 /s
0 /s	313.35 /s

图 16-4 Kibana 监控界面截图

- ❑ 索引率：索引率是指每秒写入 Elasticsearch 的文档数，是衡量集群写入性能的关键指标。如果索引率下降，可能是硬件资源（如 CPU、内存或磁盘）过载，或者网络瓶颈等问题导致的。在监控这个指标时，要注意看指标值是否有明显的下降或者异常的波动。
- ❑ 查询速率：查询速率表示每秒的查询次数，反映了 Elasticsearch 集群的读取性能。如果查询速率下降，可能是因为查询操作过于复杂，或者硬件资源不足。为了维持良好的查询性能，应该定期优化查询操作和检查硬件资源。

对于这两个指标，我们需要关注的主要是其稳定性和持续性。如果任何一个指标突然变化，都可能意味着系统中存在问题。这可能是因为硬件资源不足，也可能是因为查询或索引操作过于复杂。

除此之外，我们还需要关注其他一些指标，例如 CPU 使用率、内存使用率、磁盘 IO 等。这些都是影响 Elasticsearch 性能的重要因素。特别是在高负载的情况下，如果硬件资源不足，则可能会导致 Elasticsearch 的性能下降，甚至导致服务不可用。

总的来说，Elasticsearch 写入优化没有普适的最优解，只有通过反复试验、调优才能形成适合自己业务场景的最佳实践。

16.4 Elasticsearch 检索优化

在处理大规模数据时，实现快速、准确的检索是至关重要的。Elasticsearch 是一个广受欢迎的搜索和分析引擎，但是，如果未经适当优化，则可能会出现检索响应慢、响应时间不达标甚至宕机等问题。因此，掌握如何优化 Elasticsearch 的检索性能很关键。

下面我们就来探究如何实现 Elasticsearch 的检索优化。

16.4.1 全量数据和大文档处理的优化建议

1. 不要返回全量或近全量数据

用户使用搜索引擎的本质是召回满足检索条件（相关度越高越好）的结果数据，且对于某些业务场景精准度越高越好。对于召回全量数据的需求，要评估其合理性。如果必须召回全量文档，则推荐使用 scroll API，可以更快地返回检索结果，并具有更好的性能。具体实现参见 10.5.3 节。

2. 避免使用大文档

何为大文档？来看笔者之前处理的一个真实案例（参见表 16-2）。在该例子中，原始的 PDF 文档是扫描文档，需要转化为非扫描类型才能实现全文检索。由于文档太大（GB 级），将扫描类型转为可检索类型要花费数小时才能完成，因此将这些文档写入 Elasticsearch 时就要慎重。

表 16-2 大文档案例

序号	PDF 类型	名称	页数	转换前大小 /GB	转换后大小 /GB	转换耗时 /min
1	扫描	资治通鉴 . 宋司马光 . 中华书局 1956.pdf	9893	0.405	2.5	540
2	扫描	辞海第六版 .pdf	3577	0.918	7.7	103

当使用 Elasticsearch 进行搜索时，通常情况下不建议使用大文档。大文档给网络、内存使用和磁盘使用带来了压力。在实现全文检索和高亮请求时，响应时间会随着原始文档的大小而增加。

如果想要使表 16-2 中的书被搜索，不一定要将整本书作为一个文档，更好的做法是将每一章 / 节甚至每一段作为一个文档，然后在这些文档中添加一个属性，标识它们属于哪一本书的哪一章 / 节。这不仅避免了大文档带来的问题，还可以使搜索体验更好。

注意：

1）在将大文档导入 Elasticsearch 前，按照章 / 节或者页码进行拆分。

2）设计 Elasticsearch 映射的时候，采用 FVH 的高亮模式。

16.4.2 数据建模层面的优化建议

1. 文档结构务必规范、一致

应该避免将结构完全不同的文档放入同一索引，将这些文档放入不同的索引通常会更好。还可以考虑为较小的索引提供较少的分片，因为它们总体上包含的文档较少。

避免具有相同功能的字段命名不一致的问题。举例来说，如果索引中的文档包含时间戳字段，但有些文档将其命名为 timestamp，有些文档则将其命名为 creation_date，这种情况是要避免的，建议在设计建模阶段就进行一致性处理，以方便后续的检索操作。

2. 设置合理的分片数和副本数

主分片的设置需要结合集群数据节点规模、全部数据量和日增数据量等维度综合考量才给出值，一般建议设置为数据节点的 1~3 倍。分片不宜过小，有很多小分片可能会导致大量的网络调用和线程开销，这会严重影响搜索性能。

副本数是不是越多越好呢？在许多情况下，拥有更多副本有助于提高搜索性能，但是不代表副本越多越好。增加副本之前要考虑磁盘存储空间的容量上限和磁盘警戒水位线，本质还是以空间换时间。对于一般的非高可用场景，一个副本基本足够。

3. 多使用写入前预处理操作

举例来说，在一个舆情系统里设计的情感值包括 3 个区间——负面、正面、中性。如果通过范围检索方式进行区间检索则势必会慢。

对此，可以在建模的时候考虑将数据在写入阶段转成 -1、0、1 的 keyword 类型值，以此将范围检索变成基于倒排索引的精准查找的过程，效率自然会提升。

结合经验考虑，能借助 ingest 预处理完成的过程，就不要后期借助脚本和批量更新操作（update_by_query）来实现。

4. 合理使用边写入边排序机制

在深入探讨 Elasticsearch 的索引排序功能之前，我们考虑以下配置代码段。此配置清晰地展示了在创建索引时如何设定排序字段。值得注意的是，排序操作并不在数据写入后进行，而是预先定义好，即在索引创建时设置。这个过程的主要目标是通过牺牲一些写入性能来显著提升检索速度。换句话说，这是一种权衡策略，用于获取更高效的数据检索。

```
PUT my-index-000001
{
  "settings": {
    "index": {
      "sort.field": "date",
      "sort.order": "desc"
    }
  },
  "mappings": {
    "properties": {
      "date": {
        "type": "date"
      }
    }
  }
}
```

在上述配置中，我们为索引 my-index-000001 设置了排序字段 date。排序顺序被设定为降序，这意味着最近的日期将优先被检索。这就是 Elasticsearch 所提供的索引排序功能。我们可以合理利用这个功能，在数据写入时实现排序，从而优化数据的检索性能。

5. 多表关联按需选型

多表关联非 Elasticsearch 所擅长，换句话说，Elasticsearch 支持的多表关联方式有限。若将 MySQL 中常用的几个表的 Join 操作放在 Elasticsearch 中，则要考虑其必要性和实现复杂度。

Elasticsearch 的多表关联方式仅限于如下几种，细节参见 5.5 节。

- Join 父子文档：适用于子文档频繁更新的场景。
- Nested 嵌套文档：适用于子文档相对固定、更新频率低的场景。
- 宽表拉伸存储：本质上是空间换时间。
- 在业务层面结合检索后的返回结果，自己实现关联。

Nested 类型文档选型时需要注意的是，Nested 文档本质上是一个文档中包含多个嵌套的对象数组。当使用 Nested 类型进行查询时，Elasticsearch 需要对每个嵌套的文档进行单独的索引和搜索，并对结果进行聚合。由于需要处理大量的嵌套文档，查询会比普通的查询操作慢，可能会慢几倍。

Join 类型文档选型时需要注意的是，父子 Join 类型可以用于处理具有父子关系的文档结构，例如一个博客文档和它的评论文档，当使用父子 Join 类型进行查询时，Elasticsearch 需要在父文档和子文档之间建立连接，并在查询时同时搜索父文档和子文档。由于需要建立连接并搜索多个文档，查询会比普通的查询操作慢，可能会慢数百倍。

在进行数据建模时必须深思熟虑。如果忽视了这个关键步骤，只是简单地使用默认的字段设置，那么可能会面临一些“灾难性”后果。应该细心地审视并理解每个字段的用途和性质，以便有效地设计索引，从而使数据检索既准确又高效。不恰当的数据建模可能会导致性能问题、数据检索错误，甚至影响应用的整体稳定性。

16.4.3 检索方法层面的优化建议

1. 尽可能减少检索字段数目

当一个查询请求中需要返回大量的字段时，Elasticsearch 需要在索引中搜索并读取更多的数据，这会增加查询时间和资源开销，尤其是在文档数量很大的情况下，这种额外的开销会对系统的性能产生很大的影响。

因此，尽可能减少检索字段数目可以显著提高查询性能和系统的响应速度。此时可以采用“显式指定需要返回的字段”的方法来减少检索字段数目。

在查询请求中使用 _source 参数指定需要返回的字段，避免返回所有字段。例如，只返回文档的 URL 和标题，如下所示。

```
#### 利用 _source 控制返回字段
POST my_index_1701/_search
{
  "_source": [
    "url",
    "title"
  ],
  "query": {
    "match": {
      "content": "hello world"
    }
  }
}
```

同样，通过 query_string 或 multi_match 方式查询目标的字段越多，速度就越慢。

提高多个字段搜索速度的常用技术是在索引时将它们的值借助 copy_to 参数复制到单个字段中，然后在搜索时使用该字段。copy_to 实现了 1 带 2、1 带 3 甚至 1 带 *N* 的效果。

2. 合理设置 size 值

若将检索请求的 size 值设得很大，则会导致命中数据量大。一方面，这可能会增加网络传输的负载，导致网络延时和性能下降；另一方面，这需要占用更多的内存来缓存结果集，可能会导致内存消耗过大，甚至造成 OOM，带来严重的性能问题。

建议根据具体的业务场景和数据规模来合理设置分页 size 值，以有效减少资源消耗和保护系统的稳定性。如果数据量确实很大，则可以考虑通过 scroll 或者 search_after 方式来实现。

3. 尽量使用 keyword 字段类型

如果一个字段既可以设置为 number 类型，也可以设置为 keyword 类型，那么在建模阶段可以参考如下方式来实现。

根据应用场景进行判断。如果涉及范围检索，我们强烈推荐使用数值类型的字段。这是因为数值类型，包括整型、长整型等，为范围检索提供了更高效的支持。如果仅需精准匹配 term 级别的检索，那么 keyword 类型就能搞定。如果两种都有需求，则建议设置 keyword 和 number 双类型，可借助 fields 组合类型实现。

fields 组合类型的实现参考如下。

```
PUT test_0001
{
  "mappings": {
    "properties": {
      "age":{
        "type":"integer",
        "fields": {
          "keyword":{
```

```
            "type":"keyword"
          }
        }
      }
    }
  }
}
```

4. 尽量避免使用脚本

脚本可以用来执行一些高级的检索和聚合操作，但是在实际应用中，建议尽可能避免使用脚本，因为它们可能会影响性能，并且不够安全。

一方面，使用脚本会需要额外的计算资源和时间，这可能对性能产生负面影响。另一方面，如果允许用户自定义脚本，那么恶意用户可能会编写脚本来执行一些不安全的操作，例如删除索引或访问敏感信息。因此，在生产环境中，建议禁止用户自定义脚本或仅支持受信任的用户组使用脚本。

那么，的确需要脚本时应该怎么办呢？尽量在写入时使用 ingest 预处理，采用“以空间换时间”的方案。

5. 有效使用 filter 缓存

为了提高性能，Elasticsearch 引入了 filter 缓存机制。filter 缓存是指在执行过滤操作时，将结果缓存到内存中，以便在后续的查询中能够快速访问。这样可以避免对同一个过滤器进行重复计算，从而提高查询性能。尤其是在对相同的过滤器进行多次查询时，这种缓存方式可以大幅提高查询效率。该机制的应用细节参见 10.1.6 节。

6. 对历史索引数据不定期进行段合并

段合并可以将多个小段合并成一个更大的段，以减少搜索时需要处理的文档数量，从而提高检索性能。需要注意的是，段合并的过程中需要消耗大量的 CPU 和磁盘 IO 资源，也可能会导致某些性能问题。

举例来说，基于时间切分的索引，对于相对冷、访问不太密集的数据，推荐使用段合并。

切记：不要对正在写入数据的索引进行段合并。

7. 预热文件系统缓存

如果重新启动运行 Elasticsearch 的机器，文件系统缓存将是空的，因此操作系统将索引的热点区域加载到内存中就需要一些时间。为了快速进行搜索操作，可以使用 index.store.preload 根据文件扩展名来告诉操作系统哪些文件应该立即被加载到内存中。

```
PUT /my-index-000001
{
  "settings": {
```

```
    "index.store.preload": ["nvd", "dvd"]
  }
}
```

在 Lucene 中，nvd 是指全文检索文件，dvd 是指用于聚合排序的列式存储文件。

8. 通过 perference 优化缓存利用率

Elasticsearch 中的 preference 参数用于控制搜索请求的分发方式，能提高缓存利用率。当多个用户同时发起相同的查询请求时，Elasticsearch 会缓存该请求的结果以提高搜索效率。

假设有一个包含 5 个节点的 Elasticsearch 集群，其中每个节点都承载着相同的索引。如果我们想要查询该索引中的数据，可以使用以下查询参数。

```
GET /my_index/_search
{
  "query": {
    "match": {
      "my_field": "my_value"
    }
  },
  "preference": "_prefer_nodes:node-1,node-3"
}
```

在上面的查询参数中，_prefer_nodes:node-1,node-3 表示优先选择节点 1 和节点 3 执行查询。这可以帮助我们提高查询性能，因为节点 1 和节点 3 可能具有更快的响应或更少的负载，能够更快地返回结果。

注意，上述这个查询参数是可选的，如果不使用它，Elasticsearch 将自动选择最佳节点执行查询。类似的参数还有 _only_local、_local 等。

9. 避免使用 wildcard 检索

避免使用 wildcard 通配符检索，尤其是前缀通配符查询。主要原因在于：当使用通配符查询时，倒排索引针对 keyword 类型并不能发挥优势，Elasticsearch 必须遍历所有符合通配符表达式的文档，这可能会导致性能下降和查询响应慢。面对类似需求，推荐在前期使用预处理 Ngram 分词，以空间换时间来解决问题。

10. 尽量避免使用正则匹配检索

不建议频繁使用正则匹配检索的方式，主要原因如下。

1）性能问题：正则匹配检索通常比其他检索方法要慢得多，特别是当使用复杂的正则表达式时。正则表达式需要对每个文档的每个字段进行匹配，这对于大型数据集来说可能会导致性能问题。

2）精度问题：正则匹配检索是基于模式实现的，因此它可能会返回一些用户不需要的结果。例如，你正在寻找包含单词“cat”的文档，但是你的正则表达式模式匹配了包含单词“catch”和“category”的文档，这将导致精度问题。

3）无法利用倒排索引机制：使用正则表达式进行检索时，将扫描整个文档集合，无法使用索引加快搜索。

正则匹配检索会有响应慢及性能问题，因此要谨慎使用，建议尽量避免。如果必须使用正则表达式，则需尽可能简化它们，并使用其他过滤条件来缩小返回的结果集。

11. 谨慎使用全量聚合和多重嵌套聚合

聚合本身是不精准的，主要是因为主、副本分片数据的不一致性。对于实时性业务数据的场景，每分、每秒都有数据写入，就要考虑到数据在变化，聚合结果也会随之变化。

全量聚合会在所有匹配的文档上执行聚合操作。如果匹配的文档数非常大，就可能会占用大量的内存，甚至导致 OOM。同时，全量聚合需要扫描所有匹配的文档，会对查询性能产生影响。

多重嵌套聚合指的是在一个聚合操作内嵌套另一个聚合操作，形成多层嵌套。这种方式会增加查询复杂度和降低查询性能。

因此，在使用 Elasticsearch 进行聚合分析时，应该谨慎使用全量聚合和多重嵌套聚合，可以考虑将聚合操作拆分成多个步骤来执行，从而降低每个聚合操作的复杂度、减小检索范围。

总之，性能优化非一朝一夕之功，本小节并没有穷尽所有检索优化细节，更多的最佳实践还需要大家结合业务实际进行尝试、探索来发现。

16.4.4 性能优化的 DSL 命令行

1. 未分配分片查看

如下命令行用于显示 Elasticsearch 集群中未分配的分片。

```
GET _cat/shards?v&h=index,shard,prirep,state,unassigned.reason&s=state:asc
```

2. 动态调整副本数

如下命令行可以动态调整索引的副本数，以便在需要时提高系统的可用性和冗余性。

```
PUT my-index-2024.05.30-000002/_settings
{"number_of_replicas": 0}
```

需要注意的是：主分片不可以修改（除非使用 Shrink 操作），但副本可以动态调整大小。

3. 重新打开分片分配策略

如下命令行可以开启 Elasticsearch 集群的分片分配策略，允许分片在节点间重新分配。

```
PUT /_cluster/settings
{
  "transient": {
    "cluster.routing.allocation.enable": "all"
```

```
  }
}
```

4. 手动移动未分配的分片

如下命令行通过手动移动和分配未分配的分片，优化集群的分片分配策略。

```
POST /_cluster/reroute
{
  "commands": [
    {
      "move": {
        "index": "test",
        "shard": 0,
        "from_node": "node1",
        "to_node": "node2"
      }
    },
    {
      "allocate_replica": {
        "index": "test",
        "shard": 1,
        "node": "node3"
      }
    }
  ]
}
```

5. 查看磁盘使用率

如下命令行用于监控集群的磁盘使用情况，以防止磁盘空间不足。

```
GET /_cat/allocation?v
```

若磁盘使用率大于或等于85%，则已经达到警戒水位线了，就需要预警。

6. 查看各个节点的版本号

集群多节点版本不一致，可能会引发各种未知异常。如下命令行可以帮助检查集群中的版本一致性，避免版本不一致可能引发的问题。

```
GET /_cat/nodes?v&h=host,name,version
```

7. 检索优化实战

如下命令行分别用于设置慢检索日志，构建映射以设置路由，以及执行段合并，用于优化查询性能。

1）慢检索日志设置如下。

```
PUT /my-index-000001/_settings
{
```

```
  "index.search.slowlog.threshold.query.warn": "10s",
  "index.search.slowlog.threshold.query.info": "5s",
  "index.search.slowlog.threshold.query.debug": "2s",
  "index.search.slowlog.threshold.query.trace": "500ms",
  "index.search.slowlog.threshold.fetch.warn": "1s",
  "index.search.slowlog.threshold.fetch.info": "800ms",
  "index.search.slowlog.threshold.fetch.debug": "500ms",
  "index.search.slowlog.threshold.fetch.trace": "200ms",
  "index.search.slowlog.level": "info"
}
```

2）构建映射来设置路由，命令如下。

```
PUT my-index-000002
{
  "mappings": {
    "_routing": {
      "required" : true
    }
  }
}
```

3）段合并命令如下。

```
POST /my-index-000001/_forcemerge
```

8. 写入优化实战

如下命令行分别用于批量写入数据、提高刷新频率、将副本数设置为 0，以提升写入速度以及设置事务日志异步刷盘。

1）批量写入，命令如下。

```
POST _bulk
{ "index" : { "_index" : "test", "_id" : "1" } }
{ "field1" : "value1" }
{ "delete" : { "_index" : "test", "_id" : "2" } }
{ "create" : { "_index" : "test", "_id" : "3" } }
{ "field1" : "value3" }
{ "update" : {"_id" : "1", "_index" : "test"} }
{ "doc" : {"field2" : "value2"} }
```

2）提高刷新频率，命令如下。

```
PUT /my-index-000001/_settings
{
  "index" : {
    "refresh_interval" : "30s"
  }
}
```

3）将副本数设置为 0，提升写入效率。

```
PUT my-index-000001/_settings
{
  "number_of_replicas": 0
}
```

4）通过 translog 命令进行异步刷盘，如下所示。

```
PUT my-index-2023.06.03/_settings
{
  "index": {
    "translog": {
      "durability": "async"
    }
  }
}
```

9. 堆内存调优实战

在 jvm.option 配置文件中设置堆内存大小以优化 JVM 性能，命令如下。此操作需要重启才能生效。

```
ES_HEAP_SIZE=DESIRED_SIZE (e.g. "3g")
```

10. 磁盘不足的解决方案

再一次强调，我们需要注意磁盘的 3 个警戒水位线。如果 Elasticsearch 集群节点的磁盘空间不足，则会影响集群性能。

可用存储空间一旦低于特定阈值限制，就将阻止写入操作，进而影响数据进入集群。那么，如何扩展可用存储空间呢？有如下 3 个思路。

1）横向扩展：添加数据节点（前提是分片分配策略相对合理）。

2）纵向扩展：升级机器，加磁盘（可能需要调整 data.path）。

3）迁移数据：对于历史久远的无用数据，可以考虑将其迁移到别的集群，或者归档到别的机器上。

16.5 本章小结

通过 Elasticsearch 性能优化，可以显著提高搜索和分析数据的速度及效率，从而提高系统的可用性和可扩展性。本章从 Elasticsearch 集群的性能指标入手，结合实战项目经验，分析了通用优化、写入优化、检索优化的方法，为读者实战中的集群性能优化提供了参考，帮助读者少走弯路。本章知识点如图 16-5 所示。

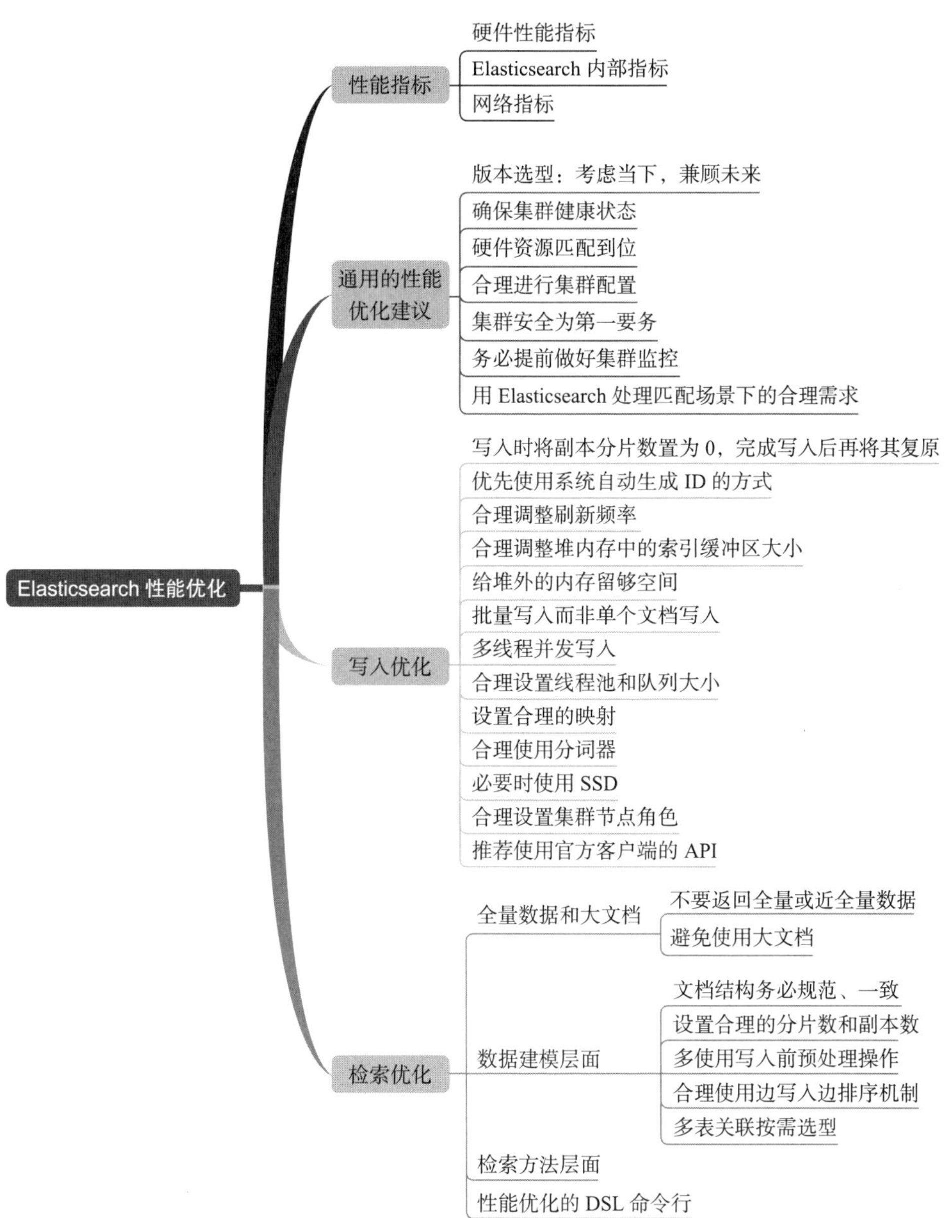

图 16-5　Elasticsearch 性能优化

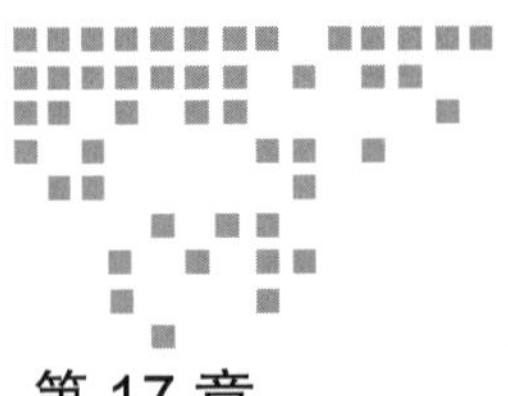

Chapter 17 第 17 章

Elasticsearch 实战“避坑”指南

随着海量数据的涌现，Elasticsearch 已成为企业搜索、日志分析和数据可视化的优选方案。然而，在实际应用中，开发者和运维人员可能面临诸多功能、性能的问题与挑战。笔者旨在结合大规模集群实战及咨询经验，为大家提供实战避坑指南。本章将分享实战中的常见问题、误区及最佳实践，助力大家更顺利地运用 Elasticsearch 构建强大应用。

17.1 Elasticsearch 分片

17.1.1 常见分片问题

如果在构建 Elasticsearch 集群的初期分片设置不合理，则在项目的中后期就可能出现性能问题。

如果初始的 Elasticsearch 分片设置不合理，虽然不会立即出现问题，但随着时间的推移，可能会导致性能问题。随着集群所拥有的数据不断增长，纠正问题也变得越来越困难，甚至可能需要重新索引大量数据。因此，在索引数据之前，应该认真评估分片设置，以确保长期的高性能和可靠性。

当用户遇到性能问题时，通常可以追溯到数据索引和集群规模方面的问题，特别是基于时间构建的索引。

常见的用户问题如下。

- ❑ 我应该为索引设置多少个分片？
- ❑ 我的分片应该设置为多大？

本节旨在帮助大家回答这些问题，并对基于时间的索引用例（例如日志记录或安全分析）提供有效的使用指导。

17.1.2 分片大小如何影响性能

一个 Elasticsearch 集群中的索引由多个分片组成，每个分片承载索引中的一部分数据。分片数量设置过多或过少都会引发一些问题。

当分片数量设置过多时，可能会对 Elasticsearch 的性能产生不利影响。这是因为每个分片都需要一定量的内存来存储索引数据和缓存，从而导致内存消耗增加。此外，当查询或写入数据涉及多个分片时，Elasticsearch 需要在节点之间传输和协调数据，从而增加网络开销。这也可能导致查询性能降低和索引性能降低。因此，在设计索引时需要考虑索引数据量、查询负载和硬件资源等因素来合理选择分片数量，以最大化提升 Elasticsearch 的性能和效率。

当 Elasticsearch 集群中的分片数量过少时，会对系统的性能和可用性造成负面影响。

首先，系统的性能可能会下降。因为当分片数量较少时，Elasticsearch 可能无法充分利用所有可用节点来处理请求，导致部分节点负载过高，而其他节点处于空闲状态。这会限制请求的处理能力，导致响应时间延长和吞吐量下降。

其次，可用性也可能受到影响。当分片数量较少时，如果某个节点发生故障，那么该节点上存储的多个分片可能会无法正常工作，从而导致数据丢失或不可用。如果在分片数量较少的情况下使用较少的节点数量，那么故障的影响可能会更加严重。

最后，系统容错能力可能会降低。如果一个节点失效，那它上面的所有分片都将不可用，这可能会导致数据丢失或不可用。在分片数量较多的情况下，即使有一个节点失效，系统的容错能力也可以得到保障。

综上，分片设置过多或过少都会产生负面作用。在设计 Elasticsearch 集群时，应该根据数据量、性能需求和可用性需求等因素来选择合适的分片数量，以保证系统的性能和可用性。

17.1.3 分片及副本设置建议

1. 分片数和节点数应该相对平衡

如果节点数较少，那么每个节点负担的分片数就会比较多，而节点数较多时，每个节点负担的分片数就会比较少。因此，建议根据节点数适当增加或减少每个索引的分片数。

2. 设置 total_shards_per_node，将索引压力分摊至多个节点

使用 index.routing.allocation.total_shards_per_node 参数可以限制每个节点上的 shard 数量，从而将索引的压力分摊至多个节点。这样可以提高集群的性能和可用性，避免某个节点过载导致整个集群出现问题。

index.routing.allocation.total_shards_per_node 是一个索引级别的设置，可以在创建索引时或者在修改已有索引时进行设置。它的语法如下。

```
PUT /<index_name>/_settings
{
  "index.routing.allocation.total_shards_per_node": <number_of_shards>
}
```

其中，<index_name> 表示索引名称，<number_of_shards> 表示每个节点上该索引的分片数量。

官方建议每个节点最多承载 1000 个分片，但是在实际应用中最好根据具体情况进行调整，以保证集群的稳定性和性能。如果节点负载较重，则可以适当减少该值；如果节点性能较好，则可以适当增加该值。同时，如果集群规模较大，那么也可以考虑增加节点数量，以分担每个节点的负载。

3. 尽量保证每个分片大小一致

如果分片大小差异很大，那么查询和聚合操作的性能就会出现较大差异。因此，建议尽量保证每个分片大小相等。Elastic 官方建议每个分片的大小在 10GB 到 50GB 之间，可以根据具体情况进行微调，但是需要注意不要超出分片容量的上限。

4. 主分片设置参考准则

在 Elasticsearch 中，主分片是用于存储索引原始数据的最基本分片。以下是关于主分片设置的一些准则。

1）设置合理的主分片数目。主分片数目在创建索引时指定，并在索引创建后无法更改，建议设置为节点数目的 1 倍到 3 倍（结合业务场景和集群规模），以确保每个节点都有分片。这样，主分片会分配到不同的节点上以实现负载均衡。

2）避免将主分片数目设置得太高或太低，因为过高的数量可能会导致查询性能下降，而过低的数量则可能导致可用的硬件资源无法被充分利用。

3）监控主分片的状态和性能，使用 Elasticsearch 监控工具来及时发现和解决问题。

4）考虑主分片的恢复时间，避免主分片过大导致恢复时间过长，从而影响索引的可靠性。

5. 副本分片设置参考准则

在 Elasticsearch 中，副本分片是主分片的副本，用于提高搜索和读取性能以及提高数据可靠性。以下是一些副本分片设置的参考准则。

1）设置合理的副本分片数目。建议至少设置 1 个副本，这样可以确保当一个节点失效时，数据仍然可以从其他节点中恢复，从而保障数据的高可靠性和查询性能。

2）避免在节点数目较少的情况下设置过多的副本分片。过多的副本分片可能会导致磁盘空间不足、网络传输延迟增加、节点负载过高、分配不均衡等问题。另外，写入请求延迟的情况也可能会因此增加。

因此，在设置副本分片时需要权衡可靠性和性能，并根据实际情况进行适当的调整，避免设置过多的副本分片。

总结一下：Elasticsearch 集群的分片设置对性能和可用性至关重要。当分片数量设置过多时，会导致内存消耗增加、网络开销增加，进而降低 Elasticsearch 的性能和效率。当分片数量设置过少时，可能会导致部分节点负载过高而其他节点处于空闲状态，从而限制请求的处理能力，导致响应时间延长和吞吐量下降。在设计 Elasticsearch 集群时，应该根据数据量、性能需求和可用性需求等因素来选择合适的分片数量，以保证系统的性能和可用性。

17.2　25 个核心 Elasticsearch 默认值

在技术交流群中，一个问题引发了大家对 Elasticsearch 默认值的深度探讨——“Elasticsearch 节点是否默认限制为 1000 个分片？”类似的默认值在系统架构选择、开发实践及性能问题的运维排查中具有重要的参考价值。尽管每个默认值在官方文档中都有详细说明，但它们并未被整合到一起进行展示。

基于此，有必要深入剖析 Elasticsearch 中最常用的默认值，包括其适用场景、参数名称、默认值大小、参数类型（静态或动态）以及实战建议等关键知识点。这样的梳理不仅能助力读者更有效地理解和利用这些默认值，还有助于在 Elasticsearch 实战过程中进行更明智的决策。

17.2.1　参数类型以及静态参数和动态参数的区别

1. 参数类型

常见参数可分为集群级别、索引级别参数等类型。

（1）集群级别参数

- 举例 1：cluster.max_shards_per_node，前缀是 cluster.*，修改针对集群生效。
- 举例 2：indices.query.bool.max_clause_count，需要在 elasticsearch.yml 配置文件中设置，重启 Elasticsearch 后生效。

（2）索引级别参数

举例：index.number_of_shards，前缀是 index.*，修改针对索引生效。

2. 区分静态参数和动态参数

在 Elasticsearch 中，参数可以分为静态参数和动态参数两种类型。静态参数，如主分片数 index.number_of_shards，在索引创建之后就不能更改，除非重建索引。相反，动态参数，如副本分片数 index.number_of_replicas，允许在任何时候进行动态调整，可以通过

update API 进行操作。因此，理解静态和动态参数的概念，以及它们如何影响 Elasticsearch 的运行，对于有效地使用和优化这个系统至关重要。

17.2.2 5 个 Elasticsearch 集群级别参数的关键默认值

1. boolean 类型默认支持的最大子句个数

对应参数为 indices.query.bool.max_clause_count，为静态参数（需要在 elasticsearch.yml 中设置），默认最大为 1024，这是为了防止搜索子句过多而占用过多的 CPU 和内存，导致集群性能下降。

该参数适用于 *N* 个子句的 bool 组合查询的场景，其功能类似于规则过滤。

2. 数据节点支持的默认分片个数

对应参数为 cluster.max_shards_per_node，默认最大为 1000（7.X 版本后）。

该参数适用于大数据量的集群分片选型的场景。

再对该话题进行扩展。首先，对于大规模集群，每个节点可以存储的分片数量和可用的堆内存大小之间存在正比关系。根据 Elastic 官方的建议，堆内存与分片数量应该维持大约 1 ∶ 20 的比例。例如，一个拥有 30GB 堆内存的节点，理想情况下应最多分配 600 个分片。其次，需要注意的是分片的分配必须合理。分配的分片过多会导致写入放大，可能引发批量队列（bulk queue）满载，从而增加请求被拒绝的风险。反之，如果在处理大量数据时分片数量过少，那么多节点资源可能无法得到充分利用，可能导致机器资源的分布不均衡。因此，针对 Elasticsearch 集群的优化，需要在分片数配置和机器资源使用之间寻求平衡。

3. 堆内存中索引缓冲区的默认比例

对应参数为 indices.memory.index_buffer_size、indices.memory.min_index_buffer_size、indices.memory.max_index_buffer_size，均为静态参数（需要在 elasticsearch.yml 中设置）。indices.memory.index_buffer_size 的默认值为 10%，indices.memory.min_index_buffer_size 的默认值为 48 MB。

参数适用于在堆内存的索引缓冲区中存储新索引的文档。填满后，缓冲区中的文档将写入磁盘上的某个段。这些参数所设置的缓冲区大小将在节点上的所有分片之间进行划分。

在使用上，建议将这些参数在集群的每个数据节点上进行配置。作为写入优化的首选参数，它们对于提高写入性能和稳定性具有重要作用，因此妥善配置这些参数是提高 Elasticsearch 集群效率的关键步骤。

4. 默认磁盘使用率

对应参数为 cluster.routing.allocation.disk.watermark.low/high/flood_stage，为集群动态参数。cluster.routing.allocation.disk.watermark.low 默认为 85%，cluster.routing.allocation.disk.

watermark.high 默认为 90%，cluster.routing.allocation.disk.watermark.flood_stage 默认为 95%。

这些参数可用于基于磁盘分配分片时控制磁盘的使用率低警戒水位线。

在使用上，提供如下建议：当磁盘使用率达到 85% 时，应考虑禁止新的写入操作，以防止磁盘过载；若磁盘使用率进一步增至 90%，则应将索引分片迁移到其他可用节点，以优化资源分配并防止节点失败；如果磁盘使用率高达 95%，则应将索引设置为只读，以防止可能的数据丢失或损坏。

注意：

磁盘使用率也是重要的监控指标之一，对其进行持续监控和管理，可以帮助保持 Elasticsearch 集群的健康和性能。

---

5. 默认 GC 方式

对应参数为 -XX:+UseConcMarkSweepGC、-XX:CMSInitiatingOccupancyFraction=75、-XX:+UseCMSInitiatingOccupancyOnly。

适用于需精细化控制 Java 内存管理和垃圾回收的场景。参数单位为 s。

在 Elasticsearch 的使用中，GC 的选择对集群性能具有显著影响。虽然官方建议将 CMS 垃圾收集器作为大多数部署的首选，但 Elasticsearch 自 6.5.0 版本开始，在 JDK 11 或更高版本上运行时同样支持 G1 垃圾收集器。

配置 GC 选项需要在 jvm.options 文件中进行。提供一个参考性的配置优化建议如下。

```
-XX:+UseG1GC
-XX:MaxGCPauseMillis=50
```

其中，-XX:MaxGCPauseMillis 用于控制预期的最大 GC 停顿时间，默认为 200ms，如果线上业务对 GC 停顿非常敏感，可以适当降低此值。但需注意，设置过小的值可能会导致 CPU 消耗增加。

优化 G1 的停顿时间在集群正常运行时，可以有效减轻服务时延。然而，如果是由于 GC 问题导致的集群卡顿，那么仅更换 G1 垃圾收集器可能无法彻底解决问题。此时，更可能需要对集群的数据模型或查询进行优化。

17.2.3 7 个 Elasticsearch 索引级别参数的关键默认值

1. 默认主分片的大小

对应参数为 index.number_of_shards，为静态参数，默认值为 1（这是从 Elasticsearch 7.X 版本开始的，早期版本中默认为 5）；单索引支持最大分片数为 1024。该参数适用于数据存储。

在使用 Elasticsearch 时，一些关键参数设置对保证集群的稳定性和性能具有重要意义。例如，索引的最大分片数在创建索引时就应确定，并且一旦设定就无法更改。默认的 1024

的最大分片数是一种安全限制，旨在防止过度分配资源导致集群稳定性受损。尽管这是一个安全措施，但在必要情况下，用户可以通过设置系统属性来修改这个限制。具体操作方法是在每个节点上指定 export ES_JAVA_OPTS="-Des.index.max_number_of_shards=128"。然而，这一操作必须谨慎，因为过度分片可能导致资源消耗过大，影响集群性能。

2. 默认的压缩算法

对应参数为 index.codec，为静态参数，默认值为 LZ4。该参数适用于写入数据压缩。

在考虑使用哪种压缩方法时需要权衡压缩率和性能。默认的 LZ4 压缩方式在压缩速度和压缩率之间达到了平衡。如果存储空间成本较高，可以考虑将此设置更改为 best_compression。该设置使用 DEFLATE 算法以实现更高的压缩率，但可能会对性能产生影响，因为需要更多的 CPU 资源来压缩和解压缩数据。因此 best_compression 最适合那些对磁盘空间优化有较高需求，而对性能影响相对较少关注的使用场景。

3. 默认副本分片个数

对应参数为 index.number_of_replicas，为动态参数，默认值为 1。该参数可确保业务数据的高可用性。

在使用上，建议根据业务需要来合理设置副本。基于数据安全性考虑，建议副本至少设置 1。

4. 默认刷新频率

对应参数为 index.refresh_interval，为动态参数，默认最小值为 1s。适用场景：控制数据从写入到搜索的最小时间间隔（单位为 s）。

在使用上，对于实时性要求不高且想优化写入的业务场景，建议根据业务实际情况调大刷新频率。

5. terms 默认支持最大长度

对应参数为 index.max_terms_count，为动态参数，默认最大值为 65536，使用时一般不超过此最大值。该参数适用于 terms 检索。

6. 默认返回的最大搜索结果数

对应参数为 index.max_result_window，为动态参数，默认最大值为 10000。

该参数适用于搜索深度翻页。首先，深度翻页的机制决定了越往后越慢，所以除非特殊业务需求，不建议修改默认值，可以参考百度和 Google 搜索的实现；其次，对于全部数据遍历，推荐使用 scroll API，对于仅向后翻页，则推荐 search_after API。

7. 默认预处理管道

对应参数为 index.default_pipeline，为动态参数，默认自定义管道。

在某些场景中，对索引的数据写入需要进行额外的预处理步骤，例如字段的标准化、数据的清洗和转换等，这些预处理步骤常被统称为 ETL 操作。设置 index.default_pipeline

参数可以实现在数据写入索引时自动进行 ETL 操作。

索引默认管道对需要进行 ETL 操作的场景具有重要的作用。在业务需求中，如果有数据预处理的需求，如字段的转换、格式化等操作，都可以通过创建自定义管道来实现。应根据具体业务需求决定是否要使用 default_pipeline。若不设定 default_pipeline，则可以通过 update_by_query 配合自定义管道进行 ETL 操作，但需要注意，这种方式相比于设置默认管道，在实现上较为复杂且不易管理。因此，如果有持续性的数据处理需求，则建议配置默认管道，以提升操作的便捷性和数据处理的效率。

17.2.4 4 个 Elasticsearch 映射级别参数的关键默认值

1. 默认支持的最大字段数

对应参数为 index.mapping.total_fields.limit，为动态参数，默认最大值为 1000，不建议修改该默认值。

该参数可防止索引 Mapping 横向无限增大导致内存泄漏等异常。

2. Mapping 字段默认的最大深度

对应参数为 index.mapping.depth.limit，为动态参数。

该参数的默认最大值为 20。同样不建议修改该默认值，因为该默认值的设置是有依据的。举例说明，如果所有字段都在根对象级别定义，则深度为 1，如果有一个对象映射，则深度为 2，依此类推，则默认值为 20。

该参数可防止索引 Mapping 纵向无限增大导致异常。

3. 默认支持的 Nested 类型个数

对应参数为 index.mapping.nested_fields.limit，表示一个索引所支持的最大 Nested 类型个数；以及 index.mapping.nested_objects.limit，表示一个 Nested 类型所支持的最大对象数。这些参数均已验证为动态参数。index.mapping.nested_fields.limit 的默认值为 50，index.mapping.nested_objects.limit 的默认值为 10000。

两参数适用于 Nested 选型。Nested 潜在的性能问题不容小觑。Nested 本质上是每个嵌套对象都被索引为一个单独的 Lucene 文档。如果我们为包含 100 个用户对象的单个文档建立索引，则将创建 101 个 Lucene 文档。此外，Nested 与 Join 类型父子文档不同。如果子文档频繁更新，则建议使用父子文档。如果子文档不频繁更新但查询频繁，则建议采用 Nested 类型。

4. 动态映射条件下默认匹配的字符串类型

字符串类型默认为“text + keyword”类型，适用于不提前设置 Mapping 精准字段的场景。

建议结合业务需要，提前精准设置 Mapping 并优化数据建模。实战例子如下所示。

```
{
  "my_index_0001" : {
    "mappings" : {
      "properties" : {
        "cont" : {
          "type" : "text",
          "fields" : {
            "keyword" : {
              "type" : "keyword",
              "ignore_above" : 256
            }
          }
        }
      }
    }
  }
}
```

17.2.5 8个其他关键默认值

1. Elasticsearch 默认的评分机制

默认为BM25。除非业务需要，否则不建议修改。

2. Elasticsearch keyword 类型默认支持的字符数

Elasticsearch 5.X 版本以后，keyword 类型支持的最大长度为 32766 个 UTF-8 字符，而 text 类型对字符长度没有限制。设置 ignore_above 后，超过给定长度的数据将不被索引，无法通过 term 检索返回结果。

3. Elasticsearch 集群节点默认属性值

对候选主节点、数据节点、ingest 节点、协调节点、机器学习节点等角色，在集群达到一定规模后，一定要独立设置专有的主节点、协调节点、数据节点，使角色划分清楚。

4. Elasticsearch 客户端默认请求节点

如果不明确指定协调节点，则由默认请求的节点充当协调节点的角色。每个节点都是一个隐式的协调节点。协调节点需要具有足够的内存和CPU才能处理收集数据。

5. Elasticsearch 默认分词器

在不明确指定分词器的场景，默认采用标准分词器。实战例子如下。

```
POST /_analyze
{
  "text": "屹立在东方之林",
  "analyzer": "standard"
}
```

切分结果如下。

```
屹
立
在
东
方
之
林
```

注意：

_analyze API 在处理分词问题上发挥了关键作用。它能够提供针对特定文本的详细分词结果，帮助开发者调试和优化自定义的分词器配置，对于理解和优化搜索效果具有重要价值。

---

6. Elasticsearch 聚合默认 UTC 时间

对此可以在聚合时进行修改，设置时区 time_zone 即可，如下所示，+08:00 代表东 8 区。

```
GET my_index/_search?size=0
{
  "aggs": {
    "by_day": {
      "date_histogram": {
        "field":     "date",
        "calendar_interval":  "day",
        "time_zone": "+08:00"
      }
    }
  }
}
```

7. Elasticsearch 默认堆内存大小

Elasticsearch 8.X 版本的默认堆内存大小是 4GB。若修改该默认值，则一定要结合实际机器环境。并且，建议在独立机器环境部署 Elasticsearch，不与 Logstash、Hadoop、Redis 等其他进程共享机器资源。以及，建议将 JVM 设置为机器内存的一半，但不超过 32GB。

8. Elasticsearch 默认集成 JDK

Elasticsearch 从 7.0 版本之后开始默认捆绑 JDK，即安装包里自带 JDK。自此版本之后，我们可以不单独安装 JDK。

17.3 Elasticsearch 线程池和队列

下面来看两个实战问题。

1）在 Kafka 向 Elasticsearch 导入数据时，可能会遇到由于批量写入操作被拒绝的问题。假设我们有一个由 4 个节点组成的 Elasticsearch 集群，在这个集群中，节点 node1 和 node4 拒绝了超过 30 万条的批量写入请求。当前的批量线程池（bulk thread pool）的配置是 8 个线程和 200 个队列，而 Kafka 的写线程池配置为 2 个核心线程加上核心线程数量的一半，队列大小设置为 3。如果没有压力测试环境对系统进行实际检测，我们如何找到一个平衡点，使 Kafka 的写入速度和 Elasticsearch 的处理能力保持同步呢？

2）有多套系统使用一套集群，产生错误日志如下。

```
{"message": "failed to execute pipeline for a bulk request" ,
"stacktrace": ["org.elasticsearch.common.util.concurrent.
  EsRejectedExecutionException: rejected execution of org.elasticsearch.ingest.
  IngestService$4@5b522103 on EsThreadPoolExecutor[name = node-2/write, queue
  capacity = 1024, org.elasticsearch.common.util.concurrent.EsThreadPoolExecutor
  @19bdbd79[Running, pool size = 5, active threads = 5, queued tasks = 1677, ]]",
```

从错误日志中，我们看到 Elasticsearch 在处理批量请求时遇到了“EsRejectedExecution-Exception”错误。这是因为线程池已满，无法接受新的任务，那么我们该如何调整线程池的配置或优化处理请求的策略以解决这个问题呢？

针对第一个问题，关键在于找到合适的配置，以使 Kafka 的写入速度和 Elasticsearch 的处理速度相匹配，避免大量的批量写入请求被拒绝。解决的思路是根据系统的实际需求和运行情况动态调整 Kafka 的写线程池及 Elasticsearch 的批量线程池的配置，使得两者之间的负载保持在可控范围内。

针对第二个问题，我们初步排查日志，发现大量日志写入造成队列满了，进而造成集群直接拒绝写入。对此的初步解决方案是修改默认值、扩大队列，后续根据业务情况持续观察队列大小，便可以不再出现上述情形。

这两个问题都与 Elasticsearch 线程池和队列有关，下面我们详细讲解这方面的知识点。

17.3.1 线程池简介

Elasticsearch 使用线程池来管理请求并优化集群中每个节点上的资源使用。Elasticsearch 线程池主要用于处理请求、执行搜索操作、刷新索引、合并索引段等任务。常用的线程池包括搜索（search）、获取（get）和写入（write）等。

运行以下命令可以看到线程池全貌。其中，name 代表某一种线程池（写入、检索、刷新或其他），type 代表线程数类型。

```
GET /_cat/thread_pool/?v&h=id,name,active,rejected,completed,size,type&pretty&s=
  type
```

通过运行上面的命令，可以看到每个节点都有许多不同的线程池，如图 17-1 所示。我们不但能明确线程池的大小和类型，还可以看到哪些节点拒绝了操作。

Elasticsearch 根据在每个节点中检测到的线程数（即 number of processors）自动配置线程池参数。

id	name	active	rejected	completed	size	type
47JZebKQTW69setOQKrAjg	analyze	0	0	0	1	fixed
47JZebKQTW69setOQKrAjg	ccr	0	0	0	32	fixed
47JZebKQTW69setOQKrAjg	force_merge	0	0	0	1	fixed
47JZebKQTW69setOQKrAjg	get	0	0	1543	2	fixed
47JZebKQTW69setOQKrAjg	listener	0	0	2	1	fixed
47JZebKQTW69setOQKrAjg	rollup_indexing	0	0	0	4	fixed
47JZebKQTW69setOQKrAjg	security-token-key	0	0	0	1	fixed
47JZebKQTW69setOQKrAjg	transform_indexing	0	0	0	4	fixed
47JZebKQTW69setOQKrAjg	watcher	0	0	0	10	fixed
47JZebKQTW69setOQKrAjg	write	0	0	7	2	fixed
47JZebKQTW69setOQKrAjg	search	0	0	7312	4	fixed_auto_queue_size
47JZebKQTW69setOQKrAjg	search_throttled	0	0	0	1	fixed_auto_queue_size
47JZebKQTW69setOQKrAjg	fetch_shard_started	0	0	4		scaling
47JZebKQTW69setOQKrAjg	fetch_shard_store	0	0	0		scaling
47JZebKQTW69setOQKrAjg	flush	0	0	6		scaling
47JZebKQTW69setOQKrAjg	generic	0	0	15749		scaling
47JZebKQTW69setOQKrAjg	management	1	0	7987		scaling
47JZebKQTW69setOQKrAjg	ml_datafeed	0	0	0		scaling
47JZebKQTW69setOQKrAjg	ml_job_comms	0	0	0		scaling
47JZebKQTW69setOQKrAjg	ml_utility	0	0	1		scaling
47JZebKQTW69setOQKrAjg	refresh	0	0	39892		scaling
47JZebKQTW69setOQKrAjg	snapshot	0	0	2		scaling
47JZebKQTW69setOQKrAjg	warmer	0	0	24		scaling

图 17-1 线程池详情

17.3.2 线程池类型

1. 固定类型（Fixed）

此类型的线程池具有固定的线程数量以及固定的队列大小。以下是一个固定类型线程池配置的示例。

```
thread_pool:
  write:
    size: 30
    queue_size: 1000
```

在此配置中，写线程池的大小设定为 30，队列大小设定为 1000。这意味着写线程池中最多能同时运行 30 个线程，队列中最多能存放 1000 个待处理的任务。

2. 调节类型（Scaling）

此类型的线程池可以自动调整其线程的数量，以适应工作负载的变化。线程数量的大小会在设定的最小值（core）和最大值（max）之间变动。以下是一个调节类型线程池配置的示例。

```
thread_pool:
  warmer:
    core: 1
    max: 8
```

在此配置中，预热线程池的线程数量最少为 1，最多为 8。根据工作负载的需求，Elasticsearch 会自动调整预热线程池中的线程数量。

17.3.3 线程池的基础知识

1. 线程池与队列的关联性

Elasticsearch 的大多数线程池都有关联的队列，用于在内存中储存待处理的请求，这允许 Elasticsearch 在等待处理资源可用的同时，对请求进行缓存。然而，这些队列的大小通常是有限的，当请求量超出队列容量时，Elasticsearch 将拒绝进一步的请求。

2. 谨慎调整队列大小

有时为了避免请求被拒绝，你可能需要考虑增大队列的容量。然而，在进行这样的调整时，一定要根据实际可用的系统资源来做决策，避免盲目增大队列容量。如果队列容量设置过大，则可能会带来反效果。首先，一个更大的队列意味着该节点需要用更多的内存去储存队列中的任务，这可能导致剩余用于处理实际请求的内存变少。其次，增大队列容量可能导致任务在队列中等待的时间变长，从而增加了操作响应时间，可能引发客户端应用程序的超时问题。

如果想了解哪些线程的 CPU 利用率较高或者花费的处理时间较长，那么你可以使用如下的命令进行查询。

```
GET /_nodes/hot_threads
```

这个 API 将对性能问题的排查提供了重要帮助。

17.3.4 队列的基础知识

1. 必要时设置 processors 参数

值得注意的是，线程池是根据 Elasticsearch 在基础硬件上检测到的线程数进行设置的。如果检测失败，则应在 elasticsearch.yml 中显式设置硬件中可用的线程数。特别是在一台宿主机配置多个 Elasticsearch 节点实例的情况下，若要修改其中一个节点线程池或队列大小，则要考虑配置 processors 参数。

在 elasticsearch.yml 中设置 processors 参数如下所示。

```
processors: 4
```

另外，通过如下命令可以查看 Linux 线程数。

```
grep 'processor' /proc/cpuinfo | sort -u | wc -l
```

2. 加强监控

通常，唯一需要增加队列大小的情况是请求数量激增导致客户端无法管理此过程且资源使用率并未达到峰值。此时可以借助 Kibana Monitoring 来更好地了解 Elasticsearch 集群的性能。

Kibana 监控面板中的总监控视图、节点监控视图、指标监控视图、索引监控视图如图 17-2 ～图 17-5 所示。

核心参数中文含义如下。

- ❑ search Rate：检索速率。

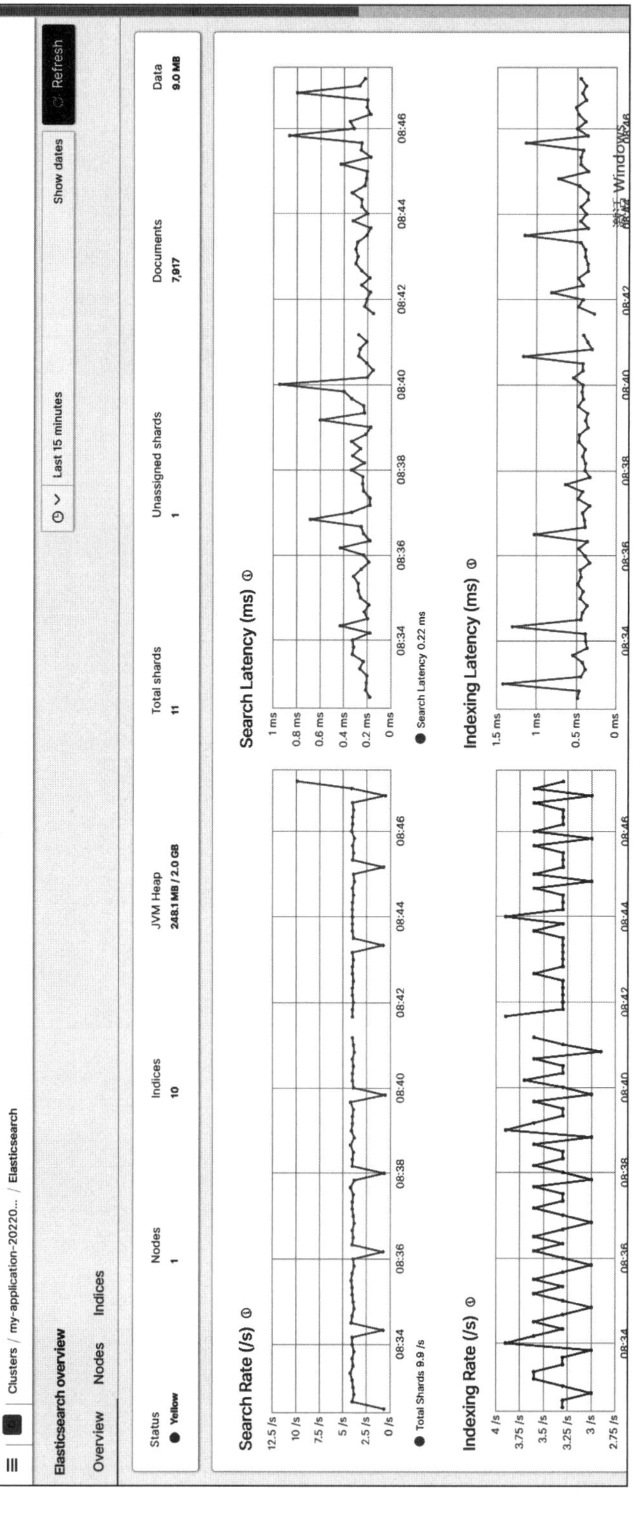
Clusters / my-application-20220... / Elasticsearch
Elasticsearch overview
Overview
Nodes
Indices
Last 15 minutes
Show dates
Refresh
Status
Yellow
Nodes
1
Indices
10
JVM Heap
248.1 MB / 2.0 GB
Total shards
11
Unassigned shards
1
Documents
7,917
Data
9.0 MB
Search Rate (/s)
Total Shards 9.9 /s
Search Latency (ms)
Search Latency 0.22 ms
Indexing Rate (/s)
Indexing Latency (ms)

图 17-2　总监控视图

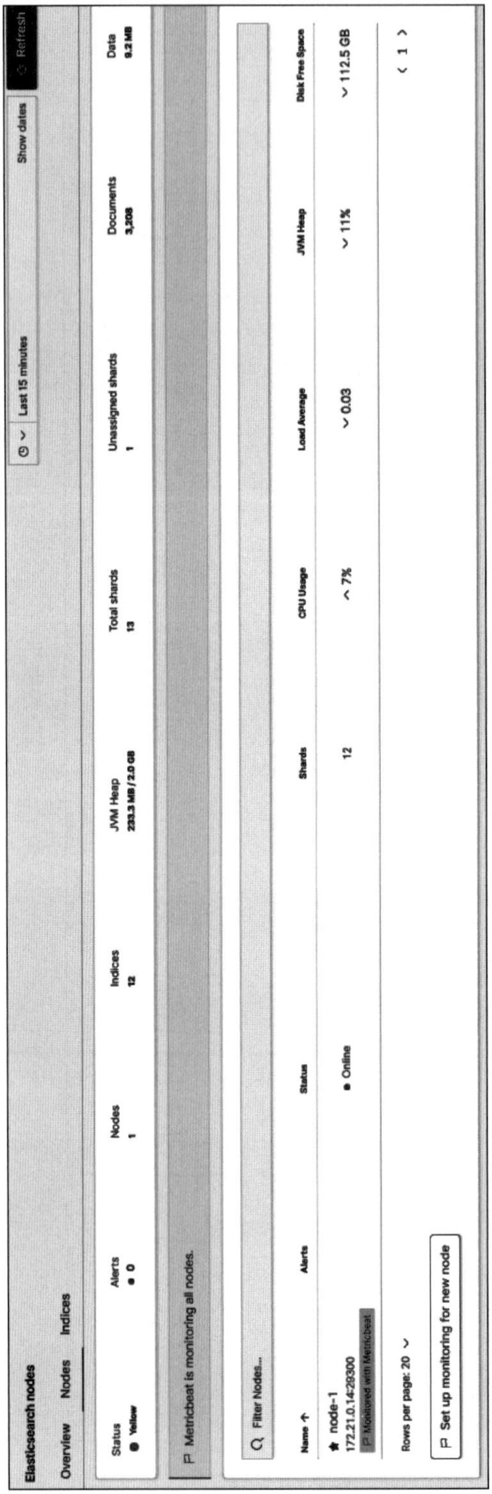

图 17-3 节点监控视图

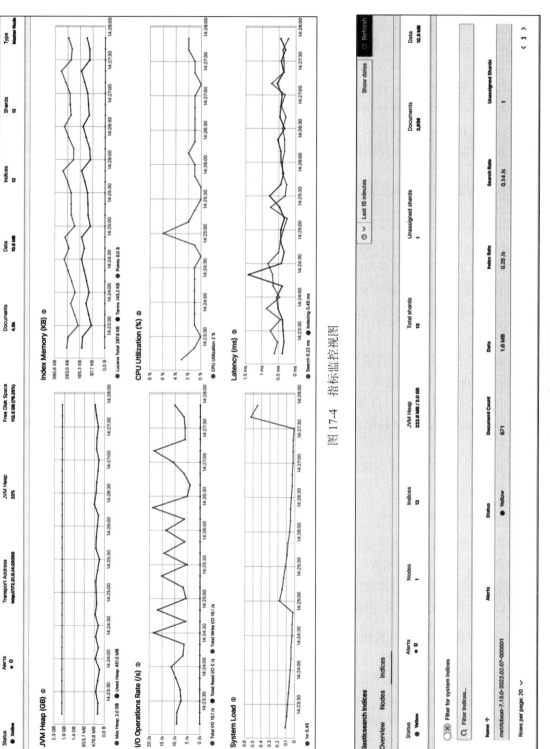

图 17-4　指标监控视图

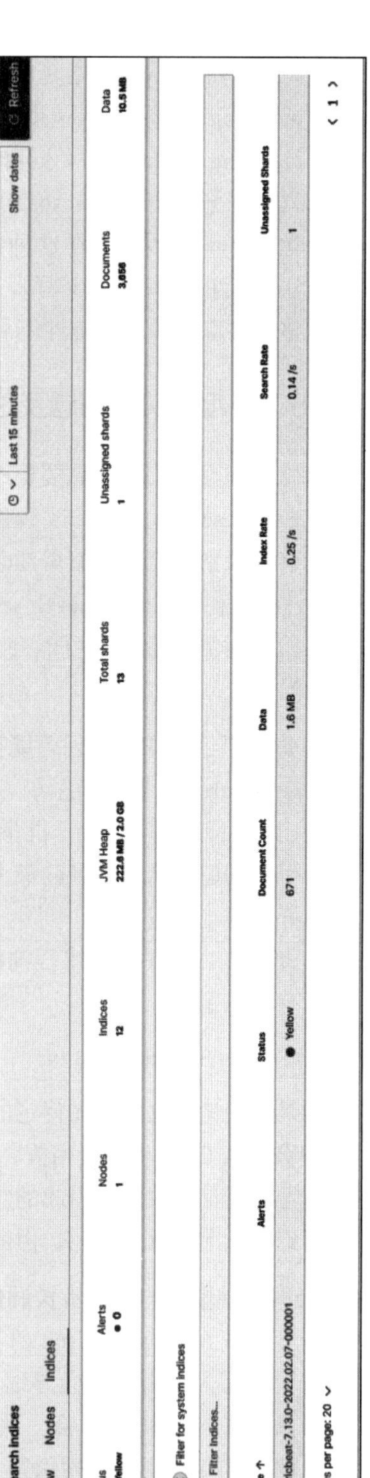

图 17-5　索引监控视图

- ❑ search Latency：检索延时。
- ❑ indexing Rate：写入速度。
- ❑ indexing Latency：写入延时。

队列积压意味着 Elasticsearch 在处理请求时面临困难，而请求被拒绝则说明队列的积压已经达到了一定限度。在这种情况下，我们需要深入探查导致队列积压的根本原因。解决的方法包括在客户端减少写入或检索的操作频率，以此来降低对集群线程池的压力。这样的调整需要综合考虑系统性能和业务需求，寻求最优的平衡点。

17.3.5 线程池实战问题及注意事项

1. 修改线程池和队列需要更改配置文件 elasticsearch.yml

在 Elasticsearch 中，修改线程池和队列的配置需要在 elasticsearch.yml 文件中进行，这是一种节点级别的配置。值得注意的是，从 5.X 版本开始，Elasticsearch 不再支持动态修改 setting。因此，在 elasticsearch.yml 文件中更改配置后，需要重新启动整个集群才能使其生效。在操作时需考虑到这可能会带来的服务暂停或者延迟，确保在适当的时机以合适的方式进行操作。

2. 集群拒绝请求的原因可能有多种

Elasticsearch 集群拒绝索引 / 写入请求可能有多种原因。通常，这表明一个或多个节点无法跟上索引 / 删除 / 更新 / 批量请求的数量，从而导致在该节点上建立的队列逐渐积压。一旦索引队列超过队列设置的最大值（如在 elasticsearch.yml 中定义的值或者默认值），该节点就会开始拒绝索引请求。

排查方法：需要检查线程池的状态，以查明索引拒绝是总在同一节点上发生，还是分布在所有节点上。

```
GET /_cat/thread_pool?v
```

如果拒绝请求仅发生在特定的数据节点上，那么可能会遇到负载平衡或分片问题。如果拒绝请求与高 CPU 利用率相关，那么这通常是 JVM 垃圾回收的结果，而 JVM 垃圾回收又是由配置或查询相关问题引起的。如果集群上有大量分片，则可能存在过度分片的问题。如果观察到节点上的队列拒绝，但监控发现 CPU 未达到饱和，则磁盘写入速度可能存在问题。

3. 写入批量值的递进步长调优

在尝试提高 Elasticsearch 的写入速度时，我们不应急功近利地大幅度提升写入速度，因为过大的写入压力可能会导致请求被拒绝。在实际操作中，我们可以逐步调整文档的批量索引数量，比如初步试验一次索引 100 个文档，然后逐步提升到一次索引 200 个、400 个，以此类推。当观察到索引写入速度开始趋于稳定时，我们可以认为已经找到了适合当前环境和业务的最优的批量请求大小。

在实际应用中，出现写入被拒绝或者“429 too many requests”错误等是常见的情况。这些问题的出现往往与线程池和队列大小设置有关。因此，我们需要结合具体的业务场景和需求进行详细的问题分析和排查，以找到最适合当前业务需求的配置和解决方案。

17.4 Elasticsearch 热点线程

在实战应用中，经常会遇到关于 Elasticsearch 热点线程（hot_threads）的问题。让我们针对以下两个问题进行讲解。

- 如何理解通过 GET /_nodes/hot_threads API 返回的信息？
- 在 Elasticsearch 集群中，有一台机器的 CPU 利用率非常高，但 IO、heap_mem 都正常，该如何解决？

17.4.1 热点线程简介

实战业务场景中，当集群响应比平常慢且 CPU 使用率高时，我们就需要进行问题排查，找到根因，集群才能恢复得“如丝般顺滑”。

为此，Elasticsearch 提供了监视热点线程的功能，以便我们能够明确问题所在。

在 Java 中，热点线程是占用大量 CPU 且执行时间很长的线程。排查问题最常用的就是 hot_threads API。

```
GET /_nodes/hot_threads
GET /_nodes/<node_id>/hot_threads
```

hot_threads API 在 Elasticsearch 中起到了关键作用，它能够提供关于集群中哪些代码片段正在占用大量 CPU 资源的实时信息。换句话说，它能够揭示哪些部分成为执行的“热点”，或者哪些操作正在拖慢整个集群的运行速度。利用这些信息，我们可以进行深入的分析和优化，提高 Elasticsearch 集群的整体性能。

17.4.2 热点线程支持的参数

1. 热点线程支持的参数列表

1）ignore_idle_threads：可选，布尔值，默认为 true。如果该参数值为 true，则系统会过滤掉已知的空闲线程，例如那些在套接字选择中操作中进行等待或从空队列中获取任务的线程。

2）Interval：可选，表示执行热点线程的采样间隔。默认为 500ms。

3）Snapshots：可选，整数，是指要获取的堆栈跟踪（在特定时间点嵌套的方法调用序列）数量，默认为 10，如图 17-6 所示。

4）threads：可选，整数。查看由 type 参数确定的信息后，Elasticsearch 将采用该参数返回指定数量的最“热门”线程，如图 17-7 所示，而这往往就是问题所在。该参数值默认为 3，也就是返回 TOP 3 的热点线程。

```
78.4% (391.7ms out of 500ms) cpu usage by thread 'elasticsearch[Data-(110.188)-1][search][T#38]'
 5/10 snapshots sharing following 35 elements
   app//org.apache.lucene.search.Weight$DefaultBulkScorer.scoreAll(Weight.java:265)
   app//org.apache.lucene.search.Weight$DefaultBulkScorer.score(Weight.java:218)
   app//org.apache.lucene.search.BulkScorer.score(BulkScorer.java:39)
   app//org.apache.lucene.search.LRUQueryCache.cacheIntoBitSet(LRUQueryCache.java:494)
   app//org.apache.lucene.search.LRUQueryCache.cacheImpl(LRUQueryCache.java:485)
   app//org.apache.lucene.search.LRUQueryCache$CachingWrapperWeight.cache(LRUQueryCache.java:694)
   app//org.apache.lucene.search.LRUQueryCache$CachingWrapperWeight.scorerSupplier(LRUQueryCache.java:741)
   app//org.elasticsearch.indices.IndicesQueryCache$CachingWeightWrapper.scorerSupplier(IndicesQueryCache.java:157
   app//org.apache.lucene.search.BooleanWeight.scorerSupplier(BooleanWeight.java:379)
   app//org.apache.lucene.search.BooleanWeight.scorer(BooleanWeight.java:344)
   app//org.apache.lucene.search.Weight.bulkScorer(Weight.java:181)
   app//org.apache.lucene.search.BooleanWeight.bulkScorer(BooleanWeight.java:330)
   app//org.elasticsearch.search.internal.ContextIndexSearcher$1.bulkScorer(ContextIndexSearcher.java:163)
   app//org.elasticsearch.search.internal.ContextIndexSearcher.searchInternal(ContextIndexSearcher.java:190)
   app//org.elasticsearch.search.internal.ContextIndexSearcher.search(ContextIndexSearcher.java:174)
   app//org.apache.lucene.search.IndexSearcher.search(IndexSearcher.java:440)
   app//org.elasticsearch.search.query.QueryPhase.execute(QueryPhase.java:270)
   app//org.elasticsearch.search.query.QueryPhase.execute(QueryPhase.java:113)
   app//org.elasticsearch.search.SearchService.loadOrExecuteQueryPhase(SearchService.java:335)
   app//org.elasticsearch.search.SearchService.executeQueryPhase(SearchService.java:355)
   app//org.elasticsearch.search.SearchService.lambda$executeQueryPhase$1(SearchService.java:340)
   app//org.elasticsearch.search.SearchService$$Lambda$4950/0x00000008018d5040.apply(Unknown Source)
```

图 17-6 获取的堆栈信息

```
78.4% (391.7ms out of 500ms) cpu usage by thread 'elasticsearch[Data-(110.188)-1][search][T#38]'
  71.9% (359.2ms out of 500ms) cpu usage by thread 'elasticsearch[Data-(110.188)-1][search][T#17]'
  65.8% (328.8ms out of 500ms) cpu usage by thread 'elasticsearch[Data-(110.188)-1][search][T#22]'
```

图 17-7 “热门”线程

5）master_timeout：可选，时间单位，表示等待连接到主节点的时间段，默认为 30s。如果在超时到期之前未收到任何响应，则请求将失败并返回错误。

6）timeout：可选，时间单位，表示等待响应的时间段，默认为 30s。如果在超时到期之前未收到任何响应，则请求将失败并返回错误。

7）type：可选，字符串，表示要采样的类型，默认为 cpu。支持的选项包括 block，即线程阻塞状态的时间，cpu，即线程占据 CPU 时间，wait，即线程等待状态的时间。

2. hot_threads 命令案例

结合上述参数来进行实战。例如，通过以下命令，Elasticsearch 每隔 1s 就会检查处于 WAITING 状态的线程。

```
GET /_nodes/hot_threads?type=wait&interval=1s
```

17.4.3 hot_threads API 的应用原理

与其他返回 JSON 结果的 API 不同，hot_threads API 会返回格式化的文本，如果缺乏分析技巧，我们很容易对该结果感到迷惑不解。对此，我们可以将其分为几个部分来分析查看。不过，在具体查看返回的堆栈结果之前，先来了解下 hot_threads API 背后的原理。

1）Elasticsearch 接收所有正在运行的线程，并收集每个线程所花费的 CPU 时间、特定

线程被阻塞或处于等待状态的次数、被阻塞或处于等待状态的时间等各种信息。

2）等待特定的时间间隔（由时间间隔参数指定）后，Elasticsearch 再次收集相同的信息，并根据运行的时间（降序）对热点线程进行排序。

需要注意的是，上述时间是针对由 type 参数指定的操作类型进行统计的。

3）由 Elasticsearch 分析前 *N* 个线程（其中 *N* 是由线程参数 threads 指定的线程数）。Elasticsearch 每隔几毫秒就会捕获线程堆栈跟踪的快照（快照数量由快照参数 snapshot 指定）。

4）对堆栈跟踪信息进行分组及可视化，以展示线程状态的变化。这就是我们看到的执行 API 所返回的结果。

至此，我们把 hot_threads API 的相关参数串联了起来，并对 hot_threads 有了大致的了解。下面继续讲解 hot_threads API 的返回结果。

17.4.4 hot_threads API 的返回结果

现在来分析 hot_threads API 的返回结果，如图 17-8 所示。

```
::: {Data-(110.188)-1}{67A1DwgCR_eM5eFS-6MR1Q}{qTPWEpF-Q4GTZIlWr3qUqA}{10.6.110.188}{10.6.110.188:9301}{dil}{ml.machine_memory=269
  Hot threads at 2020-10-27T06:09:33.144Z, interval=500ms, busiestThreads=3, ignoreIdleThreads=true:

  78.4% (391.7ms out of 500ms) cpu usage by thread 'elasticsearch[Data-(110.188)-1][search][T#38]'
   5/10 snapshots sharing following 35 elements
     app//org.apache.lucene.search.Weight$DefaultBulkScorer.scoreAll(Weight.java:265)
     app//org.apache.lucene.search.Weight$DefaultBulkScorer.score(Weight.java:218)
     app//org.apache.lucene.search.BulkScorer.score(BulkScorer.java:39)
     app//org.apache.lucene.search.LRUQueryCache.cacheIntoBitSet(LRUQueryCache.java:494)
     app//org.apache.lucene.search.LRUQueryCache.cacheImpl(LRUQueryCache.java:485)
     app//org.apache.lucene.search.LRUQueryCache$CachingWrapperWeight.cache(LRUQueryCache.java:694)
     app//org.apache.lucene.search.LRUQueryCache$CachingWrapperWeight.scorerSupplier(LRUQueryCache.java:741)
     app//org.elasticsearch.indices.IndicesQueryCache$CachingWeightWrapper.scorerSupplier(IndicesQueryCache.java:157)
     app//org.apache.lucene.search.BooleanWeight.scorerSupplier(BooleanWeight.java:379)
     app//org.apache.lucene.search.BooleanWeight.scorer(BooleanWeight.java:344)
     app//org.apache.lucene.search.Weight.bulkScorer(Weight.java:181)
     app//org.apache.lucene.search.BooleanWeight.bulkScorer(BooleanWeight.java:330)
     app//org.elasticsearch.search.internal.ContextIndexSearcher$1.bulkScorer(ContextIndexSearcher.java:163)
     app//org.elasticsearch.search.internal.ContextIndexSearcher.searchInternal(ContextIndexSearcher.java:190)
     app//org.elasticsearch.search.internal.ContextIndexSearcher.search(ContextIndexSearcher.java:174)
     app//org.apache.lucene.search.IndexSearcher.search(IndexSearcher.java:440)
     app//org.elasticsearch.search.query.QueryPhase.execute(QueryPhase.java:270)
     app//org.elasticsearch.search.query.QueryPhase.execute(QueryPhase.java:113)
     app//org.elasticsearch.search.SearchService.loadOrExecuteQueryPhase(SearchService.java:335)
     app//org.elasticsearch.search.SearchService.executeQueryPhase(SearchService.java:355)
     app//org.elasticsearch.search.SearchService.lambda$executeQueryPhase$1(SearchService.java:340)
     app//org.elasticsearch.search.SearchService$$Lambda$4950/0x00000008018d5040.apply(Unknown Source)
     app//org.elasticsearch.action.ActionListener.lambda$map$2(ActionListener.java:145)
     app//org.elasticsearch.action.ActionListener$$Lambda$3698/0x0000000801650c40.accept(Unknown Source)
     app//org.elasticsearch.action.ActionListener$1.onResponse(ActionListener.java:62)
     app//org.elasticsearch.search.SearchService.lambda$rewriteShardRequest$7(SearchService.java:1043)
     app//org.elasticsearch.search.SearchService$$Lambda$4955/0x00000008018d7c40.accept(Unknown Source)
     app//org.elasticsearch.action.ActionRunnable$1.doRun(ActionRunnable.java:45)
     app//org.elasticsearch.common.util.concurrent.AbstractRunnable.run(AbstractRunnable.java:37)
     app//org.elasticsearch.common.util.concurrent.TimedRunnable.doRun(TimedRunnable.java:44)
     app//org.elasticsearch.common.util.concurrent.ThreadContext$ContextPreservingAbstractRunnable.doRun(ThreadContext.java:773)
     app//org.elasticsearch.common.util.concurrent.AbstractRunnable.run(AbstractRunnable.java:37)
     java.base@13.0.1/java.util.concurrent.ThreadPoolExecutor.runWorker(ThreadPoolExecutor.java:1128)
     java.base@13.0.1/java.util.concurrent.ThreadPoolExecutor$Worker.run(ThreadPoolExecutor.java:628)
```

图 17-8 热点线程返回结果

返回结果的第一部分包含节点的基本信息，如下所示。

```
{Data-(110.188)-1}{67A1DwgCR_eM5eFS-6MR1Q}{qTPWEpF-Q4GTZIlWr3qUqA}{10.6.110.188}
  {10.6.110.188:9301}{dil}
```

通过如上信息，我们可以知道 Elasticsearch 的热点线程所在节点的信息，当热点线程的 API 调用涉及多个节点时，这部分信息会为我们提供很大便利。

接下来的几行可以分为几个子部分。

首先，开头部分如下所示。

```
78.4% (391.7ms out of 500ms) cpu usage by thread 'elasticsearch[Data-(110.188)-1]
  [search][T#38]'
```

其中主要参数含义如下。

- [search]：代表 search 线程操作。
- 78.4%：代表名为 search 的线程在完成统计时占据了所有 CPU 时间的 78.4%。
- cpu usage：表示线程 CPU 的使用率，提示我们正在使用的是 cpu 类型。
- block usage：处于阻塞状态的线程的阻塞使用率。
- wait usage：处于等待状态的线程的等待使用率。

请注意：线程名称（如上述返回结果中的 search）在此处具有重要的参考价值。通过它，我们可以初步推断在 Elasticsearch 中可能出现问题的功能部分。

在上述示例中，从"search"这一线程名称，我们可以推断出搜索操作可能正在消耗大量的 CPU 资源。这就为我们后续的问题排查和性能优化提供了明确的方向。

实战中，除了 search 线程以外还有其他的线程，列举如下。

- recovery_stream：用于恢复模块事件。
- cache：用于缓存事件。
- merge ：用于段合并线程。
- Index：用于数据索引（写入）线程。

然后，查看返回结果的下一部分，如下。

```
5/10 snapshots sharing following 35 elements
```

该内容表示先前的线程信息伴随着堆栈跟踪信息。其中，5/10 表示拍摄的 5 个快照具有相同的堆栈跟踪信息。在大多数情况下，这意味着当前线程的检查时间中有一半都用在 Elasticsearch 代码的同一部分上。

至此，我们对上述内容进行总结，以便加深理解。

首先，当 Elasticsearch 的 CPU 使用率异常高时，可以使用 hot_threads API 或者 top jstack（一种用于分析线程信息和堆栈、排查高 CPU 使用率的工具）来排查问题。

其次，hot_threads API 可以获取当前 Elasticsearch 实例中最耗费 CPU 的线程的信息，包括线程 ID、线程状态、线程所在类以及线程堆栈信息等。通过查看线程堆栈信息，可以找出导致 CPU 使用率高的代码路径，进而对其进行调整和优化。

另外，top jstack 工具也可以用于查看 Java 进程的线程信息，包括线程 ID、线程状态以及线程堆栈信息等。通过对比不同时间点的线程堆栈信息，可以找出具体是哪些线程导致 CPU 使用率高，进而进行定位和优化。

其中需要注意的是，CPU 使用率高的原因可能是多种多样的。除了线程问题，还可能是内存使用过高、磁盘 IO 繁忙等问题导致的。因此，在排查 Elasticsearch CPU 使用率高的问题时，需要进行全面的诊断和分析，以确定问题的具体原因。

17.5　规划 Elasticsearch 集群规模和容量

实战中经常遇到下面的问题。

- 如何评估集群的规模？比如数据量达到百万、千万、亿万级别，分别需要什么级别的集群？
- 有一个由 3 个节点组成的集群，其现有数据量大约为 50GB，我们应该选择什么样的云配置以满足这个集群的需求？随着未来数据增长，我们如何规划云存储容量？
- 如何根据硬件条件和数据量来规划集群？比如，设置多少节点，每个节点规划多少分片和副本？

Elasticsearch 集群规模和容量的规划是在集群部署前对所需资源类型和数量进行规划的过程。很多文章是关于这个话题的，但它们并没有提供一个统一的规划思路，无法使读者在实践中进行有效参考。下面我们将着重探讨这个话题。

17.5.1　Elasticsearch 基础架构

1. 自顶向下的架构体系

Elasticsearch 集群的架构体系如图 17-9 所示。

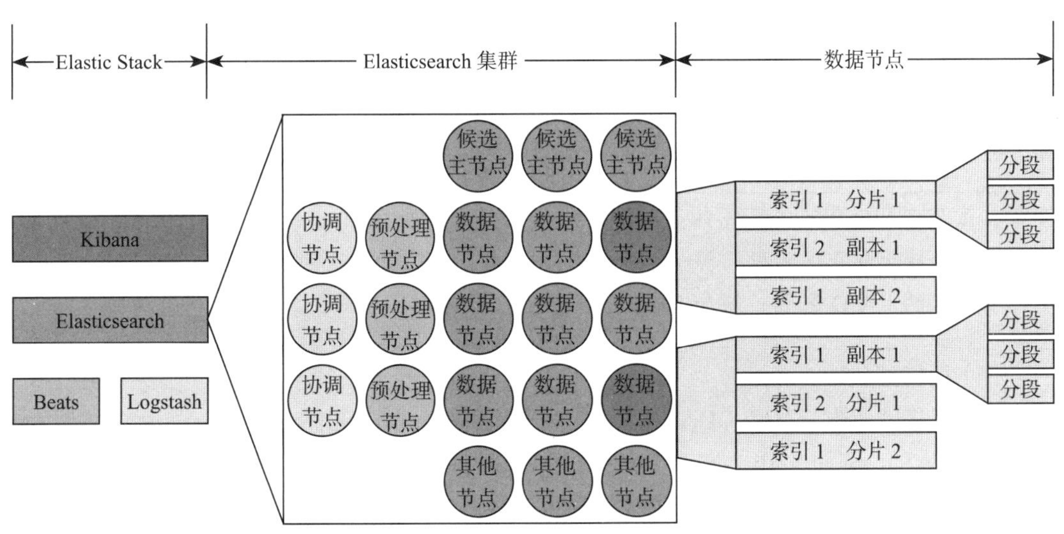

图 17-9　集群架构体系

- 集群：协同工作的节点组，保障 Elasticsearch 的运行。
- 节点：运行 Elasticsearch 软件的 Java 进程。

- 索引：一组形成逻辑数据存储的分片的集合。
- 分片：Lucene 索引，用于存储和处理 Elasticsearch 索引的一部分。
- 分段：Lucene 段，存储了 Lucene 索引的一部分且不可变。
- 文档：用于写入 Elasticsearch 索引并从中检索数据。

2. 节点角色划分及资源使用情况

在 Elasticsearch 集群的架构体系中，节点角色划分及推荐资源使用情况如表 17-1 所示。

表 17-1 节点角色划分及推荐资源配置

角色	描述	存储	内存	计算	网络
数据节点	存储和检索数据	极高	高	高	中
主节点	管理集群状态	低	低	低	低
ingest 节点	转换输入数据	低	中	高	中
机器学习节点	机器学习	低	极高	极高	中
协调节点	请求转发和合并检索结果	低	中	中	中

注意：如果无法准确预估资源利用率，则建议结合实际业务参考该表格。

17.5.2 维系 Elasticsearch 高性能的 4 种资源

维系 Elasticsearch 的 4 种基本计算资源是存储、内存、计算、网络，下面我们对此进行详细介绍。

1. 存储资源

（1）存储介质

固态硬盘（SSD）具有最佳热工作负载的性能。普通磁盘（HDD）成本低，用于温数据和冷数据存储。

注意：虽然 RAID 0 可以提高磁盘 I/O 性能，但 RAID 在 Elasticsearch 环境中是非必要的。因为 Elasticsearch 默认采用“*N*+1”分片复制策略。为了追求硬件级别的高可用性，可以接受标准性能的 RAID 配置，例如 RAID 1、RAID 10、RAID 50 等。

（2）存储建议

建议直接使用附加存储（DAS）、存储区域网络（SAN）、超融合存储，避免使用网络附加存储（NAS），例如 SMB、NFS、AFP。因为这类存储在使用时可能带来性能问题，包括网络协议的开销、延迟大和昂贵的存储抽象层。

2. 内存资源

（1）JVM 堆内存

JVM 堆内存存储与集群索引、分片、段以及 fielddata 的数据有关。在设定 Elasticsearch

的堆内存大小时，我们通常建议不超过物理 RAM 的 50%，且最大不超过 32GB，以优化垃圾回收性能并避免产生长暂停时间。

（2）操作系统缓存

Elasticsearch 将使用剩余的可用内存来缓存数据（用于 Lucene），通过避免在全文检索、文档聚合和排序环节的磁盘读取，极大地提高了性能。

3. 计算资源

Elasticsearch 处理数据的方式多种多样，但计算成本较高。可用的计算资源包括线程池、线程队列。CPU 内核的数量和性能决定着计算平均速度及峰值吞吐量。

4. 网络资源

小带宽会限制 Elasticsearch。针对大规模集群，ingest、搜索和副本复制相关的数据传输可能会导致网络饱和。

在这些情况下，网络连接可以考虑升级到更高的速度，或者 Elasticsearch 部署时分为两个或多个集群，然后使用跨集群的方式对单个逻辑单元进行搜索。

17.5.3 集群规模和容量的预估方法

在涉及 Elasticsearch 集群规划时，有几个关键的评估指标需要考虑，这些因素将为我们的后续讨论铺平道路——集群规模和容量的预估方法。

首先，我们要考虑的是容量规划。这涉及预估集群中每个节点的分片数，以及内存和存储资源需求。分片数取决于数据量和索引策略，而内存和存储资源需求则取决于数据类型和使用模式。

接下来，我们需要关注吞吐量规划。这项工作的目标是根据预期的延迟及吞吐量来估算处理预期操作所需的内存、计算资源和网络资源。这需要考虑到查询复杂性、数据模型以及应用负载特征。

请注意，这些只是一些基本的指标，实际的规划可能需要考虑更多的因素，包括业务需求、成本预算以及未来的扩展性等。通过理解这些评估指标，我们能更好地进行集群规模和容量规划，以实现最优的性能和成本效益。

1. 数据量预估

首先，明确下面几个问题。

- 每天将索引多少原始数据（GB）？
- 将保留数据多少天？
- 每天增量数据是多少？
- 设计多少个副本分片？
- 为每个数据节点分配多少内存？
- 内存与数据的比例是多少？

接下来，我们需要为潜在的错误预留一些存储空间。根据 Elasticsearch 官方的建议，我们应该预留至少 15% 的存储空间作为警戒线。这将为可能出现的错误以及后台活动提供一定的缓冲。另外，我们还建议预留额外的 5% 的存储空间，以便在发生节点故障时有足够的容量进行数据恢复。因此，总的预留空间应该是 20%，包括 15% 的警戒线存储空间和 5% 的故障恢复存储空间。这种规划策略将帮助我们确保集群的健康和稳定运行。

接下来，进行容量预估计算。总数据量、磁盘存储、数据节点的预估公式如下。

总数据量（GB）= 原始数据量 ÷ 每天数据增量 × 保留天数 × 净膨胀系数 ×（副本数 +1）

磁盘存储（GB）= 总数据量 ×（1+15%+5%）

数据节点 = 向上取整 [磁盘存储 ÷（每个数据节点的内存量 × 内存 / 数据）]+ 1

这个公式用于计算给定硬件配置下需要的数据节点数量。它首先计算了每个数据节点可以存储的数据量，然后将总的磁盘存储需求除以这个值。最后加 1 是为了确保有足够的数据节点来满足存储需求。即使计算结果是一个接近整数的小数，向上取整的操作也可以确保我们总得到一个整数的数据节点数。

注意：腾讯云在 2019 年 4 月曾建议磁盘容量大小为原始数据大小的 3.38 倍。

---

2. 分片预估

首先，明确下面几个问题。

- ❑ 创建多少个索引？
- ❑ 配置多少个主分片和副本分片？
- ❑ 滚动索引的时间间隔是多久？
- ❑ 将索引保留多长时间？
- ❑ 为每个数据节点分配多少内存？

然后，根据 Elasticsearch 官方提供的经验值进行预估，如 1GB 的 JVM 堆内存支持的分片数不超过 20 个，每个分片大小不要超过 50GB。

注意：

1）将小型的每日索引整合为每周或每月的索引，以减少分片数。

2）将大型（> 50GB）的每日索引拆分成小型索引或增加主分片的数量。

接下来，进行分片预估，公式如下。

总分片数 = 索引个数 × 主分片数 ×（副本分片数 +1）× 保留间隔

上述公式计算了 Elasticsearch 集群的总分片数。每个索引由多个主分片和副本分片构成，所有索引的分片总和即为集群的总分片数。额外的保留间隔则用于节点故障容错和扩展需求。

总数据节点个数 = 向上取整 [总分片数 ÷（20 × 每个节点内存大小）]

上述公式估算了可以支撑给定分片数量的最小数据节点数。这时根据经验假定 1GB 的 JVM 堆内存可以容纳 20 个分片。如果总分片数超过单节点可承载的分片数，就需要增加数据节点。

3. 搜索吞吐量预估

搜索用例场景除了考虑搜索容量外，还要考虑搜索响应时间和搜索吞吐量的目标。预估搜索吞吐量可能需要更多的内存和计算资源，预估步骤如下。

首先，明确下面几个问题。

- 期望每秒的峰值搜索吞吐量是多少？
- 期望平均搜索响应时间是多久（单位为毫秒）？
- 期望每个数据节点上是几核的 CPU，每核有多少个线程？

然后，明确预估思路。想要确定资源将如何影响搜索速度，不如在计划的固定硬件上进行测量。可以将搜索速度作为一个常数，再确定集群中要处理峰值搜索吞吐量需要几核的 CPU。最终目标是防止线程池排队的增长速度超过 CPU 的处理能力。如果计算资源不足，搜索请求就可能会被拒绝掉。

接下来，预估搜索吞吐量公式如下。

$$峰值线程数 = 每秒峰值检索请求数 \times 每个请求的平均响应时间 \div 1000$$

$$线程队列大小 = (每个节点的物理\ CPU\ 核数 \times 每核的线程数 \times 3 \div 2) + 1$$

$$总数据节点个数 = 峰值线程数 \div 线程队列大小$$

这 3 个结果都要求向上取整，并且响应时间的单位均是 ms。

4. 冷热集群架构的资源分配

Elasticsearch 可以通过分片分配感知在特定硬件上分配分片。

在索引密集型业务场景中通常会在热节点、温节点和冷节点上存储索引，然后根据业务需要进行数据迁移（热节点→温节点→冷节点），以完成数据的删除和存档需要。这是优化集群性能的最经济的方法之一。在容量规划期间，先确定每一类节点的数据规模，然后进行组合。

冷热集群架构推荐资源配比如表 17-2 所示。

表 17-2 冷热集群架构推荐资源配比

节点类型	存储目标	建议磁盘类型	内存 / 磁盘比例
热节点	搜索优化	SSD DAS / SAN（> 200GB / s）	1 ： 30
温节点	存储优化	HDD DAS / SAN（100GB / s）	1 ： 160
冷节点	归档优化	最便宜的 DAS / SAN（<100GB / s）	小于 1 ： 1000

5. 集群节点角色划分

Elasticsearch 节点可以执行一个或多个角色。通常，当集群规模大时，为每个节点分配一个具体角色很有意义，可以针对每个角色优化硬件，并防止节点争夺资源。

回顾前述内容，我们知道规划 Elasticsearch 集群规模和容量的底层逻辑涉及如下几个核心方面。

首先，我们需要理解 Elasticsearch 的基础架构；其次，我们需要认识到维持 Elasticsearch 高效运行所需的关键计算资源，包括 CPU、内存、磁盘和网络；再次，我们需要了解 Elasticsearch 的基本操作（增、删、改、查）的流程以及它们的资源消耗情况；最后，我们需要深入理解 Elasticsearch 数据索引的核心流程。

在这 4 点基础之上，我们就能构建出对集群规模和容量的有效预估方法。在评估所需资源时，我们需要执行以下步骤。

- 步骤 1：确定集群的节点类型。
- 步骤 2：针对不同的节点类型（热、温、冷），确定数据量、分片数量、索引吞吐量和搜索吞吐量的最大值。
- 步骤 3：为每一种类型的节点分配合适大小的资源。在此过程中，需要考虑是否设置专用节点，包括主节点、协调节点、机器学习节点和路由节点。这样的规划策略将帮助我们确保集群的健康和稳定运行。

17.6 Elasticsearch Java 客户端选型

Elasticsearch 官方提供了很多版本的 Java 客户端，包含但不限于 Transport 客户端、Java REST 客户端、Low Level REST 客户端、High Level REST 客户端、Java API 客户端。

非官方的 Java 客户端包含但不限于 JEST 客户端、BBoss 客户端、Spring Data Elasticsearch 客户端。

以上列出的客户端就接近 10 款。那么 Elasticsearch Java 客户端是如何演进发展的？各个版本的特点是什么？如何选型？这些则是本节要解决的问题。

17.6.1 官方 Elasticsearch Java 客户端

如图 17-10 所示，这是 Elasticsearch 官方 Java 客户端发布时间。接下来我们分别介绍其中的重要版本。

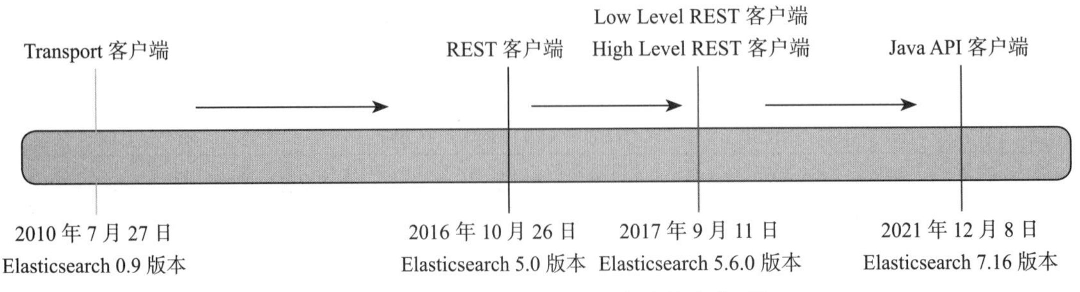

图 17-10 Elasticsearch 官方 Java 客户端发布时间

1. Elasticsearch Transport 客户端

Elasticsearch Transport 客户端于 Elasticsearch 0.9 版本（2010 年 7 月 27 日）启用，于 Elasticsearch 7.0.0 版本（2019 年 04 月 10 日）弃用，于 Elasticsearch 8.0 版本（2022 年 02 月 11 日）彻底移除。

该客户端使用 Elasticsearch 传输协议进行通信。Elasticsearch 传输协议也就是大家熟知的 9300 端口的通信协议，该协议负责处理节点之间互相通信。

如果客户端版本与集群版本不一致则可能出现兼容性问题。在本节所介绍的所有客户端中，仅 Transport 客户端使用 Elasticsearch 传输协议，其他客户端都使用 HTTP。更加直接一点说，仅有 Transport 客户端默认使用 9300 端口，其他都默认使用 9200 端口。

Transport 客户端的缺点是与 JVM、集群版本紧密耦合，且安全性差。

2. Elasticsearch Java REST 客户端

Java REST 客户端首次亮相于 Elasticsearch 5.0 版本，该版本于 2016 年 10 月 26 日发布。官方将 Java REST 客户端定位为 Elasticsearch 的“低层次”客户端。这个客户端能够通过 HTTP 与 Elasticsearch 集群进行交互，它的强大之处在于它能够与所有版本的 Elasticsearch 兼容，为开发者提供了极大的灵活性。

Java REST 客户端现在已经被弃用，官方醒目地标记了“deprecated”，如图 17-11 所示。

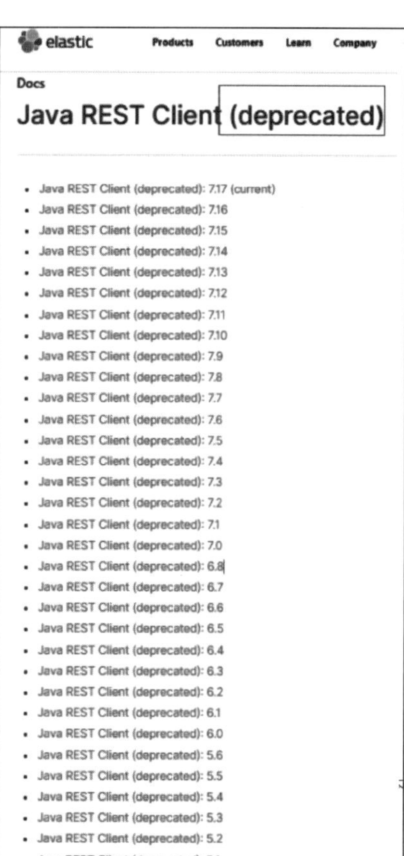

图 17-11 Java REST 客户端已被弃用

相较于 Transport 客户端，Java REST 客户端的特点包括：耦合性低；具有更少的依赖项；应用程序更加轻量级。

在 Elasticsearch 5.6 版本（发布于 2017 年 9 月 12 日）中，REST 客户端进一步发展为 Java Low Level REST 客户端和 Java High Level REST 客户端。

Java Low Level REST 客户端保留了一项 Elasticsearch 官方强调的重要特性：兼容所有 Elasticsearch 版本。即使在 Elasticsearch 8.X 版本中，该客户端仍在使用。

然而，High Level REST 客户端在 7.15.0 版本（发布于 2021 年 09 月 22 日）已经被宣布废弃。该客户端的定位是相对于 Low Level REST 客户端的“高层次”客户端，因为它扩展了 Low Level REST 客户端的类和接口。

Java High Level REST 客户端相比于 Low Level REST 客户端有以下优势。

（1）代码的可维护性和可读性强

举例来说，对于发送请求的代码，有如下两种客户端不同写法。

Low Level REST 客户端写法如下。

```
Request request = new Request("GET", "/posts/_search");
```

High Level REST 客户端写法如下。

```
SearchRequest searchRequest = new SearchRequest("posts");
```

可以看出，Low Level REST 客户端的编程方式相对“原始”和“笨拙”。在 High Level REST 客户端上工作，就像在 Elasticsearch 的 API 层进行操作（通过 HTTP 包间接工作），而在 Low Level REST 客户端上工作则纯粹是在 HTTP 上进行操作，所有都靠自己构造。

（2）更加便捷

High Level REST 客户端帮助开发人员像使用 Kibana 一样关联 Elasticsearch API，使用起来非常方便快捷。

（3）自动包含 X-Pack 高阶功能

使用 Low Level REST 客户端，什么都得自己来。而 High Level REST 客户端已经将 X-Pack 高阶功能封装好了，我们可以直接使用。

值得注意的是，随 Elasticsearch 7.17 版本发布的 High Level REST 客户端可以在 Elasticsearch 8.X 版本上以兼容模式运行。

至此，大家可能会有疑问：High Level REST 客户端不“香”吗，为什么要被替换？

其实官方在“ElasticCC: The new Elasticsearch Java Client: getting started and behind the scenes”这篇文章中给出了详尽的说明。

首先，High Level REST 客户端“太重”。该客户端的相关依赖超过 30MB，且很多是非必要的。而且，它暴露了很多服务器内部接口。

其次，High Level REST 客户的一致性差，需要进行大量的维护工作。

此外，High Level REST 客户端没有集成 JSON/Object 类型映射，用户仍需自己借助字节缓冲区来实现。

3. Elasticsearch Java API 客户端

Elasticsearch Java API 客户端于 Elasticsearch 7.16 版本（2021 年 12 月 8 日）推出。对于 Elasticsearch Java API 客户端，官方定位是：Elasticsearch Java API 客户端为所有的 Elasticsearch API 提供请求和响应处理。

它将请求处理转给 Elasticsearch Low Level REST 客户端，这也是 High Level REST 被废弃而 Low Level REST 客户端依然被使用的原因。Low Level REST 客户端负责处理 HTTP 连接建立和池化、重试机制等所有传输级别的问题。

Elasticsearch Java API 客户端具有 3 个典型特点。

（1）对象构造基于构建者模式

建造者模式将多个简单的对象一步一步构建成一个复杂的对象。该模式增强了客户端代码的可用性和可读性。示例如图 17-12 所示。

```
        //构造https 客户端请求访问
        //setSSLHostnameVerifier含义：禁止主机名验证
        RestClientBuilder builder = RestClient.builder(
            new HttpHost(ipaddress, 9200, "https"))
            .setHttpClientConfigCallback(new HttpClientConfigCallback() {
                @Override
                public HttpAsyncClientBuilder customizeHttpClient(
                    HttpAsyncClientBuilder httpClientBuilder) {
                    return httpClientBuilder.setSSLContext(sslContext)
                            .setDefaultCredentialsProvider(credentialsProvider)
                            .setSSLHostnameVerifier(NoopHostnameVerifier.INSTANCE);
                }
            });
```

图 17-12 可读性示例

（2）易于编写干净的 DSL

使用 Lambda 构建嵌套对象，使得编写干净、富有表现力的 DSL 变得容易。分层 DSL 接近 Elasticsearch 的 JSON 格式，如图 17-13、图 17-14 所示。

```
esclientTest.java    ESJavaClient/pom.xml
     **@author：铭毅天下
     **@date:2022-06-10
     */
    void single_write()
    {
        m_product = new Product("bk-1", "City bike", 123.0);

        IndexResponse response;
        try {
            response = m_es_client.index(i -> i
                .index("products")
                .id(m_product.getMsku())
                .document(m_product)
            );
            logger.info("Indexed with version " + response.version());
        } catch (ElasticsearchException e) {
            // TODO Auto-generated catch block
            e.printStackTrace();
        } catch (IOException e) {
            // TODO Auto-generated catch block
            e.printStackTrace();
        }
```

图 17-13 分层 DSL（1）

```
     **@author：铭毅天下
     **@date:2022-06-12
     */
    public void searchBykeyword()
    {
        String searchText = "bike";

        SearchResponse<Product> response;
        try {
            response = m_es_client.search(s -> s
                .index("products")
                .query(q -> q
                    .match(t -> t
                        .field("mtype")
                        .query(searchText)
                    )
                ),
                Product.class
            );
```

图 17-14 分层 DSL（2）

（3）应用程序类能自动映射为 mapping

映射的示例如图 17-15 所示。

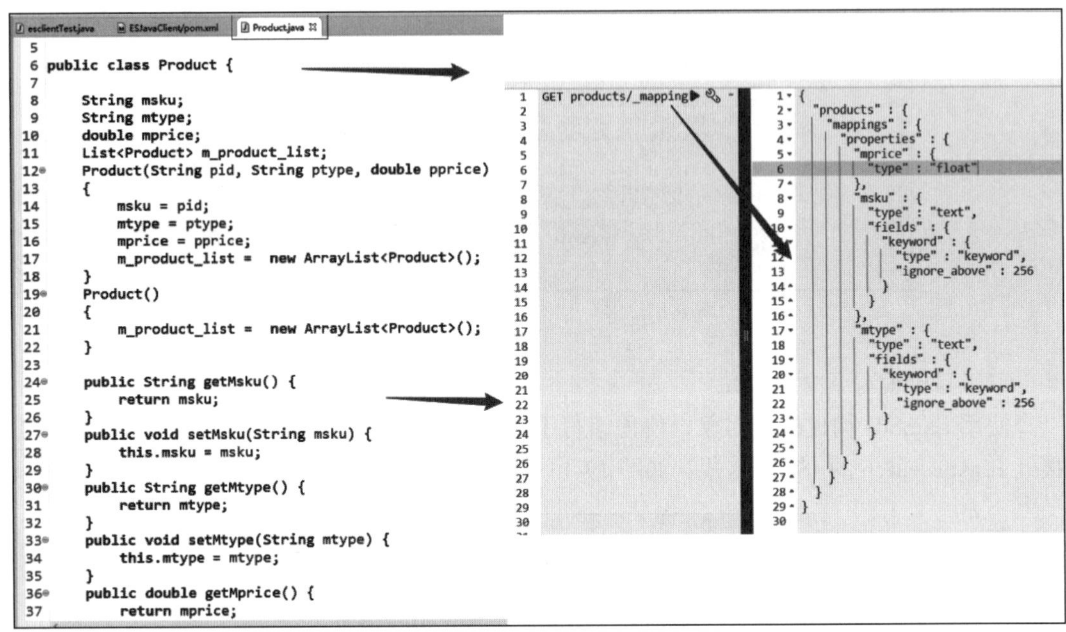

图 17-15 自动映射为 mapping 的示例

17.6.2 非官方 Elasticsearch Java 客户端

1. JEST 客户端

JEST 客户端在 2017 年左右还比较新鲜，笔者曾做过推荐。但该客户端最新一次更新是在两年前，所以不再推荐使用，如图 17-16 所示。

Elasticsearch 版本更迭太快，若不做新版本适配，则很多功能都不可用或至少不好用。

2. BBoss 客户端

如图 17-17 所示，BBoss 客户端是国产的 Java REST 客户端，能适应 Elasticsearch 1.X~8.X 的所有版本。

3. Spring Data Elasticsearch 客户端

截至 2023 年 5 月 21 日，Spring Data Elasticsearch 客户端的最新版本为 5.1.0 版本，支持 Elasticsearch 8.7 版本，如图 17-18 所示。

使用 Spring Data Elasticsearch 时，High Level REST 客户端是默认的，且支持 Elasticsearch Java API 客户端。对此，可继续了解 Spring Data Elasticsearch 官方文档，地址为 https://docs.spring.io/spring-data/elasticsearch/docs/current/reference/html/。

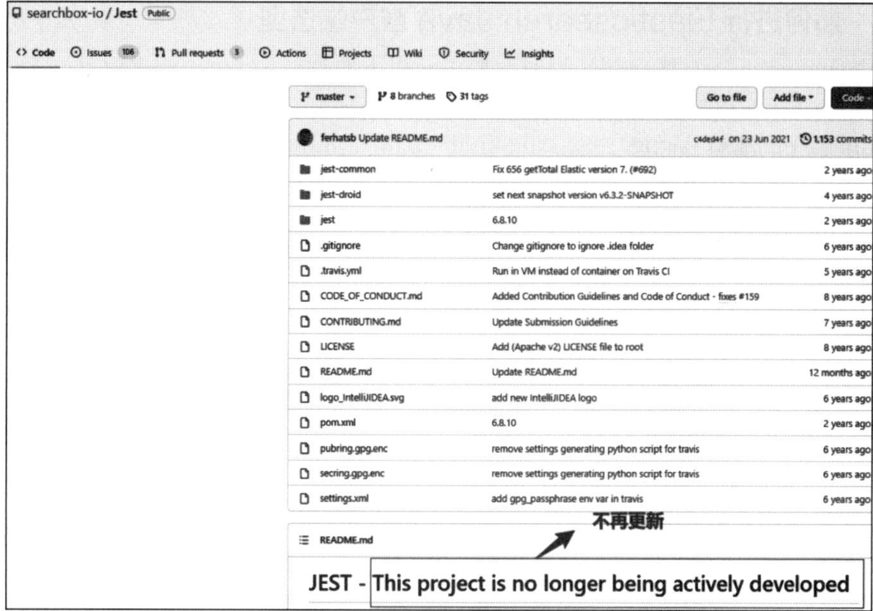

图 17-16　JEST 客户端已经停更

图 17-17　国产 BBoss 客户端

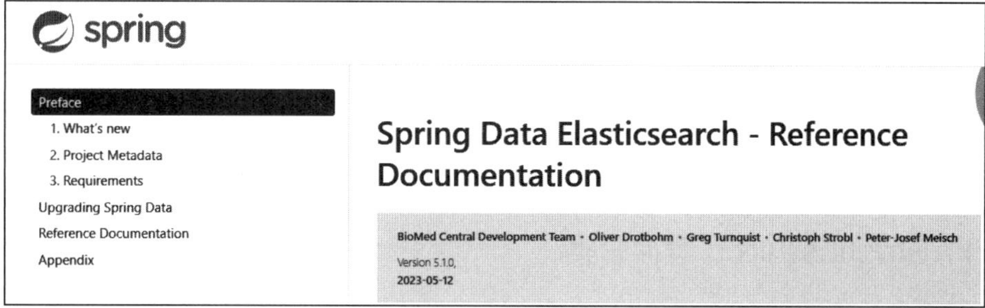

图 17-18　Spring Data Elasticsearch 客户端

17.6.3 如何进行 Elasticsearch Java 客户端选型

在 Elasticsearch Java 客户端选型时，要关注以下要点。

- Elasticsearch 集群的版本。
- 历史版本的兼容性问题。
- 未来升级版本、扩展性问题。
- 所选型的客户端是否及时更新，能否适配将来 Elasticsearch 的版本变化。

综上考虑，对于官方客户端，如果当前使用的是 Elasticsearch 7.X 版本且不考虑升级，那就选择 High Level REST 客户端；如果是 Elasticsearch 8.X 版本，那就选择 Elasticsearch Java API 客户端；如果是 Elasticsearch 5.X~6.X 版本，则建议尽早升级集群版本。

而对于非官方客户端，JEST 已不更新和维护，不推荐使用；BBoss 客户端可以根据自己业务需要进行选择；若针对 Spring 框架的 Web 项目，则可以使用 Spring Data Elasticsearch，但需要关注它的更新版本。

Elasticsearch 版本快速更迭，Elasticsearch Java 客户端也随之变化。本节根据时间线梳理了 Elasticsearch Java 客户端的发布版本，并列举了常见的 Elasticsearch 客户端。

Elasticsearch Java 客户端五花八门，我们需要结合集群版本及集群的历史和将来发展情况，选择合适的客户端。

17.7 Elasticsearch 缓存

Elasticsearch 查询的响应需要占用 CPU、内存资源，在复杂业务场景中会导致慢查询，需要花费大量的时间。这要如何破局呢？

你可能会想到增加集群硬件配置，但这会有高昂硬件开销，还有没有其他方案呢？答案是缓存。

至于 Elasticsearch 有哪些类型的缓存，不同缓存的应用场景是什么？本节会给出答案。

在真实的业务环境中，以下几个关于 Elasticsearch 缓存的问题经常被提出，它们涉及缓存的命中判断、数据更新时间以及缓存清理的合适时机等方面。

- 在执行查询时，如何确定是命中缓存还是从磁盘开始搜索？
- 查询结果是能反映出几小时前的数据，还是只能显示实时数据？
- 查阅 Elasticsearch API 时发现了 /_cache/clear，那么我们在何种情况下需要清理这个缓存？它可能在哪些场景中被使用？

这些问题不仅对我们理解和掌握 Elasticsearch 缓存有重要的指导作用，也能为我们掌握接下来的内容提供一些启发。

17.7.1 Elasticsearch 缓存分类

1. 节点查询缓存（node query cache）

在节点查询缓存中，每个节点都有一个所有分片共享的查询缓存。缓存使用 LRU(Least

Recently Used，缓存淘汰）策略，即当缓存已满时，优先清理最近使用最少的查询结果，以腾出空间存放新结果数据。用户无法查看节点查询缓存的内容。

（1）应用场景和缓存条件

节点查询缓存适用于 term 检索和 filter 检索。为了快速查找，filter 检索的结果缓存在节点查询缓存中。除 term 检索和 filter 检索之外，其他查询不符合缓存条件。

此外，默认情况下节点查询缓存最多可容纳 10000 个查询语句，最多占总堆空间的10%。为了确定查询是否符合缓存条件，Elasticsearch 会维护查询历史记录及跟踪事件的发生。

在 Elasticsearch 中，对于一个分片内的特定段，只有当该段至少含有 10000 个文档且段中的文档数量超过了该分片总文档数的 3% 时，它才会被纳入缓存中。这种策略是为了确保优先缓存那些包含大量文档且查询频率较高的段，从而提升查询效率。值得注意的是，缓存策略是基于段的，因此当段进行合并操作时，可能会导致相关的缓存查询结果失效，因为合并操作可能会改变段的内容和结构。

（2）缓存配置

缓存配置涉及静态配置和动态配置。静态配置是指只能在配置文件中进行配置，重启后生效。动态配置则可以通过命令行进行配置（更新 setting），配置后无须重启即刻生效。

下面讲解节点查询缓存的配置情况。

1）配置 1：indices.queries.cache.size。该配置为静态配置，需要在集群的每个数据节点进行配置。

该配置用于控制 filter 缓存的堆内存大小，可以是百分比值（例如 5%）或精确值（例如 512MB），默认为 10%。

2）配置 2：index.queries.cache.enabled。该配置为静态配置，是针对每个索引的配置。

该配置用于控制是否启用节点查询缓存，只能在创建索引或者关闭索引时进行设置。此处可设置为 true 或者 false，默认为 true。

关闭缓存举例如下。

```
PUT my_index
{
  "settings": {
    "index.queries.cache.enabled": false
  }
}
```

2. 分片请求缓存（shard request cache）

当对一个索引或多个索引运行搜索请求时，涉及的每个分片都会在本地执行搜索，并将其本地结果返回到协调节点，协调节点会将这些分片结果合并为一个全局结果集。

分片请求缓存会在每个分片上缓存本地结果，这使得频繁使用的搜索请求几乎能立即返回结果。

分片请求缓存非常适合用于日志用例场景。在这种情况下，数据不会在旧索引上更新，并且可以将常规聚合保留在高速缓存中以供重用。

默认情况下，分片请求缓存仅缓存 size = 0 的搜索请求的结果。因此它不缓存 hits，但缓存 hits.total、aggregations 和 suggestions，并且无法缓存大多数使用 now 的查询语句。

（1）分片请求缓存失效

刷新间隔越长，缓存的条目保持有效的时间就越长。如果缓存已满，就会驱逐最近使用最少的缓存。可以使用 clear_cache API 手动使缓存过期，举例如下。

```
POST /kimchy,elasticsearch/_cache/clear?request=true
```

（2）启 / 停用分片请求缓存

设置索引时默认停用缓存。

```
PUT my_index
{
  settings": {
    "index.requests.cache.enable": false
  }
}
```

更新索引，启用缓存。

```
PUT /my_index/_settings
{
  "index.requests.cache.enable": true
}
```

查询时，设置分片请求缓存。如下设置会覆盖索引级别的缓存设置。

```
GET /my_index/_search?request_cache=true
{
  "size": 0,
  "aggs": {
    "popular_colors": {
      "terms": {
        "field": "colors"
      }
    }
  }
}
```

注意：

1）如果查询中涉及非确定性的脚本（例如使用随机函数或引用当前时间），则应将 request_cache 标志设置为 false，以禁用该请求的缓存。

2）即使在索引设置中启用了请求缓存，也不会缓存 size > 0 的请求。要缓存这些请求，则需要使用 query-string 参数（详见官方文档）。

（3）缓存设置

缓存是在节点级别进行管理的，默认最大为堆内存的 1%，可以使用以下命令在 config / elasticsearch.yml 文件中更改其大小。

```
indices.requests.cache.size: 2%
```

此外，可以使用 index.requests.cache.expire 为缓存的结果指定 TTL（Time To Live，生存时间）。但是提供此设置仅出于完整性考虑，大多数情况下没有必要这样做。

需要记住的是，刷新索引后旧的结果将自动失效。

（4）缓存分片请求监控

请求监控的命令如下所示。

```
GET /_stats/request_cache?human
GET /_nodes/stats/indices/request_cache?human
```

3. 字段缓存

字段缓存包含 field data 和 global ordinals，它们均用于支持某些字段类型上的聚合。这些都是堆上的数据结构，因此控制缓存非常重要。更多细节参见 5.6 节。

global ordinals 可以简单理解为预热全局序号。全局序号可以看作一种数据结构，用于 keyword 字段的 Terms 聚合等场景。

字段缓存的构建成本很高，因此默认为将缓存加载到内存中。默认的缓存大小是无限的，这将导致缓存高速增长，直到达到 field data 断路器设置的限制。

在设置了缓存大小的限制后，缓存会在达到该限制时移除使用最少且最新的数据。利用这个设置可以自动规避断路器的限制，但需要依据实际需求来重新构建缓存。

如果达到 field data 断路器限制，Elasticsearch 底层将阻止进一步增加缓存大小的请求。在这种情况下，我们应该手动清除缓存。

这里要扩展两个 field data 断路器的配置。

- 参数 1：indices.breaker.fielddata.limit。这是一个动态参数，默认值是堆内存的 40%。
- 参数 2：indices.breaker.fielddata.overhead。这是一个估计值常数，默认为 1.03。

（1）缓存设置

要设置的参数是 indices.fielddata.cache.size，它是一个静态参数，用来确定字段缓存的最大容量。此参数的值可以设为百分比或固定值。例如，如果设置为 38%，则意味着缓存的大小为堆内存的 38%；如果设定为 12GB，则缓存的大小为 12GB。请注意，这个参数没有默认值。

该参数应在 elasticsearch.yml 配置文件中进行设置，并且需要重启 Elasticsearch 才能生效。当手动设定缓存大小时，务必确保这个值小于断路器的限制值或比例。

（2）缓存监控

以下两种方法可以用于监控字段缓存和断路器的使用情况。这将有助于我们了解集群的运行状态，确保其性能，以及防止可能的 OOM。

- 方法 1：使用 Node Stats API，可以获得关于集群节点的统计信息，包括字段缓存的情况。API 调用如下。

```
GET /_nodes/stats
```

- 方法 2：使用 Cat Field Data API，可以查看字段缓存的使用情况。API 调用如下。

```
GET /_cat/fielddata
```

17.7.2 查询与清理缓存

（1）查询缓存

```
GET _cat/nodes?v&h=id,queryCacheMemory,queryCacheEvictions,requestCacheMemory,re
  questCacheHitCount,requestCacheMissCount,flushTotal,flushTotalTime
```

（2）清理节点查询缓存

```
POST /twitter/_cache/clear?query=true
```

（3）清理请求缓存

```
POST /twitter/_cache/clear?request=true
```

（4）清理字段缓存

```
POST /twitter/_cache/clear?fielddata=true
```

（5）清理指定索引缓存

```
POST /kimchy,elasticsearch/_cache/clear
```

（6）清理全部缓存

```
POST /_cache/clear
```

最后，对 Elasticsearch 缓存的 3 种应用场景进行总结，如表 17-3 所示。

表 17-3 缓存应用场景

缓存类型	缓存内容
节点查询缓存	缓存可维护在 filter 上下文中使用的查询结果
分片请求缓存	缓存 size = 0 时频繁使用的查询的结果，尤其是聚合的结果
字段缓存	用于排序和支持某些字段类型上的聚合

以下是使用 Elasticsearch 缓存时需要注意的关键事项。

- 分离聚合和常规查询：避免因用户翻页导致聚合操作的重复计算。
- 区别对待过滤器（filter）和查询子句（query）：相对于基于评分的查询，通用过滤器更易于被缓存，并且处理速度更快。

- 使用可重用的过滤器先缩小评分的结果集范围：在执行评分操作前，首先使用脚本化字段（scripted fields）对可重复使用的过滤器进行操作。
- 考虑过滤器的执行顺序：Elasticsearch 内部已进行了一些查询优化，但一般来说，把低成本（执行速度快）的过滤器放在前面，高成本（执行速度慢）的过滤器放在后面会更有利于查询性能。

这些事项的正确执行将大大提升 Elasticsearch 缓存的效率和效果，从而优化查询性能。

17.8 Elasticsearch 数据建模

在进行 Elasticsearch 相关咨询和培训的过程中，笔者发现大家普遍更关注实战，下面选取几个常见且典型的问题和大家一起分析。

- 问题 1：订单表、账单表父子文档可以实现类似 SQL 的左连接吗？若通过 canal 同步到 Elasticsearch 中，能否实现类似左连接的效果？具体应该如何建模？
- 问题 2：一个人管理 1000 家连锁门店，如何更高效地查询自己管辖的商品类目？企微上，一个人维护了 1000 个员工，如何快速查询自己管辖的员工信息？
- 问题 3：随着业务的增长，一个索引的字段数据不断膨胀（因商品场景变化，业务侧一直在增加字段），有什么解决方法？
- 问题 4：一个索引字段个数设置为 1500 个，超出这个限制会不会消耗 CPU 资源，造成写入堆积？
- 问题 5：在进行机器学习基线的日志诊断时需要将消息（message）分离出来，怎么在数据写入前完成这项工作呢？

如果我们对上述实战问题进行归类，就都可以归为 Elasticsearch 数据建模问题。

本节将从实战问题切入，手把手带你实践 Elasticsearch 数据建模全流程，重点解析业务、数据量、Setting、Mapping 以及复杂索引关联这 5 个层面中涉及的数据建模实战问题，让你学完即可应用到工作中。

17.8.1 为什么要进行数据建模

我们选型传统的数据库，这里以 MySQL 为例，做数据存储前需要考虑的问题如下。

- 数据库要不要做读写分离？
- 分几张表存储？
- 每个表的名是什么？
- 每个表是按照业务划分的吗？
- 单表的数据规模太大了怎么办？对此是进行分库分表还是采用其他办法？
- 每个表要有哪些字段？每个字段要设置什么类型？如何合理设计字段类型以节省存储？
- 哪些字段需要建索引？

- 哪些字段需要设置外键？
- 表与表之间要不要建立关联？如何实现关联查询？
- 关联查询是否会很慢？如何在设计阶段优化建模以提高响应速度？

以上这些疑问均是数据建模问题。

对于 MySQL，我们往往认为建模非常有必要，但反观 Elasticsearch，“上手快”这类先入为主的观念已根植在很多读者心中，使得大家忽略了 Elasticsearch 数据建模的重要性。我们基于 MySQL 数据存储的问题来重新审视数据建模。

数据模型是对描述数据、数据联系、数据语义和一致性约束进行标准化的抽象模型。数据建模是为存储在数据库中的资源创建数据模型并进行分析的过程。数据建模的主要目的是表示系统内的数据类型、对象之间的关系及其属性。数据模型有助于我们了解需要哪些数据以及如何组织数据。

到这里，相信你已经初步理解了数据建模的重要性。但“上来就干”并不是捷径，在项目中后期极易暴露问题。经历的项目越多，越会发现建模的时间不能省。

下面我们具体分析一下为什么要进行数据建模。

相比于 MySQL，Elasticsearch 有其优势：Elasticsearch 支持动态类型检查和匹配非常快捷。也就是说，当我们写入索引数据的时候，可以不提前指定数据类型，而是直接插入数据。

以类似天眼查、企查查的企业工商数据为例（已做脱敏处理）。如果利用以下语句直接创建索引和写入一条数据，岂不是很快？

```
PUT company_index/_doc/1
{
  "regist_id": 1XX1600000000012,
  "company_name": "XXXX 长江创业投资有限公司 ",
  "regist_id_new": "XX1XX11111",
  "legal_representative": "AAA",
  "scope_bussiness": " 创业投资业务；代理其他创业投资企业等机构或个人的创业投资业务；创业投资
    咨询业务；为创业企业提供管理服务业务；参与设立创业投资企业与企业投资管理顾问机 ( 依法须经批准
    的项目，经相关部门批准后方可开展经营活 )",
  "registration_status": " 在营（开业）企业 ",
  "approval_date": "201X 年 XX 月 XX 日 ",
  "registration_number": "XX1XX11111",
  "establishment_time": "200X 年 XX 月 XX 日 ",
  "address": "XX 市 XX 路 XX 小区 ",
  "register_capital": 3000,
  "business_starttime": "20XX 年 XX 月 XX 日 ",
  "registration_authority": " 北 XX 工商行政管理局 ",
  "company_type": " 其他有限责任公司 ",
  "enttype": 1190,
  "enttypename": " 法定代表人 :",
  "pripid": "1XXX102211111",
  "uniscid": "1XXX160061111"
}
```

相比于在 MySQL 中要一个个字段地敲定，这样操作确实节省了很多时间。但后续随着数据量激增，其副作用便会显现出来。

该处理方式的弊端如下。

首先，极大地浪费了存储空间。所有字符串类型数据都存储为“ text + keyword”组合类型，其中很多业务字段都是非必须的。

其次，字符串类型默认分词类型为 standard，无法满足中文精细化分词检索的需求。

结合笔者早期参与的业务系统案例来做进一步分析。该业务系统有 5 个数据节点集群（5 个分片、1 个副本），某特定业务数据每日增量 5000 万以上（增量存储 150GB），核心数据磁盘大小为 10TB 左右，很明显该系统面临着存储上限问题。

在这个案例中，我们的初始解决方案是针对每个业务数据创建一个大型索引，例如为微博数据和微信数据各设一个索引。但这种方法在微博索引上遇到了问题，因为它最多只能储存约 20 天的数据，然后就必须删除部分索引数据。此过程中，我们使用了 delete_by_query 来移除数据，但这个命令会通过版本号更新来进行逻辑删除。实际上，delete_by_query 的操作方式导致数据量反而增加，磁盘占用率因此激增。这明显不是我们期望看到的结果。

线上环境压力大、处理难度大。这也是很多公司在面试候选人的时候偏爱数据建模能力强的工程师的主要原因之一。比如某公司所发布的对大数据开发高级工程师的岗位要求第一条就是“深入理解业务，能对业务服务流程进行合理的抽象和建模。”由此可以窥见数据建模的重要性。

下面我们具体说说如何进行数据建模。

17.8.2 如何实现数据建模

本节所讲的建模倾向于索引层面、数据层面的建模。在做数据建模之前，会先进行架构设计，涉及选型、集群规划、节点角色划分等主要环节。为了便于实际应用，本节会结合项目实战进行讲解。

1. 基于业务建模

Elasticsearch 适用的业务范围非常广，包括电商、快递等各行各业。Elasticsearch 数据建模涉及索引层面的设计，与业务关联紧密。我们在基于业务进行数据建模时要注意以下关键点。

其一，业务一定要细分。

分成哪几类数据，每类数据归结为一个索引还是多个索引，这是产品经理、架构师、项目经理要讨论的问题。比如大数据类的数据可以按照业务分为微博索引、微信索引、Twitter 索引、Facebook 索引等。

其二，多个业务类型是否要进行跨索引检索？

跨索引检索的痛点是字段不统一、不一致，需要写非常复杂的 bool 组合查询语句来实现。为了避免这种情况，最好的方式就是提前建模。对每一类业务数据提取相同或者相似字段，采取统一建模的方式。

下面我们利用一个实战例子加以分析。如表 17-4 所示，针对微博、微信、Twitter、Facebook 都有的字段进行数据模型的设计。

表 17-4 映射字段类型说明

字段名称	字段中文含义	字段类型
publish_time	发布时间	date
author	作者	keyword
cont	正文内容	text

这样设计的好处是字段统一，并且写查询 DSL 无须特殊处理，非常快捷方便。所以，在设计阶段，对多个业务索引数据要尽可能地“求同存异”。具体来说，一方面使用相同或者相近含义的字段，一定要统一字段名和字段类型；另一方面则对特定业务数据使用特殊字段类型，独立设计字段名称和类型。

比如，微博的信息来源字段有手机 App、网页等，如果没有别的业务索引，那么独立建模即可。类似的建模信息可以统一使用 Excel 存储，利用 Git 实现多人协作管理。

多索引管理一般优先使用模板和别名结合的方式。使用模板，具有相同前缀名称的索引可以归为一大类，一次创建，*N* 个索引共享，非常方便。使用别名，多个索引可以映射到一个别名，方便使多个索引以相同的名称统一对外提供服务，如图 17-19 所示。

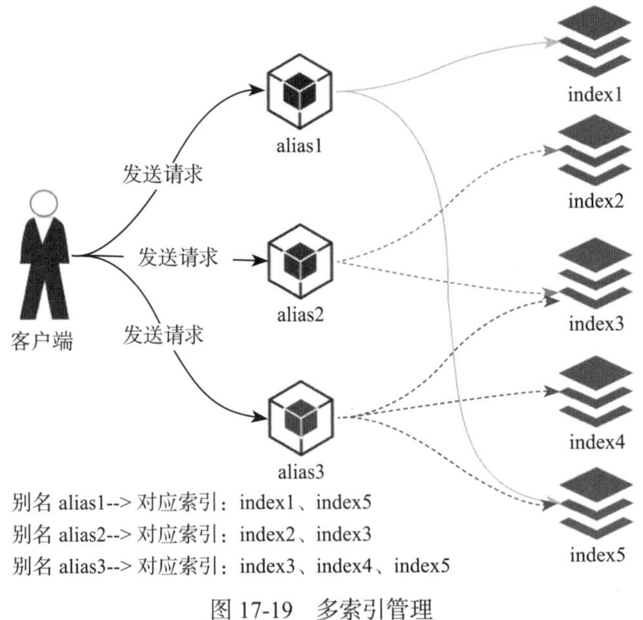

图 17-19 多索引管理

2. 基于数据量建模

笔者曾在单索引激增的场景中吃过亏，所以对于时序性数据（如日志数据、大数据）等强烈建议基于时间切分索引，如图 17-20 所示。

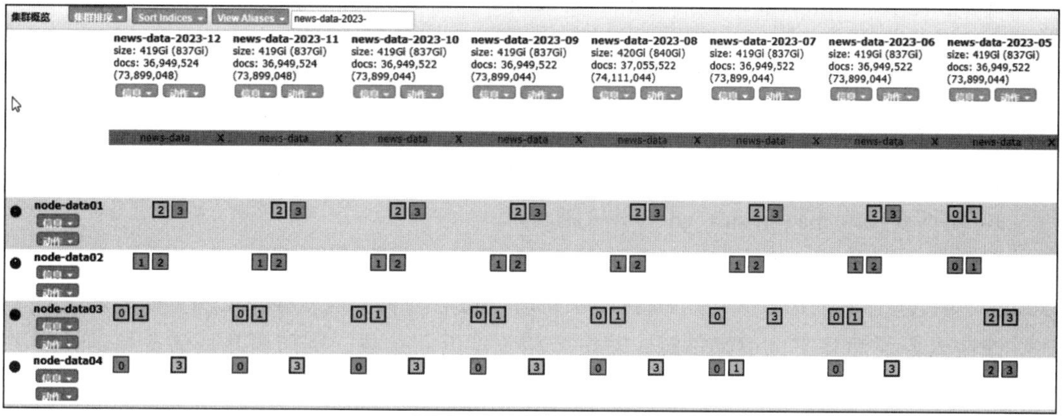

图 17-20　基于时间切分索引示意图

当然，其他可用的方案非常多，如表 17-5 所示，供选型参考。

表 17-5　Elasticsearch 版本与建模方案选型

版本	方案
5.X ～ 6.5 版本	Rollover、Curator、Template 结合
6.6 及之后版本	ILM
7.9 及之后版本	Datastream

由此可见，基于时序管理数据的优点非常明显。

- 灵活：基于时间切分索引非常方便，删除数据属于物理删除。
- 快速：特定业务数据配合冷热集群架构，确保高配机器对应热数据，提升检索效率和用户体验。

3. 基于设置层面建模

设置层面又分为静态设置和动态设置两种。

- 静态设置：一旦设置就不可修改，如 number_of_shards。
- 动态设置：索引创建后随时可以更新，如 number_of_replicas、max_result_window、refresh_interval。

解答建模阶段最核心的问题，如下。

1）索引设置多少个分片、多少个副本？

这里有个认知前提，就是主分片数一旦设置后就不可以修改，而副本分片数可以灵活动态地调整。

主分片设计一般会考量总体数据量、集群节点规模，这点在集群规划层面会被着重强调。一般主分片数要考虑集群未来情况动态扩展，通常设置为数据节点的 1~3 倍。副本分片用于保证集群的高可用性，对于普通业务场景，建议至少设置一个副本。

2）refresh_interval 一般设置为多大？

首先，refresh_interval 默认值是 1s，这意味着在写入阶段每秒都会生成一个分段。

并且，refresh_interval 的作用在于将数据从索引缓冲区的堆内存缓冲区刷新到堆外内存区域，形成段，以使得搜索可见。

综上，在实际业务场景里，如果写入的数据不需要近实时搜索可见，则可以适当地在模板、索引层面调大刷新频率，当然也可以动态调整，比如调整为 30s 或者 60s。

3）要不要修改 max_result_window 的默认值？

深度翻页时使用“from + size”的方式实现，越往后翻页越慢。主流搜索引擎，如 Google、百度、360、Bing 等均不支持一次跳转到最后一页，这就涉及了翻页的上限设置。

这在业务层面其实也很好理解。若按照相关度返回结果，则前面几页信息是用户最关注的，越往后翻页，信息的相关度越低。比如默认值为 10000，表示每页显示 10 条数据，则可以翻 1000 页。这对基本的业务场景来说已经足够了，因此不建议调大该值。

如果需要向后翻页查询，那么推荐 search_after 查询方式。如果需要全量遍历或者全量导出数据，那么推荐 scroll 查询方式。

4）如何进行管道预处理？

管道预处理有很多好处，虽然 Elasticsearch 5.X 版本就有了这个功能，但实战环境中使用该功能还不多。

管道预处理就相当于大数据的抽取、转换、加载的环节，或者类似于 Logstash filter 处理环节。对一些数据进行的打标签、字段类型切分、加默认字段、加默认值等预处理操作都可以借助管道预处理实现。

这里给出索引层面设置的简单模板，以供参考。如下代码定义了 indexed_at 的默认管道，同时在索引 my_index_0001 指定了该默认管道。这样做的好处是每个新增的数据都会加上时间戳——indexed_at 字段，无须我们在业务层面手动处理，非常灵活和方便。

```
### 创建预处理管道
PUT _ingest/pipeline/indexed_at
{
  "description": "Adds indexed_at timestamp to documents",
  "processors": [
    {
      "set": {
        "field": "_source.indexed_at",
        "value": "{{_ingest.timestamp}}"
      }
    }
  ]
}

### 创建索引，同时指定预处理管道
PUT my_index_0001
{
```

```
  "settings": {
    "number_of_replicas": 1,
    "number_of_shards": 3,
    "refresh_interval": "30s",
    "index": {
      "default_pipeline": "indexed_at"
    }
  },
  "mappings": {
    "properties": {
      "cont": {
        "type": "text",
        "analyzer": "ik_max_word",
        "fields": {
          "keyword": {
            "type": "keyword"
          }
        }
      }
    }
  }
}
```

4. 基于映射层面建模

基于映射层面建模的核心是字段名称、字段类型、分词器、多字段选型，以及字段细节（是否索引、是否存储等）敲定。

（1）字段命名要规范

索引名称不允许用大写。对于字段名称，官方没有限制，但是可以参考 Java 编码规范。笔者曾见过用中文或者拼音命名的方式，这是非常不专业的，一定要避免。

（2）字段类型要合理

结合业务类型选择合适的字段类型。比如使用 integer 类型能搞定的需求就不要用 long、float 或 double 类型。

字符串类型在 5.X 版本之后分为两种类型。一种是 keyword，适合用于精准匹配、排序和聚合操作。另一种是 text，适合用于全文检索。默认值为“text+keyword”组合类型，这不见得是最优的，选型时候要结合业务进行选择，比如优先选择 keyword 类型，倒排索引会更快。

举个实战例子。在一个情感评分系统中，情感值介于 0~100 之间，50 代表中性，0~50 代表负面情感，50~100 代表正面情感。如果使用 integer 查询则要采用范围查询的方式。而实际存储中可以增加字段，将 0~50 设置为 -1，50 设置为 0，50~100 设置为 1。这 3 种都是 keyword 类型，检索时直接进行 term 检索会非常快。

（3）分词器要灵活

实战中中文分词器用得比较多，中文分词器又分为 ANSJ 分词、结巴分词、IK 分词等。

以 IK 分词器为例，可以细分为 ik_smart 粗粒度分词、ik_max_word 细粒度分词。

在我们的实际工作过程中，根据特定业务需求来选择适当的分词器是非常重要的。值得注意的是，一旦分词器被设定，就无法进行修改，唯一的解决方案是重建索引（这在 Elasticsearch 中被称为 reindex 操作）。

分词器选型后会有动态词典的更新问题。要不仅使用开源插件原生词典，还要在平时业务中自己多积累特定业务数据词典、词库。

如果要动态更新，则一般推荐使用第三方更新插件，借助数据库更新实现。如果普通分词不能满足业务需要，则可以考虑使用 Ngram 自定义分词来实现更细粒度分词。

（4）多字段类型灵活使用

同一个字段根据需要可以设置为多种类型。业务实战中，对用特定中文词明明存在，却无法召回的情况，采用字词混合索引的方式得以满足。

所谓字词混合，实际就是利用标准分词器实现单字拆解，以及利用 ik_max_word 实现中文分词结合。检索的时候使用 bool 对两种分词器进行结合，就可以获得相对精准的召回效果。

```
PUT mix_index
{
  "mappings": {
      "properties": {
        "content": {
          "type": "text",
          "analyzer": "ik_max_word",
          "fields": {
            "standard": {
              "type": "text",
              "analyzer": "standard"
            },
            "keyword": {
              "type": "keyword",
              "ignore_above": 256
            }
          }
        }
      }
    }
}

POST mix_index/_search
{
  "query": {
    "bool": {
      "should": [
        {
```

```
          "match_phrase": {
            "content": " 佟大 "
          }
        },
        {
          "match_phrase": {
            "content.standard": " 佟大 "
          }
        }
      ]
    }
  }
}
```

为了方便记忆和使用，笔者把字段细节总结在表 17-6 中。

表 17-6　映射字段类型说明

核心参数	默认值	释义
enabled	true	仅适用于映射定义的根级别以及 Object 对象 设置为 false 后，该字段将不再被解析
index	true	控制是否对字段值进行索引 设置为 false 的字段不能被查询
doc_values	true	正排索引，除了 text 类型外的其他类型都默认开启，用于聚合和排序分析
fielddata	false	表示是否为 text 类型启动 fielddata，实现 text 字段排序和聚合分析
store	false	表示是否存储该字段值
coerce	true	表示是否开启自动数据类型转换功能，比如字符串转数字、浮点转整型 true 代表可以转换，false 代表不可以转换
fields	结合业务需要设置	可以使用多字段类型灵活解决多样的业务需求
dynamic	true	控制映射动态自动更新
date_detection	true	控制是否自动识别类型

我们再来分析一下数据建模的流程，如图 17-21 所示。

首先，选择合适的数据类型是至关重要的，这需要基于具体的业务需求。例如，字符串类型分为 text 和 keyword 两种，需要根据具体情况进行选择。尽可能选择适合实际数据大小的数据类型，并根据业务特性考虑使用 Nested 和 Join 这样的复杂类型。

其次，确定字段是否需要被检索。如果不需要，则可以将索引设置为 false。

接着，判断字段是否需要进行排序和聚合操作。如果没有这种需求，则可以将 doc_values 设置为 false。

最后，考虑是否需要单独的存储字段。如果需要，则可以将 store 和 _source 字段结合使用。

在映射层面，非常不建议使用默认的 dynamic 字段类型，而建议采用 strict 模式严格控制字段。这是为了避免因字段数量过多而引发的潜在风险，例如字段数量超过默认的 1000

个上限，或者数据量迅速增长超出预期的磁盘空间。

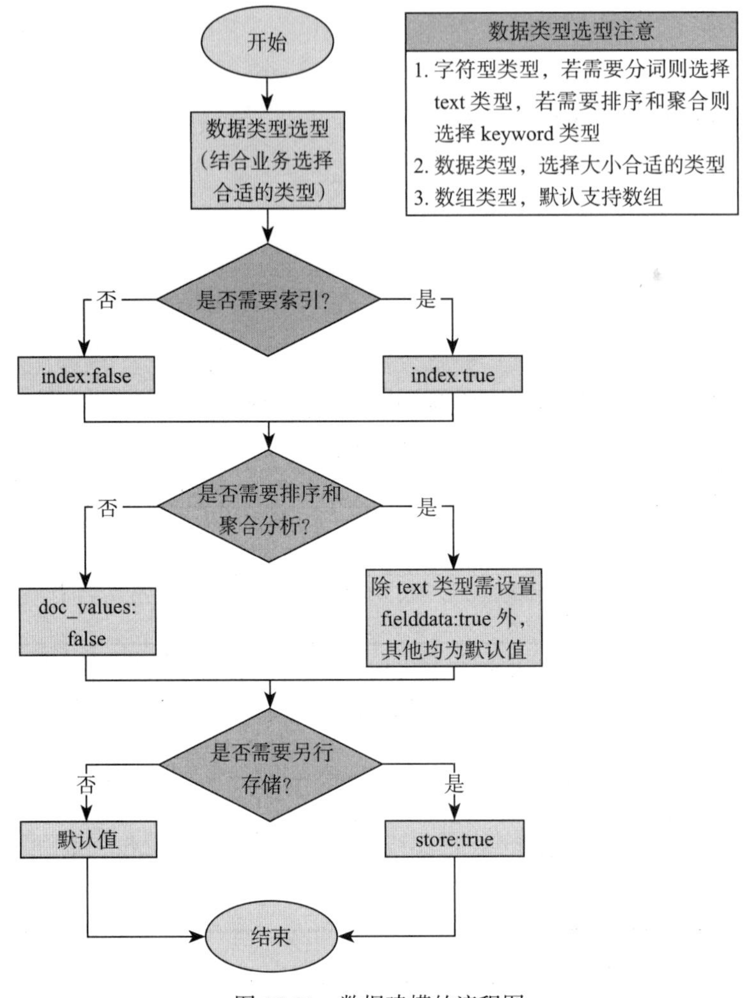

图 17-21 数据建模的流程图

5. 基于复杂索引关联建模

此处要摒弃 MySQL 的多表关联建模思想，因为 MySQL 的范式不适用于 Elasticsearch。对于开头的几个多表关联问题，Elasticsearch 提供的核心解决方案如下。

（1）宽表方案

这是空间换时间的方案，就是允许部分字段冗余存储的存储方式。实战举例如下。

用户索引：user。博客索引：blogpost。一个用户可以发表多篇博客。若按照传统的 MySQL 建表思想，则对两个表建立用户外键即可。而对于 Elasticsearch，我们更愿意在每篇博文后面都加上用户信息，即采用宽表存储方案。这样看似存储量大了，但是一次检索就能搞定搜索结果。

```
PUT user/_doc/1
{
  "name":     "John Smith",
  "email":    "john@smith.com",
  "dob":      "1970/10/24"
}

PUT blogpost/_doc/2
{
  "title":    "Relationships",
  "body":     "It's complicated...",
  "user":     {
    "id":       1,
    "name":     "John Smith"
  }
}


GET /blogpost/_search
{
  "query": {
    "bool": {
      "must": [
        {
          "match": {
            "title": "relationships"
          }
        },
        {
          "match": {
            "user.name": "John"
          }
        }
      ]
    }
  }
}
```

（2）Nested 方案

适用一对少量的场景，比如子文档偶尔更新、查询频繁的场景。

如果需要索引对象数组并保持数组中每个对象的独立性，则应使用嵌套数据类型Nested 而不是对象数据类型 Object。

Nested 文档的优点是可以将父子关系的两部分数据（如博客正文和评论）关联起来，我们可以基于 Nested 类型做任何的查询。但它的缺点是查询速度相对较慢，更新子文档需要更新整篇文档。

（3）Join 父子文档方案

适用于一对多的场景，尤其是当子文档的数量明显大于父文档的数量时，或子文档需要频繁更新时。例如，可以将“供应商”视为父文档，将“供应商”的各种“产品”视为子文档，这就构成了一对多的关系。在这种情况下，使用 has_child 或 has_parent 查询可以实现父子文档之间的关联查询。该方案的优点是父子文档可以独立更新，但缺点是维护 Join 关系需要额外的内存，且查询资源消耗比 nested 类型更大。

（4）业务层面编程方案

简言之，对于需要多次检索才能获取关键字段的情况，你可以在业务层自己编写代码进行处理。

以上 4 种方法构成了 Elasticsearch 的完整多表关联方案。在实际应用中，应根据自己的业务场景，通过 Kibana Dev Tools 进行模拟实现，找到最适合自己业务的多表关联方案。

需要强调的是，多表关联可能会引发性能问题，特别是在数据量巨大且对检索性能要求高的场景中，需要谨慎使用。Elasticsearch 官方文档也明确指出：应尽可能避免多表关联，因为 Nested 类型可能导致查询速度慢几倍，而 Join 类型则可能导致查询速度慢数百倍。

最后，我们来总结一下建模过程中其他核心考量因素。

1）尽量空间换时间：能利用多个字段解决的不要用脚本实现。

2）尽量前期进行数据预处理，而不要后期使用脚本。优先选择 ingest process 进行数据预处理，尽量不要留到后面用 script 脚本实现。

3）能指定路由时要提前指定路由。写入的时候指定路由，检索的时候也同样可以指定路由。

4）能前置的操作应尽量前置，让后面检索聚合的步骤更加清爽。比如前置索引字段排序就是一种非常好的方式。

数据建模是 Elasticsearch 开发实战中非常重要的一环，从项目管理角度来看也是设计环节的重中之重，一定要重视。千万不要着急写业务代码，“代码之前，设计先行”。

17.9 利用 JMeter 进行 Elasticsearch 性能测试

随着数据量的急剧增加，Elasticsearch 的性能和稳定性成了系统设计及运维工作中的关键影响因素，因此对 Elasticsearch 进行性能测试至关重要。这个过程可以帮助我们发现潜在的问题、优化集群配置和提高整体性能。

17.9.1 Elasticsearch 性能测试工具

常用的 Elasticsearch 性能测试工具包含但不限于如下几种。

（1）Rally

- Elasticsearch 官方压测工具。
- 下载地址：https://github.com/elastic/rally。
- 文档地址：https://esrally.readthedocs.io/en/stable/。

（2）Loadgen

- Elasticsearch 专属压测工具。
- 下载地址：http://release.infinilabs.com/loadgen/。

（3）JMeter

- 用 Java 编写的开源工具，最初为 Java Web 应用程序测试而设计，后来扩展了其他测试功能，如图 17-22 所示。
- 下载地址：https://jmeter.apache.org/download_jmeter.cgi。

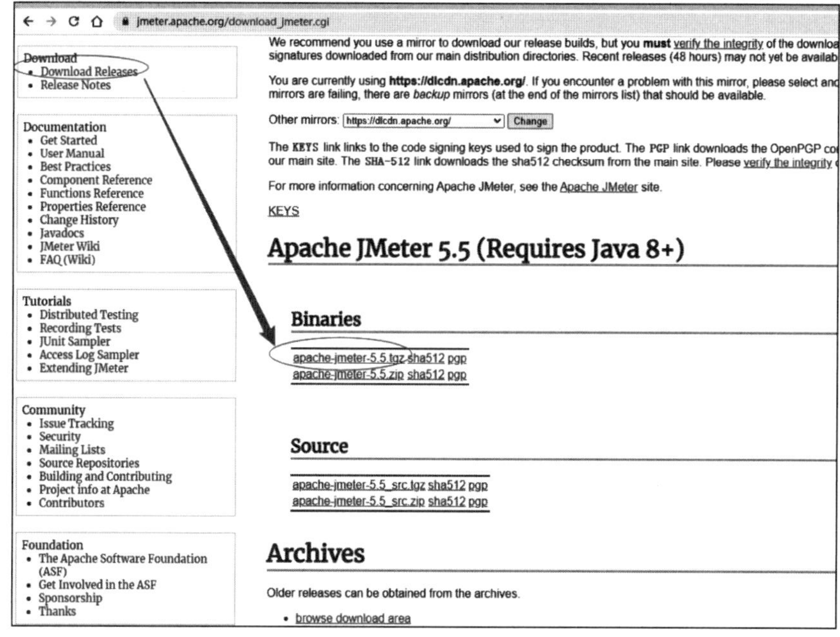

图 17-22　数据建模的流程图

我们重点关注其中的 JMeter。这是一款广泛应用的开源性能测试工具，可以对各种类型的应用进行压力测试，从而帮助我们评估系统在不同负载下的性能表现。

由于 Elasticsearch 提供了丰富的 HTTP RESTful API，JMeter 可以通过模拟用户请求，轻松地实现对 Elasticsearch 的性能测试。借助 JMeter 的强大功能，我们可以模拟大量并发请求，设置不同的负载模式和持续时间，以及收集和分析测试结果。这使得 JMeter 成了测试 Elasticsearch 性能的理想工具。

在本节中，我们将详细介绍如何使用 JMeter 对 Elasticsearch 进行性能测试，从而帮助大家更好地了解和优化 Elasticsearch 集群。

17.9.2　JMeter 部署与启动

JMeter 由 Java 编写，自然支持跨平台，在 Windows 和 Linux 上都可以运行。这里主要讲解 JMeter 的 Windows 可视化界面配置。

首先，安装过程很简单，谈不上部署，解压类似的绿色安装包就可以使用，如图 17-23 所示。

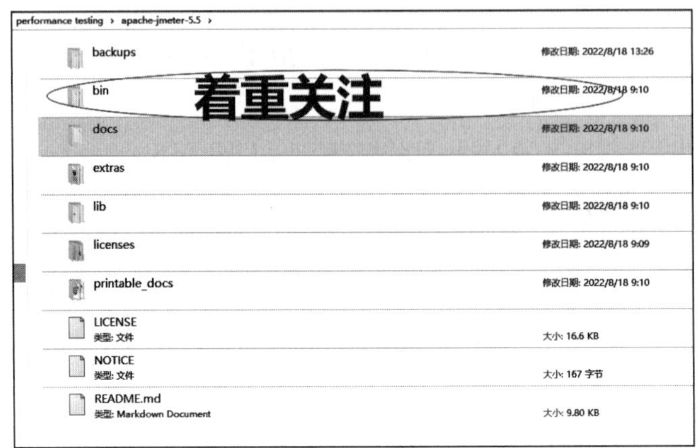

图 17-23 解压安装包

然后，修改编码格式。为了让 JMeter 支持中文字符，一定要先修改配置文件。修改 bin 路径下的 jmeter.properties 的默认编码格式，如下所示。

```
sampleresult.default.encoding=UTF-8
```

双击 jmeter.bat 这个批处理文件来启动 JMeter，会出现如图 17-24 所示可视化界面。

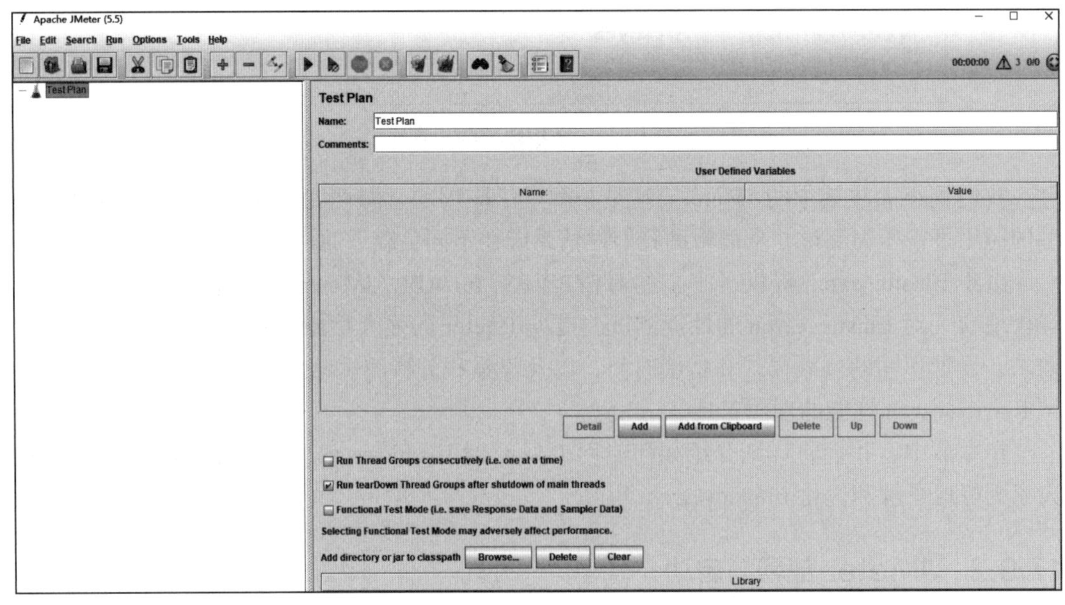

图 17-24 JMeter 可视化界面

17.9.3 关于 JMeter 性能测试的 4 点认知

（1）适应 Java Web 应用程序测试的逻辑

Elasticsearch 通过默认的 9200 端口向外界提供服务，这使其本质上可视为一个 Web 服务。这个特点使得 JMeter 这样的性能测试工具用来测试 Java Web 应用程序的逻辑同样完全适用于 Elasticsearch 的性能测试。

（2）模拟并发用户请求

性能测试的一个重要部分是模拟并发用户请求。在 JMeter 中，这可以通过调整 Threads（Users）项来实现。通过合理地设置并发用户数，我们能够模拟出实际运行环境中可能出现的各种情况。

（3）配置 HTTP 请求头

由于 Elasticsearch 服务本质上是一个 Web 服务，因此配置 HTTP 请求头是必不可少的一步。请求头的配置包括但不限于以下几种。

- 基础 HTTP 请求头，包括 IP、端口、编码格式等配置，这些可以在 JMeter 的 HTTP Request 中设置。
- HTTPS 安全设置，包括用户名、密码等配置，这些可以在 JMeter 的 HTTP Authorization Manager 中进行。
- HTTPS 响应数据格式设置，可以通过 JMeter 中的 HTTP Header Manager 来完成。

（4）生成报告

进行性能测试的目的就是为了得出测试报告。在 JMeter 中，可以通过使用 Listener（监听器）来生成各种需要的报告，以便对 Elasticsearch 的性能进行全面的分析和评估。如图 17-25 所示。

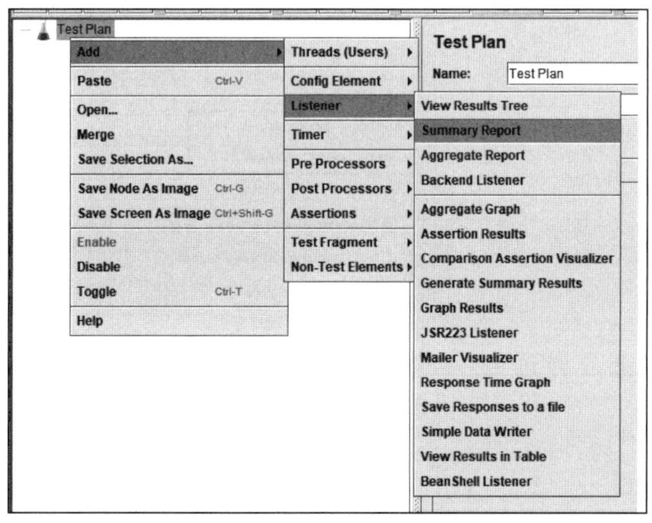

图 17-25 报告入口

具备上述认知，接下来就可以进行 JMeter 性能测试实操了。

17.9.4 利用 JMeter 进行 Elasticsearch 8.X 性能测试

1. 设置并发用户数

如图 17-26 所示，依次点击“Add → Threads(Users) → Thread Group。”

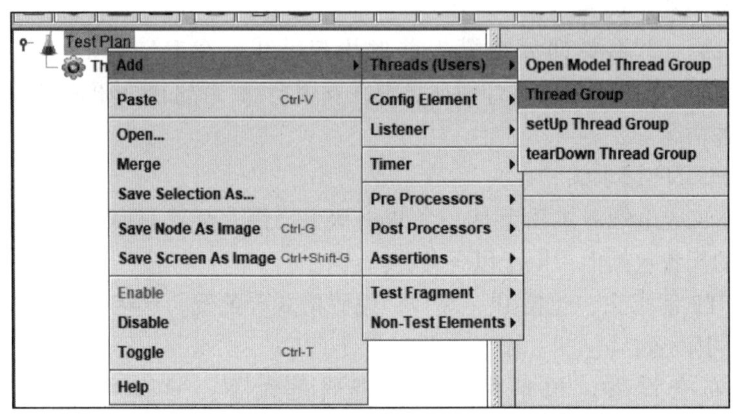

图 17-26 设置并发用户数

如图 17-27 所示，该配置表示每秒有 100 个用户并发请求。其中 Number of Threads (users) 代表并发用户数；Ramp-up period(seconds) 代表这些并发用户数的总耗时，单位为秒。

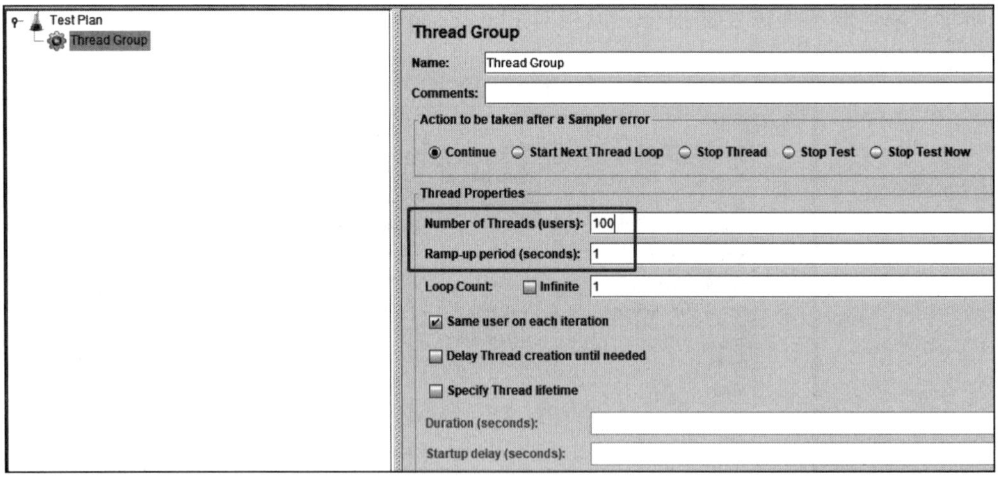

图 17-27 细节设置

2. 完成基础配置

接下来完成 HTTP 请求头及安全等项的基础配置，如图 17-28 ～图 17-30 所示。

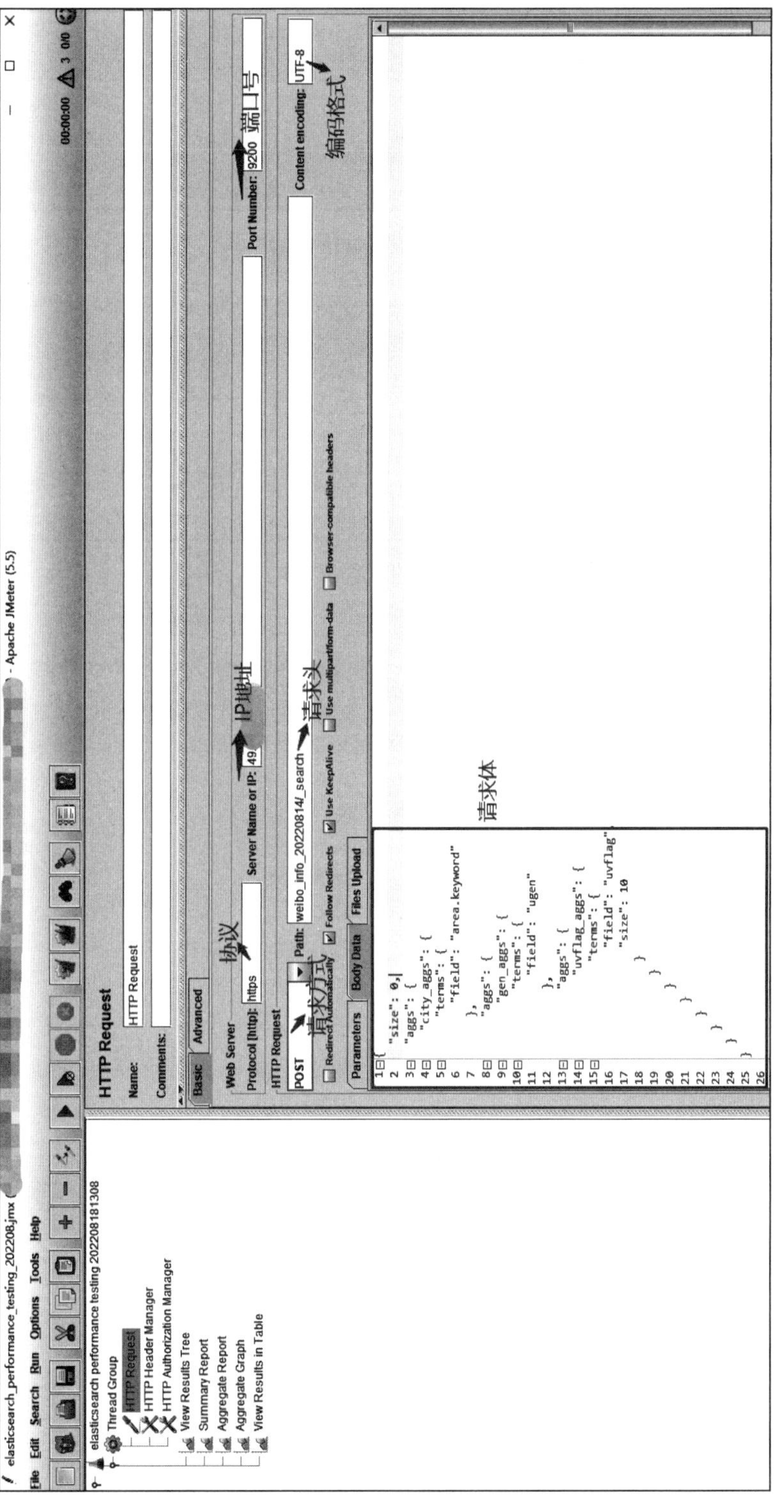
HTTP Request
协议
IP地址
端口号
请求方式
请求头
编码格式
请求体
Protocol [http]: https
Port Number: 9200
Path: weibo_info_20220814/_search
Content encoding: UTF-8
POST

图 17-28　设置详情（1）

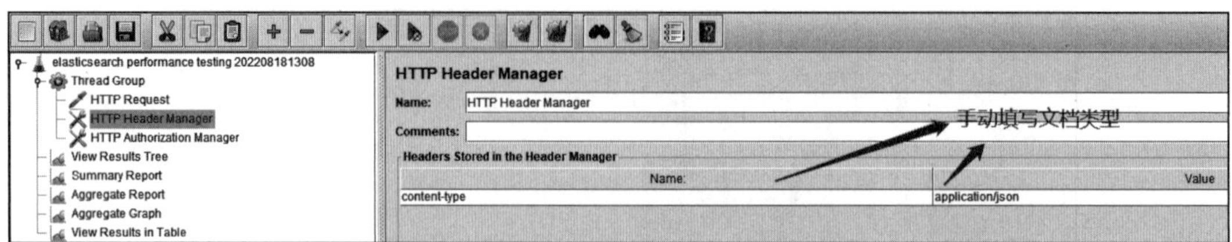

图 17-29 设置详情（2）

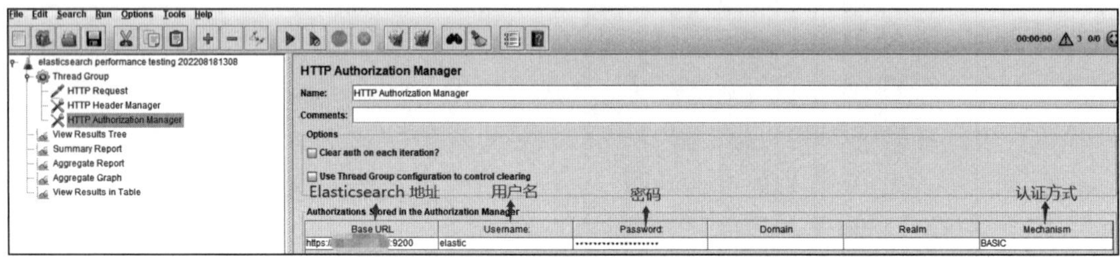

图 17-30 设置详情（3）

3. 完成出报配置

根据业务需求自助完成出报相关配置，如图 17-31 所示。

图 17-31 出报配置（用于测试结果显示）

4. 执行并发性能测试

点击如图 17-32 所示的三角形按钮执行性能测试，点击扫帚形状的按钮来清除已执行结果。

图 17-32 执行并发性能测试

5. 查看测试结果

查看测试结果，如图 17-33、图 17-34 所示。

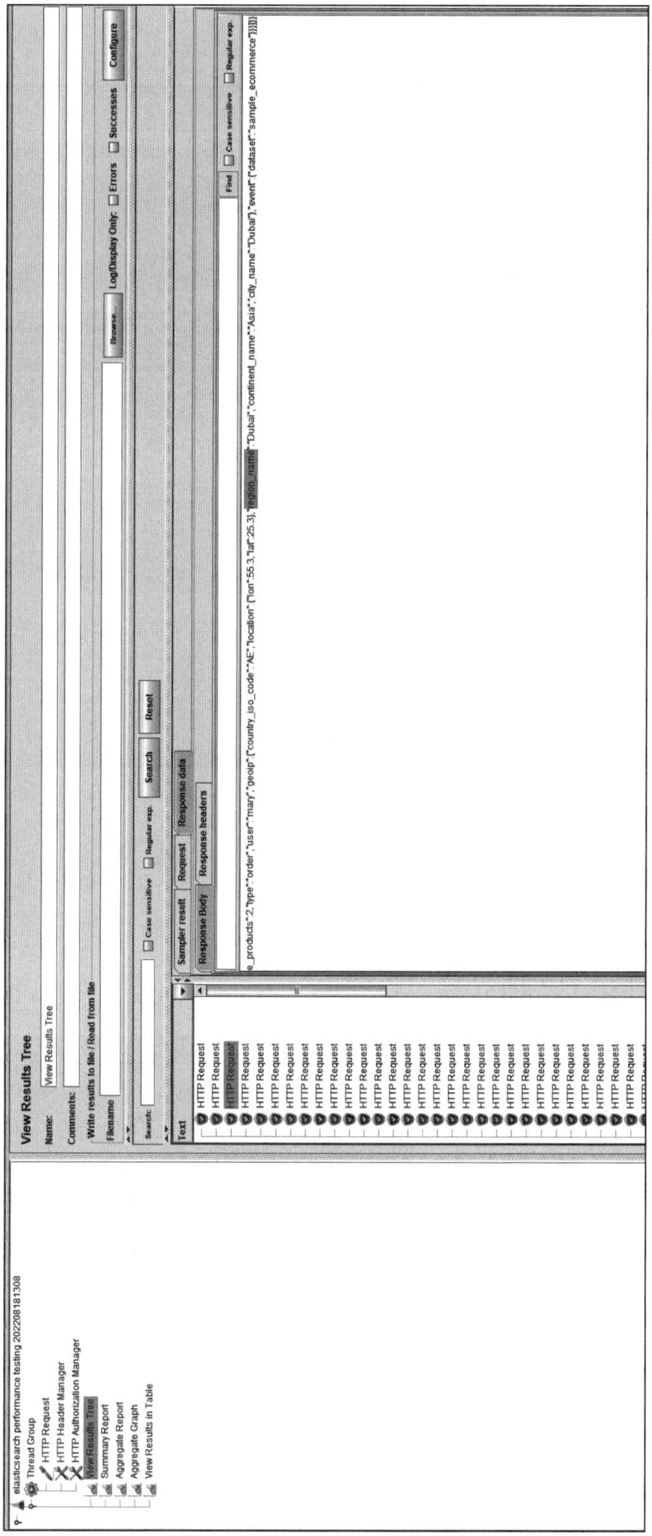

图 17-33　查看测试结果（1）

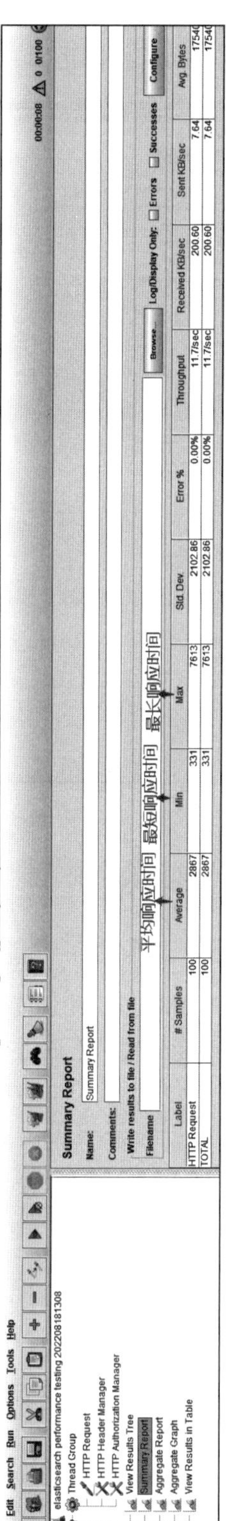

图 17-34　查看测试结果（2）

相关检索语句如图 17-35 所示。

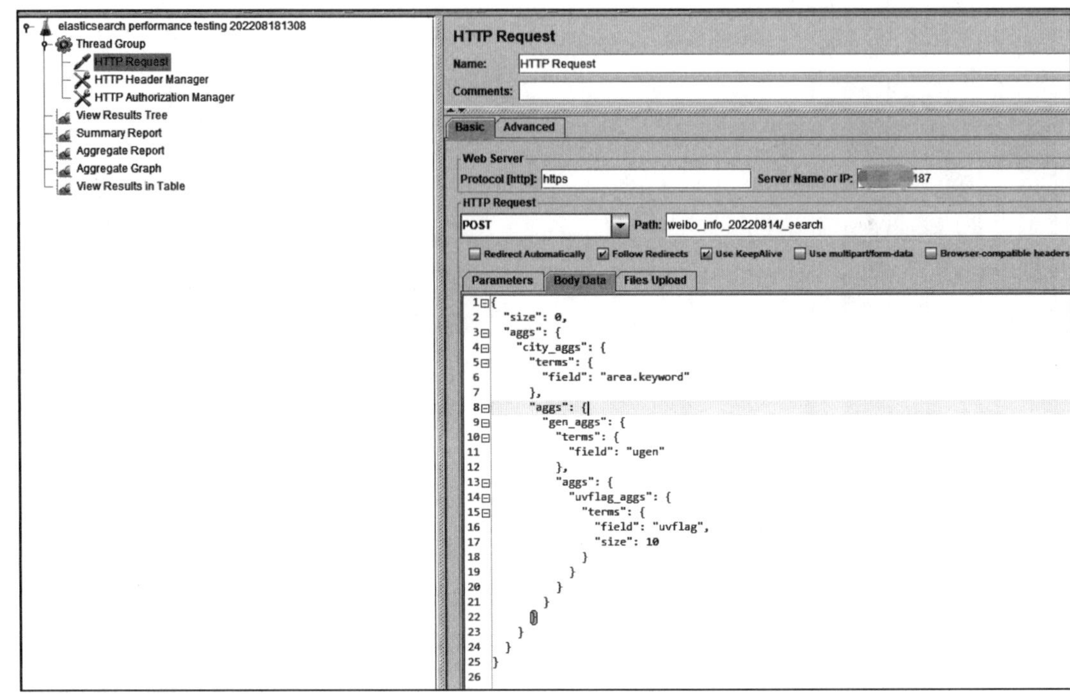

图 17-35 检索语句详情

对于其他表和细节参数，本节不再展开说明，各位读者查看官方文档来深入了解。

17.9.5 JMeter 性能测试与优化实战

通过 JMeter，我们能够模拟多种场景下的负载，从而评估 Elasticsearch 集群在不同条件下的性能表现。下面进行性能对比的实战。

在一台配备了 4 核 8G 内存（其中堆内存设置为 2GB）的云服务器上，我们进行了单节点 Elasticsearch 8.1 版本的集群性能测试，测试对象是构造的“weibo”假数据，其中包含了 2 284 009 条记录（详见图 17-36）。

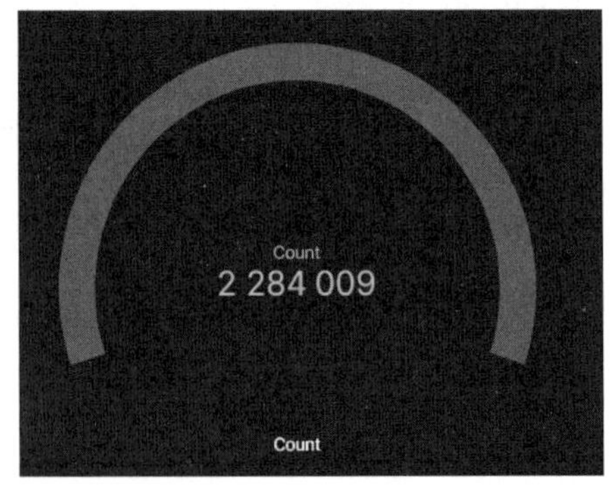

图 17-36 Kibana 统计文档数

在 10 个并发用户、50 个并发用户、100 个并发用户、200 个并发用户的条件下各用如下 4 种检索方式，并对比每种条件下的平均响应时间。检索语句如图 17-37 所示。

对结果数据进行统计并汇总，如表 17-7 所示。

```
# 1. match_phrase 检索
POST weibo_info_20220814/_search
{
  "query": {
    "match_phrase": {
      "area": "北京"
    }
  }
}


# 2. match 检索
POST weibo_info_20220814/_search
{
  "query": {
    "match": {
      "area": "北京"
    }
  }
}


# 3. term 检索
POST weibo_info_20220814/_search
{
  "query": {
    "term": {
      "area.keyword": "北京"
    }
  }
}


# 4. wildcard 检索
POST weibo_info_20220814/_search
{
  "query": {
    "wildcard": {
      "area.keyword": "*北京*"
    }
  }
}
```

图 17-37 执行检索语句

表 17-7 不同条件下 4 种检索方式的响应时间

检索方式	10 个并发用户的响应时间 /ms	50 个并发用户的响应时间 /ms	100 个并发用户的响应时间 /ms	200 个并发用户的响应时间 /ms	平均响应时间 /ms
match_phrase	127	610	961	2243	1313.67
match	121	344	902	2278	1215.00
term	120	764	611	2191	1228.67
wildcard	128	899	1398	3209	1878.00

根据上述结果，生成统计图，如图 17-38 ～图 17-40 所示。

初步得出结论如下。

- 第一：不论并发用户是多少，wildcard 检索类型都是最慢的，所以高并发场景不推荐使用这种方式。
- 第二：match、term、match_phrase 的使用要结合应用场景，仅从性能测试响应时间的维度无法给出明确的选型建议。
- 第三：term 针对 keyword 类型精准匹配，match 针对倒排索引单个词项检索，match_phrase 针对短语匹配进行全文检索会更为高效。

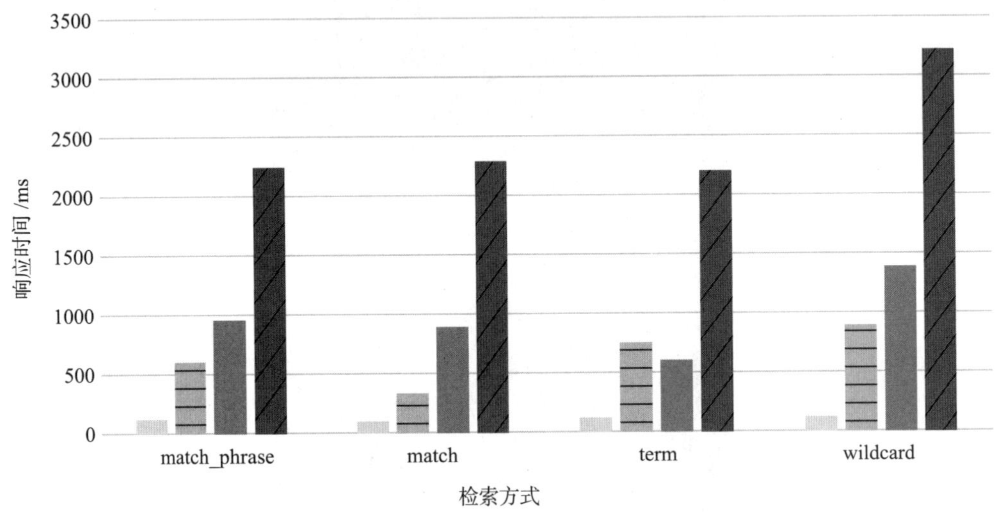

图 17-38 不同检索方式在不同并发用户数条件下的响应时间（1）

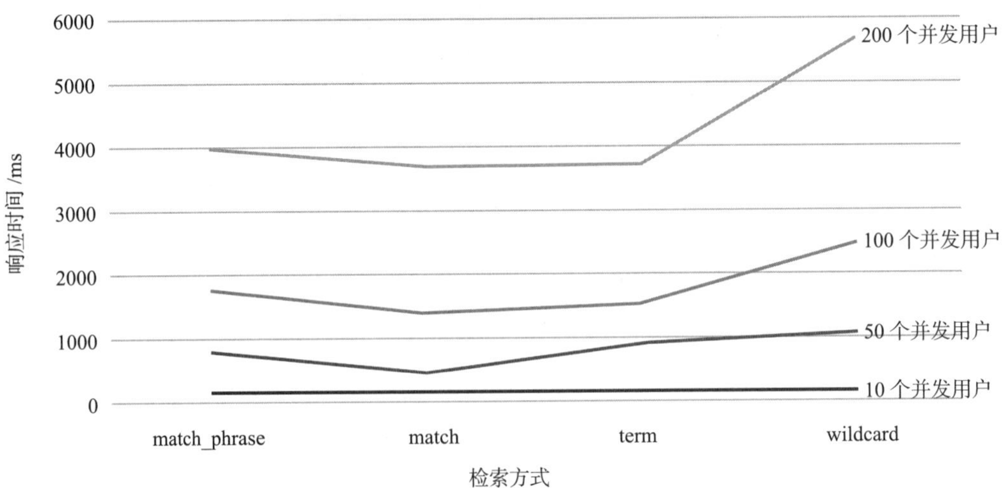

图 17-39 不同检索方式在不同并发用户数条件下的响应时间（2）

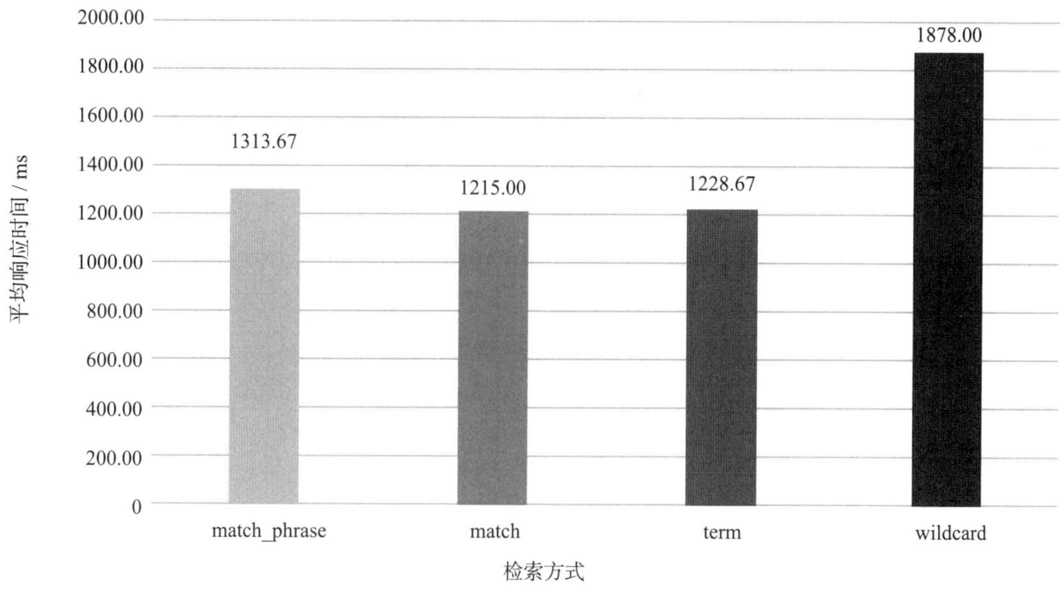

图 17-40 各检索方式平均响应时间

实践出真知。在实际应用场景下，大家可能会有不同的收获（场景不一样，结论会不同），欢迎探讨。

本节我们深入探讨了如何使用 JMeter 对 Elasticsearch 进行性能测试。这对于识别潜在问题、优化配置和提升 Elasticsearch 性能具有重要意义。通过学习和实践 JMeter，我们可以为 Elasticsearch 集群提供更加可靠、稳定和高效的支持，从而满足不断增长的数据处理需求。

17.10 本章小结

本章涵盖了分片设置、默认值、线程池与队列、热点线程、集群规模与容量规划、Java 客户端选型、缓存机制、数据建模及 JMeter 性能测试等关键环节的实战知识。这些知识对确保 Elasticsearch 高效稳定运行至关重要。

掌握这些实战技巧有助于在应用 Elasticsearch 的设计、开发和运维过程中避免常见问题、提升集群性能与可靠性，并且更好地满足业务需求和提供优质服务。

总之，本章旨在提供一个全面的 Elasticsearch 实战避坑指南，帮助读者更好地理解与掌握 Elasticsearch，实现高效、稳定和可靠的数据搜索与分析。

本章小结如图 17-41 所示。

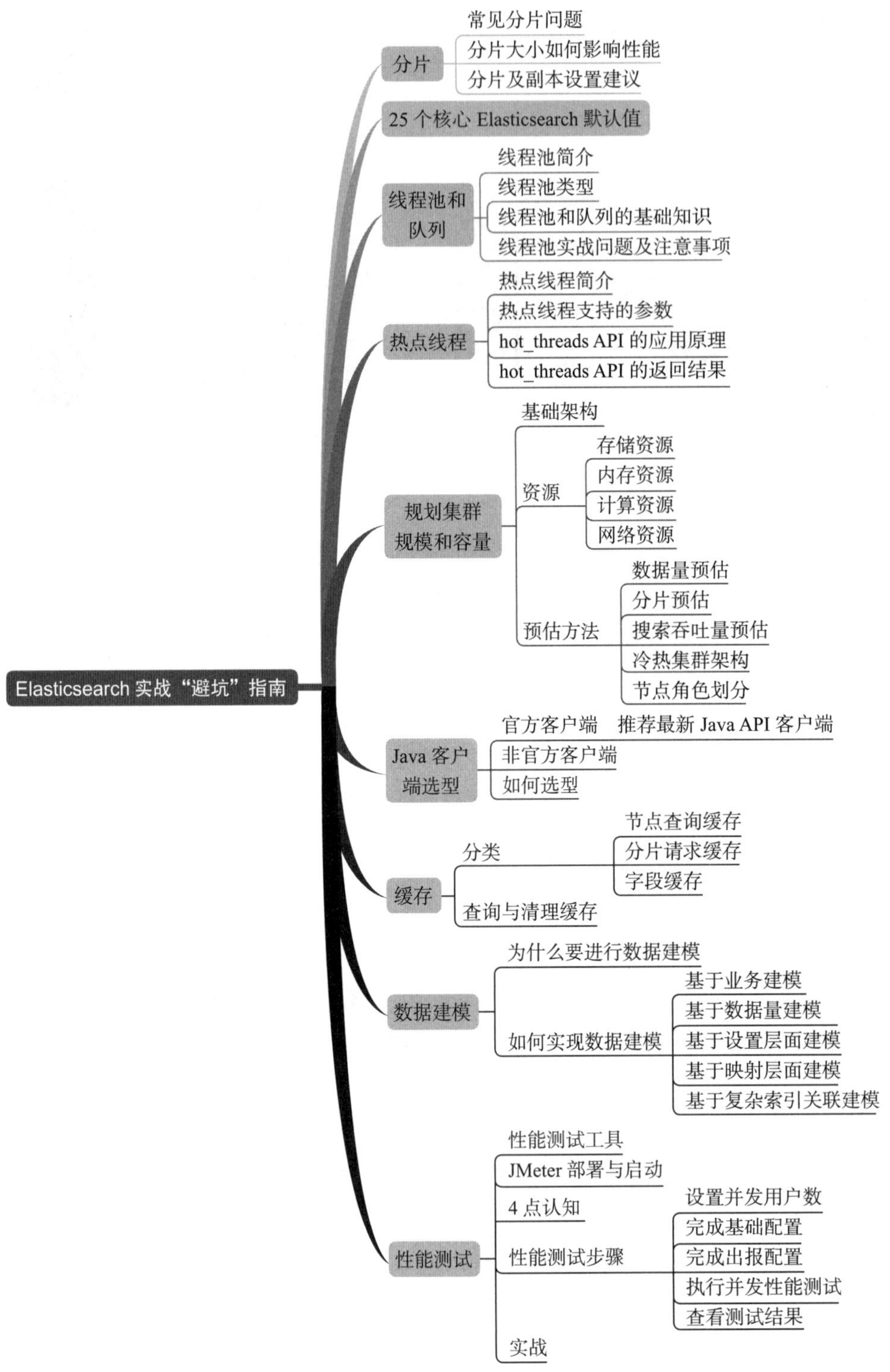

图 17-41 Elasticsearch 实战“避坑”指南

第四部分 Part 4

Elasticsearch 项目实战

在前面的学习之旅中，我们从Elasticsearch的基本概念出发，逐步深入了解其核心技术、实用功能以及部署与优化策略。通过系统性、体系化的学习后，我们对Elasticsearch建立了更为全面的认知，并掌握了丰富的实践技巧。

这是本书的最后一部分，我们将结合之前学习的知识点，将其应用于Elasticsearch三大核心业务场景的实际项目案例中，以此来巩固已有的理论基础，将理论应用于实战，同时用实战经验来反哺理论认知。

而Elasticsearch的三大核心业务场景包括知识库检索场景、大数据可视化场景以及日志分析场景。接下来，我们将在这三大场景下分别展开实践。

限于篇幅，第18～20章的完整代码可从如下网址获取：https://github.com/mingyitianxia/elasticsearch-made-easy。

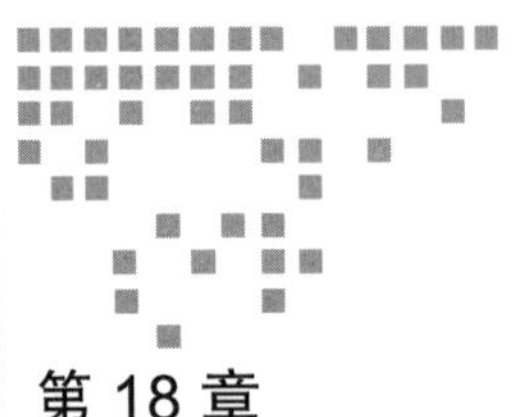

Chapter 18 第 18 章

Elasticsearch 知识库检索系统实战

18.1 知识库检索系统的需求分析

说到知识库检索系统，很多读者都会想到“中国知网”（以下简称为“知网”）这个平台。这是一个经过 20 多年专业内容积累的平台。

首先，由于版权原因，我们无法直接获取知网的海量数据，但是可以通过现有文档来模拟实现，研究技术的可行性。并且，为了更好地掌握知识库检索的实战思路，有必要对该需求进行降级，使其降低到自己可控的程度。

其次，知网支持的搜索功能非常复杂，我们将仅研究“一框”搜索。在理解了标题检索的基本原理后，对于其他检索需求的实现，只需要花费一些时间去触类旁通即可。

再次，知网是全网论文的集合平台，文件类型包括但不限于 .txt、.pdf、.ppt、.doc、.docx 等。对此，我们将关注本地磁盘文件的集合体。

综上所述，我们将原本宽泛的“知识库检索系统”的需求转化为具体的简化版知网平台——本地知识库检索系统。该系统的核心功能点如下。

- 支持多种格式历史文档（.pdf、.ppt、.doc、.xls、.txt 等）的解析及索引化。
- 支持文档基础数据（标题、大小、发布时间、修改时间、作者、全文）的建模。
- 支持新写入文档数据的解析及索引化，可进行定时设置。
- 支持将建模后的数据存入 Elasticsearch，并可通过浏览器进行访问。
- 支持 Kibana 可视化分析。

通过实现以上功能点，我们将建立一个本地知识库检索系统。它能够帮助用户更好地整理、检索和分析本地文档，提升工作效率。

18.2　知识库检索系统的技术选型

笔者根据自身的实践经验，为各位读者提供一系列技术选型的有效原则，如下所示。

- 不重复造轮子。
- 自己可控。
- 使用已有的、成熟的、开源的技术栈体系。

在 2017 年，笔者曾带领团队实现过类似的知识库检索系统，只不过当时所使用的技术体系比较陈旧，Elasticsearch 也是 2.X 版本。其中不同文档的转换和解析的技术实现如图 18-1 所示。

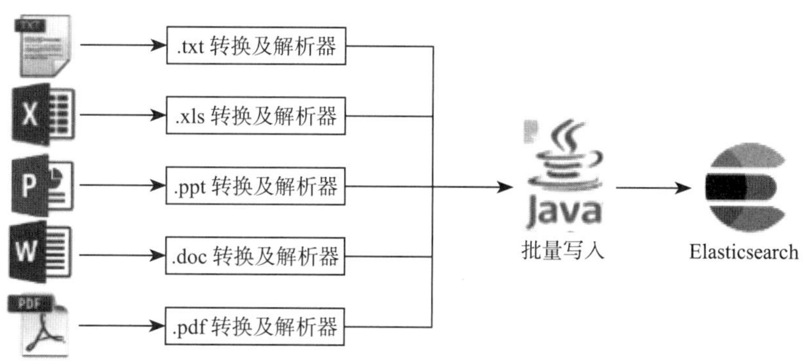

图 18-1　解析不同类型文档并将其写入 Elasticsearch

对上述解析和写入操作进行具体解读，如下。

该操作的目标是将文本文档（.txt）、Office 文档（.doc/.docx、.ppt/.pptx、.xls/.xlsx）和 PDF 文件（.pdf）存入 Elasticsearch，实现高效检索和分析。

首先，需要考虑文档的特点。例如，PDF 文档分为扫描版和非扫描版，扫描版需要进行 OCR 识别，而非扫描版则可以直接解析。另外，文档可能很大，导致高亮处理困难和检索时延较大。针对这些问题，可以采用不同的解析工具来解决。如利用 Apache POI 库解析 Office 文档、利用 PDFBox 库解析非扫描版 PDF，以及利用 tesseract-ocr、pdf2htmlEX 和 html2md 等工具进行 PDF 扫描版的格式转换。

接下来，确立索引并设定映射。这包括确定索引个数、设定索引模板以及设定字段是否需要分词。然后将解析后的文档内容写入索引。

最后，在检索阶段，可以采用精确匹配、模糊匹配和全文检索等方式进行高效检索。在模糊匹配时，使用 wildcard 查询进行前缀和后缀匹配的效率可能较低。对于大于 1MB 的文档，可以使用 Fast Vector Highlighter（FVH）进行高亮处理。

通过以上步骤，实现了 .txt 文档、.Office 文档和 .pdf 文件在 Elasticsearch 中的存储、检索及分析，从而极大地提高了本地知识库检索系统的功能性和实用性。详情如图 18-2 所示。

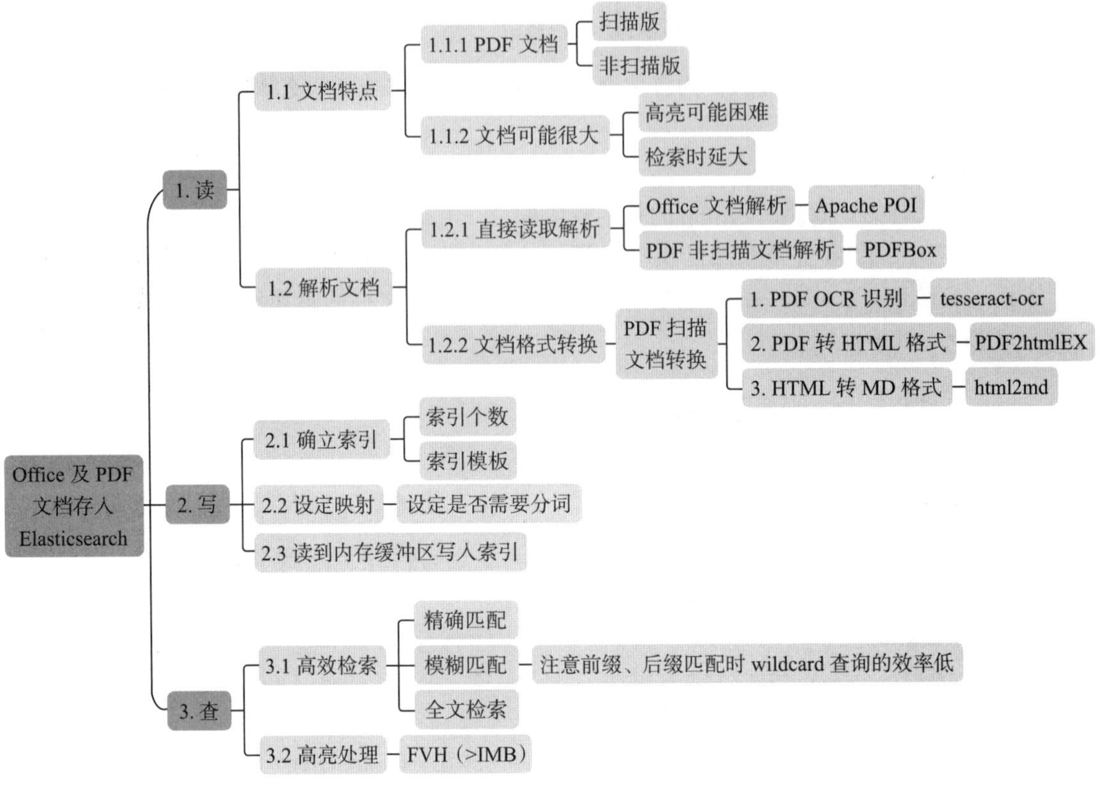

图 18-2 解析、存储、检索的实现详情

在早期的技术实现中，笔者团队确实有大量的时间花费在了文档格式转换和解析处理上。如何寻找更好的实现方式一直是我们关注的问题。从最初尝试使用各类解析工具和OpenOffice 组件，到后来的内容检测和分析框架 Tika，再发展到 Elasticsearch 自身支持的 Ingest Attachment 文档处理器插件，这些技术的演进都为我们提供了不同程度的便利。

最终，我们发现 Elastic 官方工程师开源的文档爬虫工具——FSCrawler——提供了更加优雅的解决方案。通过 FSCrawler，我们可以轻松地处理各种类型的文档，无须担心格式转换和解析过程中的问题，从而大幅提升了文档检索系统的开发效率和实用性。

18.2.1 OpenOffice

OpenOffice，全名 Apache OpenOffice，是一款开源、免费的办公软件套装，提供了类似于微软 Office 的功能，包括文字处理、电子表格、演示文稿、绘图以及数据库管理等功能。它采用跨平台设计，支持 Windows、macOS 和 Linux 等操作系统，同时具有全功能、多语言支持、公开对象接口以及可扩展的文件格式特性。OpenOffice 主要使用 ODF（Open Document Format）作为默认文件格式，同时兼容多种其他文件格式，如微软 Office 的文件格式。

OpenOffice 的主要的适用场景如下。

- 教育与培训：学校、培训机构及教育工作者可免费使用，满足教学需求。
- 企业与政府：降低软件许可费用，提高成本效益。
- 个人用户：处理日常办公任务，如文档编辑、表格管理等。
- 开发者与研究人员：开发者可以利用 OpenOffice 的公开接口和源代码进行二次开发，研究人员也可利用其开放性进行相关研究。

OpenOffice 的优点如下。

- 开源免费：相较于收费的办公软件，如微软 Office 和金山 WPS，OpenOffice 是免费的，降低了用户的使用成本。
- 跨平台支持：OpenOffice 支持多种操作系统，包括 Windows、macOS 和 Linux，方便用户在不同设备之间进行切换。
- 多语言支持：OpenOffice 支持多种语言版本，适应全球用户的需求。
- 公开接口与可扩展性：开发者可以利用 OpenOffice 的公开接口进行二次开发，以满足特定需求。

其缺点如下。

- 功能与兼容性：相较于微软 Office，OpenOffice 的某些功能略逊，可能存在兼容性问题。
- 更新与维护速度：由于 OpenOffice 是开源项目，其更新和维护速度相较于商业软件较慢，可能无法及时跟进行业最新技术和需求。
- 用户支持：相对较弱，用户需依赖社区及网络资源解决问题。

18.2.2 Tika

Apache Tika 是一款开源文件类型检测和内容提取库，用 Java 编写。它可以识别多种文件格式，并从这些文件中提取文本、元数据和结构化内容。Tika 支持许多常见的文件类型，如电子表格、文本文件、图像、PDF 文件等。通过 Tika，开发者可以轻松地开发通用型检测器和内容提取器，用于处理不同类型的文件。Tika 官网地址为 https://tika.apache.org/。

Tika 的主要的适用场景如下。

- 文档管理系统：Tika 可用于构建文档管理系统，实现文件类型检测、内容提取和元数据抽取，便于搜索和索引。
- 数据挖掘和信息提取：利用 Tika 从各种文件格式中提取文本和元数据，辅助数据挖掘、情感分析和关键词提取等任务。
- 搜索引擎：Tika 帮助搜索引擎对各种文件格式的内容进行解析和提取，实现文件索引和检索。
- 内容审核和过滤：Tika 可用于检测和提取输入文件内容，执行内容审核和过滤任务。

Tika 的优点如下。

- 支持多种文件格式：Tika 支持许多常见的文件格式，具有很好的通用性。

- 提取元数据和结构化内容：除了文本内容，Tika 还能提取文件的元数据和结构化内容，为进一步分析提供丰富的信息。
- 简单易用：Tika 提供简洁的 API，开发者可以轻松地集成和使用。
- 开源和活跃的社区：Tika 是一个开源项目，拥有活跃的社区支持，能够及时更新和维护。

其缺点如下。

- 功能局限：与 OpenOffice 相比，Tika 主要关注文件类型检测和内容提取，而不涉及文件的创建、编辑等功能。
- 内容提取的准确性：在处理某些复杂格式的文件时，Tika 可能无法提取所有信息，或者提取的信息可能存在错误。
- 性能问题：处理大量文件或大型文件时，Tika 可能会遇到性能问题，如内存占用较高或处理速度较慢。

18.2.3 Ingest Attachment

Elasticsearch Ingest Attachment 插件是一个针对 Elasticsearch 的文件处理器插件，它主要用于处理和提取不同类型文件（如 PDF、Office 文档、图像等）的元数据及内容，从而对这些信息进行存储和搜索。基于 Apache Tika 库，该插件允许 Elasticsearch 轻松解析各种文件格式，并将提取的数据用于全文搜索、数据分析和其他操作。可以借助如下的命令来安装该插件。

```
sudo bin/elasticsearch-plugin install ingest-attachment
```

Ingest Attachment 的主要的适用场景如下。

- 全文搜索：通过提取文档中的文本内容，Ingest Attachment 插件使 Elasticsearch 能够对多种文件格式进行全文搜索，提供更丰富的搜索体验。
- 元数据提取：可从文件中提取元数据，如作者、创建日期等，为搜索和分析提供额外的上下文信息。
- 数据挖掘和分析：可将提取的文本内容和元数据用于进一步的数据挖掘及分析，以发现有价值的见解或模式。

Ingest Attachment 的优点如下。

- 支持多种文件格式：基于 Apache Tika，Ingest Attachment 插件能够处理多种文件格式，如 PDF、Office 文档、图像等，大大扩展了 Elasticsearch 的功能。
- 灵活性：插件允许用户自定义提取过程，只提取所需的信息，以减少存储和处理开销。
- 易于集成：作为 Elasticsearch 的一部分，Ingest Attachment 插件能够无缝集成，简化文件处理和搜索的工作流程。

- 高性能：通过高效的文件解析和索引处理，该插件确保了在处理大量文件时的高性能和稳定性。

其缺点如下。

- 额外的资源消耗：文件处理和内容提取可能会消耗额外的计算资源及内存，影响系统性能。
- 文件大小限制：该插件对文件大小有限制，默认最大为 100MB，处理超过此限制的文件时可能需要调整配置或采用其他方案。
- 安全隐患：处理潜在恶意文件可能导致系统安全问题。虽然 Tika 库定期更新以修复已知漏洞，但仍存在潜在风险。
- 索引大小：提取的文本内容和元数据会增大索引，可能会增加存储和查询性能的压力。为减轻这一影响，可以优化索引策略和查询方法。

18.2.4 FSCrawler

FSCrawler 能用于文件系统检索、中文知识库构建，并能简化 PDF 和 Office 等文档解析的烦琐步骤，实现一键导入构建索引以及检索等。FSCrawler 官方地址为 https://github.com/dadoonet/fscrawler。

在实践中，FSCrawler 具有如下优势。

- 出色的效果：已集成 Tika，可定制映射，能满足不同需求。
- 高度集成：无须手动编写解析代码，只需完成类型解析、映射设置以及导入操作。
- 易上手：各种配置一目了然，降低学习成本。
- 开源可定制：完全开源，满足个性化需求，可以根据需要修改代码。
- 广泛兼容：支持 Elasticsearch 5.X、6.X、7.X 和 8.X 版本。

若从贴合 Elasticsearch 实现的角度来讲，FSCrawler 就是文档分析工作的“终结者”。它几乎包含了上面所讲的全部技术实现。所以在选型时，我们将 FSCrawler 作为处理文档数据源及写入 Elasticsearch 的同步工具。

18.2.5 Python Flask

Flask 是当今最受欢迎的 Python Web 框架之一。自 2010 年开源以来，Flask 逐渐受到了 Python 开发者的青睐，其受欢迎程度并不逊色于 Django。Flask 的轻量化特点使得开发者只需 5 行代码就能创建一个最简单的 Web 程序。然而这并不意味着功能简陋，实际上 Flask 能够适应各种类型的项目开发需求。截止于 2023 年 3 月 20 日，Flask 框架在 GitHub 上已获得了 62.3k 颗星。

Flask 的主要特点如下。

- 轻量化：Flask 没有默认包含数据库抽象层、表单验证等组件，这使得框架本身更轻便，易于学习和使用。

- 易于上手：Flask 的学习门槛相对较低，使初学者也能够快速掌握框架的使用方法。
- 高度可扩展：Flask 具有丰富的第三方插件库，开发者可以根据项目需求选择所需的组件进行扩展。
- RESTful API 支持：Flask 天然支持 RESTful 风格的 API 设计，使得构建现代 Web 应用更为方便。
- 文档资源丰富：Flask 拥有详细且易于理解的文档，为开发者提供了大量实用指南和示例代码。
- 社区活跃：Flask 拥有庞大的开发者社区，提供了丰富的技术资源和问题解决方案。

Flask 的主要适用场景如下。

- 小型至中型项目：对于独立开发者或小团队，Flask 提供了快速构建和部署 Web 应用的能力。
- RESTful API 开发：Flask 非常适合构建 RESTful API，支持多种数据交换格式，如 JSON 和 XML。
- 学习和教育：Flask 的简洁和易上手的特点使其成为 Python Web 开发的理想教学工具。
- 快速原型开发：Flask 可以快速搭建 Web 应用原型，有助于用户迅速验证项目想法和需求。
- 可扩展的大型项目：通过引入第三方插件和模块，Flask 也可以满足复杂的大型项目需求。

基于这些因素，我们在 Web 开发中选择了 Python Flask 框架。

18.3 知识库检索系统的技术架构

经过前面的需求分析和技术选型，我们对知识库检索系统的整体架构及数据流进行梳理，如图 18-3 所示。

FSCrawler 为我们承担了诸多烦琐的任务，使得复杂流程变得简单。相较于需要分别进行各种类型文档解析的工具，FSCrawler 涵盖了以下功能，基本实现了"一站式"服务。

- 读取并解析 .pdf、.doc、.xls、.txt 等多种文档格式。
- 完成 Elasticsearch 数据建模。
- 实现批量数据同步写入 Elasticsearch。
- 设置定时同步任务。
- 对特定图片式样的 PDF 文档进行 OCR 识别。

有了 FSCrawler 的支持，整个流程变得非常清晰，简化了开发过程，这使得我们可以将精力集中在实现更高层次的功能上。

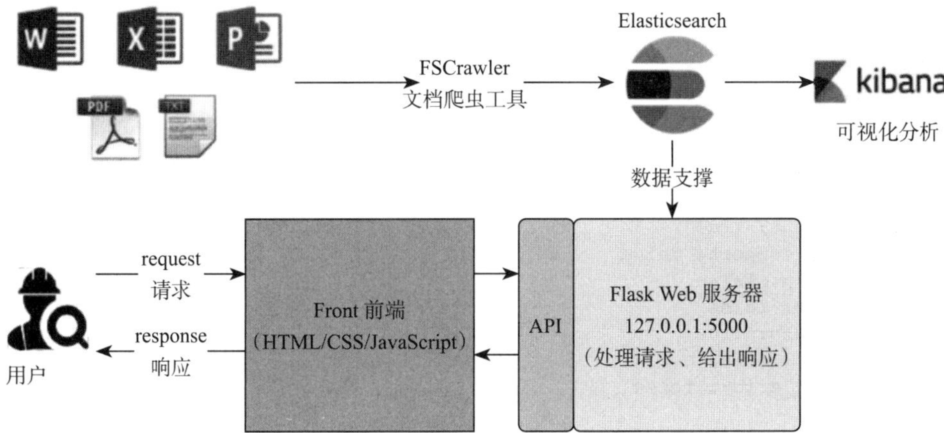

图 18-3　知识库检索技术架构

18.4　知识库检索系统的实现

相较于之前采用 Java 开发的 Web 系统，本次实战使用全栈技术实现，涉及的技术包括但不限于 HTML、CSS、JavaScript、Python、Flask、Elasticsearch、Kibana 以及 FSCrawler。其中，HTML 用于构建页面框架，CSS 用于美化页面样式，JavaScript 用于实现动态更新样式的脚本功能，Python 用于提供后端服务接口，Flask 用于搭建后端服务框架，Elasticsearch 作为数据存储方案，Kibana 用于实现数据可视化分析，FSCrawler 负责进行本地磁盘文档爬虫解析并写入 Elasticsearch。

得益于轻量级的设计，实现该系统的累计核心代码量不多。我们将该系统命名为“织网知识库检索系统”，这里的“织”字强调的是精耕细作、日积月累、功不唐捐、水滴石穿的精神。

18.4.1　FSCrawler 使用步骤详解

FSCrawler 核心使用步骤如下。

1）安装和配置。在使用 FSCrawler 之前，需要确保已安装 Java(至少是 JDK 8）。接着，从 FSCrawler 的 GitHub 页面下载最新的二进制发布版本，解压到本地文件夹。

2）创建配置文件。在 FSCrawler 文件夹中创建一个新的配置文件，如 my_crawler_settings.yaml，并对它进行指定文件系统路径、Elasticsearch 连接信息等方面的编辑。该配置文件的详情如下所示。

```
name: "gupao_fs"
fs:
  url: "/www/mingyi_file_search_system/fscrawler-es7-2.9/filesystem"
  update_rate: "1m"
```

```
  excludes:
  - "*/~*"
  json_support: false
  filename_as_id: false
  add_filesize: true
  remove_deleted: true
  add_as_inner_object: false
  store_source: false
  index_content: true
  attributes_support: false
  raw_metadata: false
  xml_support: false
  index_folders: true
  lang_detect: false
  continue_on_error: false
  ocr:
    language: "eng"
    enabled: true
    pdf_strategy: "ocr_and_text"
  follow_symlinks: false
elasticsearch:
  nodes:
  - url: "http://172.20.0.14:29200"
  bulk_size: 100
  flush_interval: "5s"
  byte_size: "10mb"
  ssl_verification: true
  username: elastic
  password: changeme
```

其中核心参数释义如下

- url：待同步的文件路径。
- update_rate：扫描周期。
- ocr：与 OCR 相关的配置。
- elasticsearch：写入 Elasticsearch 相关参数，包括用户名、密码、安全认证与否、批量值、刷新频率等。

3）运行 FSCrawler。在命令行中切换到 FSCrawler 文件夹，然后运行以下命令，启动 FSCrawler 并加载配置文件。

```
./bin/fscrawler my_crawler_settings.yaml
```

FSCrawler 将开始扫描指定文件夹，并将文件内容及元数据索引到 Elasticsearch。

在配置文件中，可以设置 update_rate 参数来指定 FSCrawler 执行扫描的时间间隔。例如，将 update_rate 设置为“15m”，则 FSCrawler 将每 15min 扫描一次文件夹并更新索引。

其他实战中常用的命令行举例如下。

```
## 1. 初始化
bin/fscrawler --config_dir ./test_03 gupao_fs
创建配置文件
```

```
## 2.启动
bin/fscrawler --config_dir ./test_03 gupao_fs

## 3.重启
bin/fscrawler --config_dir ./test_03 gupao_fs restart

## 4.RESTful 方式启动
bin/fscrawler --config_dir ./test gupao_fs --loop 0 --rest
如果端口冲突，记得先配置一下端口。

## 5.RESTful 方式启动并上传文件
echo "This is my text" > test.txt
curl -F "file=@test.txt" "http://127.0.0.1:8080/fscrawler/_upload"
```

18.4.2　系统实现效果展示

1. 首页

本系统着力打造一个高效便捷的文档检索平台，辅助大家更轻松地在庞大的本地知识库中找到所需信息。我们兼容多种文件格式，如.pdf、.doc、.xls、.txt等，并采用Elasticsearch存储和检索技术，确保全文检索的速度和准确性。

如图18-4所示，在搜索框中键入关键词，系统将呈现最相关的文档结果。通过全文检索，你可以快速查找与标题或正文匹配的文档信息。此外，本系统还提供高亮显示功能，协助用户迅速锁定文档中关键词的位置。

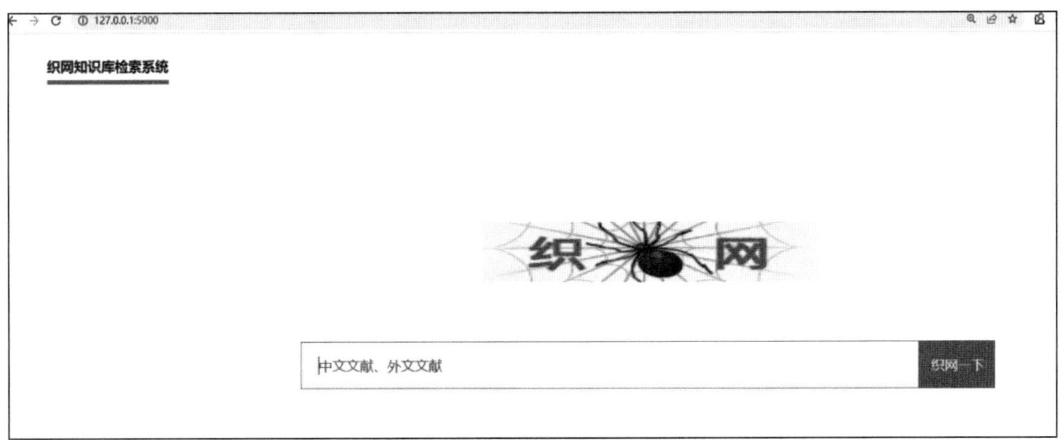

图18-4　知识库检索系统首页

2. 列表页

如图18-5所示，列表页主要展示与搜索关键词相关的文档列表信息。在此页面上可以查看到各个文档的主要信息，如题名、作者、格式和发布时间等。通过这些信息，你可以快速筛选出最符合需求的文档。

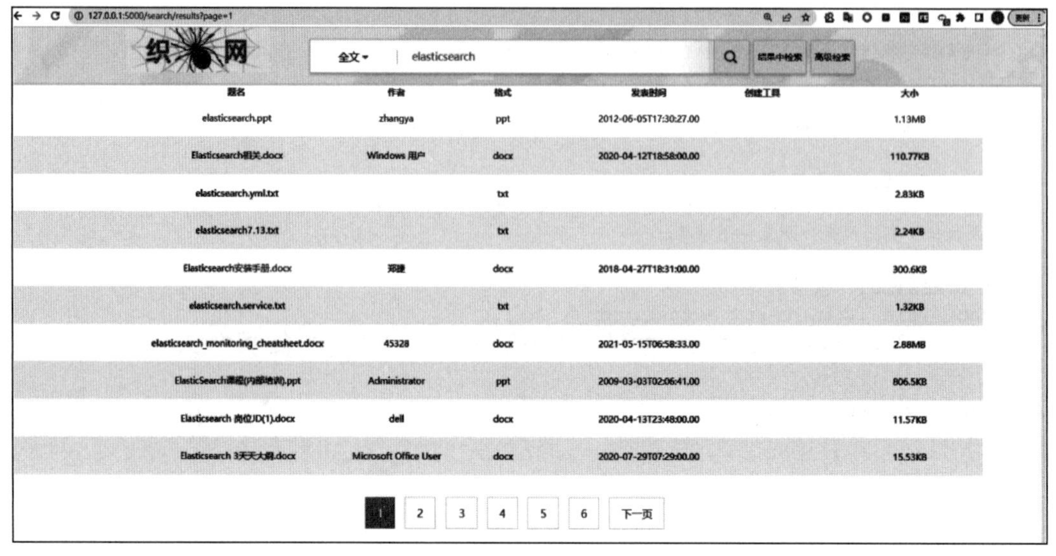

题名	作者	格式	发表时间	创建工具	大小
elasticsearch.ppt	zhangya	ppt	2012-06-05T17:30:27.00		1.13MB
Elasticsearch相关.docx	Windows 用户	docx	2020-04-12T18:58:00.00		110.77KB
elasticsearch.yml.txt		txt			2.83KB
elasticsearch7.13.txt		txt			2.24KB
Elasticsearch安装手册.docx	郑捷	docx	2018-04-27T18:31:00.00		300.6KB
elasticsearch.service.txt		txt			1.32KB
elasticsearch_monitoring_cheatsheet.docx	45328	docx	2021-05-15T06:58:33.00		2.88MB
ElasticSearch课程(内部培训).ppt	Administrator	ppt	2009-03-03T02:06:41.00		806.5KB
Elasticsearch 岗位JD(1).docx	dell	docx	2020-04-13T23:48:00.00		11.57KB
Elasticsearch 3天天大纲.docx	Microsoft Office User	docx	2020-07-29T07:29:00.00		15.53KB

图 18-5　知识库检索系统列表页

3. 详情页

如图 18-6 所示，详情页提供所选文档的详细信息和内容预览。在此页面上可以查看文档的完整标题、作者、文件格式（由后缀名决定）、发布日期以及其他元数据。同时，本系统还提供了文档内容预览功能，帮助用户快速了解文档的主要内容和结构。

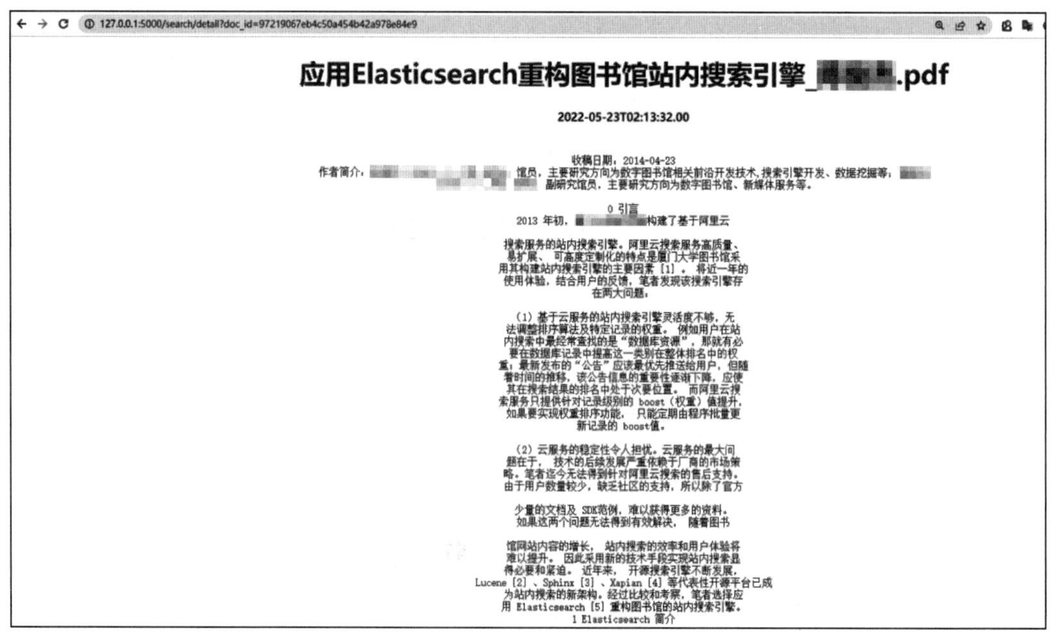

图 18-6　知识库检索系统详情页

为方便在文档中查找关键词，详情页还支持高亮显示功能，将搜索关键词在文档内容中清晰标注出来。通过详情页，用户可以深入了解文档信息，判断是否符合真实检索需求，从而有效提高检索效率。

18.4.3 数据统计可视化

Kibana 是一款强大的数据可视化工具，能与 Elasticsearch 无缝集成，为用户提供直观的数据分析和展示。在本知识库检索系统中，使用 Kibana 实现了以下 4 种数据可视化图表，如图 18-7 所示。

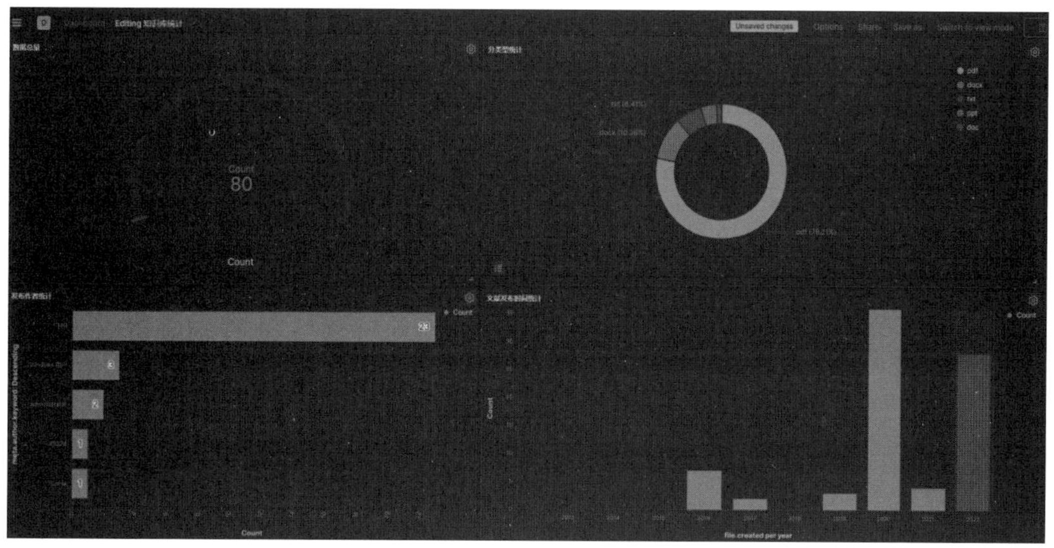

图 18-7 知识库检索系统的数据可视化图表

- ❑ 文档总量聚合：通过柱状图展示文档库中的总文档数量，直观地呈现知识库的规模，帮助用户了解数据量的分布情况。
- ❑ 文档分类饼图：通过饼图展示各类文档在知识库中的占比，有助于用户快速了解各种文件类型的相对数量。
- ❑ 发布作者统计图：通过柱状图或条形图展示文献发布者的统计信息，反映各个作者在知识库中的贡献程度。这有助于发现领域内的重要作者和研究者。
- ❑ 文献发布时间走势图：通过柱状图（可以换成折线图）展示文献发布时间的走势，呈现知识库中文献的发布活跃度。

通过 Kibana 数据可视化，用户可以更加直观地了解知识库的整体情况和各种数据维度，这为后续的检索和分析工作提供了有力支持。Kibana 的灵活性和可定制性也使得用户可以根据自身需求创建更多个性化的可视化图表，进一步挖掘知识库的潜在价值。

18.5 本章小结

本系统所涉及的文档数量相对较少，但我们对 Elastic Stack 抱有充分信心。Elasticsearch 具备动态扩展能力，无论是处理成千上万个文档，还是数亿、数十亿个文档，只需针对性地进行配置调整和数据量处理，在技术层面都不会遇到难题。

知网作为一个庞大的功能体系，仅从检索细节来看，涉及的内容就包括自然语言处理领域的诸多知识（如分词处理、命名实体识别等），以及文档之间的关联性（如引用、被引用等），构建起来无疑是一项浩大的工程。

参考知网的技术思路，本文以文档检索为出发点，构建了一个本地知识库系统，成功验证了将 Elasticsearch 技术栈与 Python Flask 结合构建知识库检索系统的可行性。这为开发大型知识库检索系统提供了有价值的技术参考，为进一步拓展和优化知识库检索功能奠定了基础。

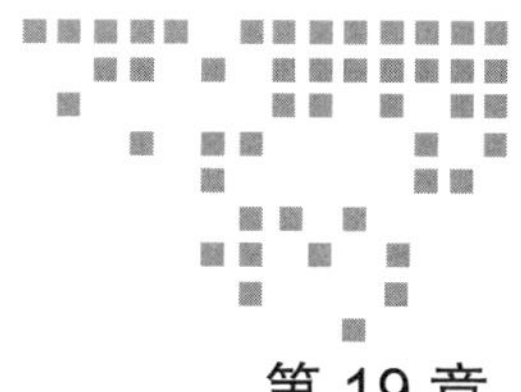

第 19 章 Chapter 19

Elastic Stack 大数据可视化系统实战

19.1 大数据可视化系统的需求分析

我们的目标是构建一个基于 Elastic Stack 的大数据可视化系统，以便直观地分析和理解观众对某热门电影（以下称为“电影 X”）的评价及反馈，进一步挖掘潜在的商业价值和改进空间。对此，我们需要完成下面 3 个核心需求。

- 数据收集：为实现此目标，我们需要收集来自各大互联网平台的影评数据，包括但不限于用户评分、评论数等信息。我们将构建一个合适的数据集，用于支持后续的数据分析和可视化需求。
- 数据整合：将收集到的数据通过自定义数据建模整合到 Elasticsearch 中，从而方便后续进行数据分析和可视化。
- 数据可视化：我们将使用 Kibana 对整合后的数据进行可视化设计，创建直观的图表和仪表盘，以帮助分析和理解观众对电影的评价及反馈。

通过实现以上需求，我们可以构建一个针对电影 X 的互联网影评数据的可视化系统，帮助各利益相关方更直观地分析和理解观众对电影的评价及反馈，挖掘潜在的商业价值和改进空间。

19.2 大数据可视化系统的技术架构

在梳理该系统的架构之前，我们先思考下面几个问题。

- 数据从哪里来？
- 原始数据是否足够？需不需要清洗？如何清洗？

- 需要哪些字段？如何建模？
- 需要进行哪些维度的分析？
- 如何实现可视化分析？

经过思考，我们可以确定数据是大前提。没有了数据的基础，清洗、建模、可视化分析都是“空中楼阁”。如果将该系统视为一个小型项目，那么笔者初步构想的数据流如图 19-1 所示。

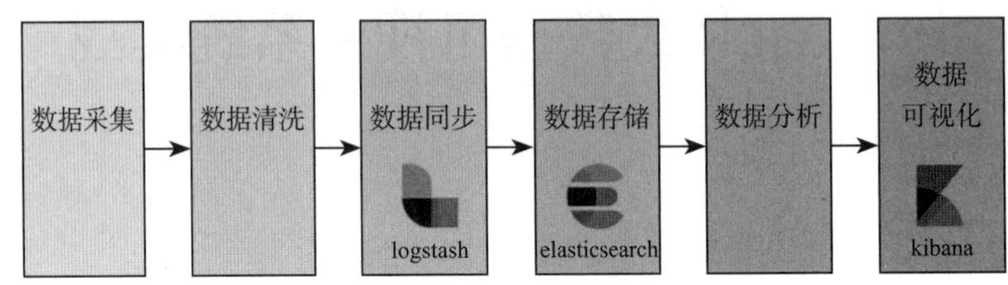

图 19-1 数据流图

1）数据采集：解决数据源头问题，从各大互联网平台（如豆瓣、IMDb、猫眼等）抓取影评数据，包括用户评分、评论数、评论文本等，得到初始数据。

2）数据清洗：确保 Logstash 环节能同步，对原始数据进行必要的特殊字符清洗处理，包括去重、填补缺失值和修正错误。

3）数据同步：选择 logstash_input_csv 作为同步方案，通过 Logstash 的输入、过滤、输出环节的协同处理，实现数据同步。

4）数据存储：基于建模实现数据落地存储至 Elasticsearch，便于检索、聚合和后续的可视化分析。

5）数据分析：梳理可视化分析的维度，如评分分布、评论数量随时间的变化、关键词提取和情感分析等。检查分析结果是否存在偏差，如有偏差则需调整建模，重新导入或迁移数据。

6）数据可视化：基于数据存储的特定维度，使用 Kibana 实现可视化分析。在建模阶段就确定待可视化分析的维度。

综上所述，我们已经初步构建了一个针对电影 X 的互联网影评数据可视化系统的框架。接下来的工作将集中于填充各个小模块，实现完整的数据可视化系统，从而帮助各利益相关方更直观地分析和理解观众对电影的评价及反馈。

19.3 大数据可视化系统的设计

19.3.1 影评数据获取的可行性分析

正如之前所提到的，进行数据分析的前提是要获得数据。在本项目中，我们将从猫眼、豆瓣等各大互联网平台获取影评数据。经过对比分析发现豆瓣的评论字段较少，可供分析的维度相对较少。因此，在接下来的数据采集阶段，我们将着重从猫眼平台抓取电影X的影评数据，以便后续进行更多维度的数据分析和可视化。笔者进一步发现猫眼平台提供了API，使我们可以获取全量的JSON格式的评论数据，这为项目的可行性分析提供了基础。

然后我们需要了解可获取的数据字段，以便进行后续的建模和可视化分析。经过初步调查，我们发现了以下公开可获取的字段。

- comment_id：评论ID，全局唯一。
- approve：评论点赞数。
- reply：评论回复数。
- comment_time：评论时间。
- sureViewed：是否真实观看。
- nickName：昵称。
- gender：性别。
- cityName：城市。
- userLevel：用户等级。
- user_id：用户ID。
- score：评分。
- content：评论内容。

猫眼影评网站的回应数据如图19-2所示。

对采集的核心代码的解读如下。

（1）fire(conf)函数

该函数根据传入的时间参数（conf）构建URL，然后爬取猫眼电影评论的JSON数据。tmp变量构建了URL的基础部分，其中的startTime和offset参数会在接下来的循环中动态更新。payload和headers变量用于存储爬取请求所需的相关信息。有一个循环操作，步长为15，用于生成完整的URL，并发起请求以获取评论数据。将返回的JSON数据传递给get_data()函数进行处理。若返回的评论数据为空，则终止循环。每次循环结束后，程序会暂停15s以避免过于频繁的请求。

（2）save_data_pd(data_name, list_info)函数

该函数用于将传入的数据列表（list_info）保存到CSV文件中。如果CSV文件不存在，则创建一个新文件并写入表头和数据。如果CSV文件已存在，则将数据追加到文件中。

（3）get_data(json_comment)函数

该函数用于从JSON评论数据中提取所需信息。对于每条评论数据，提取相关字段并将它们存储在一个列表（list_one）中，然后将列表追加到list_info。

调用save_data_pd()函数将提取的数据保存到CSV文件中。

```
{
  "approve": 0,
  "assistAwardInfo": {
    "avatar": "",
    "celebrityId": 0,
    "celebrityName": "",
    "rank": 0,
    "title": ""
  },
  "avatarurl": "https://img.        /avatar/24f99854765db84927b8bc86bb946a35192825.jpg"
  "cityName": "南京",
  "content": "棒棒哒，值得一看。",
  "id":      82781,
  "isMajor": false,
  "juryLevel": 0,
  "movieId": 257706,
  "nick":
  "nickName":
  "oppose": 0,
  "pro": false,
  "reply": 0,
  "score": 5,
  "spoiler": 0,
  "startTime": "2021-10-05 22:26:38",
  "supportComment": true,
  "supportLike": true,
  "sureViewed": 1,
  "tagList": {
    "fixed": [
      {
        "id": 1,
        "name": "购票好评"
      },
      {
        "id": 4,
        "name": "购票"
      }
    ]
  },
  "time": "2021-10-05 22:26",
  "userId":     41,
  "userLevel":
```


图 19-2 猫眼影评网站的回应数据

（4）save_data(data_name, data) 函数

该函数用于将传入的数据保存到 CSV 文件中。如果 CSV 文件不存在，则创建一个新文件并写入表头和数据。如果 CSV 文件已存在，则将数据追加到文件中。在处理评论内容时，需要替换逗号、制表符和换行符，以确保 CSV 文件的格式正确。

（5）主程序部分

主程序包含一个循环，用于遍历指定日期范围内的每小时。根据日期和小时构建时间参数（sk），然后调用 fire(sk) 函数爬取评论数据。使用 try 和 except 语句捕获可能出现的

异常，并在出现异常时终止循环。每次循环结束后，程序会暂停 120s 以避免过于频繁的请求。

总的来说，爬虫部分代码的主要目的是爬取猫眼电影评论数据，提取所需字段，并将数据保存到 CSV 文件中。程序采用了分时段爬取的策略，以减轻服务器压力并避免 IP 被封。

在完成采集后，我们将获得初始的 CSV 数据，如图 19-3 所示。

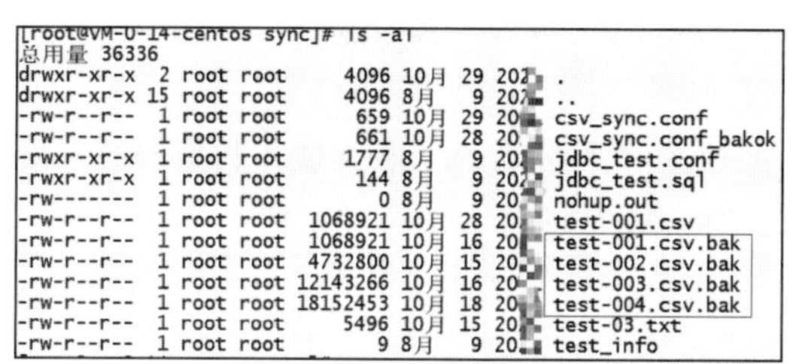

图 19-3　原始数据

19.3.2　可分析的数据字段及其结果可视化

数据字段的选择直接影响数据可视化的效果和深入程度，因此在数据分析过程中，合理选取数据字段是至关重要的。接下来，我们将详细介绍如下的数据字段及其对应的结果可视化内容，为后续的数据分析和可视化奠定基础。

- 评论时间走势图：展示评论时间与评论数之间的关系，横轴为评论时间（comment_time），纵轴为评论数。
- 性别比例饼图：根据用户性别（gender）字段展示用户性别比例。
- 城市分布 Top 图：展示各个城市的用户分布情况，横轴表示人数，纵轴表示城市。
- 用户等级饼图：基于用户等级（userLevel）字段展示用户等级分布情况。
- 城市地理位置坐标图：展示城市分布情况，基于城市名称（cityName）字段实现。需要解决的问题是如何根据城市名称获取坐标信息以进行地图可视化。
- 评分饼图：根据评分（score）字段展示评分分布情况。需要解决的问题是如何将字符串类型的评分数据转换为可处理的数值类型。
- 评论内容词云：根据评论内容（content）字段生成词云。需要解决的问题是如何从评论正文内容中提取关键词以形成词云。
- 评论点赞与再评论混合排行榜：基于评论点赞（approve）字段展示评论排行情况。
- 情感分析：需要根据评论内容（content）生成情感值进行分析，具体实现方法将在后续讨论。

19.3.3　数据清洗

数据清洗是数据分析过程中至关重要的一环，它可以确保我们在后续的分析和可视化过程中使用高质量、可用的数据，从而提高分析结果的准确性和系统的稳定性。

进行数据清洗的目的如下。

1）提高数据质量：通过去重、处理特殊字符和规范数据格式等操作，我们可以消除数据中的错误、不一致性和重复性，从而提高数据质量。

2）确保数据可用性：对数据进行清洗，以确保数据在后续的建模、存储和可视化分析过程中是可用的，减少因数据问题导致的分析错误或系统故障。

3）提高分析准确性：数据清洗可以帮助剔除无关或错误的数据，从而减少分析偏差，提高分析结果的准确性。

4）优化数据存储：通过去除不必要的字段和规范数据格式，我们可以减少数据存储空间的占用，提高数据存储和检索的效率。

5）降低数据同步错误：对数据进行清洗，可以减少数据同步过程中出现的错误，确保数据顺利传输至 Elasticsearch 等目标系统。

在数据采集环节，我们通过对数据进行清洗来确保数据质量和可用性。以下是数据清洗步骤。

1）基于键值评论 ID 去重：为避免数据重复，我们需要确保每条评论数据具有唯一的评论 ID。

2）去除不必要的字段：例如去掉 message 字段，以避免 Elasticsearch 端的重复存储。

3）处理特殊字符：对于 CSV 数据中的特殊字符如引号等进行处理，以确保数据格式的正确性。

4）规范 CSV 格式：为避免同步过程中出现大量报错，我们需要确保 CSV 数据格式逐行规范。

通过以上数据清洗步骤，可以提高数据质量，为后续的数据建模、存储和可视化分析打下坚实基础。

19.3.4 数据建模

1. 数据建模的重要性

数据建模在整个项目中起着至关重要的作用，它扮演了承上启下的衔接角色。

一方面，我们需要将 CSV 数据中的每个字段映射为 Elasticsearch 的字段。在设置字段类型时，要确保其全局可用且支持未来扩展。需要注意的是，重复建模可能会导致 reindex 操作，数据量越大，时间成本越高。

另一方面，数据可视化部分将基于 Elasticsearch 字段进行。如果 Elasticsearch 字段设置不规范，可能会导致后续数据无法实现可视化，或者可视化效果不理想。因此，在进行数据建模时，我们需要充分考虑字段类型的设置，以确保数据的可用性和可扩展性，为后续的可视化分析打下坚实基础。

2. 遇到问题及解决方案

1）如何使用 content 字段生成评论内容的词云？

解决方案：对于 content 这样的大字段，通常会将其设置为 text 类型。然而，由于我们需要进行词云可视化，就需要在 text 基础上开启 fielddata。

2）已有字段是否足以支撑可视化分析？

解决方案：如果已有字段不足以支撑可视化分析，就可以考虑添加新字段。新字段的数据可以在预处理阶段添加。

新增字段可能如下。

- director tag：用于生成导演词云。
- starring tag：用于生成明星词云。
- location：坐标字段，用于绘制地理位置锚点。

3）如何解决日期字段类型多样且不一致导致的同步报错问题？

解决方案：在映射建模阶段，我们需要全面列举各个字段及其类型，确保它们的一致性。解决这个问题可能会耗费较长时间，但它对确保数据同步工作的顺利进行至关重要。

最终，我们确定的映射如下所示。

```
PUT changjinhu_movie_index
{
   "settings": {
    "index": {
      "default_pipeline": "auto_process"
    }
  },
  "mappings": {
    "properties": {
      "comment_id": {
        "type": "keyword"
      },
      "approve": {
        "type": "long"
      },
      "reply": {
        "type": "long"
      },
      "comment_time": {
        "type": "date",
        "format": " yyyy-M-d H:m || yyyy-M-dd H:m || yyyy-M-dd H:mm || yyyy-
          M-d HH:mm || yyyy-M-dd HH:mm ||yyyy-MM-dd HH:mm || yyyy-MM-dd
          HH:mm:ss||yyyy-MM-dd||epoch_millis"
      },
      "sureViewed": {
        "type": "keyword"
```

```
      },
    ……省略……
      "content": {
        "type": "text",
        "analyzer": "ik_max_word",
        "fields": {
          "smart": {
              "type": "text",
        "analyzer": "ik_smart",
        "fielddata": true
          },
          "keyword": {
            "type": "keyword"
          }
        }
      },
      "location": {
        "type": "geo_point"
      }
    }
  }
}
```

19.3.5 数据预处理

在进行基础数据清洗和建模之后，我们将重点关注数据预处理阶段。正如之前提到的，我们不仅要基于 CSV 文件中已有的字段进行分析，还需要扩展更多字段。

此时面临的问题是如何获取新扩展字段的数据。

针对 director tag 字段和 starring tag 字段，我们不能在最终呈现时进行全局搜索以生成词云，因为这样效率太低。对此，我们可以利用 Elasticsearch 的 ingest 管道预处理功能，在数据导入时为满足给定条件的数据添加明星和导演的标签。

这可以通过 Painless 脚本来实现。以下是一个示例。

```
if(ctx.content.contains('演员 A')){
  ctx.starring.add('演员 A')
}
```

为了添加 location 坐标字段，我们需要利用城市名称与城市经纬度坐标之间的映射关系。当然，可以在 CSV 文件层面通过遍历添加坐标，也可以在 Elasticsearch 端通过 update_by_query 添加。但最终，我们选择在 Elasticsearch 的 ingest 预处理环节添加坐标。这种方法不但相对简单，而且效果不错，达到了预期目标。由于代码较长，在此省略具体实现。

至此，我们已经解决了所有数据层面的障碍。接下来就是同步导入数据、进行数据分析和数据可视化。数据同步过程中，我们将利用 Logstash 的 logstash_input_csv 插件来实现。

在 Logstash 配置文件中，我们需要配置 input 部分以读取 CSV 文件，并在 filter 部分添加新的列字段。具体配置将根据实际需求进行设置。input 部分的读取 CSV 文件设置如下所示。

```
columns => ["comment_id","approve","reply","comment_time","sureViewed","nickName",
  "gender","cityName","userLevel","user_id","score","content"]
        }
```

output 部分主要是待写入的 Elasticsearch 集群配置。

Logstash 同步过程如图 19-4 所示。

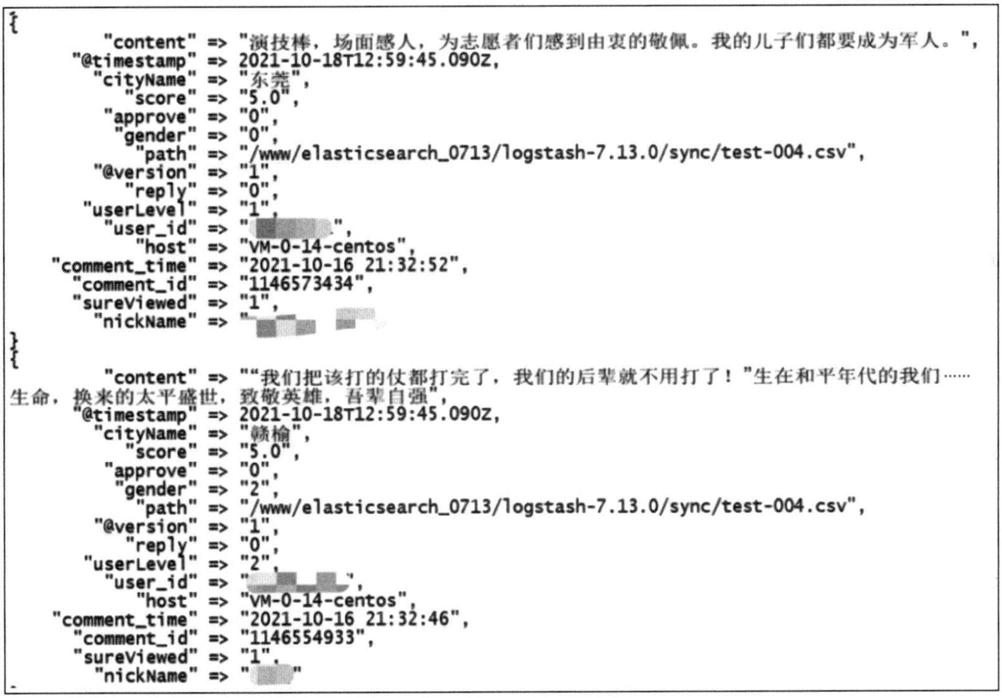

```
{
        "content" => "演技棒，场面感人，为志愿者们感到由衷的敬佩。我的儿子们都要成为军人。",
     "@timestamp" => 2021-10-18T12:59:45.090Z,
       "cityName" => "东莞",
          "score" => "5.0",
        "approve" => "0",
         "gender" => "0",
           "path" => "/www/elasticsearch_0713/logstash-7.13.0/sync/test-004.csv",
       "@version" => "1",
          "reply" => "0",
      "userLevel" => "1",
        "user_id" => "[illegible]",
           "host" => "VM-0-14-centos",
   "comment_time" => "2021-10-16 21:32:52",
     "comment_id" => "1146573434",
     "sureViewed" => "1",
       "nickName" => "[illegible]
}
{
        "content" => ""我们把该打的仗都打完了，我们的后辈就不用打了！"生在和平年代的我们……
生命，换来的太平盛世，致敬英雄，吾辈自强",
     "@timestamp" => 2021-10-18T12:59:45.090Z,
       "cityName" => "赣榆",
          "score" => "5.0",
        "approve" => "0",
         "gender" => "2",
           "path" => "/www/elasticsearch_0713/logstash-7.13.0/sync/test-004.csv",
       "@version" => "1",
          "reply" => "0",
      "userLevel" => "2",
        "user_id" => "[illegible]",
           "host" => "VM-0-14-centos",
   "comment_time" => "2021-10-16 21:32:46",
     "comment_id" => "1146554933",
     "sureViewed" => "1",
       "nickName" => "[illegible]"
```

图 19-4　Logstash 同步过程（部分）

19.4　大数据可视化系统的实现

在完成数据处理和同步导入后，我们将使用 Kibana 构建一个大数据可视化系统，以直观地分析和理解观众对电影 X 的评价及反馈。该系统将包括多个可视化组件，我们逐一展开解读。

19.4.1 核心指标的可视化

1. 基于城市的观影人数和评论数可视化

该分析旨在展示不同城市观众对电影的评论分布情况，揭示地理位置与评论之间的关联性。如图 19-5 所示，我们可以观察到圆的大小代表观影人数，圆越大，意味着该城市的观影人数越多。通过这种可视化方法，我们能够更直观地了解各地区观众的参与程度和电影的受欢迎程度。

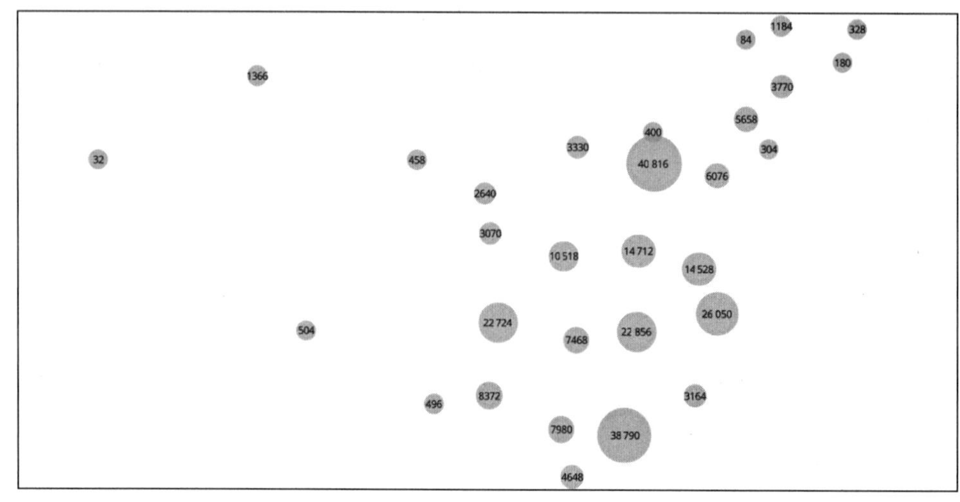

图 19-5 基于城市的观影人数

图 19-6 给出了基于城市的评论数。

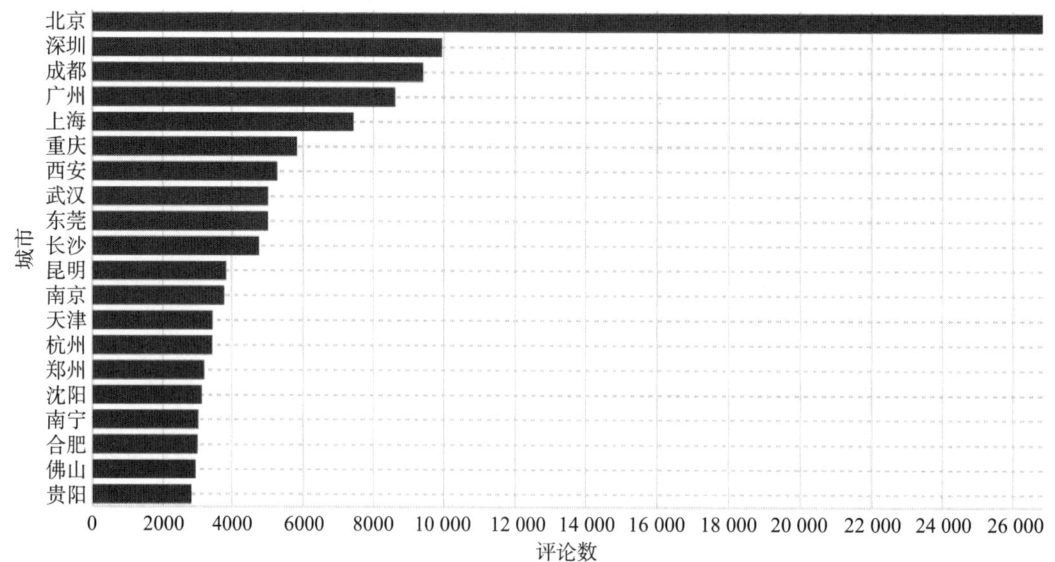

图 19-6 基于城市的评论数

观众评论分布的统计结果显示，评论数量由多到少的顺序依次为北京、深圳、成都、广州、上海等城市。这一结果与基于城市名称的统计数据保持一致，反映出排名靠前的城市观众对电影的热情和参与度较高。

2. 总数据量统计图

如图 19-7 所示，通过汇总评论、点赞和回复等数据量，我们可以全面展示电影在各个方面的关注度。目前已收集超过 15 万条评论数据，这一数量充分反映了观众对该电影的高度关注和热情。

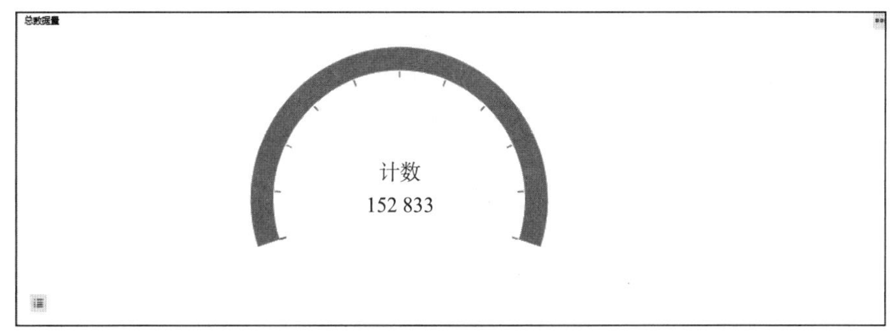

图 19-7　总数据量统计图

3. 评论时间走势图

如图 19-8 所示，通过观察评论在时间轴上的分布，我们可以探讨观众对电影的关注度随时间的变化情况。这种分析有助于揭示电影热度的趋势，以及观众兴趣度在不同阶段的表现。

从分析结果来看，存在观众提前观看的情况，早在 9 月底便已有评论出现。随后，10 月 1 日迎来了第一个评论高峰，而 10 月 5 日则出现了第二个评论高峰。这表明在这两个时间点，观众对电影的关注度和参与度达到了顶峰。

4. 主演词云图和评论次数统计图

词云展示了观众提及主演的频率，反映出各主演在评论中的关注度。同时，统计图还展示了关于各主演的评论数量，从而反映出观众对不同主演的关注程度。具体效果可以参见图 19-9 和图 19-10。

毫无疑问，演员 A 作为顶级流量明星，观众关注度最高。在演员 B 和演员 C 之间，关注度较高的是演员 B。这至少说明了演员 B 主演的角色深入人心。

5. 导演词云图

如图 19-11 所示，通过词云展示观众对各导演的关注度，以及导演在评论中的影响力。导演 A 名列榜首，其关注度最高。在导演 C 和导演 B 的比较中，对导演 C 的关注度较高。

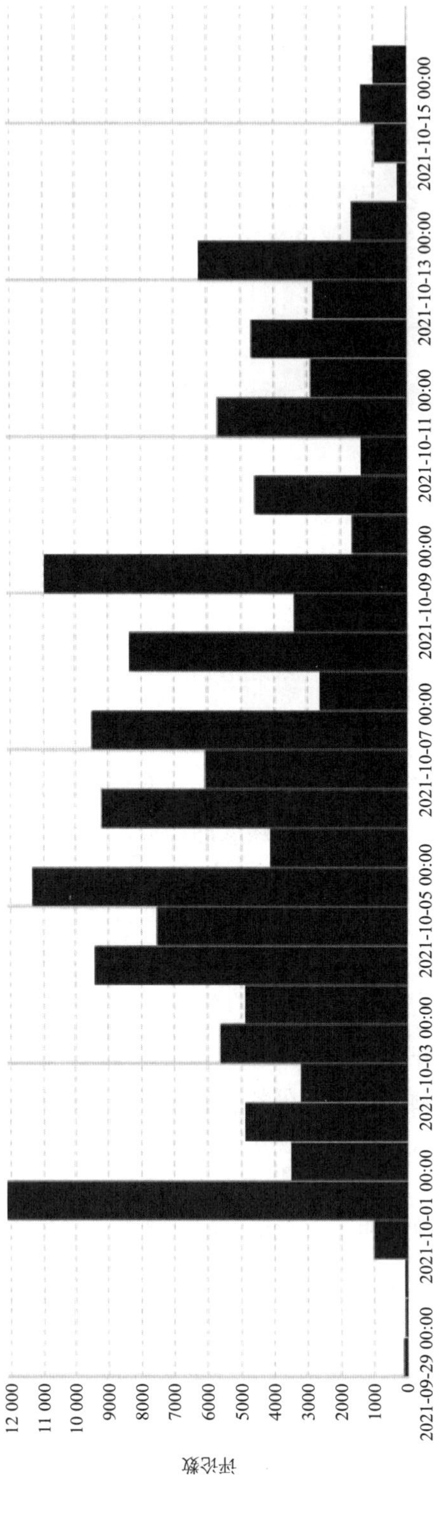

图 19-8 评论时间走势图

图 19-9　主演词云图

图 19-10　主演评论次数统计图

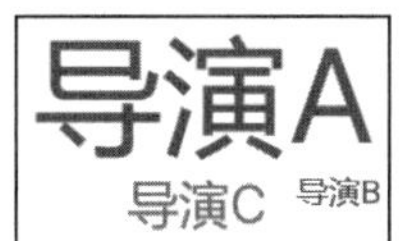

图 19-11　导演词云图

6. 评分统计图

如图 19-12 所示，电影的评分分布可以揭示观众对电影的整体满意度。在实际实现的过程中，我们将 4 分和 4.5 分均统计为 4 分。从结果来看，4 分以上的评分（等级为 4、5 的观众）占比为 94.57%，基本符合该电影的高分评价而等级为 1 的观众数量非常少，可以忽略不计。

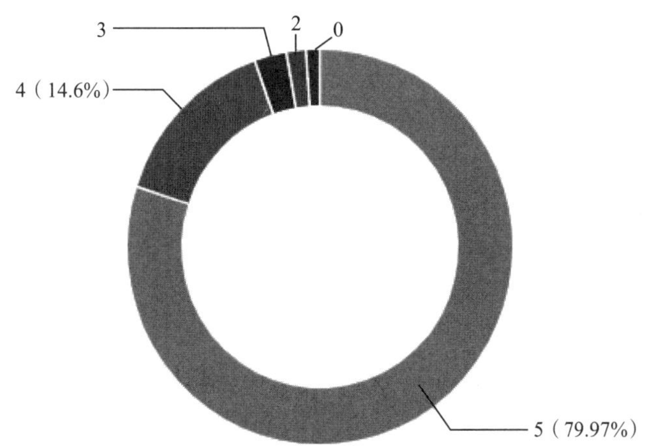

图 19-12　评分统计图

7. 用户等级统计图

如图 19-13 所示，通过分析不同等级用户的评论占比，可以了解不同类型观众对电影的看法，从而全面掌握各类观众对作品的反馈。

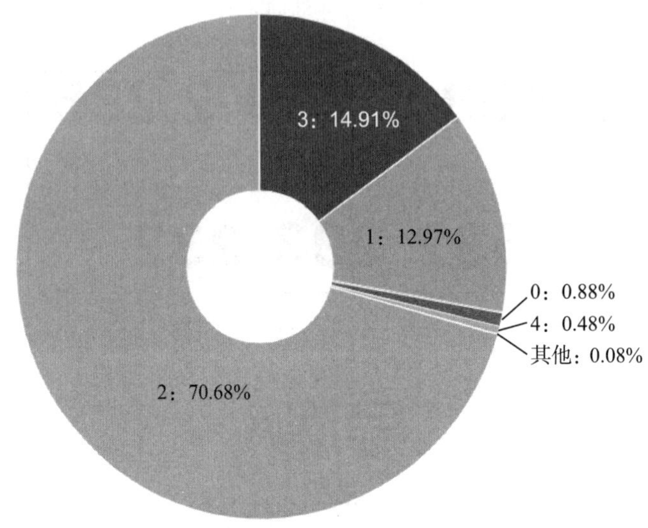

图 19-13 用户等级统计图

用户等级的设定是根据脚本来实现的。按照等级划分的逻辑，评分为 5.0 的观众的等级为 5，评分为 [4.0,5.0) 的观众的等级为 4，评分为 [3.0,4.0) 的观众的等级为 3，评分为 [2.0,3.0) 的观众的等级为 2，评分为 [1.0,2.0) 的观众的等级为 1，而评分为 [0,1.0) 的观众的等级为 0。

8. 最多点赞和最多评论叠加用户信息图

如图 19-14 所示，通过展示评论中最受欢迎的观点及其用户特征，可以揭示观众普遍认同的意见和关注的焦点。此处使用了 Kibana 文字叠加效果。

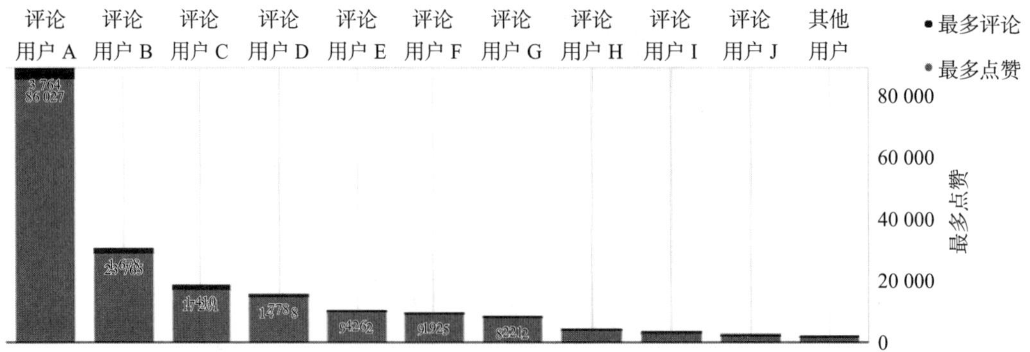

图 19-14 最多点赞、最多评论叠加用户信息统计图

9. 总评论词云

这一操作是通过分析评论中的高频词汇来揭示观众对电影的关注点和看法。如图 19-15 所示，观众评论中出现最多的词汇包括：好看、震撼、我们、真的、历史、致敬、值得、先烈、祖国、和平、铭记等。

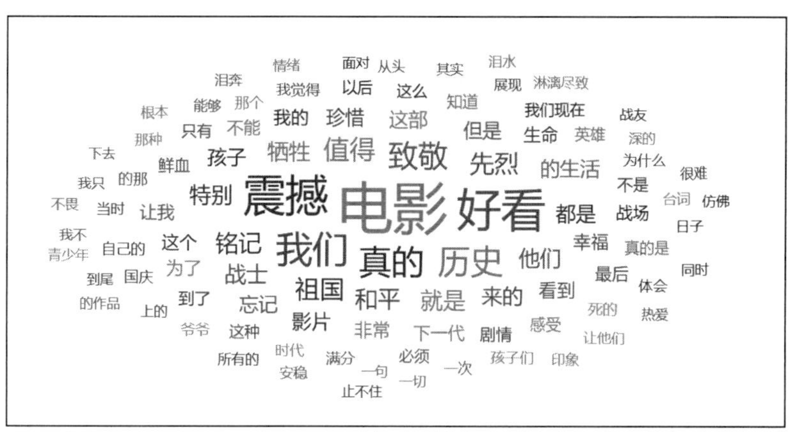

图 19-15　总评论词云图

在处理词云时，我们吸取了之前的经验，使用 ik_smart 进行粗粒度分词，并且基于自定义分词策略过滤掉一些“噪声”单字分词，如“的”“了”“换”“是”“也”“有”等。手动过滤的实现效果如图 19-16 所示，结果更直观且真实地反映了观众的呼声。

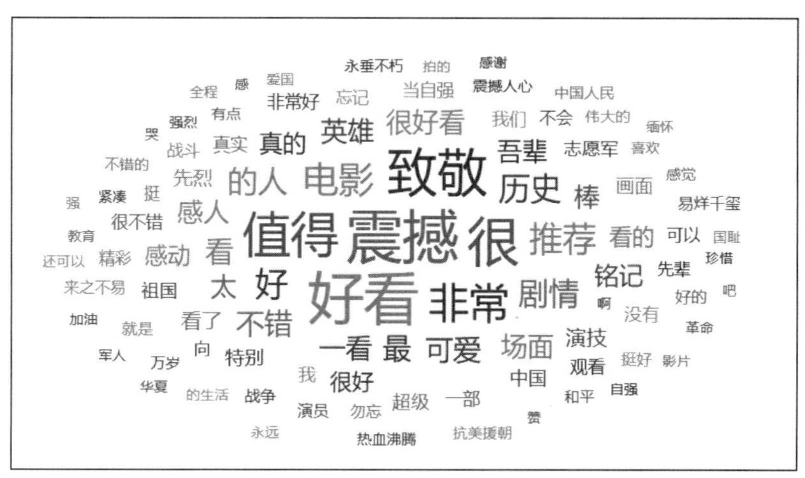

图 19-16　过滤后的评论词云图

通过实现自定义分词策略，我们成功地过滤了不重要的单字分词。在原有的 ik_smart 分词器基础上，我们添加了名为“ bigger_than_2”的过滤器，从而实现了对长度小于 2 个字符的分词项的有效过滤。这样的自定义策略提高了分词结果的准确性和可读性。

```
PUT cjh_index
{
  "settings": {
    "analysis": {
      "analyzer": {
        "ik_smart_ext": {
          "tokenizer": "ik_smart",
          "filter": [
            "bigger_than_2"
          ]
        }
      },
      "filter": {
        "bigger_than_2": {
          "type": "length",
          "min": 2
        }
      }
    }
  },
  "mappings": {
    "properties": {
      "title": {
        "type": "text",
        "analyzer": "ik_smart_ext",
        "fielddata": true
      }
    }
  }
}
```

核心参数解读如下。

- bigger_than_2 过滤器：这是一个基于长度的过滤器，作用是过滤掉长度小于 2 的词。
- ik_smart 分词器：这是一个现成的中文分词器，它可以对中文文本进行粗粒度的分词。
- ik_smart_ext 分析器：这是一个自定义分析器，它使用 ik_smart 分词器，并添加了一个 bigger_than_2 过滤器。

整体效果如图 19-17 所示。

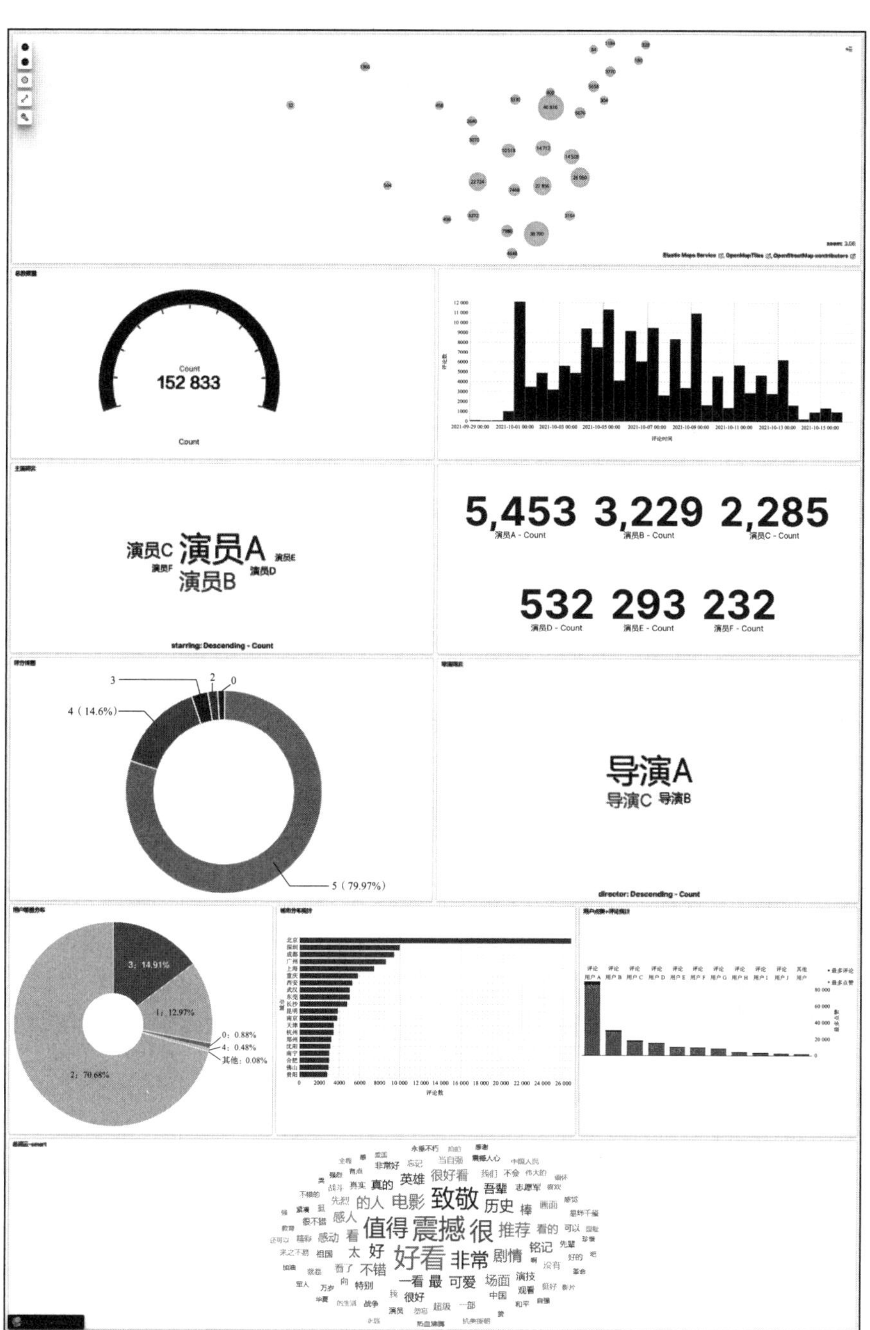

图 19-17　整体效果图

19.4.2　数据分析及结论

根据对这部电影评论数据的可视化分析，我们可以得出以下结论。

首先，观众对电影的整体满意度较高，其中94.57%的评分在4分以上，与9.5分的平均评分相符。其次，在评论内容方面，观众普遍关注并称赞了电影的震撼程度、观赏性以及对历史事件的致敬。此外，演员A和演员B分别在观众关注度和角色深入人心方面取得了较高的评价。同时，导演A在观众中具有较高的关注度和影响力。最后，在不同类型的观众中，这部电影也得到了普遍的好评。

综合以上各项指标，我们可以认为这部电影在各方面的表现均得到了观众的认可，具有较高的观影价值和不错的口碑。

可视化在上述结论中起到了关键的支撑作用，具体体现在以下几点。

- 数据直观展示：可视化方法将海量的评论数据以图形的方式呈现，使得观众对于电影的评价和关注点一目了然，便于我们直观地洞察观众的态度和喜好。
- 趋势和关系揭示：通过评论时间走势图、评分统计等可视化结果，我们可以快速发现观众对电影的关注度随时间的变化情况，以及评分分布等关键信息，从而推断出观众的整体满意度。
- 重点突出：通过主演词云、导演词云和评论词云等可视化工具，我们可以明确地看到观众关注度较高的演员和导演，以及观众在评论中关注的主题词，这为我们了解电影的实际情况提供了有力的证据支持。
- 分类分析：通过用户等级统计图、最多点赞和最多评论叠加用户信息图等可视化结果，我们可以了解不同类型观众对电影的看法，进一步丰富我们的结论。
- 结论可信度提升：可视化结果将复杂的数据信息以直观易懂的形式展现，有助于增强结论的可信度和说服力。

总之，可视化在我们得出结论的过程中发挥了至关重要的作用，它将大量数据信息以直观、高效的方式展现，有力地支撑了我们的分析结果和结论。在未来，随着大数据技术的不断演进和完善，我们有理由相信数据可视化将在电影评价和分析领域发挥更大的作用，为电影产业带来更多的机遇。

19.5 本章小结

本系统基于Elastic Stack实现了热门电影X的互联网影评数据分析与可视化展示。通过数据采集、清洗、建模和存储，我们整合了来自猫眼平台的多维度评论数据，并在Kibana上设计了包括基于城市的观影人数和评论数可视化、总数据量统计图、评论时间走势图、主演词云图和评论次数统计图、导演词云图、评分统计图、用户等级统计图、最多点赞和最多评论叠加用户信息图及总评论词云等组件的大数据可视化系统。该系统直观地呈现了观众对电影X的评价与反馈，有助于挖掘电影的潜在商业价值和改进空间，展示了Elastic Stack在数据分析与可视化领域的强大应用价值。

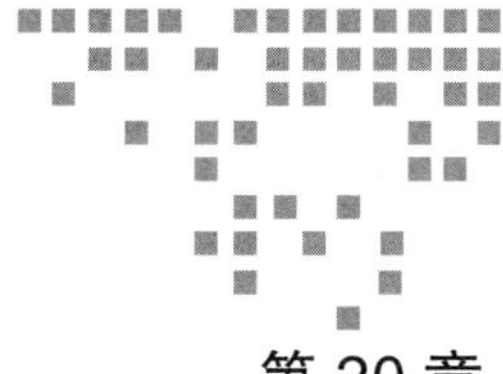

第 20 章 Chapter 20

Elastic Stack 日志系统实战

Elastic Stack（Elasticsearch、Logstash、Kibana 和 Beats）是一套强大的开源日志系统，广泛应用于日志收集、分析、存储和可视化等场景。本次实战教程将介绍如何基于 Elastic Stack 构建日志系统并进行有效的日志分析。

20.1 日志系统的需求分析

基于 Kaggle 在线平台的 weblog，我们可以实现日志数据的结构化解析、同步、存储、检索以及可视化分析的全流程应用。如图 20-1 所示，数据来源于 Kaggle 在线平台的 weblog。该数据集采用 .csv 格式（如图 20-2 所示），包含了一个大学在线评测系统 RUET OJ 的服务器日志。总共有 16008 行数据，分为 4 个列，分别是 IP 地址、时间、URL 和响应状态。

数据地址为：https://www.kaggle.com/datasets/shawon10/web-log-dataset?resource=download。

20.2 日志系统的技术架构

日志系统架构的总体效果如图 20-3 所示，该架构共包含如下四部分内容。

（1）原始数据

首先需要对原始数据做简单清洗，以方便后续的预处理和同步。原有数据日期格式为 29/Nov/2017:06:58:55，统一变更为 29/Nov/2017:06:58:55 +0800。这一操作可以借助 shell 脚本批量实现。

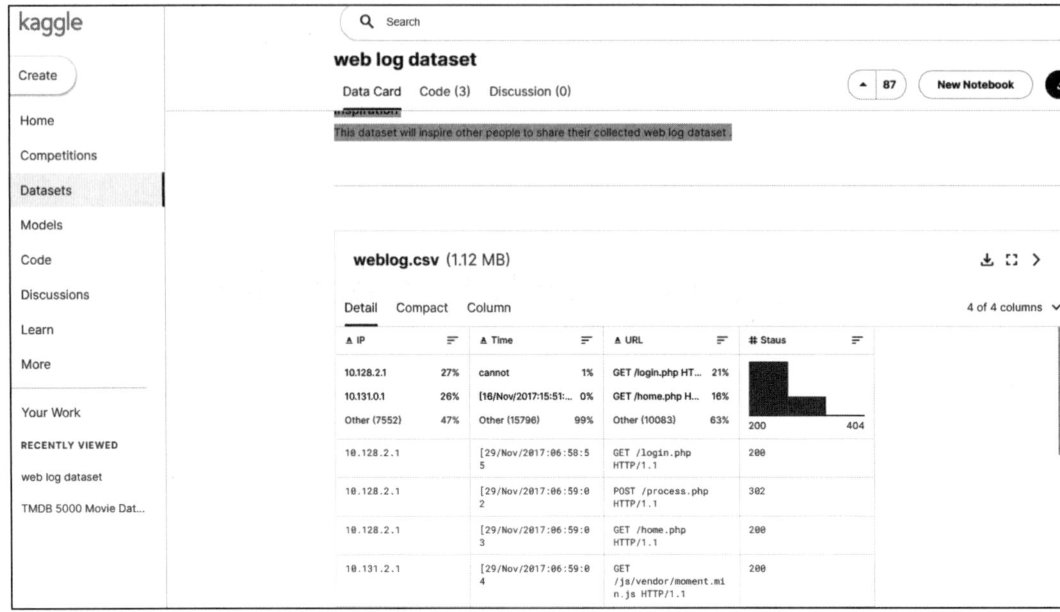

图 20-1 总体效果图

```
weblog.csv    sync.conf
10.130.2.1,[02/Mar/2018:06:38:29 +0800,GET /archive.php HTTP/1.1,200
10.131.0.1,[02/Mar/2018:06:38:32 +0800,GET /profile.php?user=Aslan HTTP/1.1,200
10.131.0.1,[02/Mar/2018:06:38:32 +0800,GET /js/jquery.min.js HTTP/1.1,200
10.131.0.1,[02/Mar/2018:06:38:32 +0800,GET /js/chart.min.js HTTP/1.1,200
10.130.2.1,[02/Mar/2018:06:39:59 +0800,GET /edit.php?name=Aslan HTTP/1.1,200
10.130.2.1,[02/Mar/2018:06:40:04 +0800,GET /profile.php?user=Aslan HTTP/1.1,200
10.130.2.1,[02/Mar/2018:06:40:27 +0800,GET /contest.php HTTP/1.1,200
10.128.2.1,[02/Mar/2018:06:41:00 +0800,GET /archive.php HTTP/1.1,200
10.128.2.1,[02/Mar/2018:06:55:37 +0800,GET /robots.txt HTTP/1.1,404
10.128.2.1,[02/Mar/2018:06:55:41 +0800,GET / HTTP/1.1,302
10.130.2.1,[02/Mar/2018:06:55:45 +0800,GET /login.php HTTP/1.1,200
10.130.2.1,[02/Mar/2018:14:31:33 +0800,GET /robots.txt HTTP/1.1,404
10.130.2.1,[02/Mar/2018:15:45:38 +0800,GET / HTTP/1.1,302
10.128.2.1,[02/Mar/2018:15:45:39 +0800,GET /login.php HTTP/1.1,200
10.128.2.1,[02/Mar/2018:15:45:39 +0800,GET /css/bootstrap.min.css HTTP/1.1,200
10.131.0.1,[02/Mar/2018:15:45:39 +0800,GET /css/font-awesome.min.css HTTP/1.1,200
10.131.0.1,[02/Mar/2018:15:45:40 +0800,GET /css/normalize.css HTTP/1.1,200
10.130.2.1,[02/Mar/2018:15:45:40 +0800,GET /css/main.css HTTP/1.1,200
10.131.0.1,[02/Mar/2018:15:45:40 +0800,GET /css/style.css HTTP/1.1,200
10.128.2.1,[02/Mar/2018:15:45:40 +0800,GET /js/vendor/modernizr-2.8.3.min.js HTTP/1.1,200
10.131.0.1,[02/Mar/2018:15:45:40 +0800,GET /js/vendor/jquery-1.12.0.min.js HTTP/1.1,200
10.130.2.1,[02/Mar/2018:15:45:40 +0800,GET /bootstrap-3.3.7/js/bootstrap.min.js HTTP/1.1,200
10.128.2.1,[02/Mar/2018:15:45:42 +0800,GET /fonts/fontawesome-webfont.woff2?v=4.6.3 HTTP/1.1,200
```

图 20-2 下载后的文件截图

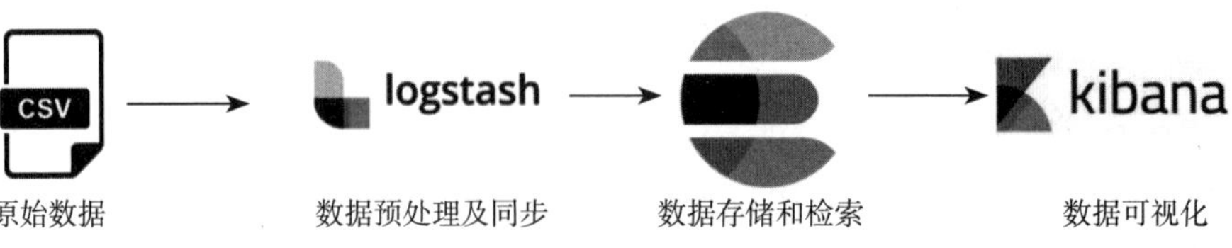

图 20-3 架构总体效果图

```
#!/bin/bash
while read -r line; do
  modified_line=$(echo "$line" | sed 's/,GET/ +0800,GET/')
  modified_line=$(echo "$modified_line" | sed 's/,POST/ +0800,POST/')
  echo "$modified_line"
done < weblog.csv > weblog_update.csv
```

（2）数据预处理及同步

在读取日志文件数据之后，需要对其进行处理和同步，以便将结构化数据传输到Elasticsearch。这一环节可以借助Logstash数据处理工具实现，通过其丰富的插件和过滤器对日志数据进行清洗、转换、增强。

（3）数据存储和检索

在同步和处理日志数据之后，需要对其进行建模和存储，以满足高效、可扩展的数据处理需求。这一环节可以借助Elasticsearch实现，利用其分布式、高性能的特性为日志数据提供快速存储和检索能力。

（4）数据可视化

最后，为了更好地理解和分析日志数据，需要对其进行可视化展示。这一环节可以借助Kibana等可视化工具实现，通过丰富的图表和仪表盘将日志数据中的关键信息及趋势直观呈现，帮助用户更好地监控和管理系统运行状况。

通过这4个核心环节的协同工作，我们可以构建一个完整、高效的日志系统，实现对日志数据的全面管理和分析，为企业提供有价值的洞察和决策支持。

20.3 日志系统的设计

数据预处理和同步环节在整个系统设计中至关重要，需要执行数据拆分、格式匹配等核心操作。为了实现这一目标，我们需要借助Logstash的filter环节。在filter环节中，有两个核心插件被用到，一个是date插件，一个是grok插件。

20.3.1 date插件

1. date插件的定义

date插件也可称为日期过滤器，它的作用是解析字段中的日期，进而使用该日期或时间戳作为事件的日志记录时间戳。以下代码展示了如何将timestamp字段转换为ISO8601数据类型。

```
date {
  match => ["timestamp", "ISO8601"]
}
```

2. date 插件的应用场景

date 插件主要应用于涉及日期或时间戳类型的转换需求。在处理日志数据时，我们经常遇到各种不同格式的日期或时间戳，如 UNIX 时间戳、自定义格式的日期字符串等。在这些场景中，使用 date 插件可以帮助我们实现以下目标。

1）统一日期格式：将不同来源或格式的日期或时间戳统一为相同的格式，例如 ISO8601，以便存储、检索和分析。

2）调整时区：在处理跨时区的数据时，可以使用 date 插件将日期或时间戳转换为统一的时区，以消除时区差异带来的影响。

3）提取日期或时间戳的特定部分：通过 date 插件，我们可以提取日期或时间戳的特定部分（如年、月、日、小时等），以便后续的数据分析和聚合。

4）转换自定义日期格式：在处理具有特殊日期格式的数据时，可以使用 date 插件将其转换为通用的日期格式，以便与其他数据进行整合和比较。

总之，date 插件在日志数据处理中发挥着关键作用，能帮助我们更好地管理和分析日期或时间戳类型的数据。

3. date 插件核心参数解读

ISO8601 的核心含义是将日期字段解析为 2024-04-18T03:44:01.103Z 这样的格式。这是一种国际标准的日期和时间表示方法，方便在全球范围内进行数据交换和处理。

除此之外，还有其他日期和时间格式，如 UNIX（以秒为单位的时间戳）、UNIX_MS（以毫秒为单位的时间戳）、TAI64N（具有纳秒精度的绝对时间表示）等。这些格式在特定场景和应用中也具有重要价值，可根据实际需求进行相应的转换和处理。

20.3.2 grok 插件

1. grok 插件的定义

grok 插件的主要作用是将非结构化日志数据转换为结构化且可查询的日志信息，从而便于对日志数据进行更有效的管理和分析。

2. grok 插件的应用场景

grok 插件适用于各种日志格式，包括系统日志、Apache 日志、其他网络服务器日志、MySQL 日志等，帮助我们更轻松地分析和理解这些日志数据。

3. grok 插件附带的近 120 个匹配模式

当你第一次看到 filter 处理环节中的语法时，你可能会对其含义感到困惑，如下面的例子。

```
"%{TIMESTAMP_ISO8601:timestamp}"
```

实际上，在这个例子中，TIMESTAMP_ISO8601 是匹配模式，而 timestamp 则是存储解析后的 TIMESTAMP_ISO8601 格式数据的变量，该变量将作为 Elasticsearch Mapping 中的一个字段。

在 Logstash 中有将近 120 种匹配模式，可以参考官方文档，链接为 https://github.com/logstash-plugins/logstash-patterns-core/tree/master/patterns。

匹配模式的本质是正则表达式。上述匹配模式对应的正则表达式如下。

```
TIMESTAMP_ISO8601   %{YEAR}-%{MONTHNUM}-%{MONTHDAY}[T ]%{HOUR}:?%{MINUTE}
  (?::?%{SECOND})?%{ISO8601_TIMEZONE}?
```

对上述字段进行说明。第一列为匹配类型名称，对应 TIMESTAMP_ISO8601。第二列为匹配的正则表达式，对应如下。

```
%{YEAR}-%{MONTHNUM}-%{MONTHDAY}[T ]%{HOUR}:?%{MINUTE}(?::?%{SECOND})?%{ISO8601_
  TIMEZONE}?
```

这些匹配模式可以帮助我们更轻松地处理各种日志格式，并将非结构化日志数据解析为结构化和可查询的数据。

4. grok 插件测试工具

为了便于我们提前测试日志格式匹配，官方提供了两款实用的匹配工具。这些工具能帮助我们验证 Grok 表达式是否能正确解析日志数据，从而减少实际部署过程中的问题。

工具一：Grok Debugger 网站（https://grokdebugger.com/）。如图 20-4 所示，这是一个在线的 Grok 表达式测试工具。输入日志样本和 Grok 表达式，即可验证表达式是否符合预期。

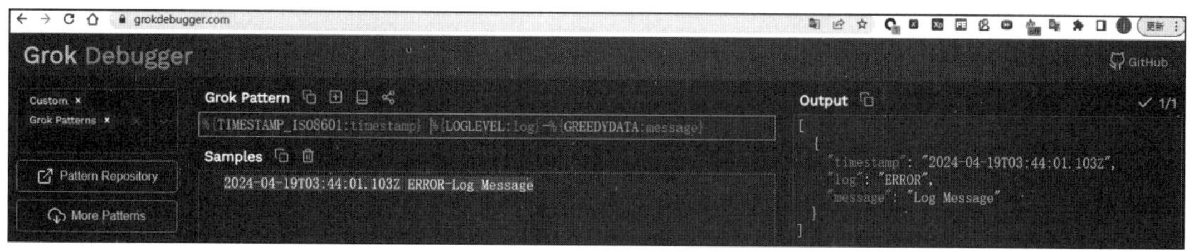

图 20-4　Grok Debugger 网站界面

工具二：Kibana 自带的 Grok Debugger 工具。除了在线工具之外，Kibana 也内置了一个功能强大的 Grok Debugger 工具，如图 20-5 所示。你可以直接在 Kibana 控制台中测试和调试 Grok 表达式，确保我们能准确地解析日志数据。

Kibana 自带的 Grok Debugger 工具很实用，可以帮助开发者和运维人员验证及测试 Grok 表达式。通过在实时环境中测试 Grok 表达式，用户可以正确地解析和提取日志数据。Grok Debugger 提供了一个简单的界面，用户可以在其中输入待解析文本和 Grok 表达式，同时显示匹配结果。这个工具能大大提高创建和调试 Grok 表达式的效率，从而简化日志解析和数据处理过程。与其他工具相比，Kibana 自带 Grok Debugger 就使处理过程更为“清爽”。

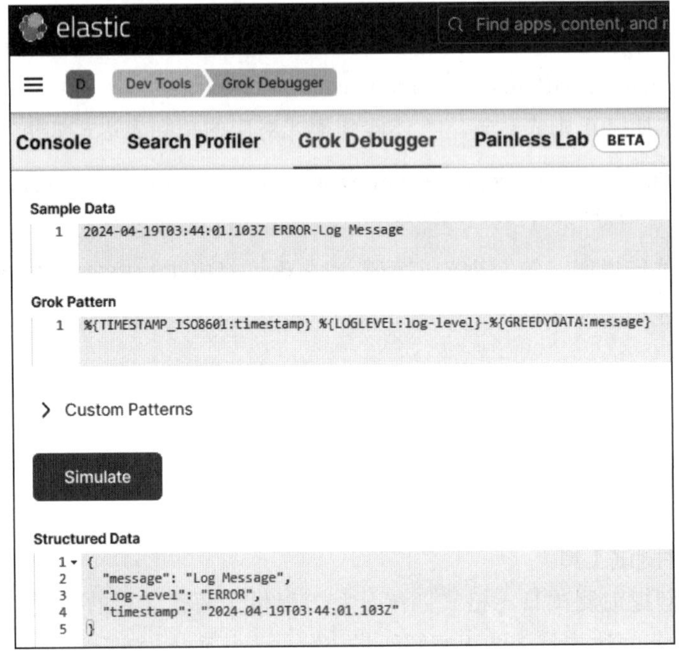

图 20-5 Kibana 自带的 Grok Debugger 工具

20.4 日志系统的实现

20.4.1 Logstash 数据处理

本文使用的 Logstash、Elasticsearch、Kibana 版本均为 8.6.0。Logstash 处理流程主要分为如下 3 个核心部分。

- input：输入，即收集日志数据。
- filter：处理，这是整个流程中的关键环节，对日志数据进行解析以提取有用信息。
- output：输出，将处理后的日志数据发送到 Elasticsearch，便于后续使用 Kibana 进行数据分析。

结合本文的日志场景，整个处理过程是这样的：首先通过 input 收集日志文件；然后使用 filter 对日志进行处理，提取关键字段和内容；接着，通过 output 将处理后的日志数据输出到 Elasticsearch，为后续使用 Kibana 进行数据可视化分析做好准备。

其中的处理环节涉及正则匹配，需提前验证，如图 20-6 所示。Sample Date 来自 weblog.csv 中的一行记录，Grok Pattern 为匹配模式。

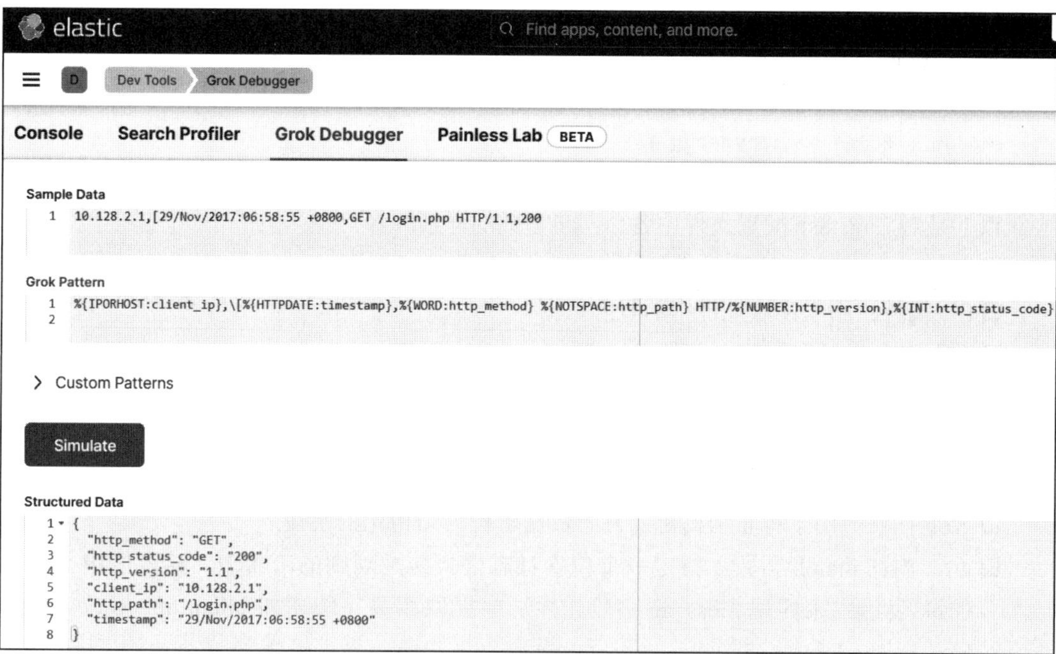

图 20-6 正则匹配的在线验证

同步脚本如下所示。

```
input {
file {
path => "/www/elasticsearch_0806/logstash-8.6.0/sync/weblog_update.csv"
start_position => "beginning"
}
}

filter {
grok {
match => { "message" => "%{IPORHOST:client_ip},\[%{HTTPDATE:timestamp},%{WORD
  :http_method} %{NOTSPACE:http_path} HTTP/%{NUMBER:http_version},%{INT:http_
  status_code}" }
}

date {
match => [ "timestamp", "dd/MMM/yyyy:HH:mm:ss Z" ]
target => "timestamp_new"
}
}

output {
elasticsearch {
hosts => ["https://172.20.0.14:9200"]
index => "my_log_index"
```

```
user => "elastic"
password => "changeme"
cacert => "/www/elasticsearch_0806/elasticsearch-8.6.0/config/certs/http_ca.crt"
}
stdout { codec => rubydebug }
}
```

以下是对 Logstash 配置文件中各个同步参数的详细解释。

首先是 input 部分，主要参数如下。

- file 插件：用于读取文件中的日志数据。
- path 参数：指定要读取的日志文件路径。
- start_position 参数：设置从文件的哪个位置开始读取。代码中的 beginning 表示从文件开始处读取。

其次是 filter 部分，主要参数如下。

- grok 插件：用于将非结构化的日志数据解析为结构化的字段。
- grok 内的 match 参数：指定一个包含日志格式匹配规则的哈希表。这里使用了一个 Grok 表达式来匹配 message 字段，并从中提取相关字段，如 client_ip、timestamp、http_method 等。
- date 插件：用于将提取的时间戳字段解析为可以被 Logstash 识别的 date 类型。
- date 内的 match 参数：指定一个数组，包含要解析的时间戳字段和对应的日期格式。这里将 timestamp 字段解析为 dd/MMM/yyyy:HH:mm:ss Z 格式的日期。
- date 内的 target 参数：指定一个新的字段名，用于存储解析后的日期值。这里将解析后的日期存储在 timestamp_new 字段中。

接着是 output 部分，主要参数如下。

- elasticsearch 插件：用于将处理后的日志数据发送到 Elasticsearch。
- hosts 参数：指定 Elasticsearch 集群的地址。
- index 参数：指定将数据存储到哪个 Elasticsearch 索引中。
- user 和 password 参数：指定用于连接 Elasticsearch 的用户名和密码。
- cacert 参数：指定 CA 证书的路径，用于验证 Elasticsearch 的 SSL 证书。
- stdout 插件：用于将处理后的日志数据进行标准输出。
- codec 参数：指定一个编解码器，用于对输出的数据进行格式化。代码中使用了 Rubydebug 编解码器，以便将数据以易读的格式输出到控制台。

Logstash 配置文件定义了从文件中读取日志数据，对数据进行解析和处理，然后将处理后的数据发送到 Elasticsearch 的过程。而处理后的数据也会输出到控制台以供调试和验证。

20.4.2 Elasticsearch 数据同步

在 Logstash 中的 output 环节已经设置了输出的索引名称为 my_log_index。若要同步执行，只需在 logstash 路径下执行如下命令即可。

```
./bin/logstash -f ./config/logs.conf
```

执行成功如图 20-7 所示。

```
}
{
    "http_status_code" => "200",
           "client_ip" => "10.128.2.1",
             "message" => "10.128.2.1,[02/Mar/2018:15:46:48 +0800,GET /showcode.php?id=313&nm=abc145 HTTP/1.1,200",
        "http_version" => "1.1",
                "host" => {
        "name" => "VM-0-14-centos"
    },
           "timestamp" => "02/Mar/2018:15:46:48 +0800",
               "event" => {
        "original" => "10.128.2.1,[02/Mar/2018:15:46:48 +0800,GET /showcode.php?id=313&nm=abc145 HTTP/1.1,200"
    },
           "http_path" => "/showcode.php?id=313&nm=abc145",
       "timestamp_new" => 2018-03-02T07:46:48.000Z,
         "http_method" => "GET",
                 "log" => {
        "file" => {
            "path" => "/www/elasticsearch_0806/logstash-8.6.0/sync/weblog.csv"
        }
    },
            "@version" => "1",
          "@timestamp" => 2023-03-22T14:58:14.278271772Z
}
```

图 20-7　执行成功

将数据导入 Elasticsearch，head 插件的可视化展示如图 20-8 所示。

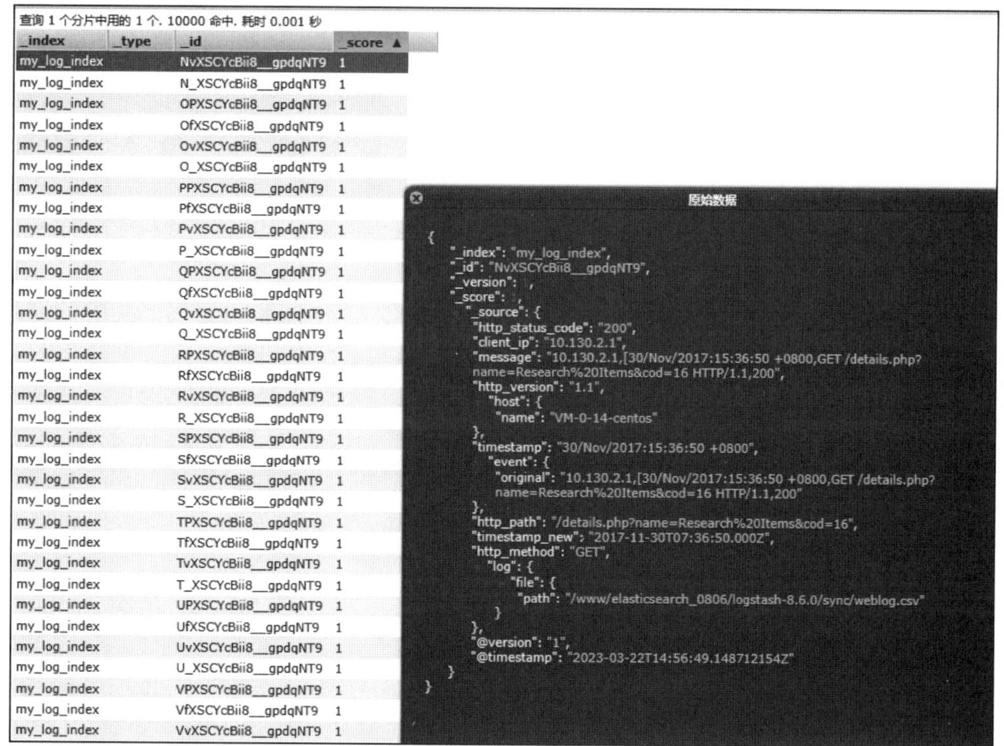

图 20-8　head 插件展示导入成功效果

索引详情如下。

```
{
   "_index": "my_log_index",
   "_id": "y_XSCYcBii8__gpdkND3",
   "_score": 1,
   "_source": {
     "http_status_code": "200",
     "client_ip": "10.130.2.1",
     "message": "10.130.2.1,[30/Nov/2017:13:01:30 +0800,GET /home.php HTTP/
       1.1,200",
     "http_version": "1.1",
     "host": {
       "name": "VM-0-14-centos"
     },
     "timestamp": "30/Nov/2017:13:01:30 +0800",
     "event": {
       "original": "10.130.2.1,[30/Nov/2017:13:01:30 +0800,GET /home.php HTTP/
         1.1,200"
         },
     "http_path": "/home.php",
     "timestamp_new": "2017-11-30T05:01:30.000Z",
     "http_method": "GET",
     "log": {
       "file": {
         "path": "/www/elasticsearch_0806/logstash-8.6.0/sync/weblog.csv"
       }
     },
     "@version": "1",
     "@timestamp": "2023-03-22T14:56:43.314990715Z"
   }
 }
```

20.4.3 Kibana 可视化分析

Kibana 可视化分析主要是针对日期维度的数据源进行分析。

Kibana 可视化分析的核心步骤如下。

1）创建 Index pattern。这是关键的一步，用于将 Elasticsearch 中的索引与 Kibana 进行关联，如图 20-9 所示。

2）通过 Discover 功能查看数据流。这个步骤非必须，一定情况下可以直接跳至下一步，但查看数据流有助于了解数据结构和内容，如图 20-10 所示。

3）使用 Dashboard（仪表盘）功能进行日志聚合分析，以便快速洞察数据中的趋势和模式。

在 Kibana 中，我们可以创建 Dashboard 并使数据可视化，展示日志数据的各种统计信息，如图 20-11 所示。

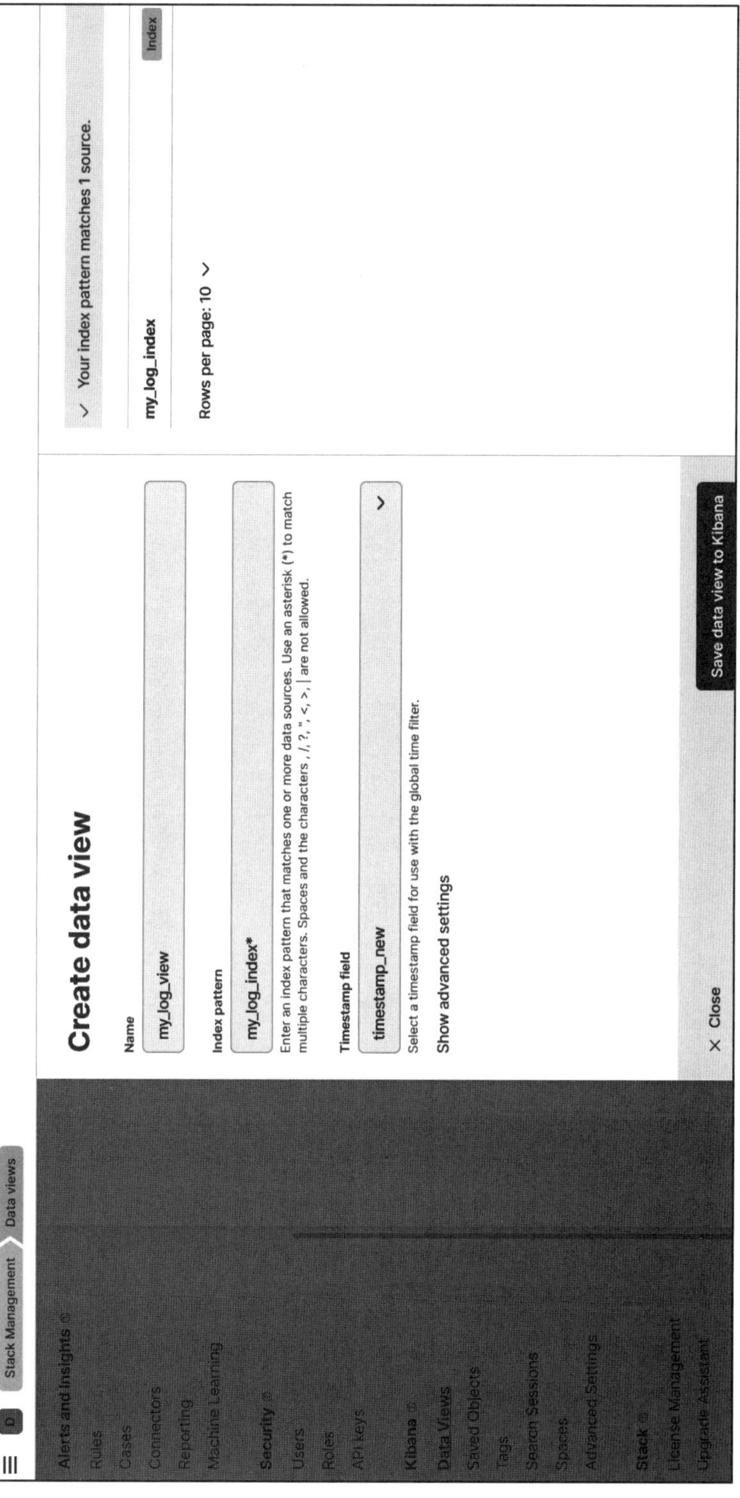

图 20-9　创建 Index pattern

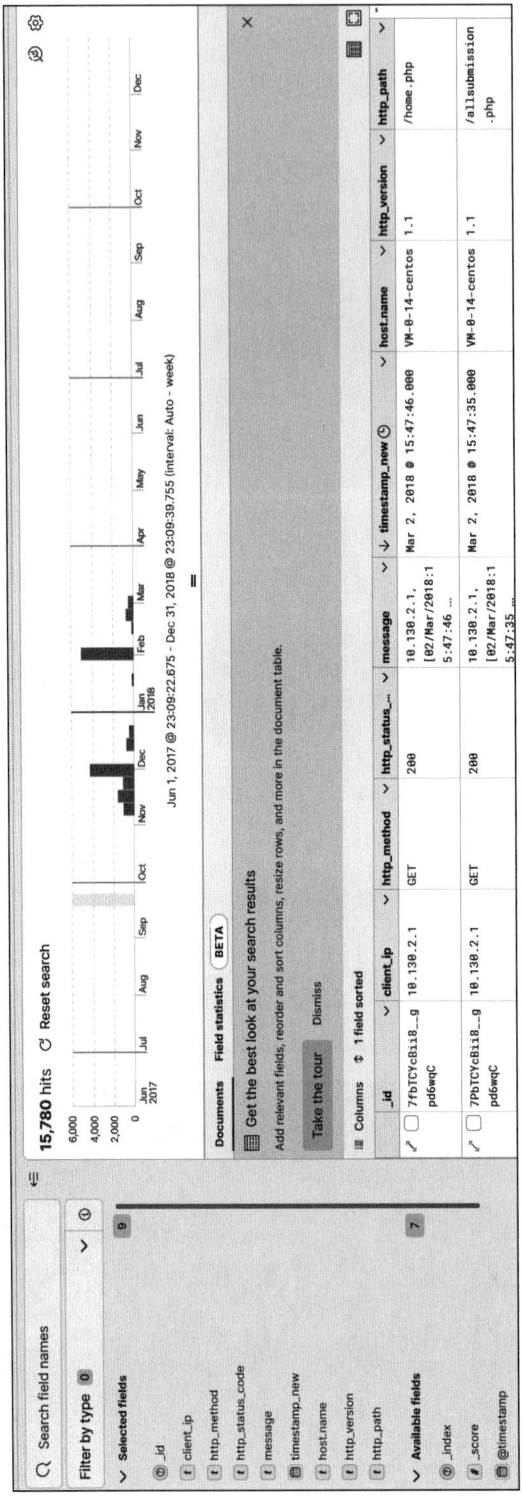

图 20-10 通过 Discover 功能查看数据流

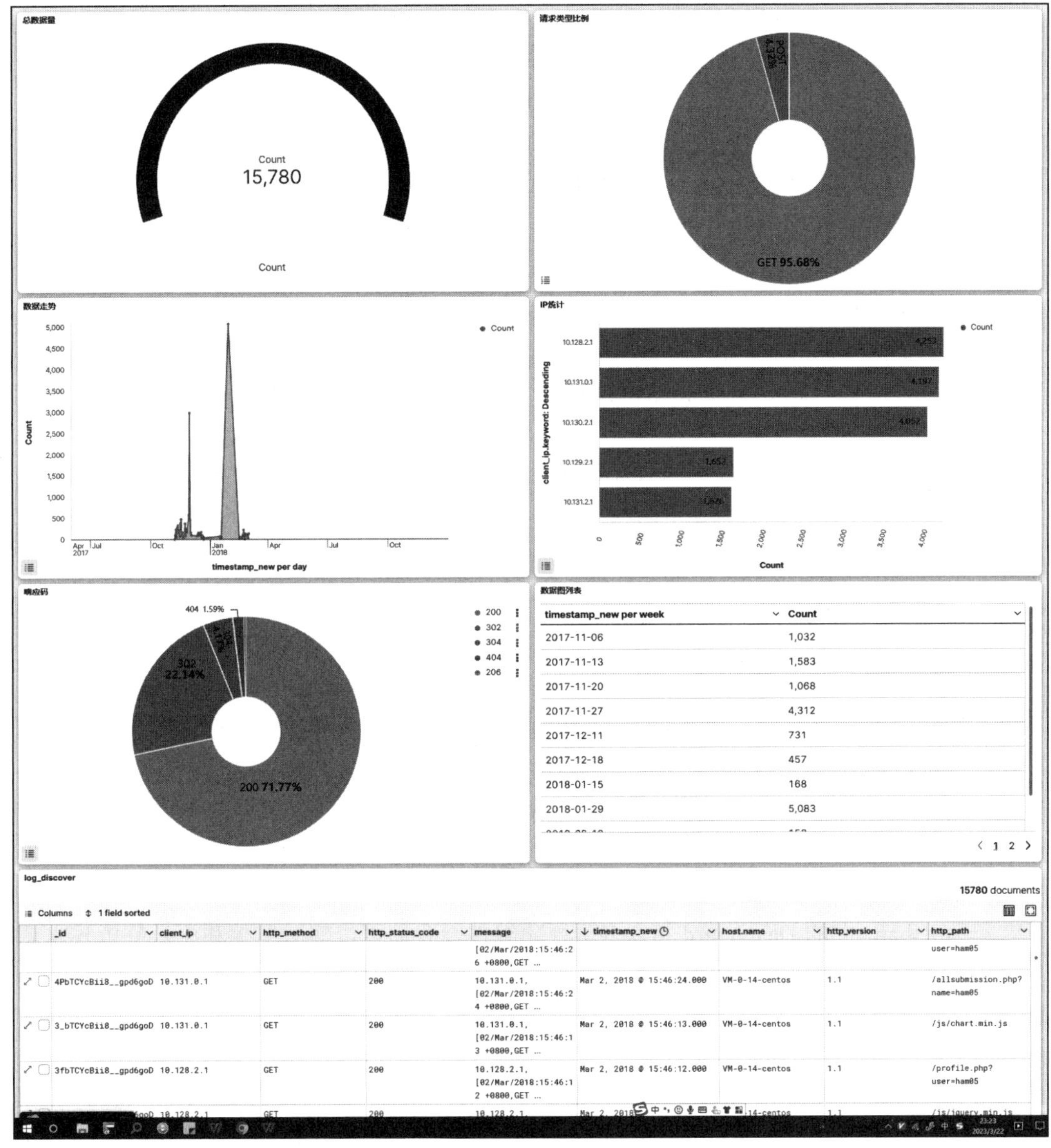

图 20-11　日志聚合分析

其中重点关注如下内容。

- 总数据量：创建一个 Metric 可视化组件，显示日志数据的总记录数。可以使用 Count 聚合类型来计算数据量。
- 请求类型比例：创建一个 Pie 或 Donut 图表，显示 GET 和 POST 请求的比例。可以使用 Terms 聚合类型，并选择 http_method 字段进行分组。
- 数据走势：创建一个 Line 或 Area 图表，展示日志数据随时间变化的走势。可以使用 Date histogram 聚合类型，并选择 timestamp_new 字段作为横轴。

- ❑ IP 统计：创建一个 Horizontal Bar 图表，按 IP 地址统计并显示请求数。可以使用 Terms 聚合类型，并选择 client_ip 字段进行分组。
- ❑ 响应码：创建一个 Vertical Bar 图表，显示各个响应码的计数。可以使用 Terms 聚合类型，并选择 http_status_code 字段进行分组。
- ❑ 按天给出的数据列表：创建一个 Data Table 或 Enhanced Table 可视化组件，按天显示日志数据的统计信息。可以使用 Date histogram 聚合类型，并选择 timestamp_new 字段作为横轴，然后添加其他聚合类型，以显示每天的统计信息。
- ❑ 各个字段数据列表：在 Kibana 的 Discover 功能页面可以查看和搜索原始日志数据，并且可以根据需要来添加或删除列表中显示的字段，还可以通过设置筛选器和查询条件来缩小结果集。

将这些可视化组件添加到一个 Dashboard 中，就可以实现对日志数据的实时监控和深入分析。此外，还可以根据需要定制和扩展这些组件，以满足特定的业务需求。

20.5 本章小结

Elastic Stack 的核心应用场景之一是实时日志分析。通过 Elastic Stack，我们能够搭建一个功能强大的日志分析平台。其中，Logstash 负责收集和处理日志数据，将数据存储在 Elasticsearch 中，而 Kibana 则负责实现数据的可视化分析。

在实现日志实时分析过程中，Logstash 的 filter 环节起着举足轻重的作用。只有经过 filter 环节的中间处理，我们才能将非结构化的日志数据转换为结构化和可查询的信息，为后续的数据分析和可视化提供基础。

借助 Kibana 中的 Dashboard 和众多可视化组件，我们可以实时监控和深入分析日志数据，包括总数据量、请求类型比例、数据趋势、IP 统计、响应码统计等。此外，Kibana 的 Discover 功能页面还为我们提供了直接访问和查询原始日志数据的功能。这种日志分析系统具有灵活的数据探索和故障排查能力，能为我们的业务运营和决策过程提供有力支持。

总之，通过 Logstash、Elasticsearch 和 Kibana 的紧密协作，我们构建了一个高效、强大的实时日志分析系统。这一系统不仅有助于工程师快速定位和解决问题，还能够为企业提供关键的业务洞察，助力业务发展和决策优化。

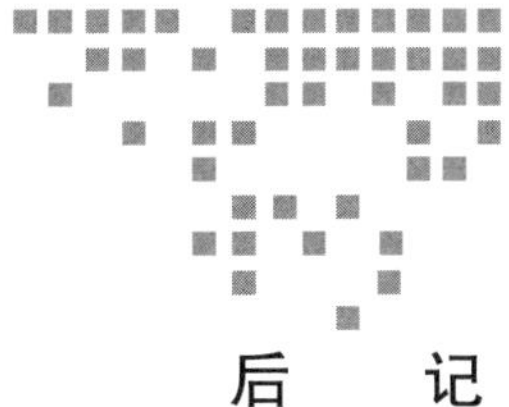

后　记　Afterword

相信积累的力量

在键入这段文字时，本书已经基本定稿。曾几何时，写书对笔者而言是一件遥不可及的事，但此刻，笔者已经将这部“作品”初步完成，这让笔者感触良多。

记得笔者在2012年读研时，偶然翻阅了一本名为《我是一只IT小小鸟》的书。书中关于刘未鹏的故事给了笔者深刻的启发，并引领笔者进一步去探索他的博客以及《暗时间》这部作品。在《暗时间》中，有些观点笔者至今仍然记忆犹新，如“书写是更好的思考”“一个问题，如果你不能用通俗的语言向别人讲明白，那就是你自己还没真正明白”。这些智慧的理念让笔者下定决心投身于写作。从那时起，笔者开始了长达11年的写作历程。

在这11年里，笔者曾在南方工作，也曾在北方辗转，技术领域也从广域网加速、互联网安全拓展到大数据存储和检索，编程语言更是从C++、Java转向Python。然而，无论笔者处于何时何地，博客写作的习惯始终如一。在那些寂静的夜晚，笔者守在电脑前，将思绪和经验化为文字，成为一种特别的享受。笔者深深地体会到，写技术博客其实是对遇到的问题进行总结和反思的过程。10多年的工作经验使笔者深切地意识到：对我们现在遇到的问题，别人可能在很多年前就已经遇到并找到了解决方案，以后还会有大批人遇到同样的问题。笔者将这些问题和解决方案写下来，不仅为了能立刻帮助遇到同样问题的人，还为了在未来的某个时刻能启发到一些读者，帮助他们少走弯路。而那些非技术性的博客更多是笔者与内心深处的对话，借此让心中的痛苦与困惑得以缓解。回首过去，笔者发现，博客不仅记录了笔者无法返回的过去，也见证了笔者个人的成长。

回到本书的话题，笔者与Elastic的结缘始于2016年的一个调研任务：研究如何将MySQL数据同步到Elasticsearch。那时候大部分数据的源头仍然是关系型数据库，而如何将这些数据近实时地同步到新兴的Elasticsearch平台，就需要一个合适的解决方案。ELK（Elasticsearch、Logstash、Kibana）三大组件无缝衔接，有效地解决了数据的同步、存储、可视化问题，也彻底消除了笔者对大数据这个新领域的陌生感。

后来，笔者在处理大文件检索的时候遇到了一个性能优化的问题。对此，笔者只改动了一行配置代码，系统性能就提高了 40 倍。这个解决方案正是来自 Elastic 中文社区长期排名第一的“Wood 大叔”。那时，笔者产生了疑问和好奇：为什么我想不到这个解决方案？“Wood 大叔”是如何找到解决方案的？我要如何才能像他一样，迅速给出技术问题的解决方案？

现在，笔者终于可以给出答案：要想解决问题，你需要对 Elastic Stack 的官方文档非常熟悉，对 Elastic Stack 的技术原理了如指掌，甚至在必要的时候，还需要深入 Elastic Stack 各技术栈及 Lucene 的源码。

1. 准确找到入手点

对于 Elasticsearch 学习，最理想的起点便是官方文档，因为只有了解官方文档才能与 Elasticsearch 版本更新保持同步。然而，初学者可能会对阅读英文文档感到恐惧。在这种情况下，本书可以作为官方文档的辅助手册，帮助读者更好地理解和掌握 Elasticsearch。（Elastic 的官方文档的网址为 https://www.elastic.co/guide/index.html。）

官方文档提供了详细且最新的信息，适用于所有水平的读者。记住，理论学习与实践操作相结合是理解和掌握 Elasticsearch 的最佳方法。

无论你是新手还是有经验的用户，本书都将为你提供实践操作的指导和概念理解上的帮助。

2. 优先学习“最少必要”的知识

“最少必要”理念是指聚焦于掌握一项技能所必需的最核心、最关键的知识点。为了对这类知识点优先进行系统且深入的学习，建议参考 Elastic 认证专家考试的考试大纲所涵盖的知识点，如图 1 所示。

Elastic 官方对于 Elastic 认证专家的定义是：Elastic 认证专家具备构建完整的 Elasticsearch 解决方案的技能。这包括部署、配置和管理 Elasticsearch 集群的能力，以及将数据索引到集群中，查询和分析索引数据的技巧。为了获取这项认证，考生需要在 3 小时内在多个 Elasticsearch 集群上完成一系列富有挑战性的实战任务。

可以看出，Elastic 认证专家不仅需要理论知识，还需要实践经验。这提醒我们，要成为真正的专家，理论和实践必须同步进行，而且需要针对最关键的技能进行深入研究和实战练习。总之，“最少必要”的学习方法是帮助我们有效学习和提升技能的关键策略。（Elastic 认证专家考试大纲的网址为 https://www.elastic.co/cn/training/elastic-certified-engineer-exam。）

3. 以“实战”为目的

理解知识不能仅停留在表面理论的层次，还需要将理论运用到实践中。如果暂时没有企业级项目或产品进行实践，那就至少应尝试自己动手搭建环境，让 ELK 运行起来，然后在此基础上深入分析问题。

以向量检索为例，初次接触这一概念时可以提出以下问题。

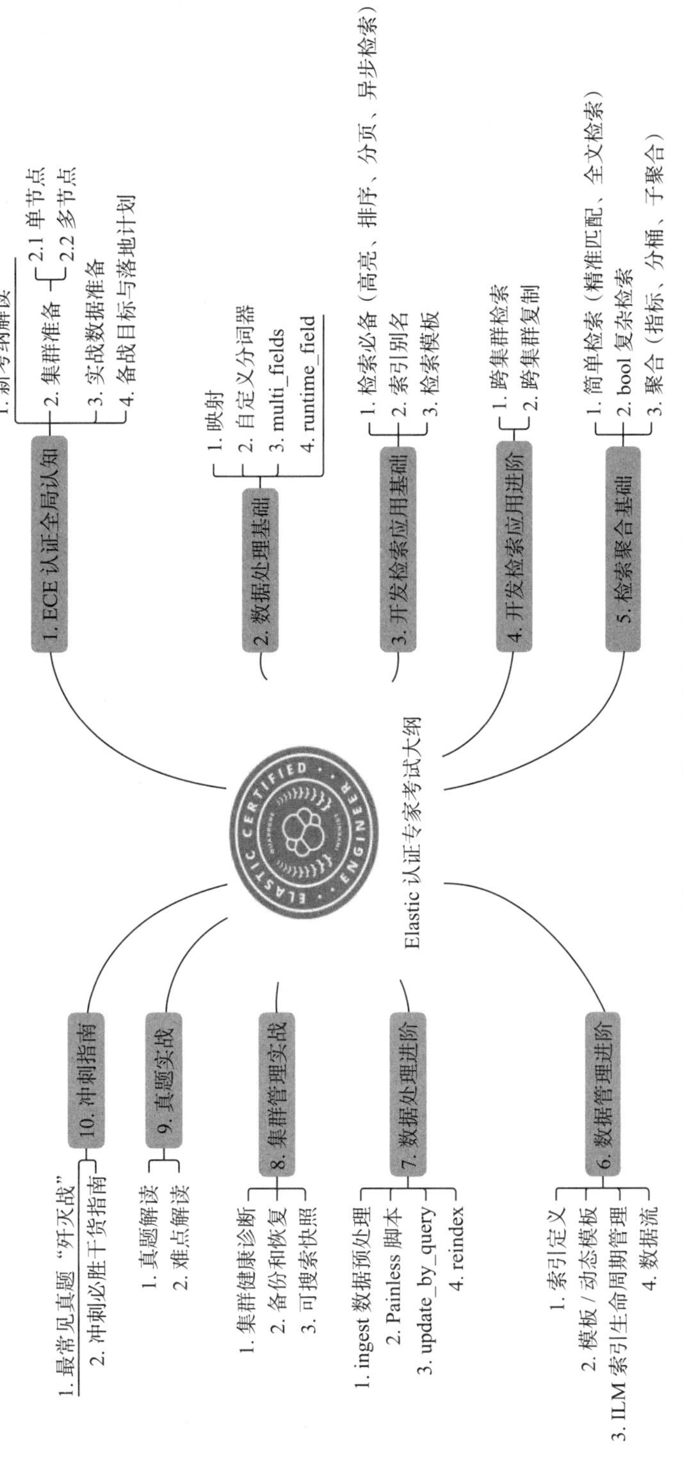

图 1　Elastic 认证专家考试大纲导图

首先是理论层面的问题。例如：什么是向量检索？向量检索有哪些应用场景？Elasticsearch 是如何实现向量检索的？ Elasticsearch 在哪个版本首次引入了向量检索？Elasticsearch 的向量检索发展路线是怎样的？ ESRE 有哪些特性？

我们可以借助官方文档、搜索引擎以及大模型工具来寻找这些问题的答案。然而，这些都只是基于理论的理解。

接下来是实战层面的问题，我们需要做出实际的验证。例如：向量在 Elasticsearch 中是如何表示的？如何将一段文本转化为向量并存入 Elasticsearch ？ Elasticsearch 如何对向量进行建模？在映射中如何设置？如何进行向量检索？如何将图片转化为向量？如何实现基于图片的“图搜图”检索？对于这些问题，我们可以部署 Elasticsearch 8.8 和 Kibana 8.8+ 版本，自己构造数据并进行实际操作来获取答案。这一环节就是通过动手实战来加深对理论概念的理解。

最后，我们应该通过反复实战深化对理论概念的理解，并且再次翻阅官方文档来重新理解文档中提到的概念。

总之，理论和实战是相辅相成的，它们共同推动我们对知识的获取，并最终让我们在技术的海洋中游刃有余。

4. 输出倒逼输入

技术架构的选择、技术问题的解决以及技术方案的制定，本质都是“输出”，而输出的质量与输入的深度和广度直接相关。我们不但要对旧的知识点进行深入理解，而且要对新的知识保持敏捷的学习态度，这样才能适应瞬息万变的技术环境。

为了提高自身的学习与思考能力，笔者建议定期以博客的形式对遇到的问题进行总结，形式解决方案并复盘。在写作过程中，你可能会发现新的问题，这会逼迫你去寻找答案、求证，从而提升理解力，最终形成一套相对完整的解决方案。

我们的认识层次会从“我了解”“我知道”“我理解”“我懂了”逐渐提升到“我能向别人解释”，再到“我能用通俗易懂的方式向别人解释”。每一步的提升都需要时间的积累，但这是一种值得付出的投资，因为它能够帮助我们深化理解、拓宽视野，提高解决问题的能力。

5. 向上学、向下帮

“向上学、向下帮”是一种有效的学习方法。它是指我们应该向比自己更优秀的人学习，同时尽可能地帮助那些初学者。在接近 3 年的时间里，笔者在通勤途中认真学习 Elasticsearch 中文社区的问题。笔者会阅读社区内的专家如何解答别人的技术问题，并尝试自己去解答他人的问题。

初期，这种方式可能看不出明显的效果，因为社区中的问题非常杂乱，没有明确的方向。但随着时间的推移，这种方式的价值越发显现出来。通过“刷题”，笔者扩大了认知边界，了解了更多业务场景问题以及对应的解决方案，这使得笔者在后续面对问题时能有更广阔的思考视角。

然而，这样的知识积累还是比较碎片化的。笔者建议将重点问题以月为单位进行梳理和总结，你会逐渐发现一些普适的问题反复出现，这些反复出现的问题实际上就是行业普遍存在的问题。因此，我们需要深入理解这些问题，掌握其对应的知识点、底层原理，甚至在必要时掌握源代码的逻辑，以便能更好地解决这些问题。

通过这种方式，我们可以系统化地积累知识，从而在日后面对类似问题时能够迅速找到解决方案。（2018 年 4 月至 2020 年 12 月，Elasticsearch 社区精彩问题及方案集锦的网址为 https://github.com/mingyitianxia/deep_elasticsearch/tree/master/es_accumulate。）

6. 构建属于自己的知识体系

工作后我们往往会发现，工作模式与大学时期由浅入深的渐进式学习模式不同。工作中，在对基础概念初步理解之后，我们需在动手实践的同时解决企业场景的问题。在这个过程中，我们通常会遇到问题并学习如何解决它们。然而，我们可能会养成一种习惯，即只有在遇到问题时才去寻找解决方案。这不禁令人要问：建立系统化的知识体系还有价值吗？

针对具体问题寻找解决方案，我们获得的往往是相对碎片化的知识，这能让我们快速前行。然而系统化的知识体系会让我们走得更远，只有将众多独立的知识点联系起来，我们才能更深入、更全面地理解问题。举例来说，在提升写入性能方面，虽然官方文档提供了一套完整的优化方案，但这套方案并不一定完全适用于企业自身的业务场景。因此，我们需要根据自己的业务场景来整理出一套适合自己的写入优化方案。

我们可以使用思维导图来梳理官方文档以及实战问题和解决方案。就像滚雪球一样，随着时间的推移，我们可以将零散的知识点串联起来，形成脉络，构建出属于自己的知识体系。

在 AI 大模型的时代，我们见证着生成式数据以爆炸式的速度增长。这无疑给多模态（文本、图像、视频等）大数据检索，带来了前所未有的挑战，然而，这也为我们提供了探索和学习的机会。笔者将与大家一同跟随新技术变革的步伐，不断地积累和创新。希望我们能在理解并利用 Elastic Stack 的道路上并肩前行，持续探索和挑战自己。

一起“死磕”Elastic Stack 吧！

杨昌玉（铭毅天下）